KB245472

사과 저수고 밀식 재배(수직축형)

사과 저수고 밀식 재배(수고 2.5m)

사과 방추형(M.26 : 개별 지주)

사과 세장 방추형(M.9 : 6선식 지주)

사과 방추형

솔렉스(하수형) 수형

주간형 수형(M.26, 무지주재배)

주간형 수형(개별지주 끈유인)

사과 1열V자 수형(Güttingen)

사과 팔메트 수형(M.26)

일반 사과 개심형(결과지 하수 전정)

일반 사과 수형(수고6~8m)

사과 수직축형(유목)

배 Y자형 유목(삼각아취형, 수고3m)

배 Y자형 유목(주지 유인 상태, 수고3m)

배 Y자형 성목(삼각아취형, 수고2.5m)

배 Y자형 수형(원형아취형, 수고2.5m)

배 엇갈림 부채꼴(주간)

배 엇갈림 부채꼴(열간)

배 배상형 수형(덕식)

배덕식(2본 주지)

복숭아 Y자 수형

복숭아 Y자 수형(자동약제 살포 지주 시설)

복숭아 배상형(우량원)

복숭아 배상형(도장지 다발원)

복숭아 배상형(다주지)

복숭아 배상형(생산성 저하원)

개심자연형

주간형(성목)

주간형(유목)

웨이크만식 수형(전정 전)

웨이크만식 수형예비(전정 후)

변형 웨이크만식 수형

변형 웨이크만식 수형

일문자형 수형(노지)

일문자형 수형(하우스내)

개량 일문자 수형

개량 일문자 수형

우산식 수형

우산식 수형

덕식 수형(변형 X자형)

덕식 수형

개량먼슨형(영천식) 수형

일문자 수형

일문자 수형(결과지 배치)

# 과 수 정지 · 전정

김정호 김호열 조명동
정순경 김점국 손동수
박동만 최인명 이한찬   지음

오성출판사

# 머리말

우리 나라 과수산업의 여건은 급속도로 변화하고 있습니다. 중국의 WTO 가입, 칠레와의 자유무역 협정(FTA) 등 국제적인 과실시장의 개방압력이 눈앞에 다가오고 있습니다.

이러한 국제 상황의 변화에 발맞추기 위해 우리의 과수산업도 면적변화와 함께 선진국형으로 변모해 가기 위해 과실품질의 고급화, 브랜드화, 생력화의 형태로 전환되어 가고 있습니다. 최근 몇 년 동안 과수 재배면적은 과종간 많은 변화를 가져와 전체과수 재배면적은 '95 174.1천 ha에서 '01 166.9천 ha로 7.2천 ha 감소했지만 사과는 '95 대비 무려 23.8천 ha나 감소하였습니다. 그동안 계속 면적이 증가되던 배와 포도도 이제 감소하는 추세에 놓여 있습니다. 이와 같이 과종간의 구조조정은 양적인 생산에서 질적인 생산으로, 보다 고소득을 낼 수 있는 과실생산으로, 생력화가 가능한 과수로 전환하고 있음을 말해 주고 있습니다.

질적인 생산의 먼저는 재배기술의 향상에 있습니다. 재배작업 중 제일 어려운 기술은 전정이라고 재배자들은 말하고 있습니다. 전정은 아무나 하는 것이 아니고 숙련된 기술자만이 하는 작업이라고 합니다. 나무의 모양을 일정하게 하고 그리고 햇빛이 잘 들어갈 수 있도록 가지의 배치를 골고루 해야 하기 때문입니다. 이제 우리의 과수재배 형태도 임대농에서 주인이 직접 농사를 짓는 경영형태로 변해가면서 전정도 전정사가 아닌 주인이 직접 해야 하는 상황이 되었습니다. 그러기 위해서는 경영주 모두가 전정기술자가 되어야 합니다.

따라서 이 책자는 초보자들도 모두 이해하기 쉽도록 전정의 기초생리에서부터 각종 주요 과종별 전정 원리와 연차별 수형의 구성과정 그리고 전정의 실제방법 등을 상세히 기술하였습니다. 자기농장의 과일 나무를 자기 스스로 전정할 수 있는 좋은 지침서가 되리라 믿습니다.

책 말미에 우리 나라 과수의 수형변천사를 기술하였습니다. 이러한 변천사는 전정을 이해하고 역사에 관심있는 사람들에게 좋은 자료가 되리라 믿으며 자료를 제공해 주신 김영진 박사님, 김종천 박사님 그리고 농촌진흥청 농업경영정보관 한원식 박사님께 감사드립니다.

더불어 이 책이 나오기까지 자료 수집에 협조해 주신 원예연구소 직원 여러분과 좋은 책이 나올 수 있도록 자문을 해 주신 원예연구소 임명순 소장님께 감사드립니다. 또한 이 책의 출판을 위하여 애써주신 오성출판사 사장님께도 심심한 감사를 드립니다.

저자

# 차례 ]

# 차례

제1장
전정의 기초 생리

# 1. 전정과 나무의 생장 특성

## 가. 가지의 발생과 생장

가지의 발생각도는 나무의 세력을 좌우하는 중요한 요인 중의 하나다. 리콤 (Ricome)은 "가지는 바로 세울수록 세력이 강해지고, 눕힐수록 세력이 약해진다."라고 하는 '리콤의 법칙'을 제안하였던 바, 가지의 유인각도가 넓어짐에 따라 가지의 생장이 감소하고 곁가지의 수가 많아지는데, 가지를 75~90° 수평으로 유인하면 엽면적과 단위 길이당 잎의 발생밀도가 가장 많아지고, 대략 120° 정도 수평 이하로 유인하면 90°로 유인할 때보다 꽃눈 분화가 더 양호하다(표 1-1).

<표 1-1> 주간과 주지의 분지 각도와 가지생장 및 꽃눈 분화와의 관계

| 분지각도 | 새 가지 길이(cm) | 2년생 가지내 꽃눈수 |
|---|---|---|
| 15° | 17.4 | 21.0 |
| 45° | 16.5 | 24.8 |
| 90° | 15.0 | 21.5 |
| 135° | 14.8 | 32.5 |
| 165° | 11.8 | 10.5 |

※ 2년생 후지/M26/환엽해당

이러한 생리적 현상은 오늘날 극왜성 사과나무에서 수평 이하로 가지를 유인하여 결실을 유도하는 방법으로 이용되고 있으며, 나무의 상부에 있는 주지는 분지 각도를 넓게 하고 하부는 약간 좁게 해야 나무가 균형있게 생장할 수 있다.

콜레우스(Coleus blumei) 식물에서 생장점이 있는 가지의 끝을 제거하면 가지가 처지는데, 이러한 이유는 가지의 끝을 제거함으로써 옥신의 부족을 초래하기 때문이라고 추정된다. 따라서 가지의 끝과 잎을 제거한 후 그 곳에 옥신의 일종인 IAA를 발라 주면 다시 분지 각도가 좁고 세력이 강한 가지가 된다. 이와 같이 분지 각도가 좁으면 세력이 강해지는데, 과수에서도 이러한 현상은 매우 뚜렷하다.

　나무가 전체적으로 세력의 균형을 이루기 위해서는 전정과 유인, 가지발생의 위치 및 정부우세성 등과 같은 나무의 생장생리를 적절히 활용하여 충실한 가지의 생장을 유도해야 한다.


## 나. 정부우세성

　일반적으로 가지의 선단에 있는 눈이 가장 왕성하게 생장하고, 기부로 갈수록 생장력이 약해져 휴면아 또는 숨은눈이 되기 쉬우며, 가지를 절단한 경우에도 가지 끝의 눈이 강하게 자라고 기부로 갈수록 생장이 약해지는데, 이와 같은 가지의 성질을 정부우세성(頂部優勢性, apical dominance)이라고 한다. 즉, 정부우세성은 정아의 영향을 받아 측아의 생장이 상대적으로 억제되는 현상을 말하는 것이다. 정부우세성에 의한 상대적인 생장억제 현상은 첫째, 정아의 존재로 말미암아 측아의 생장이 거의 완전히 억제되는 경우, 둘째, 하나의 강한 새 가지가 나옴으로써 다른 새 가지의 생장이 억제되는 경우, 셋째, 새 가지 상단의 영향이 가지, 잎, 뿌리와 같은 기관의 생장과 발달에 미치는 경우 등이 있는데, 과수의 경우에는 앞의 두 가지 경우에만 해당된다.

　[그림 1-1]에서 보면 IAA 농도가 높을수록 측아의 생장이 억제되는 것을 알 수 있다. 한편 옥신은 사이토키닌과 지베렐린이 분열조직으로 이동을 증가시켜 새 가지의 생장을 더욱 촉진시키고, 사이토키닌과 지베렐린은 다시 무기양분의 이동을 증가시켜 생장을 더욱 촉진함으로써 정부우세성을 유발시킨다.

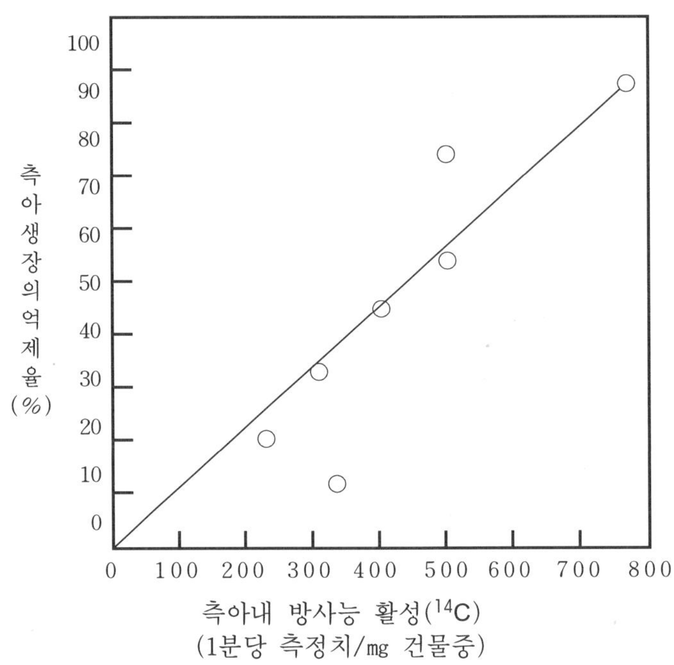


그림 1-1. 강낭콩 측아에서 $^{14}$C- 동위원소 표지 IAA의 방사능 활성과 생장억제 정도와의 상관

[표 1-2]는 식물 생장호르몬에 의하여 인산함량이 높아진 결과를 보여주고 있다. 사과나무 대목에 있어서 교목성과 왜화성 간에는 정단에 있는 새 가지 절편의 IAA 이동이 차이가 나는데, 교목성일수록 옥신의 전류량이 많고 전류기간도 길며, 생장이 왕성한 나무는 옥신의 생성도 많아짐에 따라 정부우세성도 더욱 강하게 나타난다(표 1-3).

<표 1-2> $^{32}$P 축적에 미치는 식물 호르몬의 영향

| 처　　리 | 평균측정치(cpm) |
|---|---|
| 라놀린 처리 | 23.6±4.7 |
| GA$_3$ | 84.8±16.9 |
| 카이네틴 | 58.1±17.8 |
| IAA | 453.4±143.1 |
| IAA + GA$_3$ | 849.6±278.6 |
| IAA + 카이네틴 | 889.4±255.4 |
| IAA + GA$_3$ + 카이네틴 | 1,943.1±312.4 |

※정단 제거 강낭콩(phaseolus vulgaris) 줄기절편 이용

<**표 1-3**> 사과 왜성대목 종류별 신초절편 (60mm)의 [$^3$H]-IAA 흡수 및 전류의 차이

| 대목종류 | 조사시기 (월) | IAA 농도 ($\log_e$ dpm mm$^{-2}$) | | | |
|---|---|---|---|---|---|
| | | 신초 상단 | 신초 중간 | 신초 하단 | 한천(최종유출량) |
| M.27 | 6 | 8.1 | 4.5 | 4.6 | 2.6 |
| | 7 | 8.2 | 5.3 | 5.3 | 2.9 |
| | 8 | 8.2 | 4.1 | 3.5 | 0.0 |
| M.9 | 6 | 8.5 | 5.2 | 5.1 | 3.0 |
| | 7 | 8.6 | 5.4 | 5.7 | 3.5 |
| | 8 | 8.3 | 4.1 | 3.7 | 0.0 |
| M.26 | 6 | 8.3 | 5.1 | 5.2 | 3.5 |
| | 7 | 8.7 | 7.2 | 6.3 | 4.5 |
| | 8 | 8.3 | 4.3 | 4.0 | 0.0 |
| MM.111 | 6 | 8.3 | 5.7 | 4.9 | 4.8 |
| | 7 | 8.8 | 7.0 | 6.2 | 5.2 |
| | 8 | 8.8 | 5.1 | 4.3 | 3.1 |
| M.104 | 6 | 9.1 | 5.6 | 5.9 | 4.8 |
| | 7 | 8.9 | 6.4 | 6.5 | 5.3 |
| | 8 | 8.9 | 5.3 | 4.6 | 3.5 |

정부우세성은 과수뿐만 아니라 농업에서 상당히 중요한 의미를 가진다. 정부우세성은 수형은 물론, 수량에 영향을 미치게 된다.

토마토, 담배에서는 정부우세성이 강하여 주축의 생장이 좋아야 수량이 많아지지만, 화본과, 관상화훼류, 과수의 유목에서는 곁가지의 생장이 좋아야만 수량이 증가한다.

정부우세성은 유전적, 생리적 요인은 물론, 광선, 무기양분, $CO_2$ 등 환경적 요인에 의해서도 변화된다.

광도는 정부우세성을 변화시키는데, 과수에서도 밀식이나 과번무에 의하여 수관 내부에 그늘이 생기면 정부우세성을 더욱 강하게 만들 수 있다.

무기양분에 의해서도 정부우세성이 영향을 받는데, 질소가 가장 많은 영향을 끼친다. 강낭콩에서 정단을 제거하지 않더라도 질소농도가 높으면 측아의 생장이 촉진된다. 특히 아마에서는 IAA 처리보다 질소 처리가 정부우세성에 커다란 영향을 미친다.

$CO_2$농도도 정부우세성에 영향을 미치는데, $CO_2$농도가 높을수록 곁가지의 생장이 촉진되지만 곁가지의 수는 증가하지 않는다.

가지의 선단을 제거하면 정부우세성의 영향을 받던 눈에 세포분열이 일어나서 눈이 커지는데, 많은 1년생 작물에서는 정단을 제거하면 12시간만에 측아생장이 시작된다.

정부우세성을 주도하는 기작(機作)은 정단에 있는 눈의 IAA가 endo-$\beta$-glucanase 활성을 자극하여 정단조직의 세포벽으로부터 올리고사카린(oligosaccharin)을 떼어 내어 이를 측아로 이동시켜 생장을 억제시킨다는 것이다. 이러한 일련의 연쇄 반응은 IAA의 농도에 좌우되는 것이 아니라 오히려 수용체의 존재(단백질 중간매체를 통한 RNA의 생성) 여부에 좌우된다고 추정하고 있는데, 앞으로는 이를 입증하기 위한 연구가 지속적으로 이루어져야 할 것이다.

정부우세성에 영향을 끼치는 화학적, 물리적 요인은 [그림 1-2]와 같다.

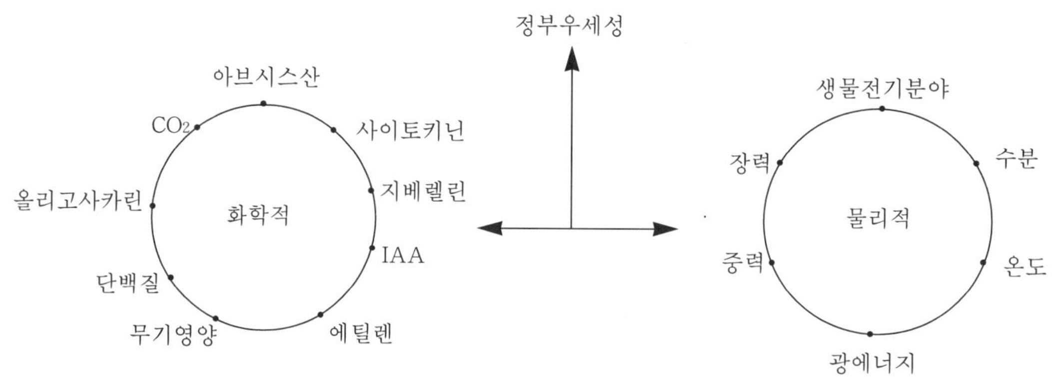


그림 1-2. 정부우세성에 미치는 화학적, 물리적인 요인

## 다. 생장의 상호작용

나무의 모양과 크기는 가지의 수와 길이, 분지 각도에 의해서 결정되는데, 가지의 발생 및 생장, 분지 각도 형성은 모두 각 조직간의 상관적 상호작용에 의하여 조절된다.

이러한 생장 상관작용 중에는 정부우세성이 가장 뚜렷하게 작용하는데, 생장하는 새 가지의 정단조직과 어린 잎은 측아의 발달을 억제한다. 따라서 생장 또는 휴면중에 새 가지를 절단하면 정부우세성이 제거되어 상대적 생장억제 작용으로부터 눈이 해방됨으로써 나무의 형태와 골격이 변하는데, 그 원인에 대해서는 여러 가지 설이 있다.

첫째, 새 가지의 생장점에서 생성된 옥신이 측아의 생장을 억제한다는 설, 둘째, 억제물질이나 특정 요인에 의한 상대적 억제설, 셋째, 새 가지의 정부에 있는 우량한 눈은 새 가지와 연결된 도관이 잘 발달되어 있기 때문에 생장에 있어서 정부우세성이 생긴다는 설, 넷째, 각종 양분이 생장점을 향하여 이동하려는 성질 때문에 생장이 왕성해진다는 양분이동설 등이 있고, 다섯째는, 생장의 상관작용과 정부우세성이 종합적으로 정리되기도 하였다.

곁가지에 있어서 생장의 상관적 억제현상은 정부우세성과 관련된 현상이지만 어떤 생리대사에 의하여 조절되는지는 아직도 완전하게 밝혀지지 않았다. 상관생장생리를 구명하기 위하여 정부우세성이 강한 토마토 계통과 중간인 계통을 공시하여 실험한 결과, 정부우세성이 중간인 계통의 유관 속 세포가 정부우세성이 강한 계통의 유관 속 세포보다 IAA 운반 단백질을 더 많이 함유한다고 하여, 정부우세성의 정도에는 옥신의 농도보다는 옥신의 이동 능력이 더욱 관여하는 것으로 추정하고 있다.

새 가지의 상관생장 작용모형에 의하면 눈이나 어린 새 가지의 미세한 근원적 차이로 인하여 긴 새 가지와 짧은 새 가지로 서로 다르게 분화하는데, 이 때 다른 눈보다 일찍 분화된 눈은 일찍 발달하기 시작하여 더 많은 옥신을 생산하고, 이 옥신은 형성층의 비대활성(cambial activity)을 촉진시켜 주축과 도관의 연결을 양호하게 한다. 그 결과, 눈은 뿌리로부터 초기 양분공급은 물론 호르몬 및 주축에 저장된 저장양분을 독점하게 되어 다른 가지보다 생장이 양호하게 하는 동시에 다른 눈의 발아 및 생장을 억제한다고 하였다.

따라서, 생장중인 사과나무 새 가지의 정단이나 유엽을 제거하면 측아를 자극하여 곁가지를 조기에 발생시킬 수 있다. 이와 같은 방법으로 발생시킨 곁가지의 발달상태는 새 가지의 정단이나 잎을 제거하는 시기에 따라 달라진다.

주축의 정단에 있는 어린 잎에 의해서 곁가지에 있는 생장점의 생장이 억제되기 때문에 전개되지 않은 어린 잎을 제거하면 곁가지 발생을 유도할 수 있다.

유럽에서는 곁가지가 많이 달린 사과묘목을 생산할 때 이러한 생장생리를 이용하고 있다. 즉, 곁가지 발생이 어려운 사과 품종의 묘목을 생산할 때 생장점을 싸고 있는 전개되지 않은 잎을 제거함으로써 옥신과 지베렐린이 생성되는 것을 억제하고, 생장점은 그대로 두어 묘목의 생장은 그대로 유지하면서 곁가지 발생을 촉진시킨다.

완전히 전개된 잎을 제거하는 것은 곁가지 발생에 좋지 않은 영향을 미치고, 새 가지의 중간이나 기부에서 순지르기를 하면 선단의 한 개 측아가 생장하게 되어 강한 새 가지가 발생하기 때문에 다수의 곁가지를 발생시킬 수 없다.

휴면중에 새 가지의 정점을 자르면 3가지 현상이 일어나는데

① 휴면아가 많이 제거되며,

② 남아 있는 수체에 대한 눈의 비율이 변하게 되고,

③ 일반적으로 발달상태가 미약하고 생장이 느린 하부 눈들이 충실해진다.

따라서, 2년생 가지에서는 1~3개의 강한 곁가지가 상부 눈에서 발생하게 된다. 만일 정단의 눈을 생육 초기에 절단하면 하부 눈들이 강한 가지로 자랄 뿐, 전체 생장은 크게 증가하지 않는다. 반면, 휴면기에 새 가지를 절단하면 전체적으로 새 가지의 수는 몇 배로 증가하고 단과지 수에 대한 새 가지의 비율도 크게 증가한다.

따라서, 휴면기가 지난 다음에 가지가 강하게 생장하는 것은 단순히 정부우세성이 제거되어 일어나는 현상이 아니고, 가지의 정단을 어느 정도 수준까지 잘라 내느냐에 달린 것으로 추정된다.


## 라. 나무의 유년성

과실을 생산하기 위해서는 반드시 개화가 일어나야 한다. 전정은 개화를 적절히 유도하기 위하여 실시하는 작업인데, 재식한 다음 어느 정도 수령이 경과해야만 개화하여 결실되는 성질을 유년성(幼年性, juvenility)이라고 한다.

이러한 유년성 기간은 쉽게 단축되지 않는데, 사과 실생을 아무리 환상박피하더라도 유년성이 타파되지 않은 상태에서는 결실이 불가능하며, 접목에 의해서도 일정한 수령이 지나야만 개화가 가능하고, 어린 실생은 자근 대목 또는 M9 대목에 접목하여도 바로 개화하지 않는다.

일반적으로 수목의 실생이 생육하는 과정을 유년기(幼年期, juvenile period), 전이기(轉移期, transition phase), 성년기(成年期, adult phase)로 나눈다. 유년기란 실생에서 개화할 수 없는 기간을 말하는데, 이 기간을 지나서 전이기에 도달하기 전에는 모든 조직이 유년성을 보유한다. 그러나 실생이 전이기를 거쳐 성년기에 도달한다 하더라도 나무 전체가 변하는 것은 아니다.

[그림 1-3]의 A에서 보는 바와 같이 나무의 기부는 전 생육기간 동안 유년성 상태로 남아 있다. 만약 80년생이 되는 실생나무의 주간 기부를 자른다면 기부의 잠아(潛芽, latent buds)로부터 나온 새 가지는 유년성을 갖게 된다. 그러나 1년생 가지나 새 가지 등 보통 접수로 사용하는 조직은 성년성을 가지므로 이를 증식에 이용한다.

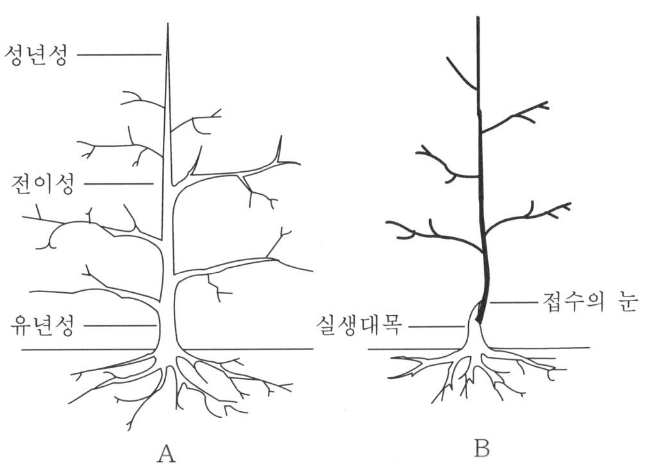


A : 실생나무의 근계부와 하부는 유년성, 상부와 수관 외부는 성년성
B : 접목이나 아접을 한 묘목의 접목부 상부는 완전 성년성

그림 1-3. 과수 실생나무의 유년성

나무가 유년기에는 특정한 표징을 나타내는데, 개화불능 외에 무모성, 열편성, 포복성 줄기, 가시를 가진 줄기, 낙엽수종에서는 준상록성, 줄기의 발근 용이성, 낮은 조직내 리보핵산(RNA) 농도와 같은 생리적, 형태적 특성 등이다.

RNA는 핵에서 세포질로의 유전정보 전달체인데, RNA 함량의 차이는 앞에 열거한 많은 특이한 현상을 가져오는 원인이 되는 것으로 추측된다. 개화와 성년성 정보를 발생시키는 데 필요한 호르몬이나 효소 등을 생산하기 위하여 어떠한 유전정보가 이용됨으로써 유년기에 RNA 함량이 적어질 수 있기 때문이다.

전이기는 유년성과 성년성의 중간 단계로서 개화가 일어나기 시작하지만, 완전한 성년이 아니기 때문에 나무 전체가 개화되는 상태는 아니다. 중요한 사실은 유년성과 성년성 사이의 기간은 수체생장률 등에 의해서 결정된다.

나무가 일단 성년기에 도달하면 유년성으로 되돌아가지 않는다. 그러나 가지의 정상적인 눈을 제거한 후 발생하는 부정아나 뿌리의 부정아에서 발생한 새 가지를 키움으로써 유년성을 회복시킬 수 있다. 그러나 노쇠한 과수를 강하게 전정하더라도 유년성이 회복되는 것은 아니다. 이는 단지 나무의 활력을 회복시키는 것 뿐이다. 또한, 접목된 묘목이나 과수원에 재식된 유목을 유년성이라고 생각하기 쉬운데 이는 잘못된 것이다. 그들은 성년기의 모수에서 접수를 채취하였기 때문에 성년성 조직이다(그림 1-3, A).

유목에서 꽃눈 분화가 되지 않는 것을 '영양생장적 성년기'라고 한다. 이 영양생장적 성년기는 유년기의 기간과 마찬가지로 품종에 따라 다른데, 대단히 짧은 것이 있는가 하면 긴 것도 있다.

사과의 실생은 8년, 서양배는 10년의 유년성을 거친다고 하는데, 이는 환경적 또는 유전적 요인에 의하여 달라지며, 과수의 영양생장적 성년기, 즉 조기결실성은 대목, 시비, 전정에 의하여 크게 달라진다.

[표 1-4]에서 보는 바와 같이 유년성 기간은 대목에 의하여 단축된다. 사과 교배 실생을 실생자근에 접목하였을 때에는 7년차에 61% 개화하는데 반하여, M9에 접목하였을 때에는 5~6년차에 67% 개화한다.

| 연 수 | 개화주수 | |
|:---:|:---:|:---:|
| | M9에 접목 | 자근에 접목 |
| 4 | 15 (25) | 0 (0) |
| 5 | 11 (43) | 6 (10) |
| 6 | 15 (67) | 11 (28) |
| 7 | 9 (82) | 20 (61) |
| 8 | 8 (95) | 11 (79) |

※ ( )안의 수치는 누적비율임

# 마. 나무 생장의 강약과 생리적 특성

나무의 세력이 왕성하고 결실이 적은 나무는 잎에서 만들어진 당류가 새 가지의 분열조직에서 만들어진 옥신 및 지베렐린과 함께 체관을 통하여 뿌리로 이동되어 뿌리생장을 촉진시켜 질소동화작용을 촉진하고, 질소 대사물질과 사이토키닌은 물관부를 통하여 수액과 함께 상향 이동하여 생장점으로 전류된다(그림 1-4).

여기서 사이토키닌은 세포분열을 촉진시키고 질소 대사물질은 새로운 조직을 만들 수 있는 블록을 만들어 이에 따라 새 가지는 계속 신장하게 되는데, 이러한 순환이 계속되면서 새 가지의 생장이 더욱 왕성하게 되면 수세가 강해진다.

세력이 강해지면 가지 정단에 꽃눈이 형성되지 않고 새 잎이 계속 형성되면서 지베렐린의 생성이 많아지고 영양생장을 촉진하게 된다. 그러므로 정아가 형성된 가지는 생장을 정지하지만 정아가 형성되지 않고 유엽이 분화되는 가지는 생장을 계속하여 더욱 강하게 생장하게 된다. 결국 잎이 잎을 만들게 되는 것이다.

이상적으로 결실된 나무에서는 새 가지와 어린 과실간에 대사물질의 경쟁이 일어나 대사물질을 더 많이 소비하게 되고, 그 결과, 새 가지의 생장이 일찍 정지하고 호르몬의 생성도 정지된다. 과실의 종자내 배유가 충분히 생장하면 더 이상 지베렐린과 옥신이 생성되지 않으므로 호르몬의 하향이동은 없어지게 된다.

그러나 당은 적은 양이지만 뿌리쪽으로 계속 이동되어 뿌리가 생장하도록 작용하고 질소를 동화시킨다. 그러나 그 물질들을 이동시키는 호르몬들이 없기 때문에 대사물질이 상승하지 않고, 대신 불용성 저장단백질과 전분으로 농축되어 뿌리 조직에 남게 된다.

반면, 사이토키닌은 자유롭게 이동되나 이 물질을 요구하는 활발한 생장점 분열조직이 없기 때문에, 사이토키닌은 증산류를 따라 유관속 연결이 잘 되어 있는 눈으로 이동하게 되고, 눈에서 사이토키닌은 세포분열을 촉진하고 엽간기를 단축시킨다.

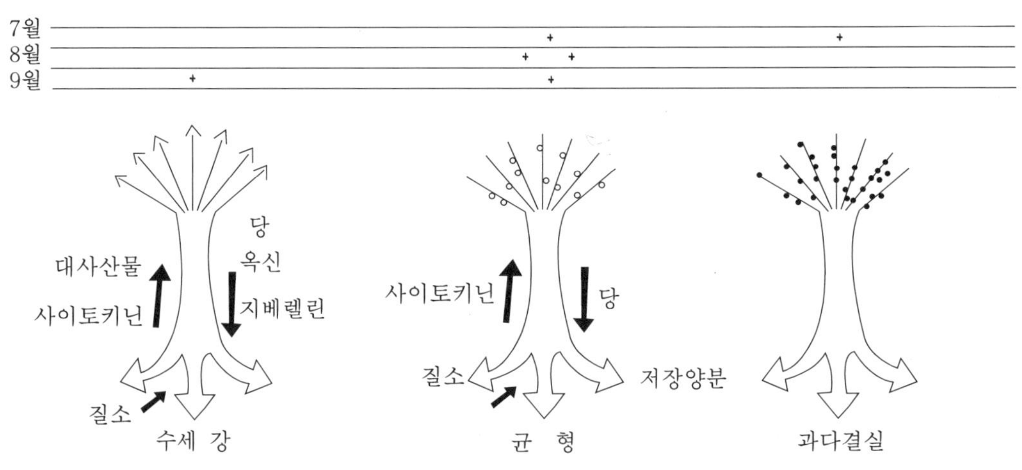



그림 1-4. 나무의 생리적 조건에 따른 꽃눈 분화(+)의 정도와 시기

그러나 대사물질이 없기 때문에 새로운 기관이 될 시원체의 정상적인 발달이 제한되어 잎이 되지 않고, 포엽으로 변형된다. 이에 따라 지베렐린이 생성되지 않으므로 축 신장이 일어나지 않고, 화성시원체가 분화되기 시작한다.

그러나 과다하게 결실된 나무에서는 과실이 광합성 산물을 전부 소비하고 뿌리 생장쪽으로는 공급되지 않기 때문에 새 뿌리의 생장은 없고, 질소동화는 일어나지 않으며, 사이토키닌도 생산되지 않는다. 사이토키닌이 없으면 세포분열이 일어나지 않기 때문에 눈에서는 사실상 세포분열은 곧 중지하게 되고 엽간기가 길어진 채 꽃눈은 형성되지 않는다.

전정은 이러한 생장과 결실과의 관계를 이상적으로 맞추어 주는 관리 작업이다.

# 바. 나무의 생장과 결실

과수원 관리의 기본 목표는 잎, 가지, 뿌리 생장이라는 영양 생장과 결실이라는 생식 생장과의 관계가 조화를 이루도록 만드는 것이다. 조화를 이룬다 함은 결실을 적절히 시키면서도 과실의 비대와 꽃눈 분화에 필요한 양분을 공급해 줄 수 있는 나무의 생장을 확보하는 것이다. 이러한 균형적인 생장을 위하여 시비, 전정, 적과, 관수 등의 관리가 필수적인데, 그 중에서도 전정은 이러한 균형을 유지시키는 기본이 된다.

과실 수량과 영양 생장과의 관계는 [표 1-5]에서 보는 바와 같다. 즉, 새 가지의 잎수와 새 가지의 생장과의 관계는 정(+)의 상관이 있으나, 수량과 잎수와의 관계는 부(-)의 상관이 있으므로 전정을 실시하여 적당한 영양 생장을 유도하고 결실을 시킬 수 있는 부위를 확보하여 영양 생장과 결실과의 균형을 맞추어야 한다.

<표 1-5> 단과지 엽에 대한 새 가지의 잎 비율과 수량 및 새 가지 생장과의 관계

| 조사년도 | 생장습성 | 주당생산량과<br>새 가지의 잎 비율 | 총 새 가지의 생산량과<br>새 가지의 잎 비율 |
|---|---|---|---|
| 1984 | 단과지형 | -0.80** | 0.86** |
|  | 일 반 형 | -0.86** | 0.85** |
| 1985 | 단과지형 | -0.88** | 0.82** |
|  | 일 반 형 | -0.82** | 0.82** |
| 1986 | 단과지형 | -0.83** | 0.79 |
|  | 일 반 형 | -0.78** | 0.85** |

※ 사과 McIntosh 품종

나무의 목질부 조직은 잎을 생산하기 위하여 과실과 경쟁하기 때문에 영양 생장과 결실은 서로 경쟁적인 관계에 있다. 영양 생장량을 새 가지의 생장량으로 나타내는 것이 일반적이나 새 가지의 생장량은 뿌리의 생장량과 가지와 주간의 비대 생장량 등을 전부 합한 전체 생장의 일부분에 지나지 않는다.

이와 같이 전정에 의하여 영향을 받는 부위는 지상부로, 지상부 조직에 대한 영향만을 다루게 되나, 영양 생장과 결실간의 관계만을 생각할 때에는 [그림 1-5]에서 보는 바와 같이 결실에 의해서 가장 크게 영향을 받는 부위는 뿌리이기 때문에 영양 생장의 표현을 새 가지 생장만으로 표현하기에는 문제점이 있다.

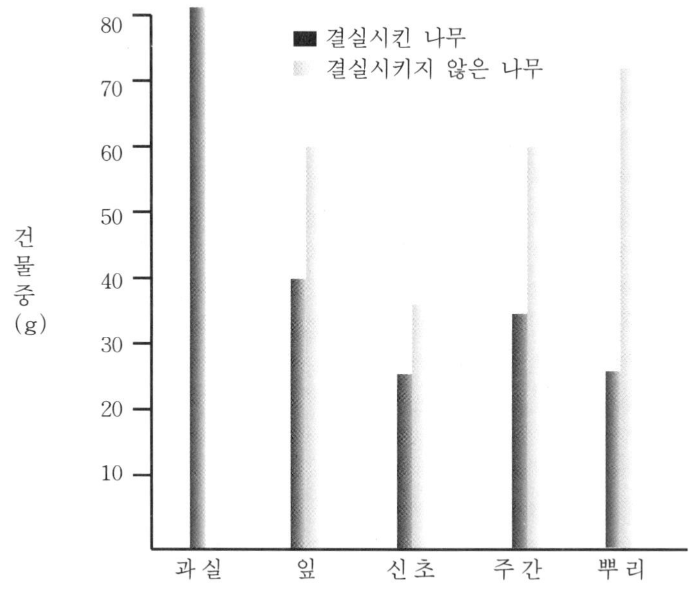



그림 1-5. 결실수와 미결실수의 수체 건물 중 비교

어느 정도의 영양 생장은 수세유지, 엽면적 확보, 새로운 결실부위의 확보라는 면에서 절대적으로 필요하다. 그러나 가지는 양분이용에 있어서 과실과 경쟁하기 때문에 과도하게 영양 생장이 일어나면 오히려 결실이 억제된다. 따라서 최대 결실을 확보하는 나무의 상태는 영양 생장을 최대한 억제하는 것으로, 이러한 경우 수세쇠약, 꽃눈 분화 억제 등에 의하여 최종적인 결과면에서는 결국 손해를 보게 된다.

그러므로 전정의 첫째 목적은 영양 생장과 생식 생장과의 균형된 상태를 만드는 것이다.

결실과 영양 생장과의 관계에 있어서 가장 먼저 고려되어야 할 사항은 나무 크기다. 큰 나무는 작은 나무보다 목질부 생장단위당 결실량이 적기 때문에 과실이 달리지 않는 무효용적만을 키운 결과가 된다.

사과 왜성대목 연구에서는 대목의 생장효율성을 주간 단면적당 결실량으로 표현하는데 이는 수체생장에 대한 결실효율을 나타내는 것이다. 그러므로 한 나무의 전체 목질부 생장량과 그 나무의 누적수량과의 관계는 그 나무의 생산효율을 나타내는 척도가 되는데, 결실량과 성목의 나무 크기간에 역상관이 있으므로 전정에 의해 결실과 나무크기와의 관계를 적절하게 조절해야 한다.

전정 이외에도 과수의 재배관리는 직접적이든 간접적이든 영양 생장과 결실과의 관계에 영향을 미치게 마련인데, 시비는 이 관계를 잘 유지시키면서 양쪽 모두의 생장을 도와 주는 관리다.

질소의 과다시비는 왕성한 영양 생장을 유발하여 수세를 강하게 만드는데, 강한 수세는 어느 수준까지는 과실의 수량을 증가시킬 수 있으나 직접적으로 과실과의 경쟁으로 인하여 궁극적으로 결실량의 감소를 가져오게 된다.

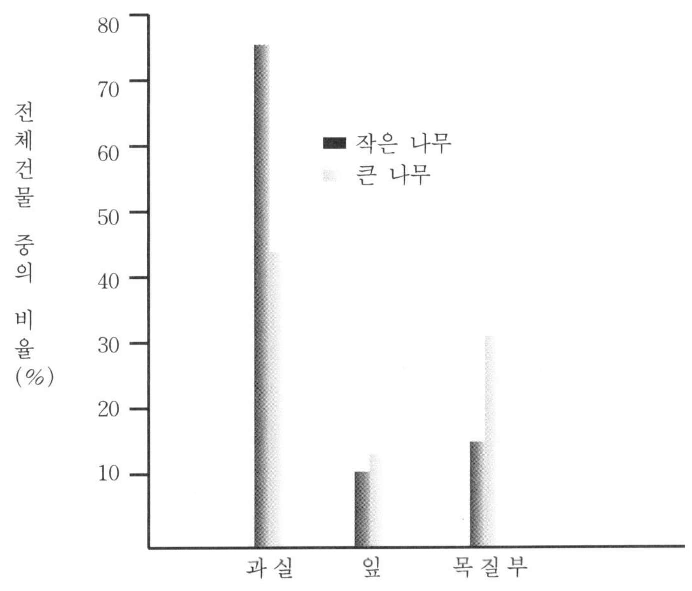


그림 1-6. 사과 McIntosh 품종에 있어서 작은 나무와 큰 나무의 연간 생산된 건물 중 분포 비율

# 사. C/N율과 전정과의 관계

토마토에서 개화, 결실에 관여하는 요인으로 C/N율을 보고한 이래, 과수에 있어서 많이 적용되어 왔다. 앞에서 설명한 바와 같이 수세가 강해지고 결실이 적어지는 원인으로 식물 생장호르몬의 작용이 설명되었지만 여기에서는 C/N율이 복합적으로 작용하여 수세, 꽃눈 분화, 결실상태가 결정되는 것으로 과수에서 수체의 C/N율과 나무의 생장 및 꽃눈 분화와의 관계를 [표 1-6]에서와 같이 설명하고 있다.

사과나무에서 추정한 이론을 보면 질소를 다량 시용하면 Ⅱ의 상태가 되고 질소를 전혀 시용하지 않은 관리불량의 초생 재배 사과원은 Ⅳ의 형태로 된다.

전정은 가지를 제거하는 작업이므로 눈을 없애게 된다. 눈의 제거로 잎수가 감소함으로써 광합성량이 줄어 결국 C의 함량을 감소시키므로 결국 N을 많게 하는 결과를 초래한다.

전정은 결실을 감소시키고 새 가지의 생장을 증가시킨다. 이러한 현상은 어린 나무에서 더욱 뚜렷이 나타나며 미결실수의 강전정은 영양 생장 기간을 연장시켜 결실연령이 늦어진다.

성목에서의 강전정은 일부 결실부위를 제거하게 되고 새 가지의 생장을 조장하게 된다. C/N율로 볼 때에도 유목에서는 약전정을, 노목에서는 강전정을 실시해야 나무를 이상적인 상태로 만들 수 있다.

<표 1-6> 나무조직내 탄수화물과 질소 농도가 생장과 결실에 미치는 효과

| 나무등급 | C와 N의 상대적 함량 | 영양 생장량 | 결실량 | 원 인 |
|---|---|---|---|---|
| Ⅰ | C/N | 불량 | 극소량 | 조기 낙엽, 강한 하기 정전 |
| Ⅱ | C/N | 강 | 불량 | 질소 과다시비, 강정전 |
| Ⅲ | C/N | 적당 | 양호 | 합리적 시비, 전정, 적과, 토양관리, 약제살포 |
| Ⅳ | C/N | 불량 | 감소 | 시비 부족, 관리 소홀 |

# 아. T/R률

　T/R률은 식물의 지하부에 대한 지상부의 생체 중 또는 건물 중의 비(比)로, 지상부와 지하부 생육의 균형을 평가하는 지표가 된다.

　전정은 지상부의 가지를 자르는 것이므로 T/R률을 변화시킨다. 일반적으로 식물의 T/R률은 1인 경우가 보통이다. 그러나 나무의 종류에 따라 그 비율은 차이가 있으며 사과는 2~5로 지상부 생육이 많은 편이다. 그러므로 전정을 어느 정도 해도 지상부와 지하부의 균형에는 지장이 없다.

　T/R률은 수령, 토양조건, 재배법 등에 따라 다른데 수령이 높아질수록 지상부는 줄기가 생장하여 증가하지만 뿌리는 늙으면 새 뿌리로 대치되기 때문에 T/R률이 높아진다. 또한 양분과 수분이 풍부할 때에도 T/R률은 높아지는데 이것은 뿌리가 깊게 뻗지 않아도 양분과 수분은 쉽게 흡수할 수 있기 때문이다.

　전정이 뿌리 생장에 미치는 영향에 대해서는 일찍부터 연구가 수행되어 왔는데, 사과나무에서 전정은 뿌리 생장을 감소시킨다. 영국의 이스트몰링연구소에서 계산한 왜성사과나무에서 뿌리의 발달상태와 T/R률은 M.1, M.2, M.9, M.16에 접목한 랜스프린스(Lanes' Prince Albert) 품종 11년생 나무는 T/R률이 식양토에서는 2.0~2.5이었고, 사양토에서는 0.7~1.0이라고 하였다. 또한, 5년생 골든딜리셔스/M.9에 대하여 T/R률은 재식거리에 따라 달라지는데 밀식의 경우에는 대략 6.2~7.3으로 지상부에 비하여 지하부가 매우 빈약함을 나타내고 있다.

　사과와 자두에서 전정은 수세에 영향을 미칠 정도로 새 뿌리의 생장량이 줄어 들고 생장기간이 감소되며, 사과나무에서는 전정과 적엽은 뿌리의 생장에 악영향을 미치며, 배나무에서도 같은 결과를 가져온다. 그러므로 전정은 지상부 생장을 억제하여 T/R률에 큰 변화를 가져올 것으로 생각되나, 결국 뿌리의 생장을 감소시키기 때문에 새 가지의 생장과 뿌리 생장간의 균형이 유지되는 것이다.

　자두에서 늦봄 전정은 6, 7월의 강한 새 가지 생장을 유발시켜 뿌리 생장을 억제시켰으나 8, 9월의 제2차 생장을 촉진시켜 새 가지와 뿌리의 균형은 결국 유지된다. 특히 여름전정은 뿌리의 생장을 억제시키는데, 블랙커런트 품종에서 7월말 새 가지의 제거는 흰 뿌리의 생장을 곧바로 억제시킨다. 그러나 이러한 나무들도 결국 새 가지와 뿌리무게 비율이 일정한 균형을 유지하게 되는데, 이는 전정 직후에는 뿌리의 생장은 억제되나, 그 이후 곧바로 회복되거나 오히려 촉진되기 때문이다.

그러므로 여름전정에 의한 새 가지의 제거는 일시적인 뿌리 생장을 억제시키는 결과를 가져오지만 동계전정에서와 마찬가지로 T/R률의 균형이 유지된다.

가을에 착색촉진 등을 위하여 적엽과 전정을 실시하는 경우가 있는데, 정도가 심하면 문제가 발생한다. 초가을 잎에서 방출되는 탄수화물은 늦가을 또는 이른 봄 생장에 필요하며, 수체내 탄수화물량은 충분하더라도 호르몬의 감소로 인하여 뿌리 생장은 억제된다.

여러 수준의 강도로 어린 사과나무 새 가지를 생장중에 제거하였을 때 광합성, 호흡 및 뿌리의 건물 중이 감소하는데, 새 가지의 전정을 하였을 때 뿌리의 건물 중이 36%가 감소된다는 보고도 있다. 결국 지상부를 전정하면 뿌리에 영향을 끼쳐 T/R률을 변화시킨다고 할 수 있으나, 새 가지를 제거함으로써 뿌리의 생장도 비례적으로 억제되기 때문에 과도하게 강한 전정을 실시한 경우가 아니라면 생장의 균형에는 큰 변화가 없다.

# 2. 전정과 광 환경 및 나무의 생장과의 관계

전정의 목적 중에서 가장 중요한 것은 나무의 크기, 수관 내부구조, 결실 부위의 분포 등을 조절함으로써 광의 이용을 개선하여 광합성 효율을 증진시켜 주는 것이다. 사과나무에서 청명한 날 수관내 광 투과는 부위에 따라 크게 다르며, 하루 중 광선의 흡수는 태양의 각도에 좌우되고, 수관 꼭대기로부터 1~2m까지가 최대가 된다. 전정은 수관내 광 투과와 결실이 최대가 되도록 하는 관리작업이다. 전정한 나무는 전정하지 않은 나무에 비하여 수량이 더 많은데, 투광이 더 좋아지고 햇빛에 노출되는 면적이 더 많아지기 때문이다.

　숨음전정을 하면 나무의 내부에까지 햇빛이 들어가게 되어 수량이 증가하게 되고, 햇빛에 더 많이 노출되어 과실의 착색이 좋아지게 된다. 전정, 결실 상태, 수관내 위치에 따라 수관과 잎의 생리가 바뀌어질 수 있다.


# 가. 수형과 광합성

　과수원 설계와 관리면에 있어서 가장 중요하게 고려해야 할 것이 광의 이용 및 수광 상태다. 나무 자체의 광합성 작용에 영향을 미치는 내적 요인으로는 잎의 구조, 엽록소 함량, 수분의 통도능력, 삼투적 적응성, 과실과 같은 강력한 양분 이용장소의 존재 등을 들 수 있고, 환경적 요인으로는 빛의 이용성, 온도 그리고 수분 등이 있는데, 인위적으로 조절할 수 있는 요인은 결실조절과 수형조절에 의한 나무의 광 이용 효율의 증대뿐이다.

　나무가 빛에 노출되면 빛의 흡수, 산란, 투과 등의 상호작용에 의하여 약 30%의 일사량이 잎에 의해서 흡수되며, 태양 에너지로 보아 28% 정도가 고에너지 형태인 탄수화물, 즉 당의 생산에 이용되는데, 과수에서의 정지, 전정은 이러한 과정이 최대로 발휘될 수 있도록 하는 것이다. 한편 나무에 흡수된 광선의 70% 이상이 열로 전환되어 증산에 필요한 에너지와 대기와의 접촉에 의한 대류 열 교환의 에너지로 쓰이는데, 이러한 생리과정을 통하여 나무가 수분을 이용하게 되고 잎과 과실의 온도가 조절된다.

　빛의 이용효율을 극대화시키기 위해서는 높은 수광률과 수관내에서 빛의 분포가 균일해야 한다. 포도의 덕식은 광 이용 효율이 높을 것으로 생각하기 쉬우나, 잎의 배열이 평면적으로 배치되기 때문에 전체 엽면적이 적고, 따라서 수광률과 광의 이용효율이 낮아 단위면적당 수량은 적다.

　과실 생산에 있어서 광의 중요성이 오래 전부터 인식되어 1920년에 벌써 사과나무의 수광률이 17%로 낮아지면 개화에 큰 지장을 준다는 것이 밝혀졌고, 그 후 수관의 부분 차광이 그 부위의 개화를 억제시킨다는 결과도 보고되었다. 광의 중요성과 결실 및 생육과의 관계가 밝혀졌고, 나무 크기와 전정이 수관내 결실부위의 수광

상태에 미치는 영향에 대하여도 연구되었다.

북반구에서 개화능력을 가진 단과지를 착생시키는 데에는 정상적인 광도의 30% 정도가 필요하다는 것이 밝혀졌고, 이 광량보다 낮으면 개화·결실이 안된다. 품질이 양호한 과실생산을 하기 위해서는 생장기간 동안의 광합성량이 30,000gm cal/㎠ 또는 평균 1일 240gm cal/㎠가 필요하다.

과수 재배양식이 소식재배일 때에는 수형에 따른 수광상태와 광합성이 크게 문제되지 않는다. 그러나 사과에서 왜성대목을 이용한 왜화재배가 등장하고 이에 따라 밀식 재배가 성행하면서 재식체계 및 수형에 따른 광합성에 대한 연구가 활발하다.

구미에서는 재식밀도에 따라 수형이 결정될 뿐만 아니라 관리체계까지 결정되므로 일종의 '종합 과실생산 체계'라는 개념으로, 재식거리에 따라 수형이 결정되고 모든 관리작업이 일관되게 연결되어 있는데, 이 때 가장 고려되는 것이 재식거리에 따른 효율적인 수광 및 광합성 문제다.

과수에서 수관내의 광분포에 미치는 수형의 영향이 잭슨(Jackson, 1980)과 팔머(Palmer, 1989)에 의해서 정리되었는데, 인용된 많은 연구는 수관내 광 투과에 미치는 수관구조의 중요성을 예시하였고 여러 가지 수형과 수관 크기가 수광상태에 미치는 영향을 예시하는 컴퓨터 모델까지 개발하였다.

과수원에 투사된 햇빛 중 수관에 의하여 차단되어 지면에 도달하지 못한 빛의 비율, 즉 나무에 의해 이용될 수 있는 빛의 비율을 수광률 또는 광차단률이라 하는데, 수광률은 재식거리와 정지방법에 의해 증가시킬 수 있으며, 일반적으로 과수의 수량은 수광률이 증가함에 따라 증가한다.

주간거리를 좁게 하고 기계화할 수 있게 열간거리를 넓게 하는 병목식 수형은 수광상태가 문제가 되기 때문에 가장 효율적인 수광상태를 나타내기 위한 나무 크기, 수형, 재식거리, 열의 방향에 대하여 연구가 수행되었는데, 이 연구에 의하면 [그림 2-1]에서 보는 바와 같이 북반구에서 사과나무가 생육할 때 꽃눈 분화기와 새 가지의 생장기에 가장 많은 광을 받을 수 있는 시기인 것을 알 수 있다.

즉, 꽃눈 분화기와 새 가지의 생육기는 태양의 입사각도가 가장 큰 시기, 즉 태양이 가장 높이 있는 시기라는 것을 알 수 있다. 그러므로 좋은 꽃눈 분화와 새 가지의 생장을 위하여는 수광상태를 최상의 조건으로 해 주어야 함을 다시 강조하고 있는 것이다.

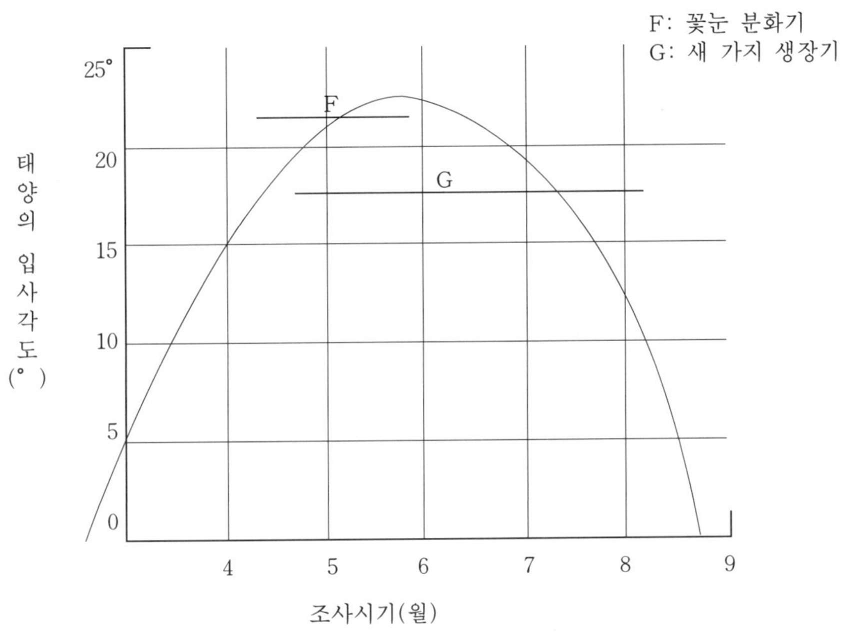


그림 2-1. 북반구에서 태양의 기울기의 연중분포 (New York, Geneva)

병목식 사과원의 수광률은 유목기에는 10%, 성목에서는 60~70%이며, 투과광선의 30~40%는 사과원의 물질생산에 기여하지 못하고 지면에 그대로 도달한다. 병목식 수형에서 효율적인 수광상태로 개선하기 위하여 여러 지형에 따른 재식방향과 수형, 재식거리에 관한 연구가 수행되었고, 병목식 사과원에서 조기 다수를 얻기 위해서는 얼마나 빨리 수광률을 높일 수 있느냐가 중요한 과제가 된다.

[그림 2-2]는 사과 4년생 골든딜리셔스/M.9의 재식밀도 시험결과인데, 수량은 수광률의 증가에 따라 직선관계로 증가하며, 수광률이 60% 부근에서 수량이 약 60톤/ha에 달하였다. 그러나 재식방법 및 수형에 따라 수광률이 70%에 달하는 경우도 있어 아직도 여전히 증가의 가능성을 보여 주고 있다.

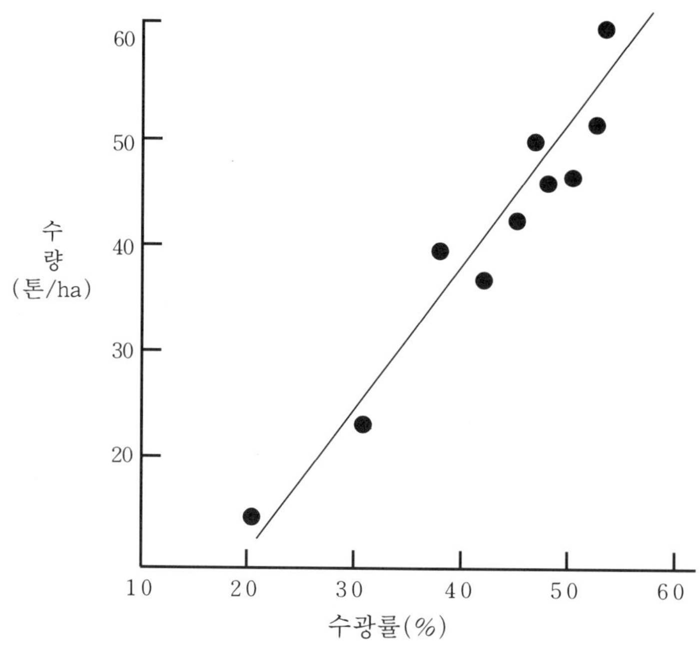


그림 2-2. 수광률과 수량과의 관계 (4년생 골든딜리셔스/M9 품종 이용)

한편, 잎의 번무 상태에 따라서 수광률이 달라지는데 M9의 초밀식 재배에서는 엽면적 지수(LAI)가 2.15일 때 일렬 재식 체계에서 가장 수광상태가 좋으나, 같은 재식밀도에서도 M2는 2.45로 과번무 상태가 되어 수광률이 저하된다. 이스트몰링연구소에서 시험한 결과는 성목에 도달한 병목식 사과원의 LAI는 1.5~2.6이었고, 최대 2.6을 나타내는 과수원은 과번무 상태였다고 한다. 일본 나가노현의 왜성사과원에 있어서 LAI는 2.0 전후였고, 2.4에서는 과번무 상태가 되었다고 한다. 수관이 클수록 잎 면적이 증가하여 빛의 흡수가 더 커지나, 너무 잎이 복잡하면 차광되어 광합성은 오히려 불량해진다.

따라서 LAI와 엽과비는 무조건 크다고 좋은 것이 아니라 얼마나 적절히 분포되어 있는가, 즉 얼마나 효율적인가가 중요하다.

그러나 잎의 수(LAI)가 아주 적은 상태에서는 나무의 크기나 수형이 투광에 큰 영향을 끼치지 않는다. LAI가 1.5 이상으로 커지면 나무의 크기나 수관의 모양이 투광에 영향을 끼치게 된다. LAI가 3.0 정도로 되면 왜성인 사과나무에 비해 일반 사과나무 수관 내부의 투광은 20% 정도 더 적게 된다.

이론적으로 볼 때 지면까지 투과되는 광이 거의 없어지면서 잎이 입체적으로 고루 분포되어 있는 상태가 가장 효율적인 광합성을 할 수 있는 수관이다. 이런 상태를 나타내는 수형으로는 수평 또는 사립 울타리형을 들 수 있으며, 이 수형은 LAI가 2로서 유효광의 2/3 이상을 수광할 수 있다.

사과 초밀식 재배에서 주간형, 수직축형, 세장방추형 수형에 있어서 수관발달, 수광상태 및 수량과의 관계를 살펴보면, 수광률은 전체 단과지 및 새 가지의 엽면적이나 과실생산량과 높은 고도의 상관을 나타내어, 수광률은 밀식 재배의 성공 여부를 좌우하는 중요한 요인이 된다. 그러므로 수형별 수량은 재식주수가 가장 적은 Y자 수형/M.26이 재식주수가 많은 세장방추형/M.9, 주간형/M.9/MM.111, 주간형/M.7보다 많은데, 이는 수광률이 Y자 수형에서 가장 높기 때문이다.

일본의 후지 품종에 대한 수형 시험에서도 Y자 수형에서 과실 품질이 좋고 수량이 많았는데, 이것은 Y자 수형이 주간형에 비해 수관 점유율과 최적 엽면적 지수가 높기 때문이라고 하였다.

또한, Y자 수형의 건물생산이 더 효율적이고 과실로의 광합성 산물 분배율이 더 높아서 당도와 수량이 더 높은데, 이는 Y자 수형에서는 수관이 V자형으로 되며 잎이 고루 분산되어 평균 투광률이 20% 이상 높고 수관 전체에 고루 미친 반면, 주간형 수형에서는 수관이 원통형으로 되어 잎이 수관 주위에 집중되며, 수관 외부의 광도가 더 높은 경향이 있어, 낮은 엽면적 지수에도 불구하고 광합성률이 더 높은 것으로 추정된다.

또한, 사과의 Y자 수형의 단과지 수관은 원추형 수관보다 수광률이 20~30% 더 높고, 수량과 엽면적 지수와의 상관은 단과지가 발육지보다 더 높다.

복숭아나무는 원래 수광률이 높아야 원활한 생육을 보이기 때문에 오래 전부터 배상형이 일반화되었으나 밀식재배가 성행하면서 새로운 수형 개발이 이루어지고 있다.

[그림 2-3]에서 보는 바와 같이 V자 수형(KAC-V)은 코돈형, 밀식 수직 V자형과 함께 배상형 수형보다 수광률이 더 높고, 가지와 잎 생장이 더 좋은 것으로 나타나, 결국 수광률을 높일 수 있는 수형에서 경제성이 높음을 알 수 있다.

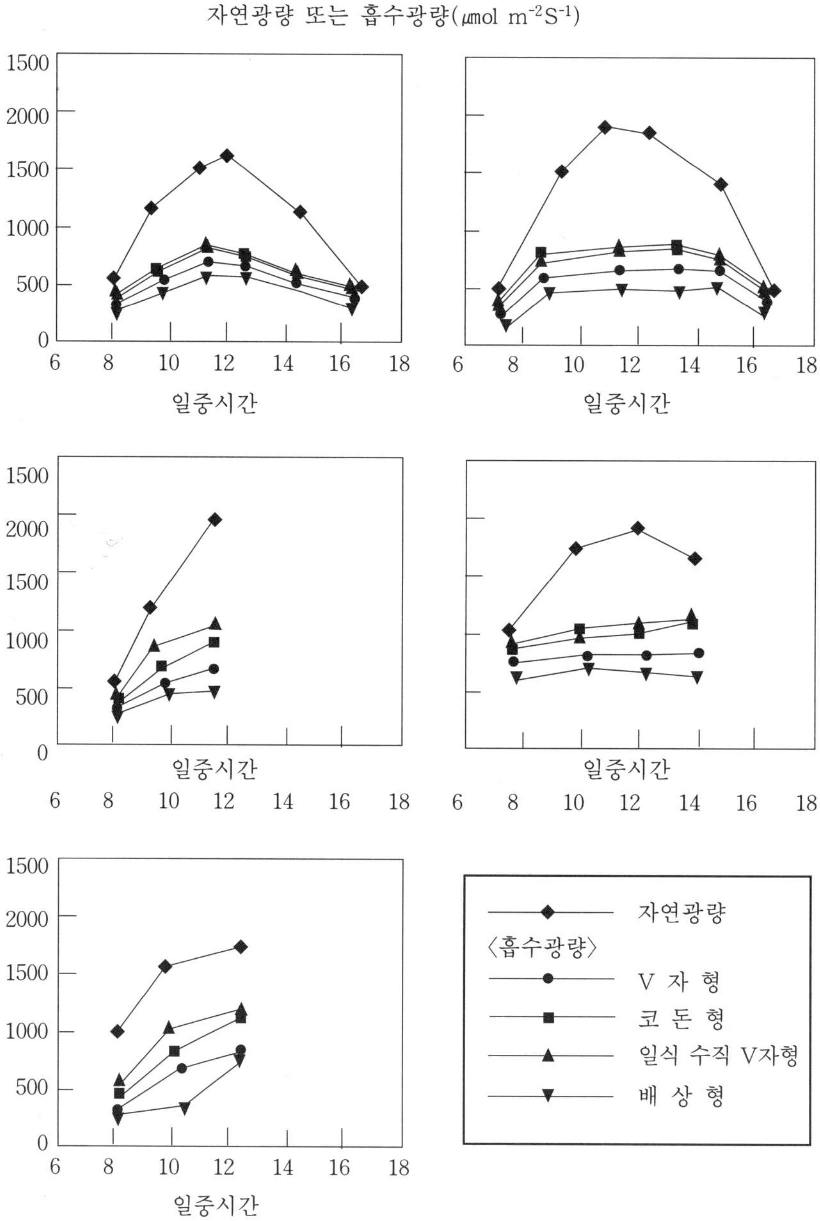

그림 2-3. 복숭아 수형별 흡수광의 일변화

결국 수형은 부피/표면적 비율에 영향을 미치는 것이고, 수관이 태양광선에 가능한 많이 노출됨으로써 광합성 효율을 높일 수 있느냐가 가장 중요하다. 그러므로 수형을 구성하는 목적은 수광률을 향상시키는 데 있고, 이것은 과실의 결실량 증대로 이어지게 된다. 그러므로 수형이 복잡하여 수광상태가 불량한 나무는 생산효율이 떨어지고 과원관리도 복잡하게 된다.

충분한 햇빛을 받지 못하는 엽면적은 나무의 크기에 의하여 결정되는데, 작은 나무는 큰 나무보다 크기에 비해 단위면적당 표면적이 더 크기 때문에 적당한 햇빛을 더 받는다. 만일 나무가 연속적인 완전한 원추형이고 효과적인 빛을 1m 이상 투과시키지 않는다고 가정한 상태에서 수고를 5m에서 2.5m로 낮추면 길게 그늘지는 부위는 전체 나무 부피의 24.4%에서 1.6%로 감소된다.

그러므로 결실에 나쁜 영향을 미치는 제한 요인은 바로 그 나무 자신의 그늘이다. 수고가 높으면 수관 상부는 그 나무의 하부는 물론 인접한 나무의 하부에 그늘을 만든다. 이러한 그늘은 밀식 재배에서 불리한 조건으로 작용한다.

구형의 연속적인 수관을 가지는 큰 나무에서는 뚜렷이 구분되는 광지역이 있다. 바깥쪽의 과실과 잎은 필요 이상 혹은 충분한 빛을 받고, 두번째 층은 적당한 빛을 받으나, 나무의 중심부는 좋은 품질의 과실을 생산하기에는 불충분한 빛을 받는다.

생산성을 높이는 방법은 빛을 충분히 받지 못하는 비생산적인 지역을 제거함으로써 과수원 전체에서 햇빛을 충분히 받는 생산적인 수관의 점유된 면적을 늘리는 것으로 이를 통하여 과수원의 전반적인 효율이 개선된다. 따라서, 수광상태를 고려해 볼 때 무지주 재배에서는 수고가 수폭보다 더 커서는 안 되고 울타리 수형에서는 열간 거리보다 수고가 크면 안 된다.

왜화 재배에서는 나무가 작아서 수관의 내부까지 햇빛이 잘 들어간다. 따라서, 광합성이 활발하기 때문에 일반 재배에 비하여 품질이 좋은 과실을 더 많이 생산할 수 있다. 그러므로 왜화성 대목의 이용은 나무를 왜화시키기 때문에 생산적인 잎의 비율을 증가시킬 수 있어 교목성 나무에 비하여 생산효율이 높다.

수관 내부는 햇빛의 투광량이 적어 결실이 불량하고 품질이 나쁜 작은 과실이 달린다. 과거에는 수관 내부의 그늘이 많이 진 곳의 결실 부위 전부를 제거해 버리는 것이 일반적인 방법이었으나, 효율을 증가시키는 데는 아무 효과가 없었을 뿐만 아니라 결실 부위를 계속 제거하게 되어, 결실 부위가 위쪽으로 또는 바깥쪽으로 옮겨



2. 전정과 광환경 및 나무의 생장과의 관계

가서 수관만 확대시키는 결과를 가져오게 된다.

이 방법은 재식거리가 넓은 소식 재배에서는 비효율적이기는 하더라도 허용될 수 있으나, 밀식 재배에서는 적용할 수 없다. 따라서 이상적으로 수형을 구성하여 수관이 확대되지 않으면서 수광상태도 좋게 하여 결실량을 늘릴 수 있는 방법을 강구해야 한다.

한편, 수형에 따른 광합성 효율을 직접 비교한 연구는 그다지 많지 않다. 다섯 가지 수형을 가지고 수관 표면에 대한 광합성률을 조사한 결과에 의하면, 팔메트형과 주간형은 오전에는 수관 동편에서 오후에는 수관 서편에서 광합성률이 높은데, 세장방추형과 전정 및 무전정 링컨 수형은 동서간에 차이가 없다.

이러한 면에서도 세장방추형은 좋은 수형으로 인정되는 것이다. 그러나 7가지 수형을 공시하여 수행한 연구에서 광합성, 광투과율을 조사한 결과에 의하면, 모든 수형에서 수관 상부에서 수관 하부로 갈수록 광합성, 광투과율 값은 떨어지는데 감소율의 정도는 수형에 따라 다르다.


## 나. 전정과 광합성

전정은 수형을 만들어 가면서 수관 내부로의 투광을 증대시키는 목적을 갖고 있기 때문에 잎의 구조와 광합성에도 영향을 미친다. 전정은 과수의 엽면적을 감소시키지만 손실분을 보충할 정도로 가지가 다시 생장한다. 과수는 생육 중기나 후기에 하계전정을 실시하면 재생장이 일어나지 않는다. 따라서, 이 시기의 전정은 나무의 엽면적을 영구적으로 감소시킨다. 만일 동계전정 중 과도하게 자름전정을 실시하면 과다한 새 가지의 발생으로 수관 외부에 외층을 형성하여 광의 투과를 방해한다. 결국 전정을 잘못하면 오히려 광합성 작용을 저해하여 손해를 보게 되는 경우도 있게 된다.

그러나 전정은 잎의 크기, 엽육조직 세포의 크기 그리고 엽면적당 엽록소 함량을 증가시킬 뿐만 아니라 잎의 수분함량을 증가시킴으로써 하루 중 기공이 열려 있는 시간을 연장시킨다. 따라서 광합성이 증가되고 수광률과 수관내 광분포를 개선하기 때문에 광합성에 간접적으로 영향을 미치게 된다.

자름전정으로 생긴 많은 생장점은 양분의 새로운 수용 부위가 되기 때문에 결국 광합성을 촉진하게 된다. 생육기간 중의 잎의 광합성 능력은 잎의 나이가 지남에 따라 서서히 저하되는데, 자름전정은 가지의 노화를 지연시키기 때문에 광합성 능력을 이전 상태로 높게 회복시킬 뿐만 아니라 그 후의 감소율도 낮출 수 있는 것으로 보인다. 그러므로 사과의 여름철 자름전정은 전정하지 않은 나무의 새 가지의 기부 잎보다 전정 11일 후에는 36%, 39일 후에는 추가로 23%나 순동화량이 증가하였다.

수광상태를 좋게 하는 것은 동계전정이나 하계전정 모두 자름전정보다는 솎음전정이 효과적이다. 솎음전정은 광 투과를 개선하고 남은 가지의 광합성과 결실을 촉진하는 효과가 있기 때문에 최근의 전정은 솎음전정을 강조하는 경우가 많다.

복숭아에서 도장지 제거를 주로 한 하계전정은 실시하지 않았을 때 10%에 불과하던 수관내 투광률을 90%로 증가시켜 대과 비율과 수량은 증가시키지만 과실의 착색에는 영향이 없었다.

광합성에 유효한 광은 착색률과 정(+)의 상관을 보이지만 복숭아는 상관계수가 낮아 저광도에서도 착색에는 지장이 없다. 복숭아 나무의 수관은 사과나무와는 달리 하계전정을 할 때쯤에는 이미 개장되어 있기 때문에 하계전정으로 투광량이 증가하지 않는다.

덩굴성 과수인 포도에서도 이상적인 수형이 되지 못하면 광합성은 물론 광합성 산물의 분배, 과실 발달이 원활치 못하고 줄기생장만 무성하게 되는 결과를 초래하므로 기본 골격을 유지하며, 광합성 효율을 높이고, 광합성 산물을 균형있게 분배하여 과실의 발달을 돕는 수형을 개발해야 한다.

포도 새 가지를 수평, 수직, 아래로 유인한 결과, 광합성과 기공 전도도는 아래로 유인한 가지에서 가장 낮기 때문에 새 가지의 유인이 중요한 작업이 되는 것이다.

포도에서 단초전정을 실시한 나무와 최소로 전정한 나무의 엽면적은 발아 4~5주 후에는 단초전정을 실시한 나무가 4~5배로 많으나, 개화기 무렵에는 2배이고, 수확기에는 오히려 최소로 전정한 나무가 더 커서 광합성량도 더 많다. 결국 전정에 의한 엽면적 확대보다도 광의 흡수효율이 높아야 함을 의미한다.

전정에 의한 직접적인 광합성 효율의 증가 이외에도 동계의 강전정은 배나무의 목질부의 부피를 감소시킴으로써 목질부의 호흡에 의한 광합성 산물의 소비를 줄임으로써, 결국 광합성 효율을 높이는 결과를 가져온다는 이론도 있다.

## 다. 전정과 저장양분

전정에 의한 가지의 제거는 저장양분을 변화시킬 수 있다. 동계전정은 가지내의 전분과 가용성 당함량을 감소시키는데, 동계전정하면 전정하지 않을 때보다 전분과 가용성 당의 축적이 더 늦게 시작된다. 그러나 일반적으로 배나무의 단과지와 사과나무 유목의 잎, 새 가지, 뿌리의 저장 탄수화물은 동계전정으로 영향을 받지 않는다.

사과 유목의 동계전정과 눈의 제거로 전 탄수화물 함량은 크게 변하지 않으나, 생육초기의 탄수화물 대사는 전정한 나무와 전정하지 않은 나무간에 크게 달라 전정한 나무의 가용성 당은 더 높고 전분 축적은 오히려 적다.

영양 생장이 왕성한 사과나무는 개화 후 90일까지는 전정한 나무의 1년생 가지에서의 전분 축적은 지연되었으나, 90일간의 생장기간이 끝날 때쯤에는 전분함량 수준이 같게 된다. 이는 전정의 영향을 크게 받지 않는 유목에 대한 연구 결과이나 성목에서는 전정에 의하여 광합성률이 높아져 저장양분도 많아져서 좋은 생장을 보이게 된다.

# 3. 전정과 나무의 호르몬 변화

전정은 나무에서 분열조직의 수를 감소시키는데, 이는 식물 호르몬의 공급부위 혹은 수용 부위를 제거하는 것으로 호르몬의 균형은 물론 뿌리에서 공급되는 호르몬과 지상부와의 균형을 일시에 깨뜨리는 결과를 초래한다.

가령, 가지를 자르면 생리적으로 중요한 사이토키닌을 생산하는 뿌리는 그대로 남아 있어서 지상부의 감소로 인하여 지상부의 눈이 공급받을 수 있는 양은 상대적으로 증가하게 된다.

수체내 호르몬 균형의 변화는 대사작용에 직접 또는 간접적으로 영향을 미치고, 그 결과 생장량과 생장양상이 달라지는 것을 쉽게 예상할 수 있다.

전정에 의한 수체의 호르몬 균형의 변화에 대한 근본적인 이해는 식물생장 조절물질의 이용에 의한 전정작업의 간편화나 전정효과의 극대화에 필수적이므로 이에 관해 좀 더 체계적인 연구가 필요하다.

여기서는 과수의 생장기간 동안 일어나는 내생호르몬의 변화를 살펴본 다음, 흔히 지상부나 지하부의 절단을 의미하는 좁은 의미의 전정과 단근과 유인 등을 포함하는 넓은 의미의 전정에 따른 나무의 생장 및 호르몬 변화와의 관계를 알아보기로 한다.

# 가. 나무의 생장과 호르몬

품종, 환경, 재배기술 등에 따라 작물의 발육량이나 발육양상이 변화하기 때문에 발육과정을 인위적으로 조절하기 위해서는 이러한 요인의 영향이나 작용기구를 정확히 이해할 필요가 있다.

또한, 근본적으로 식물체의 생장과 발육에 직접적으로 주도하거나 간접적으로 영향을 미치는 식물체내 호르몬의 변화와 이에 의하여 조절되는 대사과정의 변화가 설명되어져야 하지만, 이러한 관점의 연구가 과수를 대상으로 이루어진 경우는 거의 없다.

그럼에도 불구하고 나무의 생장변화와 내생호르몬의 변화와의 관계를 살펴보면 전정과 이에 관련된 작업들에 미치는 영향을 짐작하는 데 도움이 될 것이다.

## 1） 호르몬의 주년 변화

호르몬과 사과나무의 생장과의 관계를 설명함에 있어 뿌리에서 유래된 사이토키닌과 정아에서 유래된 옥신의 역할이 매우 중요하다.

정아에서 합성된 옥신은 대사물질을 정부로 동원하는 기능이 있어 계속적인 잎의 분화를 가능하게 하고, 어린 잎에서 합성된 지베렐린은 정아의 옥신 합성을 촉진시킬 뿐 아니라 옥신과의 상조작용으로 절간생장을 촉진시킨다. 그러나 잎의 성숙과 함께 늙은 잎에서 생산되는 아브시스산의 증가와 뿌리에서 공급되는 사이토키닌의 감소로 가지의 생장은 정지된다.

이러한 설명은 영양 생장 억제제의 기작이나 과수의 정부우세성 등을 설명하는 한 모형은 될 수 있으나, 이를 뒷받침할 수 있는 체계적인 증거가 과수에서 제시된 경우는 거의 없다.

[그림 3-1]은 17년생 사과나무의 목질부액에서 조사한 옥신과 사이토키닌의 계절적 변화를 나타낸 것인데, 모두 봄의 나무 생장과 함께 그 농도가 증가하며 만개기를 전후로 최대치를 보이다가 가지의 생장 중지기에는 최저치를 보이고 있다. 그러나 정아에서 유래된 옥신과는 달리 뿌리에서 합성되어 상향 이동하는 옥신의 기능에 대해서는 명확히 설명된 것이 없다.

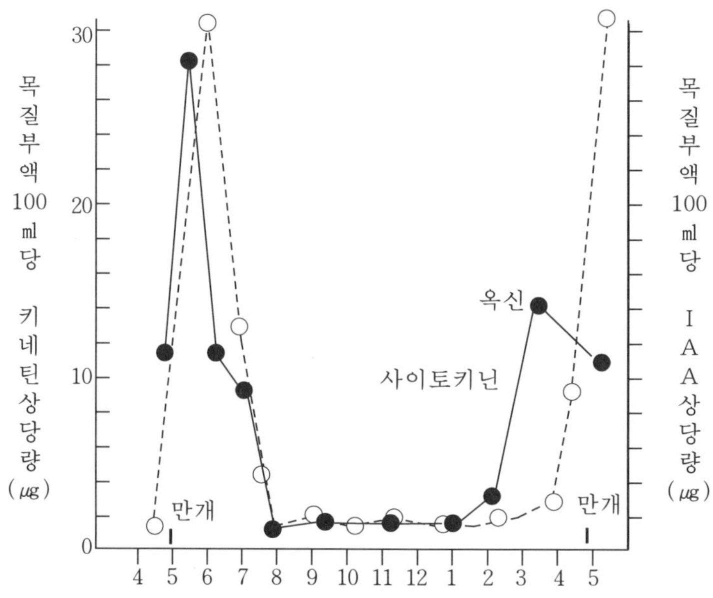


그림 3-1. 사과나무 목질부액의 옥신과 사이토키닌 농도의 계절적 변화

사과 콕스 오렌지(Cox's Orange Pippin)와 디스커버리(Discovery) 품종의 목질부액에 존재하는 사이토키닌의 농도와 종류에 대한 계절적 변화 양상을 살펴보면 외부적인 눈의 크기가 증가하기 전인 2월부터 사이토키닌의 농도가 증가하기 시작하며 전엽 후 감소하여 겨울까지는 매우 낮게 유지된다.

또한, 이들은 전체의 80% 이상이 지아틴(zeatin)과 지아틴 리보사이드(zeatin riboside)로 이소펜테보아데닌(isopentenyladenine)계통은 매우 낮다. 이와 같이 가시적인 눈의 생장 훨씬 이전부터 사이토키닌이 증가하는 것은 나무의 내적 휴면완료와 관계가 깊을 것이라는 가설이 제시되고 있다.

## 2) 품종간 호르몬 차이

[그림 3-2]는 배나무 신수와 풍수 품종의 측아에 있어서 호르몬 농도의 계절적인 변화를 조사한 결과인데, 두 품종에 있어서 계절적인 변화 양상은 큰 차이가 있는 것으로 보기는 어렵다. 그러나 정부우세성이 강하고 새 가지의 생장이 늦게까지 진행되어 꽃눈 형성이 상대적으로 나쁜 신수 품종의 측아는 옥신과 지베렐린이 높은 반면, 꽃눈 형성이 좋은 풍수 품종의 측아는 사이토키닌의 농도가 상대적으로 높다. 특히 꽃눈 분화 직전인 6월 20일경부터 풍수 품종 측아의 사이토키닌 농도 증가가 두드러지는 것은 꽃눈 분화와 사이토키닌과의 밀접한 관계를 시사한다.

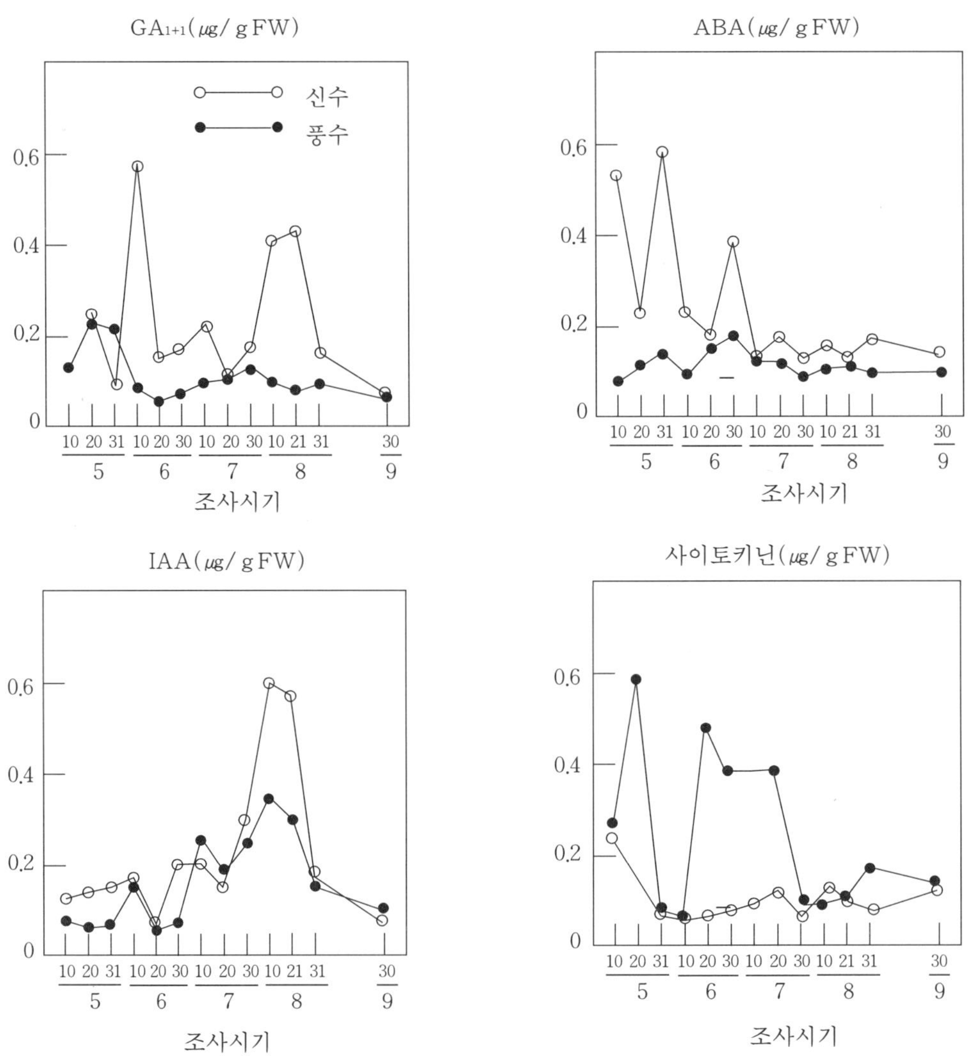


그림 3-2. 신수와 풍수 배나무 측아의 호르몬 농도의 계절적 변화

이와 같이 과수의 생장단계 변화나 생장습성 차이는 내생호르몬의 질적 혹은 양적 차이나 변화에 기본을 두고 있는 것으로 생각된다. 따라서 전정이라는 작업을 통하여 나무가 절단되거나 스트레스 조건에 놓이게 되면, 내생호르몬의 변화가 있으리란 것은 쉽게 예측할 수 있다.

사과나무의 지상부와 지하부 온도가 발아에 미치는 영향을 조사한 바에 의하면, 여러 온도 조합에서 목질부액의 사이토키닌 농도는 증가하지만 발아가 잘 되는 온도조건에서만 이후의 농도 감소가 있음을 밝힌 것도 생장과 내생 호르몬 변화의 밀접한 관련성을 입증하는 것이라 할 수 있다.


## 나. 자름전정과 내생호르몬의 변화

### 1) 지상부 전정

수체생장의 변화는 내생호르몬의 변화와 깊게 관련된 것으로 볼 수 있다.

[표 3-1]은 지상부 전정이 사과나무의 생장에 미치는 영향을 나타낸 것으로 전정 정도가 강하면 강할수록 잎의 면적과 무게의 감소가 나타난 바와 같이 전체적인 영양 생장은 감소하나 남아 있는 눈의 생장속도는 훨씬 빠르고 생장량도 많아 새 가지의 생장이 양호함을 알 수 있다.

<표 3-1> 전정이 사과나무의 새 가지 생장률, 엽중 및 엽면적 변화에 미치는 영향

| 시기별 | 전정수 | | | 무전정수 | | |
|---|---|---|---|---|---|---|
| | 새 가지 생장률 (mm/일) | 엽 중 (mg) | 표면적 (cm²) | 새 가지 생장률 (mm/일) | 엽 중 (mg) | 표면적 (cm²) |
| 5월 23일~30일 | 25±2 | 99±7 | 4±0.1 | 37±16 | 156± 9 | 7±0.1 |
| 6월  2일~10일 | 57±22 | 256±11 | 10±2.5 | 미조사 | 미조사 | 미조사 |
| 6월 11일~20일 | 103±31 | 미조사 | 미조사 | 65±15 | 289±16 | 11±1.5 |
| 6월 21일~30일 | 48±9 | 284±24 | 10±2.0 | 미조사 | 457±21 | 20±0.5 |
| 7월  1일~10일 | 107±25 | 353±17 | 15±1.5 | 25±7 | 465±44 | 17±1.5 |
| 7월 11일~25일 | 393±15 | 393±15 | 19±0.1 | 55±8 | 469±11 | 18±0.5 |

※ 3년간 조사치의 평균임
※ Alnarp 2 대목에 아접(芽接)한 McIntosh 사과 1년생을 공시하였음
※ 전정은 생장개시 1개월 전 새 가지의 2/3를 절단하였음


[그림 3-3]과 [3-4]는 자름전정 이후 남아 있는 눈에서 내생호르몬의 변화를 조사한 것이다. 전정한 나무의 사이토키닌, 옥신 및 지베렐린 농도가 전정을 하지 않은

나무에 비해 훨씬 높은데, 특히 발아기에는 주간과 주지의 사이토키닌 농도가 4배 정도 높다. 생장이 시작되면서부터 전정한 나무의 새 가지에서 특히 지베렐린 농도가 높은데 이와 같은 내생호르몬의 변화가 새 가지의 왕성한 생장을 뒷받침하는 것이다.

따라서 다음과 같은 중요한 결론을 얻을 수 있다.

① 전정의 실시 여부에 관계없이 조사된 세 종류의 호르몬 모두 영양 생장 초기의 한 달 동안 그 농도가 가장 높고 이후 급속히 감소하며,

② 전정한 나무의 호르몬 농도가 전정하지 않은 나무에 비하여 월등히 높고,

③ 호르몬 활성은 주기성(週期性)을 나타낸다는 것 등이다. 호르몬 활성의 시기별 변화는 특히 자름전정한 나무에서 두드러진데, 초기 생장 개시와 함께 사이토키닌 농도가 최고치를 나타낸 다음 옥신이 증가한 후 다시 지베렐린이 증가함을 알 수 있다.

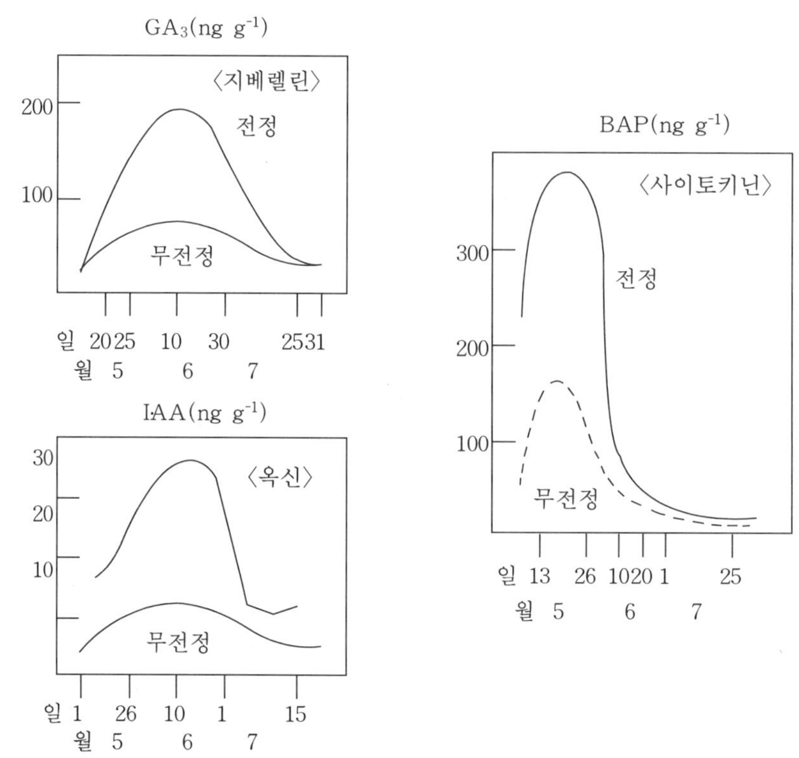


그림 3-3. 사과나무의 자름전정이 주관과 주지의 호르몬 변화에 미치는 영향

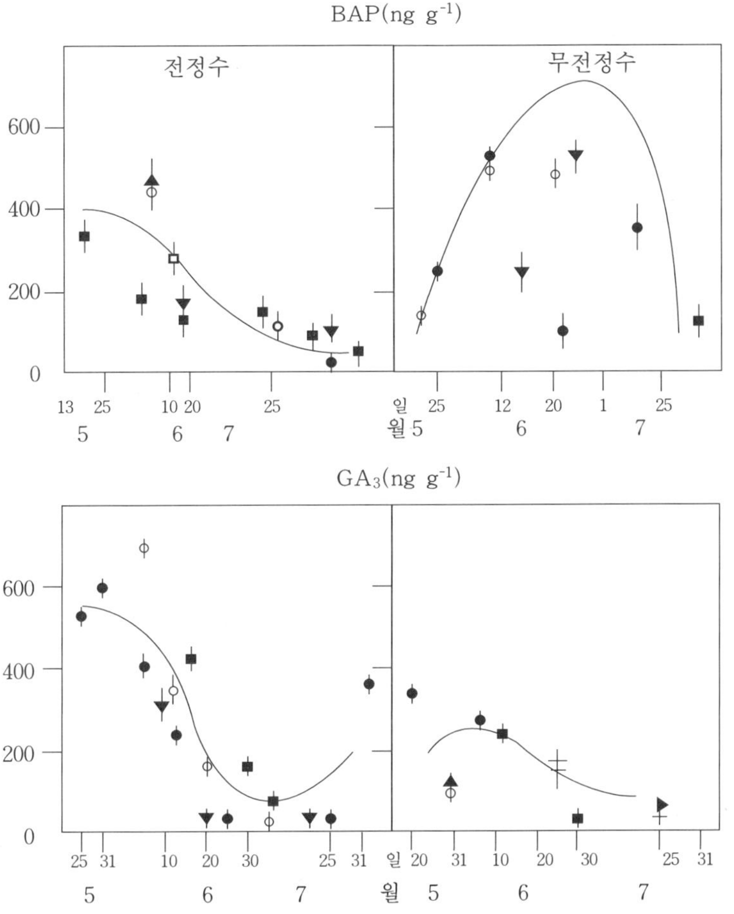


그림 3-4. 사과나무의 자름전정이 새 가지의 호르몬 변화에 미치는 영향

뿌리에서 합성되어 목질부를 통하여 지상부로 이동하는 사이토키닌은 지상부의 전정강도가 심하면 심할수록 남아 있는 눈에서 농도가 높고 그 활성이 강하기 때문에 왕성한 생장을 조장하는 계기를 만들고, 이는 다시 생장에 필요한 옥신의 요구를 대체하거나 지상부에서의 옥신과 지베렐린 합성을 촉진하여 새 가지의 생장을 촉진시키는 것으로 생각된다. 또한 자름전정의 강도가 강할수록 생장이 늦게까지 계속되고 잎의 노화가 지연되는 것도 뿌리에서 공급받을 수 있는 사이토키닌의 양과 무관하지는 않을 것으로 생각된다.

## 2) 지하부 전정

지하부 전정인 단근은 지상부의 영양 생장을 억제할 목적으로 실시하는데, 이것이 생장에 미치는 효과에 대해서는 많이 보고되어 있다. 뿌리의 상당 부분을 제거하기 때문에 양수분의 흡수면적이 감소하고, 따라서 양수분 부족으로 인하여 지상부의 생장이 감소하리라는 것은 쉽게 짐작할 수 있다.

또한 단근에 의한 사이토키닌과 지베렐린 등의 합성 부위 감소는 단근에 의해 필연적으로 유기되는 수분 스트레스에 의한 ABA 증가와 함께 생장억제 방향으로 작용할 것이다. 그러나 뿌리가 절단된 과수에 있어서 이러한 호르몬의 양적 변화를 분석한 보고는 매우 드물다.

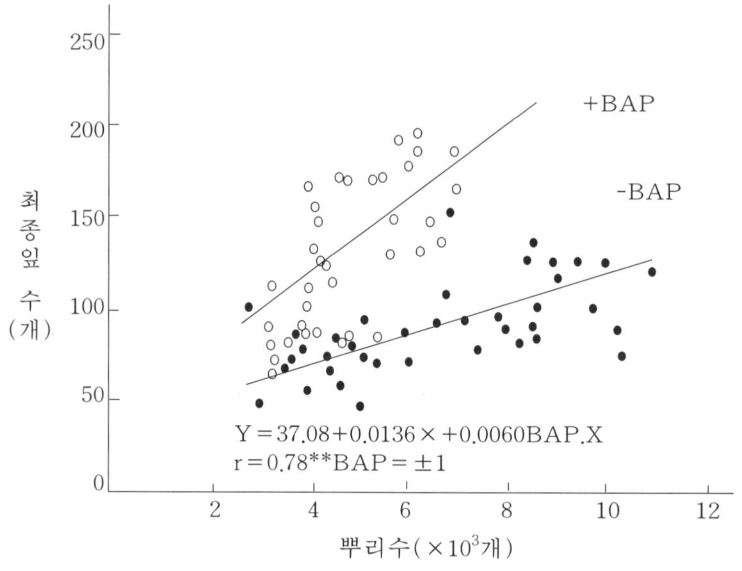


그림 3-5. 복숭아 나무의 뿌리수와 잎수와의 상호 관계

뿌리에서 공급되는 사이토키닌과 지베렐린 등이 지상부 영양 생장에 직접적으로 영향을 미친다는 보고가 많은데, 단근으로 인한 이들 호르몬의 감소가 지상부의 생장을 억제시킬 수 있다. 가령 뿌리생장을 물리적으로 제한한 감나무에 사이토키닌을 처리하면 지상부 생장을 크게 회복시킬 수 있다거나, [그림 3-5]에 나타난 바와 같

이 뿌리수가 적은 복숭아나무에 합성 사이토키닌을 처리하면 지상부 생장을 증가시킬 수 있는 것 등은 뿌리에서 공급되는 호르몬이 지상부 생장에 중요한 영향을 미치는 증거임에 틀림없다.

## 다. 유인, 환상박피 등에 의한 내생호르몬의 변화

### 17 가지 유인과 생장억제제 처리

가지 유인이나 생장억제제 처리는 새 가지의 생장을 억제시키고 꽃눈 형성을 촉진시킬 수 있는 과수원 관리상 중요한 작업의 하나다. [그림 3-6]은 새 가지의 직립성이 강한 배 신수 품종을 공시하여 6월 10일 3,000ppm의 SADH 살포나 수평유인 처리가 새 가지의 생장과 마디수에 미치는 영향을 조사한 결과로, 이러한 처리는 새 가지의 생장과 마디수의 증가를 억제시킬 수 있음을 알 수 있다. 또한 가지 유인에 의한 새 가지의 생장억제 효과는 유인 시기가 빠를수록 크다.

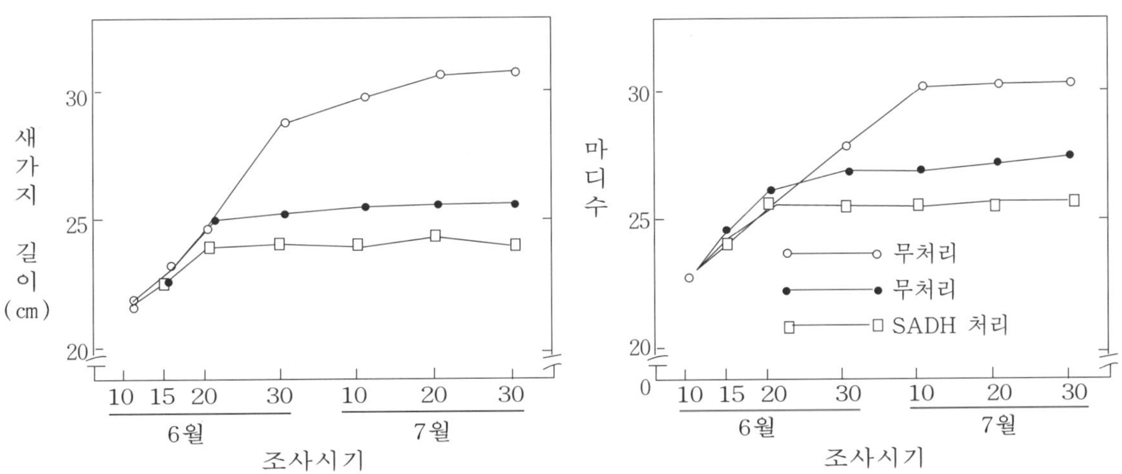


그림 3-6. 수평 유인과 SADH 처리가 신수 배나무의 새 가지의 생장에 미치는 영향

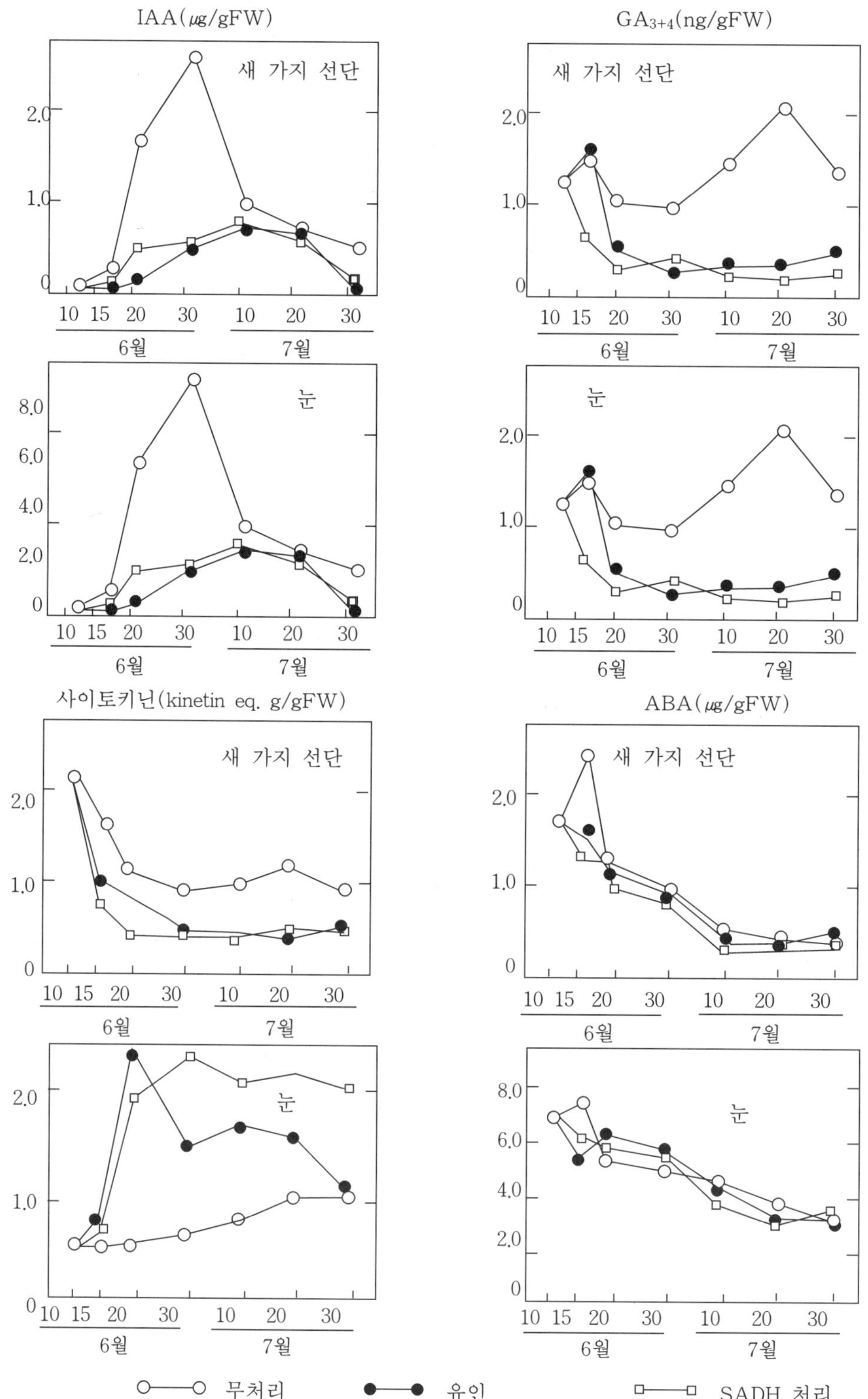



그림 3-7. 유인과 SADH 처리가 신수 배나무의 새 가지 정단부와 측아의 호르몬 변화에 미치는 영향

[그림 3-7]은 새 가지의 수평유인과 SADH를 처리한 신수 배나무에 있어서 새 가지의 정단부와 측아의 호르몬 변화를 시기별로 조사한 것으로 대조구 나무의 새 가지 정단부의 옥신은 새 가지의 생장이 왕성한 6월 30일까지 급격히 증가하지만 유인 혹은 SADH를 처리한 나무에서는 그 증가가 완만할 뿐 아니라 그 농도도 반 이하로 줄어드는 데 반하여 측아에서는 오히려 증가하며, 지베렐린도 대조구의 새 가지의 정단부에서만 7월까지 증가하여 새 가지의 왕성한 생장을 뒷받침할 수 있는 것으로 생각되나 생장억제제 처리가 된 나무에서는 새 가지의 정단부나 측아 모두 지베렐린이 급격히 감소하는 것으로 나타났다. 6월 10일 이후 새 가지의 정단부에서는 사이토키닌 농도가 감소하지만 유인이나 SADH가 처리된 나무의 측아에서는 현저한 사이토키닌 농도 증가가 일어나고 있다. 그러나 유인이나 SADH 처리 이후의 ABA 감소는 처리에 따른 특별한 변화로 보기는 어려울 것으로 생각된다.

이와 같이 가지 유인이나 생장억제제 처리로 나타나는 새 가지의 생장억제는 내생호르몬 특히 새 가지의 옥신과 지베렐린 감소 그리고 이 때 증가되는 꽃눈 형성 증가는 측아의 사이토키닌 증가에서 그 원인을 찾을 수 있다.

또한, 가지 유인이나 생장억제제 처리는 에틸렌 농도를 증가시키는데, 이러한 이유로 가지 유인에 의한 꽃눈 분화가 촉진되는 원인을 에틸렌과 관련시켜 설명한다. 실제로 꽃눈은 잎눈보다 에틸렌 농도가 높다.

## 2) 환상박피

영양 생장을 억제하거나 생식 생장을 촉진하는 환상박피는 과수 재배에서 흔히 이용되는 기술인데, 환상박피의 효과는 수체내 호르몬의 변화 측면에서도 설명할 수 있다. 환상박피에 의하여 새 가지의 생장이 감소하는 원인을 뿌리에서 지상부로 공급되는 호르몬의 감소에서 찾을 수 있는데, 이는 [그림 3-8]에서도 쉽게 알 수 있다. 복숭아의 경우 과실생장 제2기에 환상박피를 실시하면 뿌리에서 공급되는 사이토키닌과 지베렐린의 양이 현저하게 감소된다.

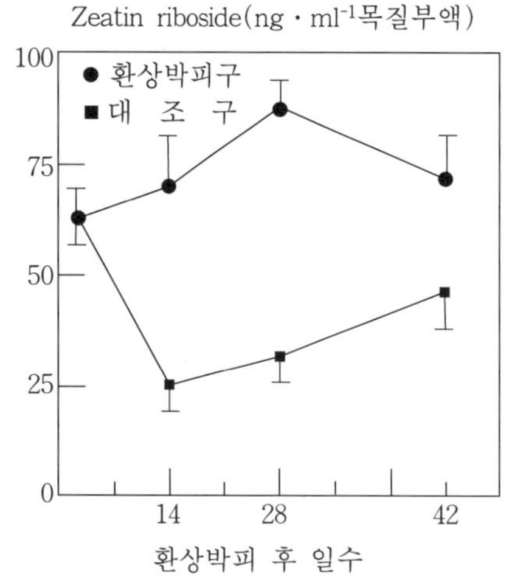


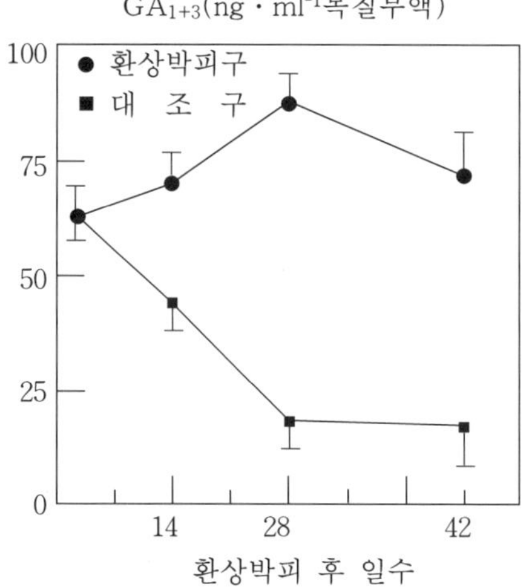


그림 3-8. 환상박피가 목질부액의 사이토키닌과 지베렐린 농도에 미치는 영향

## 3/ 가지의 분지 각도

과수에 대한 사이토키닌 계통의 생장조절제 처리는 곁가지의 생장 유도는 물론 가지의 분지 각도를 넓히는 효과가 있으므로 가지 발생이 나쁜 과종이나 품종에 있어서는 유용하게 이용할 수 있는 방법의 하나다. 분지 각도가 다른 가지의 사이토키닌 농도를 실제로 조사·분석한 보고는 드물지만 사이토키닌을 주간에 주입하거나, 엽면살포로 유기시킨 곁가지의 분지 각도가 넓어진다는 보고는 많다. 또한, 분지 각도가 넓은 가지는 좁은 가지에 비해 에틸렌 농도가 높다는 보고도 있다.

이상에서 살펴본 바와 같이 가지 유인, 환상박피, 혹은 생장억제제 처리 등은 과수의 영양 생장을 억제하고 꽃눈 형성과 과실 생장을 촉진시킬 목적으로 전정과 함께 널리 이용되고 있는 기술이다. 이들 처리로 수체 생장이 변화될 때에는 여러 가지 호르몬의 질적·양적 변화가 수반되고 있음을 알 수 있는데, 이는 수체 생장량이나 생장양상이 변화될 때 이 변화를 뒷받침할 수 있는 호르몬의 변화가 일어나고 있음을 입증하는 것이라 하겠다.

# 4. 전정의 효과



## 가. 전정 방법과 새 가지의 생장

### 1) 전정과 새 가지의 생장

전정이 새 가지의 생장에 미치는 영향은 대단히 크다. 그러나 생장반응은 전정 강도 및 방법에 따라서 다르게 나타난다. 전정이 생장에 미치는 영향에 대한 최초의 보고는 1896년 쿠프만(Koopmann)의 연구 결과인데 그는 다음과 같은 두 가지 현상을 기술하였다.

① 가지를 70% 잘랐을 때 새로 발생하는 새 가지의 길이가 가장 길다.

② 묵은 가지와 새 가지를 모두 합쳤을 때는 무전정일 때 가장 길다.

그루브(Grubb, 1938)는 이스트몰링연구소에서 사과나무 동계전정이 생장에 미치는 영향을 연구하였는데 생장에 나타내는 특성을 여러 가지 면으로 설명하였다.

① 주간 비대, 수고, 수폭으로 나타내는 나무 크기에 미치는 영향

② 수형과 단과지 발달에 미치는 영향

③ 조기 결실성, 개화수, 착과수, 착과율에 미치는 영향

④ 과실 품질 특히 크기와 색택에 미치는 영향

⑤ 병해충 발생에 미치는 영향 등이 전정에 의하여 영향을 받아 다르게 나타나는 특성이라고 하였다.

전정에 대한 나무의 반응을 영양 생장과 생식 생장의 균형을 맞추려는 나무 자체의 생리적 변화에 의하여 나타나는 생장반응으로 설명하기도 하는데, 이러한 설명은 전정에 의하여 분열조직과 비분열조직간의 균형을 맞추려는 나무 자체의 생리적 변화가 일어날 것이라는 가상적 메커니즘(Vyvyan가설)에 기초를 두고 있다. 전정 정도에 대한 나무의 생장반응은 재생장에 이용되는 저장양분의 영향을 받는다. 사과나무에서 가지와 새 가지에 저장되는 저장양분이 중요하나 저장양분은 주로 주간과

뿌리에 저장되며, 이 저장양분이 전정 후의 재생장에 쓰인다.

전정은 새 가지의 생장을 자극하여 새 가지가 길어진다. 일반적으로 동계전정, 특히 가지절단은 나무의 골격을 강하게 하고 전정 후 강한 생장에도 불구하고 전정한 나무는 골격가지가 가늘어지며 나무는 작아진다. 전정 후 긴 가지가 발생하여 자른 가지와 새로 나온 가지의 양을 합쳐도 전정하지 않은 가지의 생장량에 못 미친다.

나무의 저장양분의 대부분은 주간과 뿌리에 위치한다. 이러한 저장양분 모두가 전정 후 새로 발달하는 새 가지들에 의하여 생산되는 동화물질과 함께 나무의 생장에 이용된다.

전정 후 새 가지 재생장과 수관, 주간, 뿌리의 호흡에 이 동화물질이 사용되어 생장을 더욱 촉진시킬 것으로 생각되나, 전정은 자른 만큼 눈을 감소시키고 또한 잎을 감소시키기 때문에 동화량을 감소시키는 결과를 가져와 나무 전체의 생장량을 감소시킨다.

한편, 전정 후 새 가지의 생장은 전정강도와 비례하는데, 너무 강하게 하면 생장은 오히려 감소한다. 1년생 가지를 2년생 가지 바로 위까지 잘랐을 때 가장 강한 새 가지의 생장을 보였으며, 골든딜리셔스와 콕스 오렌지 두 품종을 공시하여 주간을 0, 20, 40, 60, 80% 자른 결과, 전정이 강할수록 정단 새 가지의 생장이 강했다.

그러나 전정 연구는 전정의 영향이 수세, 품종, 생장 조건 및 기타 다른 여건에 따라서 달라지기 때문에 동일한 결과를 얻기가 어려운데, 이러한 여러 가지 조건에 따른 생장반응 중에서 뚜렷한 것은 전정은 노목보다는 유목에서, 재배 조건이 불량한 나무나 왜화성 나무보다는 수세가 강한 나무에서 생장을 더욱 촉진한다는 점이다.

또한 전정을 강하게 하면 새 가지의 신장을 촉진하고 때로는 새 가지의 수도 많게 한다. 따라서 새 가지의 평균 길이는 무전정 때보다 길다. 더욱이 새 가지의 생장이 더 빨라지고 늦게까지 지속된다. 전정한 나무는 더 단단하고 더 치밀하며, 결과지에 대한 비결과지 비율이 증가하는 것이다. 결국 결실 부위를 상승시키는 것이다.

전정에 의하여 수체내 조직간 비율이 변하는데, 새로운 목질부와 노목부의 비율, 지상부와 지하부의 비율 등이 변하게 된다. 동계전정은 늙은 가지(주간, 주지)의 굵기를 감소시키는 반면 새 가지의 생장은 이러한 생장 감소를 보상하지 못하여 결국 지상부 전체 생장량이 감소하며, 새로운 뿌리의 생장도 감소한다.

동계전정에 대한 일반적인 생장반응을 다음과 같이 규정할 수 있다.

① 자른 가지로부터 나오는 각각의 새 가지들은 전정하지 않은 가지에서 나오는 가지보다 더 크다.

② 각 새 가지들의 빠른 생장에도 불구하고 전정한 나무들은 전정하지 않은 나무보다 크기가 작아지는데, 최소한 전정하지 않은 나무의 결실이 나무의 생육을 억제할 때까지는 그러하다.

③ 어느 정도의 전정까지는 새로 나온 새 가지의 크기는 전정 전 가지의 길이와 정(+)의 상관이 있다.

전정의 영향은 새 가지의 생장에 미치는 영향이 제일 크고 꽃눈 수, 수량, 과실 품질에 미치는 영향은 2차적인 것이며, 전정에 의하여 깨진 생리균형을 나무 전체가 재조정하려는 메커니즘에 의하여 새 가지의 정단과 형성층간의 균형이 재조정된다 (Vyvyan의 가설).

전정한 나무와 전정하지 않은 나무와는 세 가지의 차이점이 있다.

① 정단 분열조직과 상단 눈의 분열조직이 없어지고 새 가지의 하부 눈이 최상단이 된다.

② 형성층 면적이 감소한다.

③ 하계전정은 잎을 포함한 생육 부위의 손실을 가져온다.

전정강도가 클수록 새 가지의 생장량은 증가하나 주간 및 굵은 가지의 생장은 감소하므로 지상부 전체 생장량 증가는 극히 적은 양이다. 그러므로 결국 오랜 기간이 지나면 전정한 나무는 전정하지 않은 나무에 비하여 왜화 효과를 가져오게 된다. 전정 후 생장의 균형을 조절해 나간다는 이론은 여러 연구자가 설명하였는데, 전정에 의하여 지상부와 지하부간의 균형이 깨지면 새 가지의 생장 촉진과 뿌리 생장의 감소로 균형을 재조정해 나간다.

전정에 대한 새 가지의 생장반응은 제거된 목질부의 양과 전정방법에 따라서도 달라진다. 같은 양을 전정하더라도 자름전정은 숨음전정보다 더 많은 새 가지의 생장을 유발한다. 자름전정은 솎음전정을 했을 때보다 많은 새 가지에서 눈들간에 상호 생장관계를 혼란시키기 때문에 눈에서 나오는 새 가지가 불규칙적으로 생장한다.

　또한, 전정에 대한 새 가지의 생장반응은 자르는 양에 따라서 달라지는데, 작게 많이 자르는 것은 크게 적게 자르는 것보다 새 가지의 생장을 더 자극한다. 많이 자르는 것은 나무에 남아 있는 분열조직간에 균형이 변하기 때문에 새 가지의 발생을 자극하는데, 큰 것을 적게 자르는 것은 수형 구성이나 골격지를 제거하는 경우로 생장을 적게 자극한다. 사과나무에서 모든 꽃을 제거하면 새 가지의 수가 많아지고 전정은 새 가지의 길이를 증가시킨다.

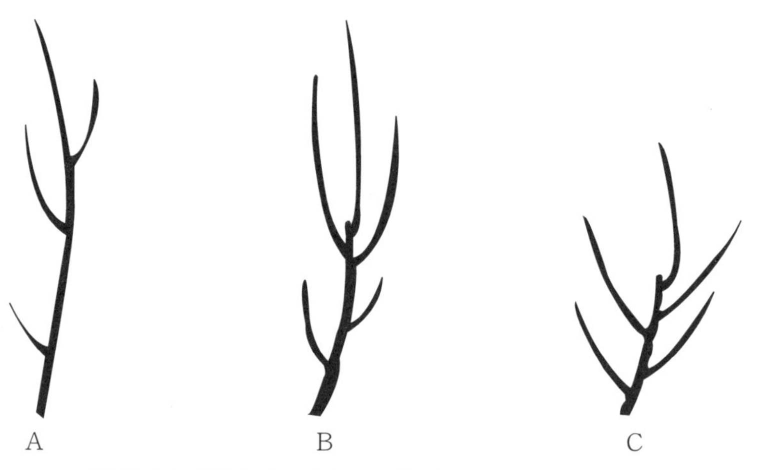



길게(A), 중간(B), 짧게(C) 남겼을 때 새 가지 발생모습

그림 4-1. 전정강도에 따른 새 가지의 발육상태

　전정하지 않은 새 가지에서 정아는 직립적으로 생장을 하고 그 아랫눈들은 분지각도가 넓은 가지로 발달하는데, 전정을 하면 분지 각도가 좁아진다. 휴면중인 가지의 절단 효과는 절단 후 최상단이 될 눈의 상태에 따라 다르게 나타난다. [그림 4-1]에서 보는 바와 같이 사과나무의 강한 새 가지들은 새 가지 상단 3/4 부위까지는 잘 발달된 눈을 갖고 있으나 그 아래쪽의 눈들은 미발달된 상태다. 그러므로, 거의 3/4까지 잘랐을 때 통상적으로 가장 강한 새 가지의 생장이 일어난다. 따라서 가지가

하향하여 세력이 약화되었거나 계속 결실시켜 가지가 노화되었을 때에 가지를 갱신하려면 윗면에서 나온 가지를 남기고 잘라 주고, 남긴 가지는 그 선단을 1/2~1/3 정도 잘라 주는 것을 권장하고 있다.

[표 4-1]에서 보는 바와 같이 길게 자름전정을 실시하면 수고, 수폭, 지표면 점유율, 새 가지의 생장이 가장 많았으며, 짧게 자름전정을 실시한 나무는 새 가지의 생장은 가장 많았으나 수고, 수폭, 지표면 점유율이 오히려 떨어졌다.

<표 4-1> 전정 방법이 나무 생장에 미치는 영향

| 전정방법 | 수 고(cm) | 수 폭(cm) | 지표면 점유율(%) | 전체 새 가지 생장(cm/10a) |
|---|---|---|---|---|
| 솎음전정 | 287.0 | 246.7 | 35.7 | 4964 |
| 자름전정(강)+솎음전정 | 434.7 | 340.0 | 45.0 | 5840 |
| 자름전정(약)+솎음전정 | 428.3 | 346.7 | 32.1 | 4654 |
| 자름전정(약) | 358.7 | 267.7 | 32.3 | 6140 |

※ 후지/M.26/삼엽해당 7년생

가지의 끝을 자르지 않았을 때에는 광합성이 가능한 잎수가 많아 탄수화물의 축적을 많게 하여 C/N율이 높아져 가지가 충실하게 생육하므로, 새 가지가 많이 나온 경우에는 도장하지 않는다. 반면 가지 끝을 자르면 C/N율이 낮아져 충실한 생육이 아니고 N 과다로 인한 도장을 하므로, 가짓수는 적고 새 가지가 길게 자란다. 그러므로 결실시키기 위해서는 가지의 끝을 자르지 않음으로써 충실한 새 가지를 만들어 꽃눈을 형성시킨다.

그러나 세력이 약하여 가지를 키우고자 할 때는 자름전정을 실시하여 강한 새 가지가 나오도록 해야 한다. 가지를 자르지 않거나 적게 잘라 주었을 때는 잎이 많아지므로 동화물질이 많아서 2년생 가지가 굵어지나 자름전정에 의하여 짧게 남긴 가지는 잎이 적어져 동화물질의 감소로 가지의 비대 생장이 적어진다.

## 2/ 전정과 주간의 비대 생장

전정은 주간 하단부의 형성층 생장을 억제하고 주간 상부만을 비대시켜 주간이 가늘어지는 현상이 줄어들게 된다. 그러나 이러한 현상은 전정 강도, 시기, 전정할 나무의 생장특성에 따라 크게 달라진다.

가지전정이 주간의 비대 생장에 영향을 주는 것은 직립성 나무보다 개장성 나무에서 더 크다. 개장성이거나 수관이 큰 나무에 있어서 목부의 비대는 전정 정도에 크게 좌우된다.

전정량이 많아지면 목부생산의 감소가 커지고, 이에 따라 주간 하부의 비대생장이 빈약하여 주간의 끝이 가늘어지는 것이 덜하게 되며, 이러한 생장 반응은 어린 나무에서 더 민감하다.

수목류에서 전정 강도가 주간의 비대에 미치는 영향을 조사한 결과, 수관을 50, 35, 20%를 남겼을 경우 수관 하부 주간의 비대생장은 크게 영향을 받지만 수관 내부 주간의 비대생장은 영향이 적다.

50% 남긴 나무는 수관 아래에 있는 간장의 비대 생장량이 수관 내부에 있는 주간의 비대생장량의 1/2이었는데, 20% 남긴 나무는 1/6에 불과하다. 결국 전정을 많이 하게 되면 수관 하부의 굵기나 상부의 굵기가 비슷하게 된다.

1년생 사과나무에서는 전정을 강하게 할수록 새 가지의 중량은 증가하지만, 주간 둘레는 감소하고 뿌리의 생장도 감소하며, 1년 후에는 나무생장 부위간 비율은 그다지 변하지 않으나 몇 년간의 계속된 전정으로 인하여 주간의 비대생장량이 위축되어 결국 나무를 왜화시키게 된다.

## 3/ 전정이 정부우세성에 미치는 영향

생장기는 물론 휴면기에 전정을 실시하면 정부우세성이 제거되는데, 정단생장의 영향을 받아 발아 및 생장이 억제되던 밑의 눈들은 전정으로 말미암아 발아하여 새 가지로 변한다. 전정은 이러한 반응을 이용하는 것이다.

어린 나무를 자름전정하여 주간에서 발생하는 가지를 주지 후보지로 육성하거나,

가지의 적당한 부위에서 새 가지를 발생시키기 위하여 생장중에 전정을 해 줌으로써 2차 생장을 촉진하는 방법을 이용하기도 한다.

새로 나온 새 가지에서 어린 잎이나 새 가지의 정단을 제거하면 액아가 곁가지로 발달하는 것을 촉진한다. 액아의 분열조직은 새 가지의 어린 정단의 영향을 받아서 발달하지 못하는데, 이 때 정단의 미전엽된 유엽을 제거하면 액아가 발아한다. 정단 주위의 새 가지를 절단하면 정단으로부터 아래 5~7개의 눈이 생장을 하지만 생장하고 있는 새 가지의 중간이나 기부를 자르면 흔히 최상부의 눈만이 생장을 한다.

새 가지를 휘는 것도 다른 눈에 미치는 정부우세성의 영향을 변화시킨다. 수평 이하로 가지를 휘면 정아의 정부우세성은 없어지고, 휘어진 가지에서 가장 높은 위치의 눈이 강하게 자라며 낮은 위치에 있는 눈은 발아하지 못한다(그림 4-2).

가지를 휘어서 정부우세성을 이동시키는 것은 자름전정과 같은 효과를 나타내지만, 휘는 경우에는 휘는 시기, 휘어져 있는 기간에 따라서 정부우세성이 이동되거나 다시 회복되기도 한다.

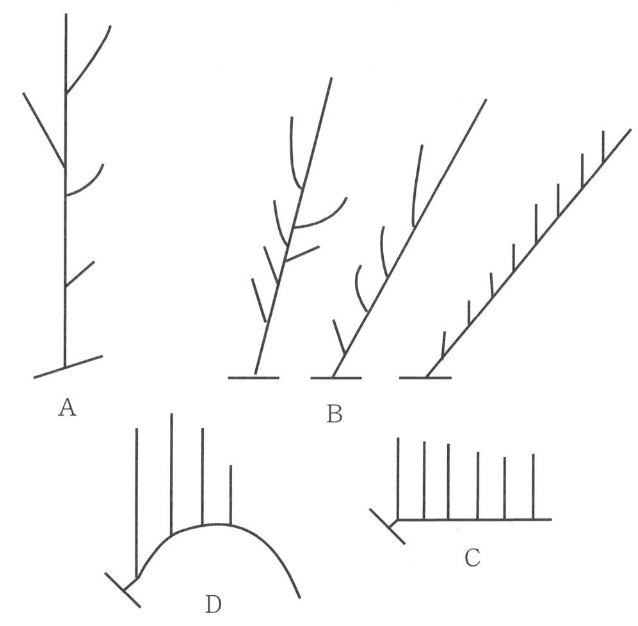

그림 4-2. 새 가지의 생장에 미치는 가지 위치의 영향
A : 직립, B : 30~55°, C : 수평, D : 휘었을 때

　[그림 4-3]은 가지를 휘어 놓는 기간을 달리하거나 휘는 시기를 달리하였을 때 새로 나온 가지의 생장상태를 비율로 나타낸 것이다. 11월에 휘어서 그대로 둔 것은 휘어진 정점에서 정부우세성이 나타나 전체 새 가지 생장의 41%를 차지하였으나, 11월에 휘었다가 다시 12월에 가지를 다시 똑바로 세웠을 때에는 정부 생장비율이 43%로 크게 감소하지 않았으나, 2월에 세웠을 때에는 36%, 5월에 세우면 28%로 생장량의 비율이 감소한다. 2월에 휘었을 때에는 정부우세성을 나타내는 휘어진 정점에서 나온 가지의 생장이 33%, 5월에 휜 것은 32%를 차지하였다. 따라서 휜 후에 가지 정단 부분의 새 가지 생장률도 휘는 시기가 늦을수록 많아서 2월에 휜 것은 22%, 5월에 휜 것은 32%였다.

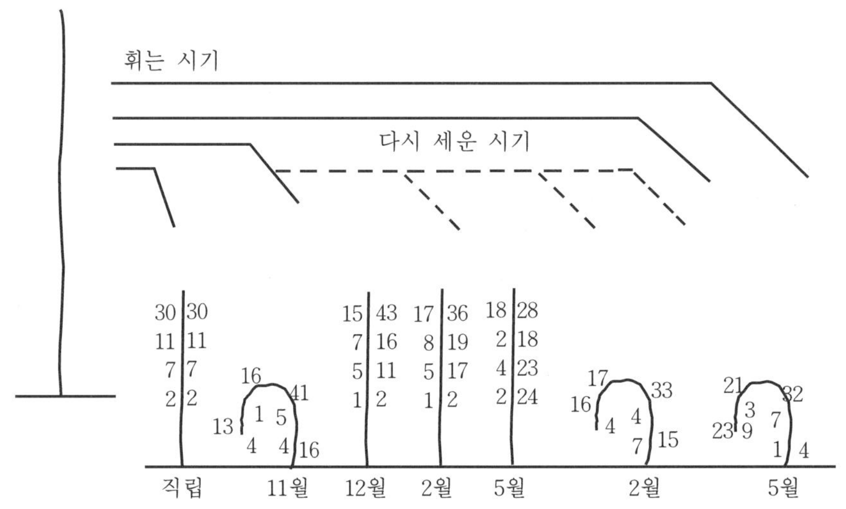



그림 4-3. 휘는 시기와 휘어있는 기간이 달라졌을 때 새 가지의 생장분포비율

　사과 단과지형 품종은 특이한 정부우세성을 나타내는데, 2년생 가지의 상위 1~3개의 강한 곁가지가 발생하며, 나머지 눈은 단과지가 되거나 휴면상태로 남아 있게 된다. 만일 2년생 가지를 생육초기에 절단하면 밑의 눈들이 발아하지만 전체적으로 생장은 크게 변하지 않으며, 지난해 자란 새 가지를 휴면 기간 중에 절단하면 강한 곁가지의 발생이 많아지고 단과지 발달에 비하여 새 가지의 생장 비율이 훨씬 높아

져 결국 단과지 발달을 억제시키는 결과를 가져온다. 또한 가지의 발생형태도 전정을 하지 않으면 정단의 가지는 직립을 하지만 그 다음 가지부터는 분지 각도가 넓어지는데, 절단한 가지의 곁가지는 대부분 분지 각도가 좁아 직립에 가깝게 생장한다.

정부우세성의 정도는 자름전정을 한 후 최상단 눈의 상태에 따라서 달라진다. 사과나무의 경우 강한 새 가지에서는 상단 3/4 부위의 눈이 강하고 그 이하의 눈은 약한데, 강한 새 가지의 생장도 상단 3/4 부위의 눈들에서만 나타나고 약한 눈을 남겼을 때는 약한 새 가지의 생장을 나타낸다. 이는 전정이 새 가지의 생장에 미치는 영향으로 설명하였으나, 남긴 눈의 상태가 불량하기 때문에 일어나는 현상이다.

이러한 현상은 나무 전체에서도 나타나 수관 상단의 생장능력은 하단보다도 훨씬 강하다. 그러므로 상단 부위의 전정은 하단 부위의 전정보다도 훨씬 강한 새 가지를 발생시킨다. 따라서 나무의 생장균형을 맞추려면 상단을 자르는 것보다는 유인으로 생장을 약화시키고, 하단은 분지 각도를 좁게 하여 세력을 키움으로써 강한 새 가지를 발생시켜 수관 전체의 균형을 맞춘다(그림 4-4).

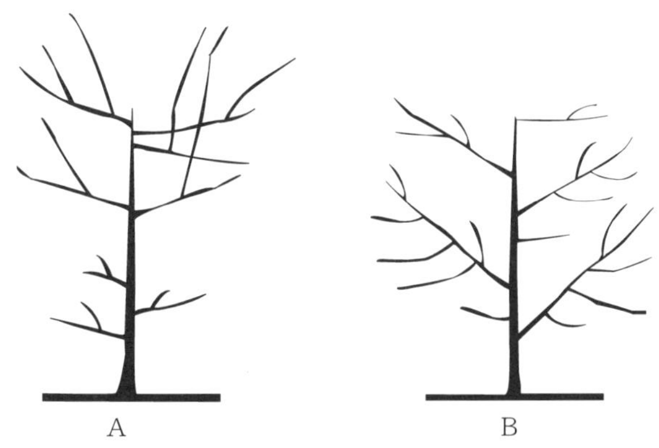


A : 밑부분의 주지들이 분지 각도가 넓으면 윗가지에서 새 가지의 생장이 왕성해진다.
B : 밑가지는 좁은 분지 각도, 윗가지는 넓은 분지 각도의 경우에 균형있는 생장을 보인다.

**그림 4-4. 한 나무내에서 생장의 균형에 미치는 가지 위치의 영향**

그러나 복숭아나무에서 만일 주간의 상부로 가면서 똑같은 분지 각도를 갖게 한다면 사과와는 반대로 상부의 가지는 약해지고 하부의 가지는 강해지는 성질(기부우세성)이 있어서 기부의 가지일수록 세력이 왕성해지는 특성이 있다. 그러므로 복숭아나무는 주간을 길게 하려고 해도 위쪽 가지는 세력이 약하여 길게 자랄 수 없어진다. 결국 개심형으로 키울 수밖에 없다. 그러므로 복숭아 수형에서는 상단의 가지일수록 분지 각도를 좁게 하여 세력을 키운다. 복숭아는 주지간의 세력을 잘 맞추어 주어야 하고 이를 소홀히 하게 되면 하단의 주지인 1번 주지의 상단에만 결실 부위가 형성되어 생산효율이 크게 떨어질 수가 있다. 성목이 되어감에 따라 하단부의 가지일수록 세력이 강해지는 성질이 있기 때문에 제1부주지의 발생위치는 주지에 따라 그 기부로부터의 거리를 달리해 주어야 세력의 균형을 잘 맞출 수 있다.

## 4) 수세에 따른 전정의 반응

수세에 따라서 어떻게 전정할 것인가가 결정된다. 전정을 실시하였을 때 수세에 따라서 생장반응이 다르게 나타나므로 전정의 영향은 수세에 따라서 달라진다. 수세는 품종, 대목, 토양조건, 비배관리 등 여러 가지 재배조건에 따라서 달라진다. 또한 한 나무내에서도 가지의 발생 위치, 새 가지가 발생된 가지의 생육 상태에 따라서 가지의 세력은 달라지는데 이러한 세력차이에 따라서 전정에 대한 생장반응은 매우 다르게 나타난다.

### 가) 품종 및 대목

수세가 달라지는 첫째 요인은 품종이다. 결과지의 결과 양식이나 겨드랑이눈의 생장 양식이 품종에 따라 유전적으로 다르며, 수세가 다르기 때문에, 품종에 따른 수형 및 전정 방법을 달리하게 되는 것은 필연적인 것이다.

어떤 품종은 조기결실성이고 적당한 영양 생장을 보이나 어떤 품종은 결실년령이 늦고 결실량도 많지 않으며 강한 영양 생장을 보인다. 수세가 강한 품종의 전정은 새 가지의 생장이 더욱 왕성해지기 때문에 자름전정을 하지 말고 전정의 영향이 적은 솎음전정과 유인에 의한 전정효과를 나타내야 꽃눈 분화를 촉진하고 수세를 적절히 유지할 수 있다.

반면에 수세가 약한 품종은 영양 생장을 촉진시킬 수 있는 전정을 해야 과실 비대도 좋아지고 나무세력도 유지되어 매년 좋은 품질의 과실을 수확할 수 있다. 이런 쇠약한 품종은 솎음전정보다는 새 가지의 생장이 촉진되는 자름전정을 잘해 줌으로써 새 가지 발생을 촉진하여 수세를 유지할 수 있다. 특히 수세가 약한 나무는 결실 부위가 쉽게 노화되기 때문에 생장이 양호한 가지로 갱신하여 새로운 가지에 좋은 과실이 결실되도록 전정을 해야 한다.

사과에 있어서 품종간 새 가지의 생육상태를 보면 [표 4-2]에서 보는 바와 같이 새 가지의 생장에 있어서 품종간 차이를 볼 수 있는데, 후지 품종은 쓰가루, 조나골드 품종에 비하여 새 가지의 길이가 길고, 20cm 정도의 중과지 발생률이 쓰가루, 조나골드 품종에 비하여 훨씬 낮아 단과지 발생을 유도할 수 있는 솎음전정과 자름전정에 대한 배려를 잘 해야 하며, 더욱이 후지 품종은 표준오차가 큰 것으로 보아 가지의 생장이 균일하지 못하기 때문에 전정상 문제점이 야기된다. 생장중인 가지의 절단 반응을 보아도 후지는 재생장이 잘 되어 가지 발생이 좋으나, 조나골드 품종은 가지 발생이 저조한 반면 꽃눈 분화가 잘 되기 때문에 하계전정에 대한 반응도 품종간 큰 차이를 보이고 있다.

<표 4-2> 사과 품종별 2년생 가지의 굵기와 새 가지의 생장

| 품 종 | 2년생 가지 직경(cm) | 새 가지 길이(cm) |
|---|---|---|
| 쓰 가 루 | 0.81±0.11 | 23.4±8.02 |
| 조나골드 | 0.77±0.13 | 20.9±8.38 |
| 후　　지 | 0.80±0.10 | 32.6±15.90 |

복숭아에서도 수세가 다른 품종을 공시하여 전정시험을 실시한 결과 수세와 품종에 따라 전정반응이 달라서 성목인 경우 동계전정에 의해서 새 가지의 생장이 영향을 받지 않는 경우도 있고 이러한 품종은 동계전정보다는 하계전정이나 순지르기에 의해서 생장이 촉진된다. 이와 같이 전정에 의한 생장반응은 품종에 따라서 크게 달라질 수 있다.

가지의 세력은 한 나무의 수관내에서도 균일하지 않고 일정하지 않다. 가지의 생장은 수관 하부나 내부보다도 외부가 강한 생장을 나타내기 때문에 전정에 대한 반응도 수관내 위치에 따라 다른데 그 원인은 가지의 수광상태와 가지의 방향 때문이다. 약하고 수광상태가 불량한 가지의 전정과, 수광상태가 양호하며 강하고 직립 생장을 보이는 가지에 대한 전정은 달리해야 한다. 자름전정은 영양 생장을 촉진하기 때문에 수세가 강한 나무나 직립한 가지들은 될 수 있는 한 솎음전정을 실시해야 한다. 이러한 가지는 결실능력이 극히 불량하고 강한 생장만을 계속하기 때문이다.

새 가지의 생장은 발생한 가지의 세력, 즉 굵기와 길이에 비례한다. 그러나 이와 같은 현상도 대목, 품종에 따라서 큰 차이를 보이고 있다. [표 4-3]과 같이 사과 후지 품종에서는 M26에 접목된 나무나 MM106에 접목된 나무에서 정단 새 가지의 생장과 2년생 가지의 굵기간에 상관이 성립되지 않는다. 그러나 단과지 형성이 잘 되는 품종에서는 2년생 가지의 굵기에 따라서 정단의 새 가지 길이가 달라지며 가지의 발생수도 상관이 성립된다. 따라서 사과 후지 품종의 전정이 어려운 점도 이와 같은 현상에서 그 원인을 찾을 수 있다. 일반적으로 강한 가지는 약한 가지보다 더 많은 새 가지의 발생 및 생장을 유발하므로 수관내 가지의 세력을 줄이거나 조절하기 위하여 세력이 강하고 직립한 가지들은 제거하고 이보다 세력이 약하거나 수평가지들은 남기도록 한다. 적당한 세력의 새 가지는 생장이 알맞을 뿐만 아니라 단과지 형성도 양호하다.

**<표 4-3> 사과나무에 있어서 2년생 가지 발육 상태와 새 가지의 발생수 및 새 가지의 생장, 단과지 발생과의 상관**

| 조사가지 | 후 지/<br>M26 | 후 지/<br>MM106 | 스 타<br>크림손 | 육 오 | 조나골드 |
|---|---|---|---|---|---|
| 정단 새 가지 길이×2년생 가지 직경 | 0.14 | 0.22 | 0.25 ** | 0.50 | 0.50 * |
| 단과지 수×2년생 가지 직경 | 0.15 | 0.20 * | 0.52 ** | 0.83 ** | 0.95 * |
| 발육지 수×2년생 가지 직경 | 0.49 ** | 0.04 | 0.43 ** | 0.42 ** | 0.52 * |

※ *, ** : 5, 1% 통계적 유의성

특히 품종에 따른 생장습성의 차이는 배나무에서 심하여 이미 우리 나라 최초의 과수서적인 「조선과수재배법」에서 곁가지의 동계전정법을 품종에 따라 달리하는 방법을 소개하였으며, 그 방법이 오늘날까지도 과수 교과서에 기술되고 있다.

　수세는 대목에 따라 크게 달라지는데, 사과의 대목은 극왜성인 것부터 교목성까지 차례로 있으므로 이들 대목에 접목할 경우 왜화정도에 맞는 수형과 전정을 실시해야 한다.

　전정에 대한 반응은 대목 종류에 따라서 크게 다르다. [표 4-4]는 왜성대목 종류에 따라서 전정량이 달라지므로 극왜성대목인 M.9 및 M.26과 MAC24 대목을 사용한 나무에서 전정에 드는 비용을 비교한 결과로 왜성수들의 전정경비가 현저히 낮다.

<표 4-4> Spur Supreme Delicious 사과나무의 동계전정 경비의 대목간 차이

| 대　목 | 예상 재식밀도 (주수/ha) | 1982~1986년 사이의 누적경비 | |
| --- | --- | --- | --- |
| | | 주당 전정경비($) | ha당 예상경비($) |
| MAC24 | 310 | 2.90 | 900 |
| EMLA M26 | 590 | 0.80 | 473 |
| EMLA M9 | 840 | 0.73 | 613 |

　또한 [그림 4-5]는 영양계 대목 종류에 따른 전정 반응을 나타낸 것인데, 왜화성일수록 전정한 나무와 인위적 수형구성을 만든 나무와의 사이에 생장량에 있어서 차이가 적으며, 교목성일수록 전정에 의하여 생장량이 크게 감소함을 알 수 있다. 즉 왜화재배를 함으로써 전정도 쉬워짐을 알 수 있다.

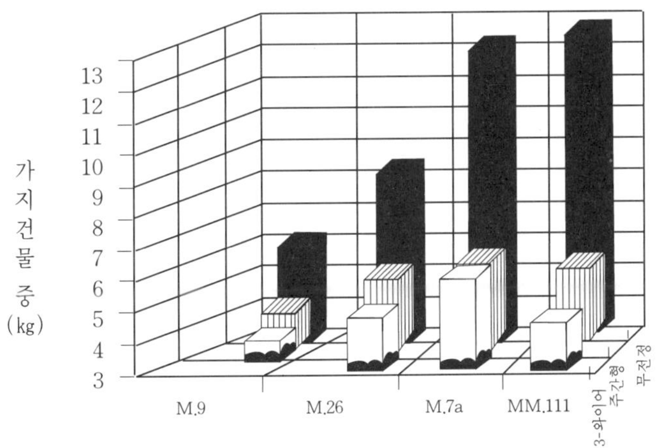


그림 4-5. 영양계 대목 종류에 따른 전정 반응(건물 중) 비교

[표 4-5]는 M.9와 M.16에 접목된 사과 15년생에 대하여 전정 강도에 따른 생육반응을 조사한 결과인데, M.9는 강전정하여도 누적 수량이 증가하고 전정지를 포함한 지상부 건물 중도 별로 감소하지 않으나, 교목성인 M.16대목은 강전정을 하면 수량은 물론 지상부 건물 중도 크게 감소하고 결실효율도 크게 감소하므로 대목 종류에 따른 전정 방법도 당연히 달라져야 한다.

<표 4-5> 대목별 전정 정도가 누적수량, 지상부 건물중 및 결실효율에 미치는 영향

| 구 분 | | 건 물 중 (kg) | |
| --- | --- | --- | --- |
| | | 약 전 정 | 강 전 정 |
| M.9 | 누적수량(A) | 19.2 | 23.7 |
| | 지상부 수체 + 전정목(B) | 6.1 | 4.2 |
| | 결실효율(A/B) | 3.1 | 5.6 |
| M.16 | 누적수량(A) | 146.4 | 57.4 |
| | 지상부 수체 + 전정목(B) | 73.8 | 41.6 |
| | 결실효율(A/B) | 2.0 | 1.4 |

## 나) 토양 조건

나무의 세력은 토양 조건에 따라서 달라지며 전정에 대한 반응도 달라진다. 토양 조건에 따라서 전정량, 생장상태가 크게 차이를 보이는데, 나무 생육이 좋은 양토가 사양토보다 전정량이 많았고, 전정 후의 생육이 양호하였다(표 4-6).

특히 토양 적응성이 다양한 사과 영양계 대목에 있어서는 토양 조건에 따라서 전정에 대한 반응도 달라질 수 있다. 나무 생육에 영향을 미치는 토양 조건으로서는 토성, 토양 깊이, 토양 수분, 토양 통기성, 토양 온도 및 토양 비옥도 등이 관여하나 이들 토양 조건에 따른 나무 수세에 따라서 전정 방법은 달라지고 전정에 의한 생육 반응도 전혀 달라지게 된다.

<표 4-6> 토양과 대목에 따른 새 가지 생장과 전정량

| 대　목 | 토양 조건 | 새 가지 생장량(cm) | 전정량(kg/주) |
|---|---|---|---|
| M.4 | 양　토 | 273 | 3.6 |
|  | 사양토 | 171 | 25.5 |
| M.2 | 양　토 | 265 | 40.4 |
|  | 사양토 | 56 | 12.6 |

# 나. 전정과 결실

전정은 꽃눈 수와 결실 부위를 제한할 뿐만 아니라 수체 생장과 수관내 광조건을 변화시켜 수체의 꽃눈 형성, 결실 및 수량 그리고 품질 등에 적지 않은 영향을 미친다.

## 1) 전정과 꽃눈 형성

### 가) 새 가지의 생장과 꽃눈 형성

동계전정은 일반적으로 꽃눈의 형성을 억제시킨다. 이와 같은 사실은 일찍부터 보고되어 왔으며, 그 후 여러 사람에 의해서 확인되기도 하였다. 따라서 전정을 하지 않아서 꽃눈의 착생이 불량하다기 보다는 오히려 전정으로 인하여 꽃눈 형성이 좋지 않은 경우가 많다.

전정에 의하여 꽃눈 형성이 억제되는 주된 이유는 새 가지의 생장이 촉진되기 때문이다. 전정은 지상부의 눈수를 제한하므로 상대적으로 양수분의 배분을 증가시켜 새 가지의 생장을 촉진하게 된다.

꽃눈 분화 과정을 아래와 같이 3단계로 구분하였다.

① 기본 영양 생장 단계 : 새 가지는 최소한의 엽면적이 확보되어야 하며, 사과나무에서는 16~20마디가 필요하다.

② 꽃눈 유도 단계 : 새 가지의 선단이 영양 생장에서 생식 생장 단계로 전환한다. 새 가지의 생장이 계속되면 새 가지의 선단은 계속 영양 생장 단계에 머무른다.

③ 꽃눈 분화 단계 : 꽃눈이 분화된다.

따라서 전정으로 새 가지의 생장이 촉진되면 그 선단이 계속 영양 생장 단계에 머무르게 되어 꽃눈 분화가 억제된다. 뿐만 아니라 전정은 수체내 호르몬의 상태를 변화시킨다. 꽃눈의 분화는 수체내의 양분보다 식물호르몬의 변화에 기인하는 것으로 생각하는 연구자들도 많다.

전정을 하게 되면 T/R률이 낮아짐에 따라 지하부에서 생장점으로 공급되는 사이토키닌의 공급이 상대적으로 증가하여 새 가지의 생장이 촉진된다. 이에 따라 새 가지의 선단부에서는 IAA가, 유엽에서는 지베렐린의 생합성이 각각 증가하게 되며 이들 호르몬이 꽃눈의 분화를 억제한다.

전정이 꽃눈 형성에 미치는 영향을 새 가지간의 생장 상관의 관점에서 살펴보면, 재식 후 1년생 사과나무는 긴 발육지만을 형성하지만, 이듬해 무전정의 경우 선단의 2~3개의 눈만이 강한 새 가지로 자라고 나머지 눈들은 꽃눈 유도와 분화에 적절하도록 생장이 둔화되어 꽃눈을 형성한다. 그러나 겨울철에 전정을 하게 되면 눈간의 이러한 자연적 생장 상관 관계가 깨어져 남은 눈들은 꽃눈 형성을 할 수 없는 강한 새 가지로 자라게 된다.

그리고 전정으로 새 가지의 생장이 촉진되는 원인으로는

① 눈수의 감소로 뿌리에서 공급되는 양분과 호르몬의 상대적인 증가

② 전정으로 눈의 위치가 주간 기부와 보다 가깝게 유지

③ 왕성한 새 가지의 생장으로 새 가지의 선단에서 호르몬의 생성이 증가하는 등의 영향 때문인 것으로 생각된다. 따라서 꽃눈이 분화되기 위해서는 새 가지의 생장이 다소 억제되어야 한다.

대부분의 과수에서 새 가지의 왕성한 생장이 멈추어지는 여름철에 꽃눈이 형성되기 시작하며, 새 가지의 생장을 억제하는 조건, 즉 질소 비료를 적게 사용하거나 생장억제제의 처리 또는 새 가지의 유인 등은 꽃눈 형성을 증가시킨다. 그리고 생육기에 생장이 억제되면 대체로 꽃눈이 일찍 그리고 많이 분화된다.

그 외에 생장과 밀접한 관련이 있는 동화양분의 공급도 꽃눈 형성에 중요한 역할

을 한다. 꽃눈 형성에 동화양분의 역할은 자주 강조되어 왔는데, 광합성을 억제하는 차광이나 적엽 처리를 하면 꽃눈 형성이 감소된다. 반면에 환상박피나 새 가지의 유인으로 동화양분이 새 가지내에 증가하게 되면 꽃눈 형성은 증가된다.

## 나) 수령

꽃눈 형성에 미치는 전정의 영향은 유목에서 가장 현저하다. 특히 사과 유목에서는 꽃눈 형성이 지연되어 결실연령이 늦어지고 결실연령이 되었다 하더라도 꽃눈의 발달이 억제되어 개화량이 적다. 따라서 유목에서는 되도록 전정을 삼가면서 적절히 유인하여 나무의 생장이 억제되도록 하는 것이 바람직하다.

같은 수령의 유목이라도 대목에 따라 꽃눈 형성에 미치는 전정의 영향은 달라질 수 있다. 사과의 경우 왜화성이 강한 대목일수록 전정의 영향이 적고, 수세가 강한 교목성 대목일수록 크게 나타난다.

그러나 성목이나 노목이 되면 전정에 의한 꽃눈 억제 효과는 유목에 비해 상대적으로 적게 나타난다. 노목에서는 영양 생장보다 생식 생장이 왕성하며 꽃눈의 착생이 용이하기 때문이다. 따라서 노목에서는 오히려 강하게 전정하여 꽃눈 형성을 다소 억제시키고 세력이 좋은 새 가지가 많이 발생토록 하여 나무의 활력을 증진시키는 것이 바람직하다.

## 다) 전정 정도

전정 정도에 따라 새 가지의 생장에 미치는 영향이 달라지므로 꽃눈 형성에 미치는 영향도 그에 따라 달라진다. 일반적으로 강전정은 새 가지의 생장을 왕성하게 하고 수체내 저장양분의 축적도 불충분하게 하여 꽃눈 형성을 더욱 불량하게 한다(그림 4-6). 그러나 수세에 알맞은 전정은 새 가지의 생장이 왕성하지 않고 수관내 광 조건도 양호하여 꽃눈 형성에 대한 억제효과가 상대적으로 적다.

과수의 꽃눈 분화는 1, 2년생 초본식물과는 달리 수체내의 영양, 특히 C/N율과 밀접한 관련이 있다. 일반적으로 탄수화물이 많고 질소가 적은 조건에서는 꽃눈 형성이 좋아진다. 강하게 전정할수록 새 가지의 생장을 왕성하게 하여 수체내에 탄수화물은 적어지고 상대적으로 질소는 많아져 꽃눈 분화는 억제되는 방향으로 가게 된다. 따라서 가지의 절단 정도가 강할수록 꽃눈이 분화되기 어렵다.

그러나 전정을 지나치게 약하게 하여 가짓수를 많이 남기는 것은 수관 내부의 광 조건을 나쁘게 하고 수세도 떨어지게 하므로 꽃눈 형성에 좋지 않다. 따라서 전정의 강약은 수세에 따라 적절히 조절되어야 하는데 영양 생장이 왕성하여 수세가 강한 나무는 약하게, 그리고 수세가 약하거나 꽃눈 착생이 많아 생식 생장 쪽으로 치우쳐져 있는 나무는 다소 강하게 전정하는 것이 바람직하다.

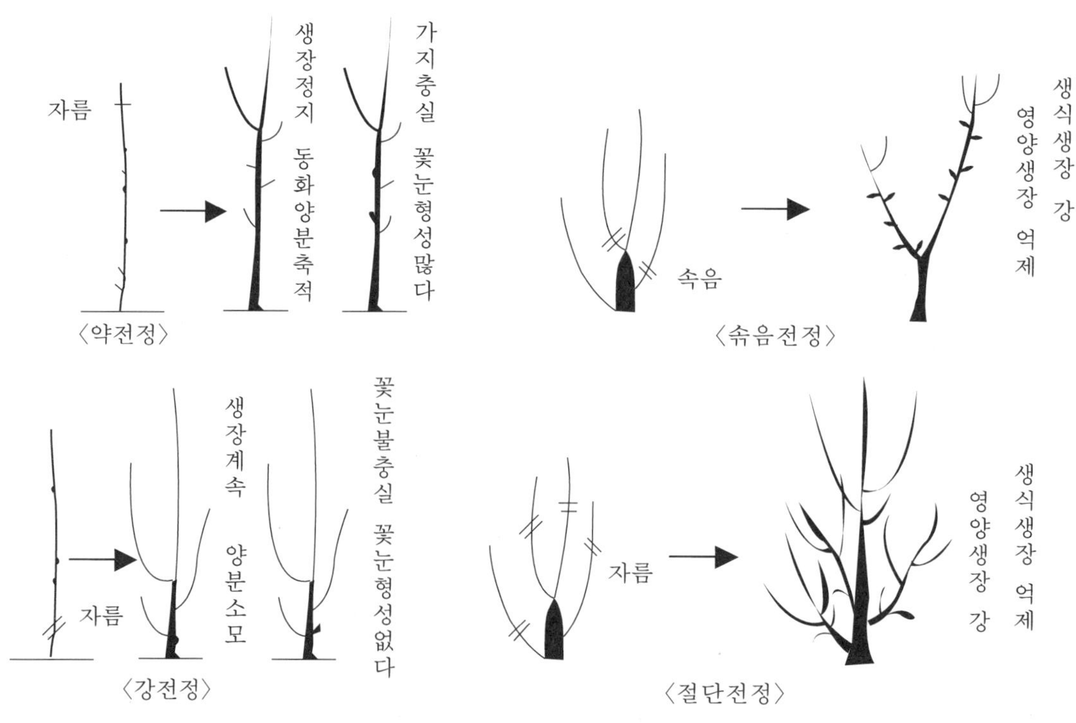


그림 4-6. 전정 정도와 방법에 따른 사과 꽃눈의 형성

## 라) 전정 방법

꽃눈 형성은 가지의 전정 방법에 따라서도 크게 달라지는데 일반적으로 자름전정은 솎음전정에 비하여 꽃눈 형성을 억제한다. 1년생 사과나무의 가지를 절단하면 절

단 부위에서 2~3개의 강한 새 가지가 발생한다. 특히 가지의 절단이 강할수록 보다 강한 새 가지가 발생하여 단과지로 형성될 수 있는 눈도 발육지로 자라 꽃눈 형성이 적어지게 된다(그림 4-6).

반면에 가지 기부를 숨음전정하면 전정반응이 숨아준 가지 주위에 골고루 영향을 미치게 되어 새 가지의 생장이 강하지 않으므로 꽃눈 형성은 촉진된다.

## 마) 전정 시기

동계전정은 앞서 기술한 바와 같이 꽃눈 형성을 억제하는 방향으로 작용한다. 그러나 주로 늦봄부터 여름철 생육기에 실시하는 하계전정은 동계전정과는 달리 영양생장을 억제하므로 꽃눈 형성을 촉진시킨다는 보고가 주를 이루지만 일부에서는 억제시킨다는 보고도 있다.

하계전정은 일반적으로 생장을 억제하며 나무 수관당, 가지길이당, 마디당 꽃눈수를 증가시킨다. 사과나무의 경우 발육지나 도장지를 기부 2~4엽을 남기고 절단하면 절단 부위에서 나온 2차 생장지의 정아가 꽃눈으로 되는 경우가 많다(그림 4-7). 하계전정에 의한 꽃눈 형성 효과는 전정시기에 따라 차이가 큰 데, 사과나무에서 여름철 도장지의 자르는 시기별 꽃눈 형성 및 결실률은 7월 중순경이 높다. 수세가 강한 나무에서 지나치게 일찍 하계전정을 하거나 왜성사과에서 너무 늦게 하계전정을 하면 기대하는 효과를 얻기가 어렵다.

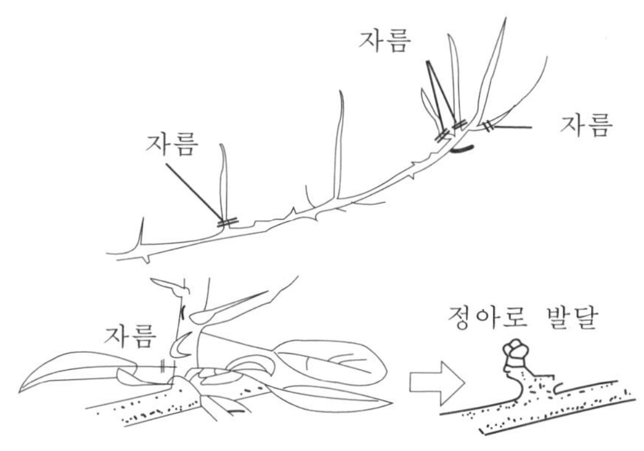


그림 4-7. 하계전정 방법과 꽃눈 형성

하계전정에 의해 늦게 형성된 꽃눈은 정상적으로 형성된 꽃눈에 비해 충실도가 떨어지고 개화도 늦다. 사과의 경우 특히 7월 하순 이후 하계전정에 의해 만들어진 꽃눈은 결실률이 떨어지고 착과되더라도 과실비대가 불량한 경우가 많다. 따라서 꽃눈 형성을 촉진하기 위한 하계전정은 그 시기가 매우 중요하다.

## 바) 과종과 품종

전정이 꽃눈 형성에 미치는 영향은 과종에 따라 다르고 같은 과종이라도 품종에 따라 차이가 있다. 당년생 새 가지에 꽃눈이 형성되는 포도 그리고 복숭아나 핵과류 등은 전정의 영향이 비교적 적게 나타나고 2년생 가지에 꽃눈이 형성되는 사과 등에서는 심하게 나타난다. 사과에서도 액화아가 착생하기 쉬운 품종에서는 상대적으로 적게 나타난다.

# 2) 전정과 결실 및 수량

## 가) 전정과 결실

과수의 결실에는 많은 요인들이 복합적으로 관련되어 있는데 전정 역시 중요한 요인으로 작용한다. 전정의 가장 직접적인 영향은 결실의 주체가 되는 꽃눈수와 결실 부위를 제한하여 전체 착과수를 감소시킨다는 점이다. 따라서 착과량은 전정의 강도와 직접적인 관계가 있으며 전정이 강할수록 일반적으로 착과량은 감소된다.

전정을 하게 되면 전정하지 않은 것에 비해 새 가지의 세력이 강해지므로 결실률은 다소 떨어질 것으로 추정할 수 있지만, 많은 보고에 의하면 전정은 착과율을 향상시킨다.

전정을 하게 되면 남겨진 가지에 수분과 질소의 공급을 증가시켜 착과율이 증가되는데, 배나무에서 결과지를 분석한 결과 전정된 나무에서 탄수화물에는 차이가 없었으나 질소의 수준은 높아졌음을 확인하였다.

전정에 의해 결실이 촉진되는 것은 양수분의 증가 이외에 수체내 식물생장촉진

호르몬의 변화와도 관계가 깊다. 결실에는 동화양분의 전류와 배분에 직접적인 영향을 미치는 내생호르몬인 옥신, 지베렐린류, 사이토키닌, 에틸렌 등이 깊이 관여하는 것으로 알려져 있다. 전정은 호르몬의 수준을 변화시켜 꽃과 열매로의 양분 배분을 증가시켜 결실을 촉진시킬 수도 있다. 적절한 전정은 수세를 적절히 유지시키고 수광 조건을 개선하여 결실률을 향상시킨다.

뿐만 아니라 전정은 해거리가 심한 과수에서 격년결과를 막아 매년 안정적으로 결실되도록 하는 효과도 있다. 결실된 해의 동계전정 시 과다한 꽃눈을 적절히 제한해 주고, 또 다소 강하게 가지를 자르면 이미 형성된 꽃눈이 새 가지로 자라게 되므로 당년의 과다한 결실을 막아 주어 이듬해 해거리를 막을 수 있다.

이 때의 전정은 나무 전체의 세세한 전정이 보다 바람직하다고 한다. 전정에 의한 해거리 방지효과는 연구자들에 따라서는 다소 상반되는 보고도 적지 않다.

결실된 해 겨울의 자름전정이 해거리를 방지하는 데 효과가 없었으며, 오히려 해거리가 일어나는 해에 단과지를 줄이는 것이 보다 효과적이라 하였다.

따라서 적절한 전정은 결실률을 향상시키고 해거리를 방지하는 데 효과가 있으나 지나친 강전정은 오히려 결실이 불량해질 수도 있다. 포도나무에서 전정의 정도를 달리한 결과 강전정에서는 신초가 도장하여 개화결실기에 심한 양수분의 경합으로 결실이 불량하고, 반대로 약전정 또는 무전정 나무에서는 새 가지의 자람이 조기에 정지하고 성엽도 일찍 확보되어 결실이 양호하다(그림 4-8).

강전정으로 신초생장이 왕성하면 과실비대기에 생리적 낙과가 많아진다. 생리적 낙과가 많은 과수는 복숭아 이외 포도, 감, 대추 등과 같이 개화 결실기에 양수분의 경합이 심한 과수에서 흔히 발생한다. 따라서 전정 정도를 수세에 알맞게 조절하여 개화 및 결실기에 영양 생장과 생식 생장이 균형을 이루도록 해야 한다.

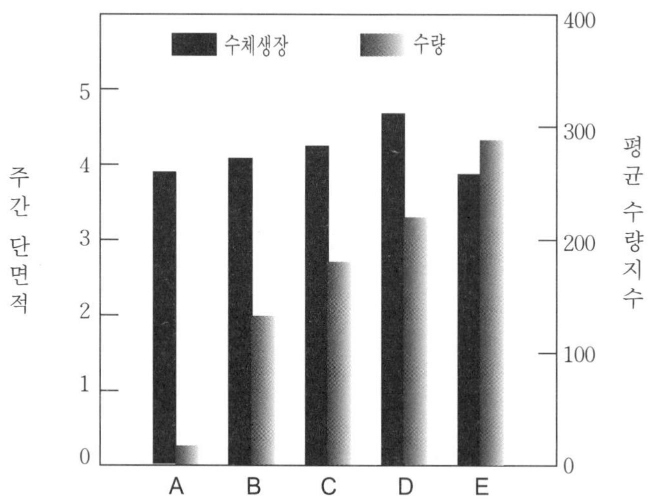



수량지수 : 정상적인 전정+무적과(B)를 100으로 환산
A : 강전정+무적과, B : 정상적인 전정+무적과, C : 약전정+일부적과
D : 무전정+일부적과, E : 무전정+무적과

그림 4-8. 포도의 전정정도와 결실조절이 수체생장과 수량에 미치는 영향

일반적으로 약전정은 대체로 개화결실을 촉진시키는데, 새 가지의 생장을 완만하게 하고 조기에 생장을 멈추게 하므로 개화 및 결실기에 양수분의 경합이 적기 때문이다.

새 가지의 세력이 강할 때의 하계전정 특히 적심은 결실을 현저히 향상시킨다. 이는 과실과 새 가지간의 양수분의 경쟁을 막기 때문인데, 포도 이외의 복숭아나 사과 등에서도 유사한 결과가 나타난다.

### 나) 수량과 해거리

전정이 과수의 수량에 미치는 영향에 관한 연구는 많으나 대부분 실제 포장연구에 그치고 있으며 나무 생리에 기초한 연구는 그다지 많지 않다. 전정은 결실 부위를 제한하고 수관확대를 억제하므로 대부분의 경우는 전정하지 않은 것에 비해 수량은 감소한다(표 4-7). 전정의 영향은 수령, 대목, 품종, 전정 방법 등에 따라 달리 나타난다.

<표 4-7> 전정이 서양배의 과실크기와 수량에 미치는 효과

| 전 정 | 바틀렛(Bartlett) | | 보스크(Bosc) | |
|---|---|---|---|---|
| | 총수량(상자) | 상품과 비율(%) | 총수량(상자) | 상품과 비율(%) |
| 무전정 | 10.8 | 34.3 | 9.3 | 59.6 |
| 약전정 | 9.5 | 52.6 | 8.1 | 59.2 |
| 강전정 | 7.2 | 72.2 | 7.7 | 85.7 |

※상품과 : 지름 6㎝ 이상 과실

## (1) 수령

전정이 수량에 미치는 영향은 유목에서 가장 뚜렷하게 나타난다. 대부분의 과수가 그렇지만 특히 영양 생장상이 긴 사과에서 더욱 심하다. 사과 유목에서의 전정은 꽃눈 형성을 억제하여 결실을 지연시키고 착과량을 감소시킨다.

따라서 사과 유목에서 조기에 결실시키기 위해서는 되도록 전정을 약하게 하고 가지의 절단보다는 새 가지를 수평 또는 수평 이하로 구부리는 유인이 보다 효과적이다.

그러나 노목에서는 유목과는 다소 다르다. 성목에서는 전정에 의한 꽃눈의 감소가 유목처럼 크지 않으므로 수량에 대한 영향이 뚜렷하지 않다. 실제 과수재배에서 사과나 배의 성목의 경우 개화한 꽃의 3~5% 그리고 양앵두에서는 20~30%만이 결실되더라도 수량확보에 어려움이 없다고 한다.

따라서 비교적 꽃눈이 많이 형성되는 6~8년 이상된 성목에서는 다소 강하게 전정하더라도 수량의 감소는 그다지 크게 나타나지 않는다. 그리고 또 성목에서는 꽃눈수가 다소 줄어들더라도 결실률의 증가와 과실의 크기 증가에 의해 과실수량이 상당히 보충된다. 한편, 노목에서의 적절한 강전정은 오히려 수세를 회복시켜 과실의 비대를 촉진시키고 결과 부위도 증대되어 수량을 증가시키는 경우도 적지 않다.

## (2) 대목

전정의 영향은 대목에 따라서도 차이가 있다. 극왜성 대목에 접목한 사과나무는 일반 교목성 대목에 접목한 것에 비해 강전정을 하더라도 결실의 지연이나 억제효과가 매우 적게 나타난다고 한다. 따라서 왜성나무는 코든형이나 팔메트형 수형과 같은 강전정을 필요로 하는 인공형 정지에 보다 적당하다.

## (3) 과종과 품종

전정의 영향은 과수의 종류나 품종에 따라서도 크게 차이가 있다. 전정에 따른 영향이 복숭아와 같은 핵과류에서는 비교적 적고, 사과나 배와 같은 인과류에서는 상대적으로 크다. 그러나 사과라 하더라도 액화아의 형성이 용이한 홍옥이나 골든딜리셔스 등은 상대적으로 덜하다고 한다. 토양에 따라서도 차이가 있는데 일반적으로 비옥한 토양보다 척박한 토양에서 결실량이 덜 감소된다.

## (4) 전정 방법

과수의 수량은 전정 방법에 따라서도 크게 영향을 받는데, 사과의 경우 동일한 전정량이라면 솎음전정이 자름전정보다 착과량이 많다(표 4-8). 수량 감소에 대한 전정의 효과는 일반적으로 새 가지의 생장을 얼마나 촉진하느냐에 따라 달리 나타난다. 따라서 동계전정은 하계전정보다 자름전정은 솎음전정보다 그리고 나무 전체의 세세한 전정은 큰 가지의 솎음전정보다 수량이 더 감소된다.

<표 4-8> 전정 방법이 사과 새 가지의 생장과 결실에 미치는 영향

| 전정 방법 | 새 가지 수/주 | 착과수/주 | 과실/새 가지 길이(kg/m) |
|---|---|---|---|
| 자름전정 | 1,199 | 795 | 0.40 |
| 솎음전정 | 826 | 1,015 | 0.76 |

※ 품종 : 12년생 사과 McIntosh/MM.106

# 다) 결실 증진

## (1) 하계전정

하계전정은 새 가지의 지나친 영양 생장을 억제하여 결실률을 높이고 생리적 낙과를 억제하여 결실을 증진시킨다. 그와 같은 효과는 특히 포도에 잘 나타난다(표 4-9).
그러나 하계전정이 결실과 수량에 미치는 영향은 과종과 연구자에 따라서 상반되는 보고도 적지 않으므로 과수에 따라 적절히 실시되어야 한다.

<표 4-9> 포도 캠벨얼리품종의 순지르기정도가 착립률 및 과실 중량에 미치는 영향

| 순지르기 위치 | 착립률(%) | 과방중(g) | 과립중(g) | 품 질 |
|---|---|---|---|---|
| 꽃송이 위 1째엽 | 23.1 | 252.1 | 4.5 | 중 |
| 꽃송이 위 2째엽 | 32.3 | 360.0 | 4.4 | 중 |
| 꽃송이 위 4째엽 | 38.2 | 414.0 | 4.2 | 양호 |
| 꽃송이 위 6째엽 | 44.1 | 392.9 | 4.9 | 양호 |
| 꽃송이 위 8째엽 | 31.2 | 342.9 | 4.5 | 양호 |
| 무 적 심 | 21.5 | 291.5 | 4.1 | 양호 |

## (2) 환상박피, 스코어링, 박피역접

수세가 강하여 결실이 불량한 나무에 환상박피나 스코어링 또는 박피역접 등을 실시하면 동화양분이나 식물호르몬의 지하부 전류를 일시적으로 막아 꽃눈 형성과 결실을 증진시킨다. 과수에 따라서는 과실 비대와 숙기를 촉진시키기도 한다.

[표 4-10]에서와 같이 사과 유목에서 한 해만 환상박피 처리를 해 줌으로써 수량을 증가시킬 수 있고, 2년 연속 처리할 경우에는 수관이 더 작아졌고 수량은 2년 모두 증가하고 있음을 알 수 있다.

<표 4-10> 환상박피가 사과나무의 수량과 나무 크기에 미치는 영향

| 처 리 | 수량(상자/ha) | | | | 나무크기 | | |
|---|---|---|---|---|---|---|---|
| | 1961 | 1962 | 1963 | 합 계 | 간주(㎝) | 수폭(m) | 수고(m) |
| 대조구 | 267 | 941 | 1,922 | 3,131 | 40 | 4.48 | 4.91 |
| 1961년 환상박피(만개 후 7일) | 452 | 1,376 | 1,968 | 3,697 | 40 | 4.24 | 4.85 |
| 1962년 환상박피(만개 후 25일) | 267 | 1,040 | 2,189 | 3.496 | 40 | 4.76 | 4.60 |
| 1961, 1962년 연속 환상박피 | 452 | 1,547 | 2,081 | 4,080 | 38 | 4.60 | 4.27 |

※ 5년생 딜리셔스 품종, 나무크기 : 1964년 측정

그러나 지나친 박피는 수세가 극단적으로 약해지고 때로는 박피 부위가 유합되지 않아 고사하기도 한다. 일반적으로 박피 효과는 시기가 빠를수록 그리고 박피 폭이 넓을수록 크게 나타나므로 역효과가 나타나지 않도록 시기와 박피 폭을 적절히 조절하여야 한다. 스코어링과 박피역접은 환상박피와 유사한 효과를 나타내면서

환상박피를 했을 때에 나타날 수 있는 위험을 줄일 수 있다.

## (3) 단근

단근(斷根, root pruning)은 수세가 강한 나무에서 적절히 실시하면 영양 생장을 억제하여 결실을 안정시키는 데 효과가 있다. 지상부의 전정과 달리 뿌리가 잘라짐에 따라 양수분의 흡수가 제한되어 생장이 억제되고 뿌리에서 형성되는 호르몬의 생성과 흐름도 변화되어 그와 같은 효과를 나타낸다. 그러나 지나친 단근은 수세가 극단적으로 쇠약해지고 때로는 문우병에 걸릴 염려도 있으므로 유의해야 한다.

## 3) 전정과 과실 품질

과실 품질은 매우 복잡한 요인들에 의해 좌우되지만 전정은 과실의 크기, 착색 때로는 당과 칼슘 함량 등의 측면에서 과실 품질에 영향을 미친다.

### 가) 광 투과와 품질

한 나무에서도 광 투과 정도에 따라 과실의 품질은 크게 달라지는데 [표 4-11]에서와 같이 광 투과도가 좋은 부위에 착과된 과실이 착색이 좋고 과실 비대도 양호하다.

뿐만 아니라 과실의 당 함량도 영향을 받는데 복숭아의 경우 수관 상부의 과실이 하부보다 착색이 양호할 뿐만 아니라 같은 크기의 과실에서 당도도 1~2도 높다. 전정하지 않고 방임하면 가지가 서로 겹쳐 광 투과가 불충분하게 되어 과실이 착과해도 과실 비대가 저하되고 착색도 불량해진다.

따라서 적절한 동계전정과 하계전정은 수관의 하부 및 내부까지 태양광선이 충분히 투과되도록 하여 과실의 품질을 향상시킬 수 있다. 그러나 수세가 왕성한 나무를 강전정하면 새 가지의 세력이 너무 강해지므로 늦게까지 신장하여 숙기가 늦어지고 품질도 떨어지게 된다. 특히 과실의 비대나 당도, 착색 등 품질은 광 조건에 더욱 민감하다.

<표 4-11> 수관내 광도가 사과 과실 비대와 착색에 미치는 영향

| 과실특성 | 과실에 도달되는 빛의 양(자연 일조량의 %) | | | |
|---|---|---|---|---|
| | 100% | 81% | 61% | 39% |
| 과실직경(cm) | 7.1 | 7.0 | 6.9 | 6.6 |
| 부　　피(cm³) | 187 | 180 | 172 | 150 |
| 크　　기(%) | 100 | 96 | 92 | 80 |
| 착 색 도(%) | 57 | 28 | 10 | 1 |

[표 4-12]는 사과나무에서 상품가치가 있는 과실을 수확하기 위해서는 수관 내부의 일사량이 수관 외부의 일사량에 대해 적어도 30% 이상은 확보되어야 한다는 것을 제시하고 있다.

그러나 일반 사과나무에서는 수관내 1m만 들어가도 일사량의 수관 상부의 30% 이하로 떨어지게 된다. 따라서 나무가 작아 수관 내부까지 햇빛이 잘 들어가는 왜성 사과가 품질면에서는 훨씬 유리하다. 일반적으로 수관이 클수록 상품성이 있는 과실의 생산이 어렵고 수관 내부에 불필요한 무효 공간이 만들어지므로 복잡한 가지는 적절히 솎아 주고 수세가 강할 경우 하계전정으로 광 투과를 좋게 해야 한다. 왜성 과수는 나무가 작기 때문에 수관의 내부까지 햇빛이 잘 들어가므로 일반 과수보다 품질이 좋다. 수관내에 햇빛이 잘 투과되면 광의 직접적인 영향에 의해 광합성이 왕성해지고 과실의 착색이 증진될 뿐만 아니라 과실 온도가 높아져 과실의 비대나 당분 축적 등을 촉진하는 요인이 된다.

<표 4-12> 상품성 있는 사과 생산에 필요한 광의 요구도

| 구　분 | 양호한 조건 | 불량한 조건 |
|---|---|---|
| 과실크기 | >50% | <50% |
| 착　　색 | >70% | <40% |
| 꽃눈형성 | >30% | <25% |

## 나) 전정과 과실 비대

전정은 전체 수량은 감소시키지만 일반적으로 과실 비대는 촉진한다. 따라서 상품성 있는 과실의 수량은 증가한다. 서양배에서는 전정이 강할수록 수량은 적어지지만 과실의 비대는 전정한 나무에서 보다 촉진되어 상품성이 좋은 과실의 수량은 전정하지 않은 나무에서 보다 전정한 나무에서 더 많아진다.

이와 같은 결과는 [표 4-13]에서와 같이 사과와 블랙커런트 품종에서도 확인되고 있다. 이는 전정에 의해서 수관내 광 투과가 좋아지고 과실당 저장 및 동화양분의 배분이 증가되어 유과의 세포수가 증가하기 때문이다.

<표 4-13> 전정이 사과와 블랙커런트 과실의 생장과 품질에 미치는 영향

| 구 분 | 사 과 | | 블랙커런트 | |
|---|---|---|---|---|
| | 무전정 | 전 정 | 무전정 | 전 정 |
| 새 가지의 상대 생장률* | 0.09 | 0.19 | 0.95 | 1.99 |
| 과        중(g) | 130 | 144 | 477 | 535 |
| 과실건물률(%) | 15.8 | 14.4 | 24.0 | 22.7 |
| 당        도(%) | 10.4 | 9.4 | 16.0 | 15.7 |
| 전 정 산 도(%) | 1.05 | 0.99 | 4.43 | 4.68 |

※ * : cm g$^{-1}$ 건물 중/일

일반적으로 유과기에 비대가 좋은 과실일수록 대과로 수확된다(그림 4-9). 또한, 전정은 엽과비(葉果比)를 증가시키므로 과실당 엽면적이 증대되어 과실비대가 보다 촉진된다. 초기 과실비대를 촉진시키고 엽과비를 증가시킨다는 점에서 전정은 적과와 유사한 효과를 나타내지만 적과는 전정에 비해 시기적으로 늦기 때문에 그 효과는 전정보다 떨어진다 하겠다.

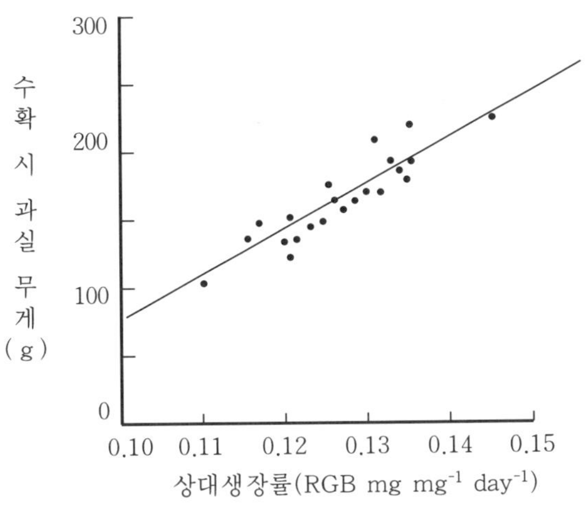



그림 4-9. 유과기 사과 과실 생장률과 수확 시 과중과의 관계

　과실의 비대 효과는 수령과 과종에 따라 다소 차이가 있다. 유목보다는 성목과 노목에서 그리고 풍산성인 과종이나 품종에서 효과가 더욱 잘 나타난다. 과실 비대는 가지의 세력과 관계가 깊어 가지가 어느 정도 굵고 세력이 강해야 과실 비대 효과가 좋은데, 이는 약한 가지에는 양수분이 충분히 전류되지 않기 때문이다. 따라서 크기가 고른 과실을 생산하고 싶다면 전정 시 굵기가 고른 가지를 남기는 것이 바람직하다.

　수관이 복잡하여 광 투과가 불량할 때 하계전정을 실시하면 과실의 비대를 촉진시킨다. 반면, 하계전정에 의하여 오히려 복숭아와 사과의 과실 크기가 감소된다는 보고도 있다. 과실로의 양분 공급은 인접한 새 가지로부터 우선적으로 이루어지므로 잎의 20% 이상이 제거되는 강한 하계전정은 동화양분의 생성을 감소시켜 과실 비대가 불량해질 수도 있다.

　따라서 전정을 늦여름에 하거나 과실에 인접한 새 가지를 그대로 남겨 둔다면 과실은 적당한 크기로 생장한다. 하계전정 효과는 같은 과종이라도 품종에 따라 차이가 있을 수 있는데, 사과 스테이만(Stayman) 품종에서는 하계전정이 과실 크기를 감소시켰지만 골든딜리셔스와 딜리셔스 품종에서는 차이가 없다. 이와는 반대로 하계전정으로 과실의 비대가 촉진되기도 한다.

## 다) 착색과 품질

동계전정은 전정하지 않은 것에 비해 일반적으로 과실의 착색을 촉진시키지만 전정 정도에 따라서는 기대하는 효과를 얻지 못하는 경우도 있다. 사과에 대한 몇 가지 전정 연구에서 과실의 착색은 증가되었다는 보고도 있지만 오히려 감소되었다는 연구보고도 있다.

일반적으로 지나친 영양 생장을 초래하지 않으면서 수관내 광 투과를 개선할 정도의 전정이라면 과실의 착색은 촉진된다. 그러나 지나친 강전정은 새 가지가 도장하고 과번무하여 광 환경이 오히려 불량해진다(표 4-14). 그렇게 되면 과실과의 양분 경합으로 성숙기에 동화양분의 전류도 불충분하게 되어 착색이 지연된다.

수관 내부가 복잡할 때의 적절한 하계전정도 광 투과를 좋게 하여 과실의 착색을 촉진시킨다. 그러나 광 투과가 향상되지 않으면 착색증진 효과는 나타나지 않는다. 뿐만 아니라 세력이 강한 발육지와의 칼슘 경합을 줄여 고두병과 같은 생리장해의 발생을 억제하고 과실 저장력을 높이기도 한다.

<표 4-14> 전정 정도가 엘버타 복숭아의 착색과 수관내의 광 투과에 미치는 영향

| 구 분 | 광 투과율<br>(8월중, 자연 일조량의 %) | 착색도(%) | 황색 바탕색 등급 |
|---|---|---|---|
| 약전정 | 60 | 58 | 3.7 |
| 강전정 | 35 | 27 | 3.2 |

※ 전정방법 : 약전정(thinning out) - 솎음전정만 실시
강전정(severe)-50~70% 가지 솎음 및 남은 가지의 강한 자름전정
바탕색 : 2-녹색, 3-녹황, 4-황색

칼슘에 대한 양분경합을 감소시키는데 하계전정이 효과가 있다. 따라서 하계전정에 의하여 사과 매킨토시 품종의 과실내 칼슘 함량이 증가하고 고두병의 발생이 감소한다. 그러나 하계전정으로 칼슘 함량이 증가되지 않았거나 오히려 낮아졌다는 보고도 있다. 이는 뿌리조직에 공급되는 동화양분의 양에 따라 뿌리에서의 칼슘 흡수와 과실로 공급되는 칼슘의 양이 달라지기 때문에 상반되는 결과가 나타날 수는 있다. 그러나 새 가지

의 선단의 잎이 제거된다면 과실과의 경합이 줄게 되므로 칼슘 함량은 증가할 것이다.

　하계전정에 대한 칼슘 함량의 영향이 상반되는 결과인데도 불구하고 고두병과 저장장해, 특히 과육의 내부갈변의 발생은 하계전정에 의해 감소된다.


# 5. 여름전정

　과수의 여름전정(夏季剪定 : Summer pruning)은 새 가지 생장이 시작한 이후부터 낙엽기 사이 실시하는 기술로 수 세기전 유럽의 정원사들에 의해 나무모양을 인위적으로 만들기 위한 궁정원예기술로 이용되어 왔으나 당시 재배적 기술로는 이용되지 못하였다.

　그 후 광의 중요성이 과수재배에서 인정되기 시작하여 여름전정은 도장지나 밀생지를 제거하여 수관내 광환경을 개선하기 위한 목적으로 이용되어 오다 최근에는 과수재배 양식이 밀식 재배의 경향으로 전환되면서 나무생육이 재식거리에 비해 과다하게 생장되어 관리작업의 어려움과 수관 내부 광 환경 불량에 의한 꽃눈 형성 및 과실 품질 불량 등의 밀식 장해가 발생되면서 겨울전정만으로는 이와 같은 문제를 효과적으로 해결하기 어려워 여름전정에 관한 연구가 이루어진 이후 생장억제, 수관축소, 꽃눈 형성, 착색 증진 등의 효과가 인정되어 현재는 과수재배 기술의 중요한 일부분을 차지하고 있다.

　그러나 여름전정은 전정시기, 방법, 정도 등에 따라 수체에 미치는 반응이 매우 다양할 뿐만 아니라 연구자에 따라서도 상이한 결과를 보고하고 있어 재배자가 이용하는 데 어려움이 있다.


## 가. 여름전정과 수체 생리 특성

### 1) 가지 및 뿌리 생장

여름전정은 가지생장, 나무크기, 모양(수형) 등을 효과적으로 조절하기 위한 재배

기술로서 그 효과는 전정방법, 시기, 기상 등에 따라 크게 영향을 받는다. 이들 중 특히 새 가지의 선단에 정아(頂芽)가 형성되기 전에 여름전정을 하느냐 후에 하느냐에 따라 수체의 생장반응은 다르게 나타난다.

즉, 정아가 형성되기 전인 생육초기는 새 가지의 생장이 왕성한 시기로 이 시기의 새 가지 선단에서 생성되는 옥신에 의해 정부우세성이 유지되어 측아의 생장이 억제되지만 여름전정에 의해 새 가지 선단을 제거하면 정부우세성이 일시적으로 소멸되어 측아의 발생을 촉진하거나 절단한 후 남은 최상부의 눈은 생장이 촉진되어 재생장이 많아지게 된다.

[표 5-1]은 1년생 유목을 이용하여 여름전정 정도에 따른 생장반응을 조사한 결과로 여름전정을 실시한 나무는 하지 않은 나무에 비하여 곁가지 발생을 야기시켜 총 새 가지의 수가 증가되고, 이와 같은 경향은 여름전정 정도가 약할수록 가지의 발생수가 더 많아지는 결과를 보여주고 있다.

<표 5-1> 사과 후지품종의 유목기 여름전정이 생육에 미치는 영향

| 구 분 | 전정정도 | 총신초길이(cm) | 신초수(개) | 곁가지수(개) |
|---|---|---|---|---|
| 여름전정 | 1/2절단 | 440 | 15.0 | 9.0 |
|  | 1/3절단 | 608 | 18.3 | 12.3 |
| 겨울전정 | - | 426 | 0.3 | 0.3 |

또한 여름전정시기에 따라 신초를 절단해 주는 여름전정과 신초 정아를 제거하는 적심을 비교한 결과를 보면(표 5-2), 여름전정이나 적심 모두 시기가 늦어질수록 새 가지의 재생량은 현저히 감소하여 8월 2일경의 여름정전이나 적심은 재생장량이 극히 미미함을 보이고 있고, 적심에 비해 전정량이 많은 여름정전이 세 시기 모두 재생장량이 많음을 나타내고 있다.

<표 5-2> 여름전정 시기 및 방법이 당년의 생육에 미치는 영향

| 구 분 | 시 기<br>(월 일) | 신초재생장량<br>(cm) | 년간신초생장<br>(cm) | 간주비대량<br>(cm) |
|---|---|---|---|---|
| 여름전정 | 7.1 | 16 | 42 | 3.3 |
|  | 7.15 | 11 | 35 | 3.2 |
|  | 8.2 | 4 | 35 | 3.5 |
| 적 심 | 7.1 | 4 | 56 | 3.9 |
|  | 7.15 | 3 | 47 | 4.3 |
|  | 8.2 | 1 | 51 | 4.1 |

이와 같은 생장반응은 품종에 따라서도 차이를 보이고 있는데 사과 후지, 쓰가루, 조나골드 품종을 1981년에는 7월 20일, 1982년에는 7월 1일 신초를 1/3 절단하여 조사한 결과 여름전정 이후 최선단 신초발생율, 측지발생수 및 신초 재생장량이 품종에 따라 현저한 차이를 보이고 있다(표 5-3).

<표 5-3> 2년 연속 여름전정에 따른 품종별 생육에 미치는 영향

| 품 종 | 최선단 신초<br>발생률(%) | | 측지발생수<br>(개/신초) | | 신초재발생량<br>(cm) | |
|---|---|---|---|---|---|---|
|  | 1981 | 1982 | 1981 | 1982 | 1981 | 1982 |
| 후 지 | 100 | 100 | 2.0 | 0.5 | 32 | 17 |
| 쓰 가 루 | 100 | 80.0 | 1.0 | 0.0 | 27 | 20 |
| 조나골드 | 100 | 40.0 | 0.1 | 0.0 | 22 | 7 |

이외에도 많은 연구자들의 시험결과를 보면 생육 초기에 여름전정을 하면 전정하지 않는 나무에 비해 총 새 가지 생장이 증가하지만 생육 후기의 여름전정은 새 가지 생장이 감소된다고 하였고, 유목에서 여름과 겨울에 가지를 절단한 결과 여름전정은 남은 가지상에 새 가짓수가 많은 반면 새 가지 길이가 짧고 겨울전정에서는 새 가짓수는 적지만 새 가지 길이가 길어 결과적으로 총 새 가지 신장량은 겨울전정에 비해 여름전정쪽이 적어져 생장억제 효과가 있다고 하였다.

이와 같은 여름전정에 의한 생장억제 효과는 전정정도가 심할수록 액아를 발아시켜 저장양분의 배분이 적어져 남은 가지가 약해진다는 보고와 동화작용이 왕성한 시기에 여름전정에 의한 엽면적 감소로 저장양분의 축적이 적어져 다음해 수세억제 효과가 있다는 견해가 있다.

한편, 여름전정은 뿌리의 생장에 영향을 주는데 분에 재식한 1년생 사과나무에 여름전정 정도를 달리한 결과 전정 정도가 강할수록 뿌리의 생장억제가 현저함을 나타내고 있으며(표 5-4), 홍옥 10년생을 이용하여 여름전정 시기를 만개 후 100일경에 10㎝ 이상 되는 모든 신초를 기부 4마디 이하로 여름전정하여 결실유무에 따른 생장반응을 조사한 결과 여름전정은 결실 여부에 관계없이 간주 비대량이 뚜렷이 작아졌으며, 수관용적도 크게 줄어들어(표 5-5) 여름전정에 의한 생육억제 효과가 뚜렷함을 보여주고 있다.

**<표 5-4> 여름전정 정도가 뿌리생장에 미치는 영향**

| 구 분 | 여름전정 정도(%) | 뿌리 건물 중(g) |
|---|---|---|
| 여름전정 | 25 | 50.1 |
| | 50 | 38.5 |
| | 70 | 32.0 |
| 무 처 리 | - | 62.9 |

**<표 5-5> 사과 홍옥 M/26품종의 여름전정이 간주비대 및 수관용적에 미치는 영향**

| 구 분 | 결실여부 | 간주비대량(㎠) | | 수관용적(㎠) | |
|---|---|---|---|---|---|
| | | 1979 | 1980 | 1979 | 1980 |
| 여름전정 | 결 실 | 17.2 | 22.2 | 20.4 | 21.9 |
| | 무결실 | 30.6 | 31.4 | 23.2 | 24.5 |
| 겨울전정 | 결 실 | 23.2 | 25.6 | 36.1 | 41.3 |
| | 무결실 | 32.8 | 32.8 | 37.3 | 43.8 |

## 2) 엽면적과 광합성

나무의 엽면적 지수(LAI)는 수관내 투광량과 관계되고 이와 같은 투광량은 직접적으로 엽의 광합성능에 영향을 미친다. 따라서 나무의 순광합성량은 엽면적과 무효용적의 다소에 따라 영향을 받게 되는데 생육기에 실시하는 여름전정은 직접적으로 엽면적에 영향을 미치게 된다.

일반적으로 여름전정에 의한 엽면적에 미치는 영향은 생육초기의 경우 여름전정에 의해 일시적으로 엽면적이 감소되나 재생장에 의해 감소된 엽면적이 보충될 수 있는 반면 생육 후기의 여름전정은 새 가지의 재생량이 극히 적거나 없기 때문에 엽면적은 여름전정을 하지 않은 나무에 비해 전정량만큼 비례하며 감소하게 된다.

따라서 여름전정에 의한 개개의 엽의 광합성능은 다음과 같은 측면에서 생각할 수 있다.

첫째, 엽의 광합성능은 엽령에 의해 다르며 신초 선단부의 엽일수록 유엽이 많아 광합성능이 높은 것으로 알려져 있는데 여름전정에 의한 유엽의 제거는 광합성능이 높은 엽을 제거하는 것이 된다.

둘째, 생육이 왕성한 새 가지 선단의 생장점은 광합성 산물을 가장 필요로 하는 부위이며 광합성 산물의 이동은 성엽에서부터 새 가지 선단에 있는 생장점으로 이동된다. 따라서 이와 같은 생장점을 여름전정에 의해 제거하면 남은 엽에 광합성 산물이 축적되어 엽의 광합성능은 감소하게 된다.

셋째, 여름전정에 의한 엽면적 감소는 수관내 광환경 개선에 의해 개개의 남은 엽의 광합성능을 증가시키게 된다.

그러나 보다 중요한 것은 나무 전체적으로 볼 때 여름전정 전 나무상태가 최적엽면적 상태로 무효용적이 없느냐 또는 무효용적이 많은 상태의 나무냐에 따라 여름전정에 의한 나무당 순광합성량은 달라지게 되며, 무효용적이 많은 나무에서의 여름전정은 나무당 순광합성량이 많아지게 된다.

한편, 일련의 시험에서는 여름전정을 한 결과 여름전정을 하지 않은 나무에 비하여 기부엽의 순광합성량이 증가되는 결과를 보여주고 있는데(표 5-6) 이러한 결과는 여름전정에 의한 엽의 엽록소 함량증가, 엽육세포의 비대, 전분함량감소 및 사이토키닌(cytokinin) 유사물질의 활력변화 등과 관련하여 엽의 노화지연과 관계가 있는 것으로 해석되고 있다.

<표 5-6> 유목에서의 여름전정이 신초기 부엽의 순광합성량에 미치는 영향

| 구 분 | 순광합성량($mgco_2$ $dm^{-2}$ $hr^{-1}$) | | |
|---|---|---|---|
| | 전정 3일 전 | 전정 11일 후 | 전정 39일 후 |
| 여름전정 | 24.9 | 28.0 | 23.8 |
| 무 전 정 | 23.4 | 20.6 | 19.4 |

## 3) 무기성분 흡수

여름전정은 겨울전정과는 달리 엽과 과실의 무기성분 함량에 영향을 주는 것으로 알려져 있으며, 이들 무기성분 중 여름전정은 과실내 칼슘농도에 가장 크게 영향하는 것으로 보고되고 있다.

사과 딜리셔스 품종에서 여름전정에 의한 과실내 칼슘함량을 보면 여름전정을 한 나무는 하지 않은 나무에 비해 칼슘함량이 2년 모두 높은 것을 나타내고 있다.

<표 5-7> 여름전정이 사과 딜리셔스 품종의 과실내 Ca함량($\mu gkg^{-1}$)에 미치는 영향

| 처 리 | 1979 | 1980 | |
|---|---|---|---|
| | | 수관외부 | 수관내부 |
| 여름전정 | 221 | 104 | 95 |
| 무 전 정 | 192 | 91 | 78 |

이와 같이 과실내 칼슘함량의 증가에 관해서는 대부분의 연구 결과가 일치되고 있으나 그 원인에 관해서는 연구자에 따라 견해를 달리하고 있다.

칼슘성분은 증산이나 세포분열이 왕성한 부위로 이동되는 특성을 가지고 있는데 사과나무에서 과실로의 칼슘이동은 과실의 세포분열이 왕성한 시기인 만개 후 4~6주 사이에 대부분 이동되고 그 이후는 적은 양이 과실로 이동된다.

따라서 이 시기에 엽과 과실간에 칼슘의 경합이 생기게 되는데 여름전정에 의해 세포분열이 왕성한 생장점을 제거해 줌으로써 과실로의 칼슘 이동이 많아진다는 견해와 엽면적 감소에 의한 과실과 엽의 칼슘경합 완화에 의한 과실의 칼슘 축적, 그리고 여름전정에 의한 과실크기가 작아짐으로써 과실의 칼슘농도가 증가된다는 견해가 있다.

이 외에도 사과 유목에서 생육기 적심은 남은 잎의 칼슘, 인산, 마그네슘, 철, 망간 등의 농도가 증가되고 또는 잎과 수피의 수용성 칼슘과 치환성 칼슘의 비율이 높아진다는 보고도 있다.

## 나. 여름전정과 꽃눈 형성

여름전정에 의한 꽃눈 형성은 두 가지 측면에서 설명될 수 있다.

첫째 수관내 광 환경 개선에 의해 꽃눈 분화가 촉진되거나 분화된 꽃눈의 충실도를 좋게 하는 경우와 둘째 도장지나 발육지를 기부 2~3개 눈을 남기고 절단하면 재생장된 2차지의 정아가 화아가 되는 경우가 있다.

[표 5-8]은 생육기 배나무의 도장지 제거에 따른 수관내 광 환경 개선 및 꽃눈 충실도를 나타낸 것으로 여름전정은 광 투과량을 많게 하고 꽃눈의 크기를 증대시켜 충실도를 좋게 한다.

사과에 있어서도 여름전정에 의해 엽면적이 감소되나 수관내의 광조건이 좋아져 충실한 단과지가 증가되는 것으로 보고하고 있다.

<표 5-8> 배나무 여름전정이 꽃눈 충실도에 미치는 영향

| 구 분 | 광 환경 개선효과 | | 꽃눈크기(㎝) | |
|---|---|---|---|---|
| | 수관하조도량 | 지표면광투과량 | 종경 | 횡경 |
| 여름전정 | 31.klux | 27.5% | 1.06 | 0.56 |
| 무 전 정 | 1.8 | 18.3 | 1.01 | 0.54 |

한편 후지품종 4년생을 이용하여 발육지를 시기별로 기부 1~2㎝ 남기고 절단하여 재생장된 2차지의 화아분화율을 보면 시기가 빠를수록 화아분화율이 높고 다음 해 결실율도 높은 결과를 보이고 있으며(표 5-9), 또 다른 시험에서는 품종별 도장지를 같은 방법으로 여름전정한 결과 시기별 화아율은 [표 5-9]와 동일한 결과를 보이고 있으나 품종간 꽃눈 분화율은 차이가 있음을 나타내고 있다(표 5-10).

<표 5-9> 여름전정 시기가 후지품종의 꽃눈 분화 및 결실에 미치는 영향

| 전정시기 | 꽃눈분화율(%) | 결실률(%) | 수확과율(%) |
|---|---|---|---|
| 6월하순 | 83 | 47 | 35 |
| 7월하순 | 80 | 36 | 27 |
| 8월하순 | 20 | 7 | 1 |

<표 5-10> 여름전정 시기가 품종별 꽃눈 분화에 미치는 영향

| 전정시기 | 꽃눈분화율(%) | | |
|---|---|---|---|
| | 후 지 | 육 오 | 쓰가루 |
| 7월  5일 | 55 | 48 | 33 |
| 7월 20일 | 67 | 43 | 23 |
| 8월  5일 | 57 | 37 | 13 |

 이와 같이 여름전정 후 꽃눈 형성 증대 및 재생장 되는 정아가 꽃눈이 되는 것은 여름전정에 의한 수세억제, 광환경 개선, 왕성한 새 가지 제거에 의한 양분경합 완화, 정아 또는 유엽 제거에 의한 지베렐린과 같은 꽃눈 형성 저해물질 감소 등으로 설명될 수 있으며, 특히 재생장 되는 정아의 꽃눈 유도는 신초 정지 시기와도 밀접한 관계가 있다.

 일반적으로 절단시기가 너무 빠르면 재생장이 많고 너무 늦으면 재생장 되지 않아 꽃눈 형성이 불가능해지게 되며, 또한 절단시기가 늦으면 꽃눈이 형성되더라도 꽃눈이 충분히 발달되지 않아 다음해 결실율이 낮고 결실된 과실은 기형과 발생이 많거나 비대가 나빠지게 된다.

 그러나 여름전정에 의한 꽃눈 분화에 대해 상반된 연구결과도 많다. 여름전정에 의해 수관 용적당, 가지 길이당 또는 마디당 꽃눈수가 많은 것은 여름전정이 꽃눈 분화에 직접적인 영향을 미친다기보다 여름전정에 의해 생장이 억제되어 나무크기가 작아졌기 때문이라는 견해와 여름전정은 꽃눈 분화에 영향이 없거나 오히려 감소시킨다는 보고도 있다.

 이와 같은 상반된 결과는 꽃눈 형성에 대한 여름전정의 영향이 과종, 품종, 수세,

전정시기, 전정정도 등은 물론 그 해의 기상에 따라서도 달라질 수 있다는 것을 의미하고 있으며, 수세가 강한 나무에서 지나친 여름전정은 가지의 재생장, 신초 정지시기 지연 등으로 꽃눈 형성이나 꽃눈 충실도를 나쁘게 하는 요인이 될 수 있다.

## 다. 여름전정과 과실품질

### 1) 과실크기

과실의 크기에 대한 여름전정의 효과는 과종, 전정시기, 전정정도에 따라 달라질 수 있다.

사과 후지 품종의 여름전정 시기에 따른 연도별 과실크기에 미치는 영향을 보면 (표 5-11) 6개년 모두 여름전정을 하지 않는 나무에 비해 과실크기가 작고 여름전정 시기가 빠를수록 다소 작은 경향을 보이고 있다.

<표 5-11> 여름전정 시기가 사과 후지품종의 과실 크기에 미치는 영향

| 전정시기 | 평균과중(g) | | | | | | 평 균 |
|---|---|---|---|---|---|---|---|
| | 1980 | 1981 | 1982 | 1983 | 1984 | 1985 | |
| 6 월 | 243 | 194 | 277 | 271 | 233 | 235 | 242 |
| 7 월 | 220 | 201 | 265 | 275 | 227 | 247 | 239 |
| 8 월 | 245 | 199 | 276 | 281 | 220 | 248 | 245 |
| 무전정 | 249 | 205 | 279 | 296 | 231 | 260 | 253 |

그러나 다른 연구자들의 연구결과에 의하면 품종간에 따라 여름전정이 과실크기에 미치는 영향은 다르며 일부 품종에서는 여름전정이 과실크기에 영향을 미치지 않는다는 보고와 또 다른 연구자는 여름전정이 오히려 수관 외부에 큰 과실의 분포비율이 증가된다고 보고하고 있다.

한편 배나무의 여름전정에 의한 과실크기에 미치는 영향을 보면(표 5-12) 도장지를 제거한 여름전정은 여름전정을 하지 않은 나무에 비해 과중비가 높아 사과와는 달리 상이한 결과를 보이고 있으며 오히려 배나무에서는 6월 하순이후 여름전정은 과실비대에 나쁜 영향을 미치는 것으로 알려져 있다.

<표 5-12> 배나무 도장지 제거 시기가 과실 크기에 미치는 영향

| 도장지 제거시기 | 신초수 | 도장지수 | 과중비 |
| --- | --- | --- | --- |
| 5월  1일 | 99.7 | 63 | 109 |
| 6월  1일 | 73.0 | 53 | 108 |
| 6월 20일 | 105.1 | 53 | 101 |
| 무 처 리 | 100.0 | 100 | 100 |

※ 단위 : 무처리 100에 대한 비율, 도장지 : 1m 이상 적립지

이상과 같이 여름전정이 과실크기에 미치는 영향은 과종이나 연구자에 따라 상이한데 이는 과실크기에 미치는 요인이 다양한 이유도 있으나 여름전정에 의한 과실비대 감소 요인으로서는 엽면적 감소에 의한 동화물질 감소를 들 수 있으며, 과실비대 증진 요인으로는 무효용적 감소, 광환경 개선에 따른 나무전체 광합성 효율 증대를 들 수 있다.

따라서 여름전정 전 나무상태, 즉 무효용적의 다소에 따라 과실크기에 미치는 영향은 달라질 수 있으며, 특히 배나무의 경우는 사과와는 달리 조기에 도장지를 제거하는 여름전정은 저장양분 소모가 적어져 과총엽의 발달과 발육지의 생장을 촉진시켜 초기 엽면적이 증가됨으로써 과실비대가 좋아지는 것으로 알려져 있다.

## 2) 과실착색

사과에 있어서 과실착색에 관여하는 색소는 안토시아닌인데, 이 색소의 생성에 영향을 주는 요인은 수체내 탄수화물과 질소화합물의 균형, 일조량, 온도조건 등이다.

이들 중 여름전정에 의한 과실착색에 영향을 줄 수 있는 주된 요인은 일조량 즉 수관내 광 환경 개선으로 여름전정에 의해 과실표면에 얼마나 충분한 햇빛을 쪼이게 하느냐에 따라 과실착색은 영향을 받게 된다.

여름전정이 수관 내부 광 투과를 좋게 함으로써 과실착색에 효과가 크다는 연구 보고는 많으며, 여름전정에 의한 수관내 광 환경 개선 효과는 생육초기보다 후기가 전정량이 많을수록 또는 수관 외부보다 내부가 큰 것으로 알려져 있다.

여름전정이 과실착색에 미치는 영향을 보면 여름전정은 무전정에 비해 과실표면 70% 이상 착색과 비율이 높고 여름전정 시기간에는 시기가 늦을수록 착색에 효과 적임을 나타내고 있으며(표 5-13), 이와 같은 착색증진 효과는 햇빛이 잘 쪼이는 수관 상부보다 투광량이 적은 수관 하부쪽이 더 뚜렷함을 보이고 있다(표 5-14).

<표 5-13> 후지품종의 여름정전시기가 과실착색에 미치는 영향

| 여름전정시기 | 과실착색정도별 분포 과율(%) | | |
|---|---|---|---|
| | 40% 이하 | 40~70% | 70% 이상 |
| 7월 25일 | 15.1 | 46.1 | 38.8 |
| 8월 25일 | 13.5 | 43.9 | 42.6 |
| 9월 25일 | 12.2 | 41.8 | 46.0 |
| 무 전 정 | 18.5 | 50.9 | 30.6 |

<표 5-14> 여름정전이 사과 홍옥 품종의 수관부위별 착색에 미치는 영향

| 처 리 | 과실 착색도(점) | | |
|---|---|---|---|
| | 상 부 | 중 부 | 하 부 |
| 여름전정 | 4.24 | 4.00 | 3.82 |
| 겨울전정 | 4.28 | 3.83 | 3.30 |

※ 착색도 : 1(녹색)~5(적색)

그러나 여름전정에 의한 과실 착색 증진 효과는 과종에 따라 달라질 수 있으며, 착색발현에 광을 많이 필요로 하지 않는 포도의 경우 여름전정에 의한 엽면적 감소 는 오히려 착색을 나쁘게 하는 요인이 될 수 있으며, 여름전정에 의한 과실 착색증 진 효과도 착색이 잘 안되는 품종이나 착색환경이 불량한 환경조건에서 효과적인 것으로 보고되고 있다.

# 3/ 과실 당도

과실 당도에 영향을 주는 요인은 일조량, 엽과비, 질소, 토양수분 등으로 여름전정에 의해 이들 요인에 직접적인 영향을 줄 수 있는 것은 엽과비다.

엽과비에 따라 과실 당도에 미치는 영향은 과실당 엽수가 많을수록 높아지나 일정 수준 이상에서는 더 이상 증가되지 않는 것으로 알려져 있다. 따라서 여름전정은 과실당 엽수를 줄이는 결과가 되므로 과실 당도에는 마이너스로 작용할 수 있으나 엽과비 상태에 따라 당도에 미치는 영향은 달라질 수 있다.

[표 5-15]는 사과 후지 품종의 여름전정 시기에 따라 과실당도에 미치는 영향을 조사한 결과로 여름전정은 무전정에 비해 대체로 당도가 낮은 경향을 보이고 있으나 여름전정 시기에 따른 당도 차이는 뚜렷하지 않음을 나타내고 있다.

<표 5-15> 여름정전 시기가 후지품종의 과실당도에 미치는 영향

| 전정시기 | 당도(°Bx) | | |
|---|---|---|---|
| | 1983 | 1984 | 1985 |
| 7월 25일 | 14.7 | 15.5 | 13.9 |
| 8월 25일 | 13.9 | 15.5 | 13.8 |
| 9월 25일 | 14.6 | 15.9 | 13.7 |
| 무 전 정 | 15.4 | 16.4 | 13.9 |

또 다른 연구결과에 의하면 대부분 여름전정은 과실 당도의 감소요인이 되나 해에 따라 차이가 있으며 여름전정이 과실 당도에 영향을 주지 않는다는 보고도 있다.

이와 같이 여름전정이 과실 당도에 미치는 영향은 대부분 여름전정을 한 나무의 과실 당도가 하지 않은 나무의 과실 당도보다 낮거나 차이가 없는 반면 여름전정에 의해 당도가 높아진다는 보고는 거의 없다.

따라서 여름전정이 과실당도에 미치는 영향은 여름전정 전의 엽과비, 여름전정 정도, 시기, 방법 등에 따라 달라질 수 있으며 일반적으로 여름전정 정도가 많고 과실 근처의 가지를 여름전정할수록 당도 감소가 크고 전정시기가 늦을수록 영향이 적은 것으로 알려져 있다.

## 4) 저장중의 생리장해

여름전정은 과실의 저장중에 발생되는 생리장해 발생에도 영향을 준다.

사과 매킨토시 품종의 경우 여름전정한 나무와 하지 않은 나무의 과실을 수확하여 0℃에서 1월 중순까지 저장하여 생리장해 발생에 미치는 영향을 보면 고두병과 과육연화(breakdown)현상이 현저히 감소되고 있다(표 5-16).

<표 5-16> 여름정전이 사과저장중 생리장해 발생에 미치는 영향

| 구 분 | 여름전정 | 무정전 |
|---|---|---|
| 과실 Ca함량(ppm) | 130 | 112 |
| 고두병 발생율(%) | 0 | 4.0 |
| Breakdown발생율(%) | 12.0 | 22.0 |

이외에도 여름전정은 저장중의 과실부패, 밀증상과 같은 생리장해 발생을 감소시키는 것으로 보고하고 있으나 연구자에 따라서는 여름전정 정도가 심하거나 시기가 빠른 경우 고두병 발생이 많아지거나 밀증상은 여름전정 후 오히려 증가된다는 상반된 보고도 있어 여름전정에 의한 저장과실의 품질에 미치는 영향은 매우 다양하다.

# 라. 여름전정의 실제적 이용

지금까지 기술된 바와 같이 여름전정이 수체에 미치는 영향은 연구자에 따라 많은 부분에서 상반되게 보고되고 있다. 그 원인은 여름전정의 효과가 과종, 품종, 수세, 결실량, 환경조건, 나무의 상태(무효용적의 다소) 등에 따라 달라질 수 있을 뿐만 아니라 이들 조건이 동일하더라도 여름전정의 시기와 방법, 정도에 따라 수체 반응이 다양하게 나타나기 때문이다.

이와 같은 다양한 요인뿐만 아니라 수세억제, 꽃눈 형성, 과실품질(과실크기, 착색, 당도) 등에 미치는 여름전정의 효과가 일률적이지 않고 과종, 품종, 수세, 결실량, 나무상태 등과 연계되어 전정시기, 방법, 정도에 따라 정 또는 부로 반응하기 때문에 재배자가 여름전정 시기와 방법, 정도를 결정하는 데 어려움이 있다.

따라서 재배자는 확실한 목적에 따라 여름전정을 이용하되 가능한 역기능이 최소화될 수 있도록 여름전정의 시기, 방법, 정도를 결정하는 것이 중요하다.

일반적으로 도장지 제거는 일찍 할수록 수관 내부의 광 환경과 통풍을 좋게 하며, 특히 배나무의 경우 조기에 눈따기 해 주면 저장양분의 소모가 줄어 과총엽과 발육지의 생장을 좋게 하여 조기에 엽면적이 확보됨으로써 과실품질이 향상된다.

그러나 전정시기가 늦어지거나 전정량이 과다하면 과실비대가 나빠지고 당도가 낮아지게 되므로 늦어도 6월 하순 이전에 실시하는 것이 좋다.

일반적으로 전정 정도가 많을수록 수세억제 효과가 크나 과실비대와 당도 등에 나쁜 영향을 미치게 되며, 전정시기에 있어서는 시기가 빠를수록 재생장이 많아져 생리적으로 나무에 미치는 영향이 크나 늦을수록 그 영향은 적은 것으로 알려져 있다.

따라서 수세조절을 위한 여름전정은 수세에 영향을 주는 요인 즉, 결실부족, 질소과다, T/R률 저하 등 여러 가지 재배적 요인이 있으므로 이들 요인을 제거하면서 여름전정을 보조수단으로 이용하는 것이 효과적이며, 여름전정만으로 해결하려 하면 오히려 생리적 반발이 야기될 수 있다.

한편 사과의 꽃눈 형성을 위하여 도장지나 발육지의 기부엽 일부를 남기고 절단하는 여름전정은 전정시기가 중요하며 대개 6월 중순이나 7월 상순경이 효과적이나 수세가 강하고 결실량이 적거나 유목의 경우에는 다소 늦은 것이 좋고 반대로 수세가 약하고 결실량이 많은 나무 등은 6월 중하순경에 하는 것이 좋다.

과실착색을 좋게 하기 위한 여름전정은 후지 품종의 경우 과실크기와 당도에 영향이 적은 수확 약 4주 전에 1차 복잡하고 과실주위의 가지를 제거하는 가벼운 여름전정을 하고 수확 2주 전에 2차 여름전정을 하면 착색증진 효과가 크며 과실 크기와 당도에 미치는 영향을 최소화할 수 있다.

특히 이 시기는 새 가지를 자름전정하여도 전정 부위의 재생장이 문제되지 않으나 과실에 인접한 새 가지를 조기에 과다하게 제거하면 착색은 좋아질 수 있으나 크기와 당도가 나빠질 수 있으므로 유의해야 한다.

# 제2장
# 과종별 정지·전정

# 1. 사과나무의 정지·전정

## 가. 사과나무 전정의 기초 이론

### 1) 눈의 명칭

- 잎눈(葉芽 ; leaf bud) : 발아 후 새 가지로 자라는 것으로서 꽃이 피지 않는다.
- 꽃눈(花芽 ; flower bud) : 발아 후 꽃이 달리는 것으로서 사과나무는 잎, 새 가지, 꽃이 섞여 나오는 혼합꽃눈(混合花芽)이다.
- 중간눈(中間芽 ; intermediate bud) : 겉모양은 꽃눈과 비슷하지만, 크기가 약간 작고 꽃이 피지 않는 눈으로 사과나무와 배나무에 많다. 조건이 좋으면 꽃눈으로 발달하여 다음해에 꽃을 피우나, 조건이 나쁘면 중간눈 상태로 계속된다.
- 끝눈(頂芽 ; terminal bud) : 가지의 끝에 있는 눈으로서 사과나무에서는 꽃눈

인 경우가 많다.

- 겨드랑눈(腋芽 : axillary bud) : 가지의 잎겨드랑이(葉腋)에 붙은 눈으로 곁눈(側芽)이라고도 한다.
- 숨은눈(潛芽, 休眠芽 : latent bud) : 가지의 기부에서 충실하게 발달하지 못하였거나 발아할 수 있는 조건이 되지 못하여 봄에 발아하지 않고 있는 눈으로서 가지의 절단, 자상(刺傷), 유인 등 발아에 유리한 조건이 되면 발아한다.
- 겨드랑꽃눈(腋花芽 : axillary flower bud) : 1년생 가지의 겨드랑눈이 꽃눈으로 발달한 것으로서 일반적으로 좋은 과실이 달리지 않으나, 좋은 과실이 달리는 품종도 있다.

## 2) 가지의 종류 및 생장특성

## 가) 생장 상태에 따른 가지의 명칭

- 새 가지(新梢, shoot)와 1년생 가지(twig) : 당년에 새로 자란 가지가 잎이 붙어 있는 상태의 가지를 새 가지라 하고, 잎이 떨어진 상태의 가지를 1년생 가지라 한다. 그러나 shoot란 용어는 잎의 유무와 관계없이 사용할 때가 많다.
- 자람가지(發育枝, vegetative shoot) : 꽃눈이 착생되지 않은 새 가지 또는 1년생 가지를 말한다
- 웃자람가지(徒長枝, water sprout) : 자람가지의 일종으로 생장이 지나치게 왕성한 가지를 말한다.
- 덧가지(副梢, 二番枝, secondary shoot) : 새 가지의 곁눈이 그 해에 자라서 된 가지를 말한다.
- 과대지(果臺枝, bourse shoot) : 사과의 꽃눈 속에서 자라나온 가지를 말하며, 꽃눈이 착생되지 않는 것은 일종의 자람가지라 할 수 있다.
- 장과지(長果枝), 중과지(中果枝) 및 단과지(短果枝) : 30cm 이상 길게 자라 꽃눈이 착생된 가지를 장과지라 하고, 10~20cm 정도 자라 꽃눈이 착생된 가지를 중과지, 10cm 미만은 단과지라 한다.

## 나) 가지 생장의 법칙

- 가지의 착생 위치, 분지 각도, 가지 길이 및 세력이 같은 두 개의 발육지는 같은 세력으로 자란다. 이 두 가지는 호르몬 및 영양 수준이 같고 수액 흐름의 조건도 같기 때문이다.
- 다른 조건이 같다면 분지각이 좁은 가지가 넓은 가지에 비해 강하게 자란다. 이는 분지각이 좁은 가지가 넓은 가지에 비해 호르몬 공급에 유리한 조건에 있기 때문에 생장이 촉진되는 것으로 생각된다.
- 분지각이 같다면 주간에 높게 착생된 가지가 그 아래 낮게 착생된 가지에 비해 강하게 자란다.
- 다른 조건은 같다면 굵은 가지가 가는 가지에 비해 강하게 자란다. 굵은 가지에는 관다발 수가 많거나 크기가 커서 더 많은 양수분을 공급받을 수 있기 때문이다.
- 주간에 가까운 가지가 멀리 착생된 가지에 비해 더 잘 자란다.

## 다) 가지의 생장량에 관계되는 요인

### (1) 가지의 크기

가지의 크기(무게 또는 표면적)가 클수록 새 가지의 생장량이 많아진다. 가지를 중간에서 절단하면 절단한 만큼의 크기가 감소되므로 새 가지의 생장량도 감소된다.

### (2) 가지의 발생각도

같은 크기의 가지라도 수직 방향으로 서 있는 가지에서 새 가지의 생장량이 많고, 기울기가 커질수록 생장량이 감소된다.

### (3) 정부우세성

일반적으로 가지의 끝에 있는 눈이 가장 왕성하게 생장하고, 끝에서 멀어질수록 생장력이 약해지며 기부에 있는 눈은 숨은눈이 된다. 가지를 수평 또는 그 이하로 휘었을 때는 높은 위치에 있는 눈, 특히 가지 윗면(背面)의 눈이 강하게 자라고 가지의 밑면(腹面)에 있는 눈이 발아하지 못한다. 가지를 절단한 경우에도 가지의 끝쪽 눈이 강하게 자라는 성질이 있다. 이와 같은 성질을 가지의 정부우세성(頂部優勢性)이라고 한다.

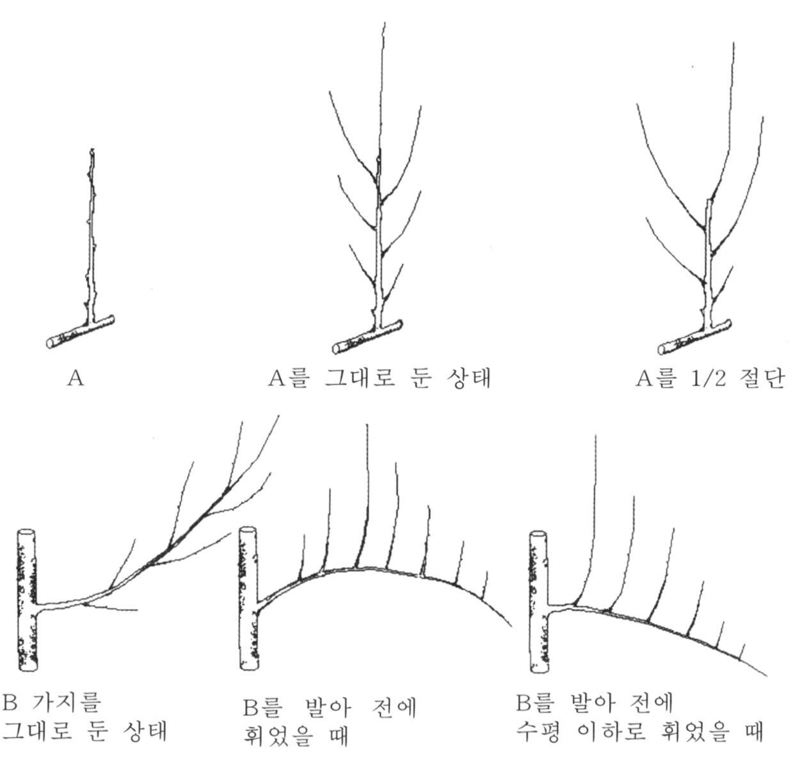



그림 1-1. 정부우세성에 의한 새 가지의 생장 상태

## 3) 사과나무의 결과습성

사과나무는 새 가지가 발생 신장되면 다음해에 그 가지의 선단부 및 그 부근에서는 2~3개의 자람가지가 나오고 그 밑부분에는 단과지(短果枝)가 형성되며, 단과지 끝에 꽃눈이 형성되었다가 그 다음해에 개화 결실된다.

그러므로 지난해에 발아 신장된 2년생 가지의 잎눈이 6~7월 상순경부터 꽃눈으로 분화 발달하여 다음해 즉 3년생 가지에 개화 결실한다. 그러나 홍옥, 골든델리셔스 등의 품종에서는 그 해의 충실한 새 가지의 겨드랑눈(腋芽)이 당년에 꽃눈으로 분화되어 다음해에 결실되기도 하는데 이와 같은 꽃눈을 액화아(腋花芽)라 한다. 일반적으로 액화아는 좋은 과실이 달리지 않으므로 이용가치가 없으나, 홍옥과 같이 품종에 따라서는 정화아(頂花芽)와 다름없는 과실이 달리는 것도 있다.

사과 꽃눈은 혼합꽃눈(混合花芽)으로서 1개의 꽃눈 속에 평균 5개의 꽃과 10장의 잎 그리고 1~2개의 생장점이 들어 있다. 꽃눈 속에 있는 생장점은 나무의 영양상태에 따라 신초, 꽃눈 또는 중간눈(中間芽)으로 된다. 이 중간눈은 다음해에 나무의 영양상태에 따라 자람가지나 꽃눈으로 자라게 되며, 때로는 또다시 중간눈으로 된다.

1년생 가지의 잎눈을 2년째에 꽃눈으로 분화시키려면 절단전정을 피해야 한다. 절단전정하면 남아있는 잎눈들이 꽃눈으로 분화되지 않고 길게 자라는 것이 일반적이므로 키워야 할 가지는 절단전정하되 그 밖의 가지는 숨음전정을 하여야 꽃눈 분화가 잘 된다.

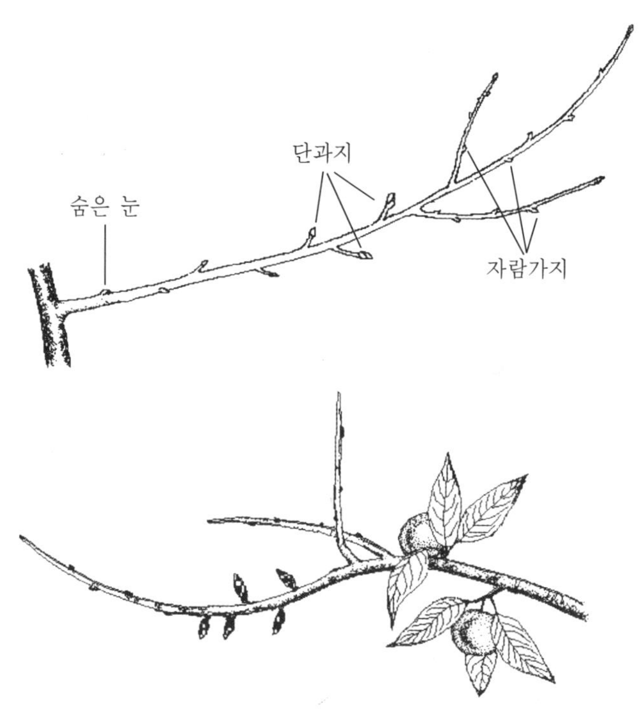



그림 1-2. 사과나무의 결과 습성

## 4) 전정 방법에 따른 생장 반응

## 가) 절단전정과 솎음전정

### (1) 절단전정(切斷剪定)

절단전정은 가지를 도중에서 잘라내는 것으로서 가지의 끝눈을 제거하기 때문에 정부 우세성이 없어지거나 약화됨에 따라 곁눈에서 발아된 새 가지의 생장이 왕성하게 된다.

일반적으로 절단전정 후 새 가지의 생장은 1년생 가지를 잘랐을 때가 2년생 가지 이상을 잘랐을 때보다 왕성하다. 특히, 자르고 남은 가지의 상부 3~4개의 눈에서 발아된 새 가지는 분지 각도가 좁고 생장이 왕성하다. 가지의 절단 정도가 강할수록 강한 새 가지가 발생되는데 이와 같은 절단은 단과지(短果枝)가 형성될 수 있는 것도 새 가지가 자라나와 꽃눈 형성이 적어지게 된다. 특히 사과나무는 이러한 성질이 강하여 전정 시에는 1년생 가지를 절단하지 않는 것이 좋다.

절단전정은 유목기의 골격 형성이나 노목의 수세 회복 및 오래 묵은 가지의 세력을 회복시킬 경우에 실시하며 재식거리가 넓어 나무와 나무 사이 공간을 새 가지로 채우고자 할 경우에도 실시한다.

### (2) 솎음전정

솎음전정은 가지 기부에서 잘라 솎아주는 전정이다. 불필요한 가지를 기부에서 완전히 제거함으로써 수관 내부에 광 투과효율을 높이고 밀식 피해를 줄이는 데 효과적인 전정 방법이다. 다른 가지의 생장에 장해가 되고 결실성이 낮은 가지라면 비교적 큰 가지라도 기부에서 잘라 내는 것이 좋다.

솎음전정은 절단전정에 비하여 전정에 대한 자극이 적고 새 가지의 생장이 강하게 되지 않고 꽃눈 분화에 유리하므로 사과나무 전정에서는 솎음전정을 위주로 하는 것이 좋다.

## 나) 단과지 전정(短果枝剪定)

사과나무는 성목이 되면 단과지의 발생이 많아진다. 특히 단과지형 사과 품종은 성목이 되면 단과지군을 만드는 경우가 많다. 이것을 그대로 방치하면 결실은 많이 되나 새 가지의 생장이 억제되어 과실의 비대 발육에 필요한 잎수의 부족으로 과실 비대가 불량하게 된다. 따라서 단과지군 중 꽃눈이 작은 단과지의 일부를 전정하여 주어야 한다. 일반적으로 단과지군 중 1/3~1/4을 전정하여 주면 남은 단과지의 생육이 양호하게 되고 생육이 적당한 새 가지가 발생되어 과실의 비대를 돕게 된다.

## 5) 전정 시기에 따른 생장 반응

### 가) 사과나무의 겨울전정(冬季剪定)

동계전정은 휴면기에 실시하는 전정이다. 휴면기에 가지를 자르게 되면 남은 눈에서 발생되는 새 가지는 강한 신장을 하게 되는데, 전정이 강할수록 새 가지가 강하게 발생된다.

이와 같이 새 가지의 생장이 강해지는 원인은 여러 가지가 있으나 그 중에서 전정에 의해 가지가 절단되면 눈수는 감소되지만 뿌리량은 변하지 않아 뿌리에서 흡수된 양분과 생산된 사이토키닌(생장호르몬)이 남은 눈에 다량으로 공급되고 저장양분도 남은 눈에 집중되므로 전정에 의하여 눈수의 감소가 많을수록 영양생장이 강하게 된다.

또한 새 가지가 자라기 시작하면 새 가지의 선단에서 생장호르몬인 옥신이 만들어져 중력에 의해 아래로 내려가 뿌리에 이동되어 처음에는 뿌리의 생장을 좋게 하지만 새 가지의 생장이 왕성해져 뿌리내 옥신의 농도가 점점 높아지면 뿌리의 생장이 억제된다. 이것은 오옥신이 저농도에서는 생장을 촉진하지만 고농도에서는 생장을 억제하는 성질이 있기 때문이다.

따라서 뿌리의 생장이 저하하면 곧 새 가지의 생장도 약해지게 되는데 전정에 의해 눈수가 감소되면 옥신에 의한 뿌리의 생장 억제 시기가 늦어져 새 가지의 생장이 늦게까지 계속됨으로써 영양 생장이 강한 쪽으로 반응하게 되는 것으로 알려져 있다.

## 나) 사과나무의 여름전정(夏季剪定)

여름전정은 새 가지의 생장이 시작된 이후부터 낙엽기까지 실시하는 전정이다. 즉 여름전정은 생육기 중에 잎이 붙어 있는 새 가지를 자르거나 솎아주거나 비틀어주거나 유인하여 주는 작업이다.

여름전정은 늦봄부터 초가을 사이 생육기에 실시되므로 잎수가 감소되어 광합성량이 적어지고 2차 생장을 유발시켜 양분 소모가 많아져 수체내 양분 축적도 늦어져 다음해 생장을 약하게 한다.

여름전정에 의한 2차 생장은 시기가 빠를수록 많아지는데 2차 생장이 강해도 하기전정을 하지 않는 나무에 비하여 약하므로 수관의 축소 효과도 커진다. 또한 하기전정은 뿌리의 생장을 저해하고 가지의 비대생장을 억제하여 전체적으로 나무의 세력을 떨어뜨리게 된다. 특히 이러한 생장억제 현상은 엽면적이 적은 유목기에 현저하게 나타난다.

<표1-1> 하계전정 정도와 시기가 새 가지의 재신장에 미치는 영향 (Miller, 1982)

| 동계전정 | 하계전정 절단 정도 | 하계전정 시기(만개 후 주수) | | | |
|---|---|---|---|---|---|
| | | 8주 | 12주 | 16주 | 20주 |
| | | 1976 | | | |
| 전　정 | 새 가지 1/3 절단 | 301% | 16.6 | 0.3 | 0.4 |
| 무전정 | 전년생 가지 1/3절단 | 19.0 | 16.6 | 0.4 | 0.6 |
| | | 1977 | | | |
| 전　정 | 눈 1~2개 남기고 절단 | 1.9 | 2.1 | 3.6 | 0.5 |
| 무전정 | 눈 1~2개 남기고 절단 | 2.5 | 0.8 | 0.6 | 1.7 |
| 전　정 | 새 가지 1/3 절단 | 16.4 | 10.2 | 9.3 | 0.9 |
| 무전정 | 전년생 가지 1/3절단 | 3.7 | 4.2 | 5.5 | 1.2 |

* 품종 : Topred Dellicious

이와 같은 생장억제 효과는 여름전정 시기에 따라 차이가 큰데 일반적으로 잎의 동화능력이 가장 왕성한 8월의 여름전정이 뿌리 생장과 가지 비대에 가장 강한 억제 효과가 있는 것으로 알려져 있다.

## (1) 정아 형성되기 전 전정

정아가 형성되기 전(발아 후~6월 하순)인 생육 초기는 새 가지의 생장이 매우 왕성하며 이 시기에 새 가지상의 액아는 생장이 왕성한 새 가지 선단과 잎에서 생성된 옥신에 의한 정부우세성의 영향으로 생장이 억제된다. 이 시기에 새 가지의 선단을 제거하면 정부우세성이 소멸되어 자르고 남은 액아의 생장이 촉진된다. 따라서 생육 초기의 하계전정은 새 가지의 재생장을 유발하여 수체에 나쁜 영향을 미치기 쉽다

새 가지의 액아에서 재신장된 새 가지는 단과지로의 전환이 잘 안 되기 때문에 결실 잠재력을 상실하거나 늦어지게 된다. 내한성 증진을 위한 가지의 경화가 늦어질 수 있으며, 새 가지의 재생장 중에 생성된 지베렐린은 꽃눈 형성을 감소시킬 수 있다. 그리고 수량, 과실 크기, 당도 등 과실 품질에도 악영향을 미칠 수 있다.

## (2) 정아가 형성된 이후의 전정

정아가 형성된 이후 즉 생육 후기에 하계전정을 실시하면 새 가지의 재생장이 거의 없다. 정아가 형성된 이후에는 수체의 모든 눈이 생리적 휴면상태에 들어가 있으므로 환경적인 조건이 적합하더라도 일정 시간의 저온요구도가 충족되지 않으면 눈이 발아되지 않는다. 물론, 조기에 낙엽이 지나치게 되었거나 하계전정의 정도가 지나치면 수체가 심한 충격을 받아 일부 눈이 생육 후기에 개화되는 수도 간혹 있을 수 있지만 이러한 현상은 정상적인 것은 아니다.

## 다) 하계전정의 실제적 이용

하계전정은 도장지와 밀생지 등 불필요한 가지를 제거하여 줌으로써 수세를 조절하고, 수관 내부의 광 투과효율을 높게 하여 과실 착색증진과 병충해 방제를 용이하게 하며, 전정 노력의 분산으로 작업능률면에서도 바람직하다.

도장지 제거는 생육기간 중 일찍 할수록 수관 내부의 수광량을 양호하게 하고 통풍을 좋게 한다. 사과 후지 품종의 꽃눈 형성을 위하여 기부엽 일부를 남기고 절단

하는 전정을 할 경우에는 우리 나라에서는 7월 상순경이 효과적이다. 과실의 착색 증진을 위한 하계전정은 과실의 착색기에 과실에 그늘이 지는 가지를 솎아내거나 절단전정하여 준다. 과실의 착색기는 새 가지가 정아를 형성한 시기이므로 절단전정을 하여도 새 가지의 재신장은 문제가 되지 않는다. 그러나 과실에 인접한 새 가지를 과도하게 제거하면 착색은 양호하게 될지 모르나 크기와 당도가 저하되는 문제가 있다.

하계전정은 과실의 칼슘 농도를 높여 저장중 발생하는 생리장해를 감소시켜 품질을 향상시키는 효과가 있다. 사과나무에서 칼슘의 이동은 세포분열이 왕성한 조직으로만 이동하게 된다. 과실에서 세포분열이 왕성한 시기는 만개 후 4~6주 이내이며, 결실량이 적은 나무에서 새 가지의 생장이 왕성하면 과실과 칼슘에 대한 경합이 생긴다. 따라서 하계전정에 의하여 경쟁이 되는 가지를 제거하면 과실의 칼슘 함량은 증가될 수가 있다.

그러나 하계전정에 따른 과실의 칼슘 농도에 미치는 영향은 전정 시기, 전정 정도에 따라 다르다. 이론적으로 과실로 칼슘이 가장 많이 이동되는 생육 초기에 하계전정을 하는 것이 바람직하지만, 이 시기의 하계전정은 새 가지의 재신장을 유발시키기 때문에 오히려 과실의 칼슘 농도를 감소시킬 수도 있다. 그런데 새 가지에 정아가 형성된 이후에 하계전정을 하면 과실의 칼슘 농도는 증가하지만, 1과당 엽수의 감소로 과실의 크기가 작아질 가능성이 있다.

## (1) 순지르기(摘心)

순지르기란 새 가지의 끝이 목질화되기 전에 그 일부분을 잘라주는 것을 말한다. 순지르기는 주로 웃자람을 방지하기 위해 실시하는데 적기에 해 주지 않으면 좋은 결과를 얻지 못하므로 주의하여야 한다.

## (2) 가지 비틀기

세력이 왕성한 새 가지는 그대로 방치하면 주변 가지의 생장에 나쁜 영향을 미치거나 전체 수형을 그르칠 우려가 예상되는 경우 새 가지가 경화되기 전에 가지 비틀기를 하여 가지의 세력을 약화시킨다. 특히, 밀식 재배에서 가지를 수평으로 유인하는 경우 가지의 등면에서 세력이 왕성한 새 가지의 발생이 많은데 이러한 가지들을 모두 제거하지 말고 적당하게 가지 비틀기를 하여 주는 것이 꽃눈 착생에 유리하다.

### (3) 가지 유인

가지의 분지 각도가 넓을수록 영양 생장이 억제되고 생식생장이 촉진된다. 분지 각도가 좁은 새 가지는 그대로 방치하면 가지의 생육이 지나치게 왕성하여 꽃눈 형성이 불량해지므로 가지를 유인하여 가지의 세력을 조절하여 주어야 한다. 가지 유인은 새 가지가 경화되기 전인 생육 초기에 하는 것이 작업도 편리하고 효과도 크다.

### (4) 환상박피, 박피역접, 스코어링

수세가 왕성하여 결실이 잘 안 되는 나무의 세력을 약화시켜 결실을 촉진시키는 비상 수단으로 수액 이동이 활발하여 수피가 잘 벗겨지는 5월 하순~6월 상순에 실시한다. 환상박피는 주간이나 주지의 기부를 3~10mm 넓이로 환상으로 벗겨내는 것이다.

박피역접은 나무의 주간을 지상 10~20cm 높이에서 폭 5cm 정도로 환상박피하여 수피를 완전히 벗기지 말고 약 20%를 남겨 그 자리에 벗긴 수피를 상하 방향으로 거꾸로 접착시키는 방법이다.

스코어링은 칼이나 톱으로 주간이나 주지 기부의 수피가 절단되도록 상처를 내는 방법이다.

이러한 작업으로 수피가 절단된 나무의 상부에서 생성된 동화양분은 상처 부위 아래로는 이동하지 못하므로 꽃눈 분화가 촉진되고 과실의 발육과 성숙이 촉진된다. 그러나 뿌리의 생장은 감퇴되므로 지나치게 상처를 많이 주면 수세가 약화되어 나무가 쇠약해지므로 주의해야 한다.

## 6) 전정 정도

### 가) 수세

수세는 전정의 정도를 결정하는 가장 중요한 요인 중의 하나다. 특히 사과는 영양 생장과 생식 생장의 정도에 따라 결실과 과실 품질에 미치는 영향이 크므로 이들 생장의 균형을 유지하기 위해서는 전정과 동시에 시비, 결실관리 등이 함께 이루어져야 효과적인 수세관리가 가능하다.

나무의 수세 판단기준은 가지의 생육 정도, 웃자람 가지 발생 정도, 2차 생장 정도, 꽃눈의 크기, 엽과 과실의 색, 낙엽 양상, 가지의 색 등이며, 생육기부터 낙엽 후까지 나무의 전 생육기간을 통하여 관찰하여 판단하여야 한다.

같은 나무에서도 수세는 균일한 것이 아니다. 즉, 수세가 강한 나무에서도 세력이 약한 가지가 있고, 반대로 수세가 약한 나무에서도 세력이 강한 가지가 있을 수 있다. 일반적으로 나무의 상부보다 하부가, 수관 내부보다 외부의 가지 세력이 강하다. 따라서 어떠한 나무에 발생한 가지라도 직립지, 수평지 및 하수지의 3가지로 나누어 생각할 수 있다.

직립지는 햇빛이 포화상태인 수관 상단에 많이 발생하는데 생장이 왕성하며 결실성은 중간 정도다. 이 부위에서 달리는 과실은 대과이며 연화가 잘 되고 착색이 불량한 편이다. 수평지는 햇빛이 잘 쪼이는 부위에 많으며 가지의 생장도 적당하고 결실성이 양호하며 과실의 착색도 좋다. 하수지는 주로 큰 가지의 아래쪽에 발생하는데, 수관의 하부와 내부에서 많이 볼 수 있다. 그늘이 지고, 결실력이 약하여 결실된 후 과실은 작고 착색이 불량하다.

일반적으로 수세가 강한 나무는 가능한 전정을 약하게 하여 눈수를 많이 남겨 저장 양분과 뿌리에서 흡수한 양수분을 많은 눈으로 분산시켜 강한 신초가 발생되지 않도록 한다. 반대로 수세가 약한 나무는 약한 가지, 꽃눈, 결과모지를 많이 솎아주어 저장 양분의 소모를 줄이는 동시에 뿌리에서 흡수한 양수분을 남은 눈에 집중시킴으로써 새 가지의 생육을 양호하게 한다.

## 나) 결과습성

품종에 따른 결과습성은 전정 시 고려하여야 할 또 하나의 중요한 사항이다. 정화아에서 결실된 과실이 겨드랑꽃눈에서 결실된 과실보다 품질이 좋다. 결과지의 길이에 따라 단과지, 중과지, 장과지로 구분하는데, 중장과지가 많이 형성되는 품종에서는 가급적 절단전정을 피하고 숨음전정 위주로 하여야 품질이 좋은 과실을 확보할 수 있다.

단과지의 형성이 많은 품종은 기본적인 엽수 확보와 결과지 갱신을 위하여 일부 절단전정을 하여야 한다. 생산성을 높이기 위하여는 결실 부위에 햇빛이 잘 들어가도록 전정하는 것이 중요하다.

## 다) 생장습성

가지의 생장습성상 개장성이어서 수세안정이 잘 되는 품종의 경우에는 수관 상부보다 하부의 가지가 세력이 왕성해지기 쉬우므로, 전정 시 상단부 가지는 경우에 따라 절단전정이 필요하다.

그러나 생장습성이 왕성한 직립성 가지를 잘 발생시키는 품종의 경우는 분지 각도가 좁은 가지의 발생이 많고 수관 상부의 세력이 왕성하여, 전정에 주의를 기울이지 않으면 수관 하부의 광 투과가 문제가 된다. 이러한 경우에는 수고를 낮추기 위하여 상부 직립성 가지를 제거하여야 한다.

가지가 아래로 처지는 생장습성을 가진 종류는 흔히 가지의 선단 부근에 가늘고 약한 가지가 많이 발생하는데, 방치하면 수관 내부의 광 투과량이 적어 특히 수관 하부의 가지에 나쁜 영향을 미치므로 이들 가지는 숨음전정으로 제거해 주어야 한다.

결과지가 주로 단과지형인 경우에는 새 가지의 발생이 적고 단과지군이 형성되기 쉬우므로 새 가지 발생을 촉진하기 위하여 어느 정도의 절단전정이 필요하다.

## 라) 결실량

나무의 결실 정도는 새 가지의 생장과 밀접한 관계가 있다. 즉, 결실량이 많으면 새 가지의 생장은 억제된다. 따라서, 동일 품종에서 결실이 많은 나무는 결실이 적은 나무에 비하여 영양 생장과 생식 생장의 균형을 유지하기 위하여 전정의 강도를 높여 주어야 한다.

## 마) 인접한 나무와의 밀집 정도

인접한 나무 사이의 가지의 밀집 정도는 대목·접수 품종 및 토양 조건의 조합에 따라, 또는 과다시비, 미결실 및 정지·전정의 미숙으로 인하여 더 악화될 수 있다. 실제로 열간이 채워진다면 인접한 나무의 가지가 서로 겹쳐져 어느 정도의 밀식 피해는 피할 수 없다. 이러한 밀식 피해를 경감시키기 위하여는 전정을 하여 겹쳐지는 가지를 단축하거나 제거하여야 하나 지나친 전정은 과도한 영양 생장을 초래하여 수관 내부에 전보다 더 심한 광 부족을 초래하게 되고, 또한 결실량을 감소시키며 착색 등 과실의 품질을 불량하게 한다.

그러므로 나무와 나무 사이의 가지가 겹쳐서 발생되는 피해를 경감시키기 위하여는, 가지가 겹쳐지는 부위에서 작은 가지를 많이 잘라 내기보다는 큰 가지를 1~2개 기부에서 솎아내는 것이 좋다.

수관 상단부에 있는 크고 지나치게 왕성한 가지는 방치하여 둘 경우 가지의 직경이 주지나 주간과 비슷하게 되어 수관 하부의 광 투과를 방해하여 밀식장해의 주된 요인이 되므로 기부에서 제거하여 주는 것이 좋다. 또한 수관 하부에서 강하게 직립되어 자라는 가지를 방치하는 경우에도 상단부의 수형 구성을 방해하므로 조기에 기부에서 제거하여 주든지 유인을 하여 가지의 세력을 약화시켜야 한다. 밀식 재배의 경우 지나친 수고도 밀식장해의 요인이 되므로 재식밀도에 따라 나무의 키가 너무 크지 않도록 전정에 주의를 요한다.


# 나. 수형별 정지 방법과 전정

과수의 수형은 나무를 전정하여 나타난 수체의 최종 모습으로 성목기에 접어든 과수의 골격을 말한다. 수체 각 부분의 기능이 최대로 발휘되어 최고 품질의 과실을 조기에 다수확할 수 있게 하는 것이 수형 구성의 목적이라고 할 수 있다. 따라서 주어진 공간을 입체적으로 최대한 활용하여 충분한 엽면적 확보 및 최대의 일조를 받을 수 있도록 가지를 배치하여 광합성 산물을 극대화함으로써 좋은 품질의 과실을 많이 착과시킬 수 있도록 하여야 한다. 동시에 최대한 생력화가 가능한 수형으로 만들어야 한다.

수형은 재식거리에 따라 크게 달라지는데 과거 거목소식 재배체계에서는 개심형(開心形)이 적용되고, 밀식 재배체계에서는 세장방추형(slender spindle), 고돈(cordon), 왜성피라미드(dwarf pyramid), 주상형(pillar) 등의 수형이 적용된다.

## 17 저수고 밀식 재배형

밀식 재배에 이용되고 있는 수형은 여러 가지가 있으나, 세장방추형(slender spindle type) 수형을 기본으로 하고 있다.

밀식 재배의 정지, 전정의 요점은 가능한 한 절단전정을 피하고 유인을 위주로 하여 조기에 수관형성 및 결실을 유도함으로써 결실과 영양 생장의 균형을 꾀하는데 있다.

결실이 본격화되는 3년차까지는 세력이 지나치게 강한 측지 제거 등 최소한의 솎음전정만 하고 절단전정을 하지 않는 것이 기본이다. 결실이 본격화되고 수세가 안정된 4년차부터는 차차 복잡한 가지를 정리하고 주간 연장지의 세력을 안정시켜 수고가 높아지지 않도록 유의한다.

<표 1-2> 사과 저수고 밀식 재배에서 이용되는 수형

| 수 형 | 수 고(m) | 수 폭(m) | 재식거리(m) | 이용대목 |
|---|---|---|---|---|
| 방추형<br>(spindle bush) | 2.0~3.0 | 2.0 전후 | 3.0~4.2×1.2~1.8<br>(277~132주/10a) | |
| 세장방추형<br>(slender spindle) | 1.8~2.5 | 1.5~1.0 | 2.8~3.5×1.0~1.5<br>(357~190/10a) | M.7 |
| 브이 시스템<br>(V-System) | 1.8~2.5 | | 2.8~3.5×0.3~0.4<br>(250~600주/10a) | |
| 솔 렉 스 형<br>(solaxe Type) | 1.8~2.5 | | 2.8~3.5×0.3~0.4<br>(250~600주/10a) | |

<표1-3> 수형별 비교

| 구 분 | 무지주 주간형 | 수직축형 | 하이텍형 | 세장방추형 |
|---|---|---|---|---|
| 수 고(m) | 3.7-4.3 | 3.0-4.3 | 2.7-3.4 | 2.1-2.4 |
| 수관하부(m) | 2.7-3.4 | 1.5-2.1 | 1.5-2.1 | 0.9-1.5 |
| 주간거리(m) | 2.4-3.0 | 1.5-1.8 | 1.2-1.8 | 0.9-1.5 |
| 열간거리(m) | 4.6-5.5 | 4.0-4.6 | 3.4-4.3 | 3.0-3.7 |
| 재식밀도(주/10a) | 62-99 | 124-173 | 136-222 | 198-321 |
| 재식방식 | 1열 | 1열 | 1열 | 1열, 다열식 |
| 대 목 | M.7, MM.106, M.2, M.4, MM.111 | M.9, M.26 M.7 | M.9, M.26 | M.9 |
| 지 주 | 불필요 | 필 요 | 필 요 | 필 요 |
| 수량(2-4년차) | 낮 음 | 높음(중상) | 높 음 | 높 음 |
| 수량(5-10년차) | 중 간 | 높 음 | 높 음 | 높 음 |
| 재식 시 주간절단 | 필 요 | 필요/불필요 | 필 요 | 필 요 |
| 주간 연장지 전정 | 매년 실시 | 전정 않음 | 약한 경쟁지로 대체. 수세따라 절단 혹은 유인 | 약한 경쟁지로 대체 |
| 유목기 하위 골격지 절단전정 | 실 시 | 실시 않음 | 실시 않음, 약한 품종은 제외 | 실시 않음 |
| 성목기 하위 골격지 전정 | 묵은 가지 절단 짧게 키움 | 묵은 가지를 절단 하여 짧게 키움 | 묵은 가지를 절단 하여 짧게 키움 | 묵은 가지를 절단 하여 짧게 키움 |
| 주간 연장지상의 | 실시 | 실시 않음 묵은 가지 단축 | 실 시 | 실 시 |
| 상부가지 갱신전정 | 실시 않음 | 실 시 | 실 시 | 실 시 |
| 전정과 유인노동력 | 높 음 | 낮 음 | 중 간 | 중 간 |
| 수확 노동력 | 높 음 | 중 간 | 중 간 | 낮 음 |

## 가) 주간형(central leader type)

주간을 영구적으로 수관 상부까지 존속시키고 주지를 주간의 주변에 배치하는 수형이다. 이 수형의 특징은 원뿔형 외관에 뚜렷이 구별되는 골격지가 있는 것이 특징이다.

이 수형은 소식 재배나 반밀식 재배에서 주로 이용된다.

## (1) 수형 구성 방법

### (가) 재식당년

재식 시 주간의 절단은 묘목의 상태에 따라 다소 차이가 있으나 대부분 곁가지가 없는 묘목은 80~120cm 정도에서 절단하고, 곁가지가 있는 묘목은 남기고자 하는 곁가지로부터 30~45cm 지점을 절단한다. 골격지로 키울 신초는 신초 끝을 약하게 절단하고 유인하여 분지 각도를 넓힌다.

### (나) 2년차

주간 연장지 및 골격성 주지 연장지는 가볍게 절단하며 주간 연장지와 경쟁이 되는 가지는 제거한다. 주지는 70~80° 정도로 유인하며, 골격성 주지가 약하거나 늘어지는 경우에는 절단하여 세력이 약화되지 않도록 한다.

### (다) 3년차

수고가 3~3.5m 정도 이를 때까지 주간 연장지를 생육시킨다. 골격성 주지를 균등하게 배치하고 수세가 강한 직립성 골격지는 유인하여 분지 각도를 넓혀 준다.

### (라) 결실기

수고가 3~3.5m 이상되면 4~5개의 골격지층이 형성되며 나무전체를 원뿔형으로 관리한다. 세력이 강한 직립지는 제거하여 결과지를 균등하게 배치한다.

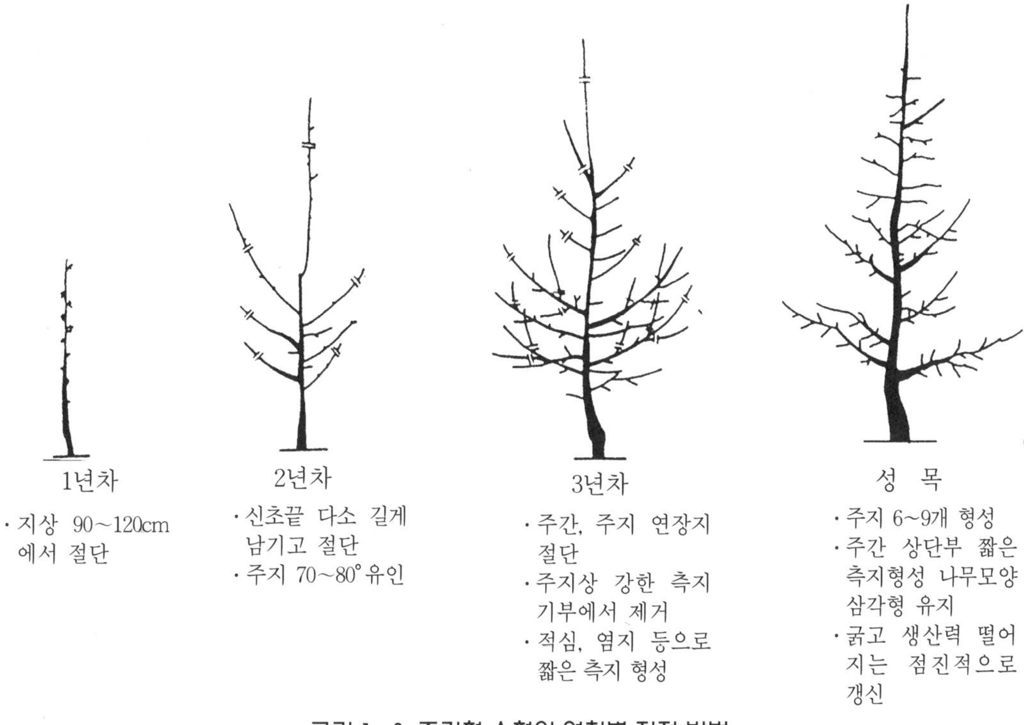



그림 1-3. 주간형 수형의 연차별 전정 방법

## 나) 방추형과 세장방추형

### (1) 방추형(spindle bush)

1940년 독일에서 개발한 수형으로, 주간(主幹)을 똑바로 세우고 결과지를 부착시
킨 원뿔형 모양을 이루는 수형이다. 수고는 대목의 종류에 따라 2~3m, 수폭은 2~
2.5m, 간장은 70cm 정도를 표준으로 하고, 1.5m 이하에 영구주지를 형성시키고, 윗부
분은 짧은 가지로 구성한다.

재식거리는 3.0~4.2m×1.2~1.8m(278~132주/10a)가 보통이다. 대목으로는 M26
M9와 같은 왜화도가 높은 대목을 주로 이용한다. 준왜성대목의 경우 지주 설치를
하지 않으나 왜성대목의 경우 지주를 설치해 주어야 한다.

최근 M9 대목을 이용하여 밀식 재배하기 때문에 세장방추형과 뚜렷이 구분하기
가 어렵다.

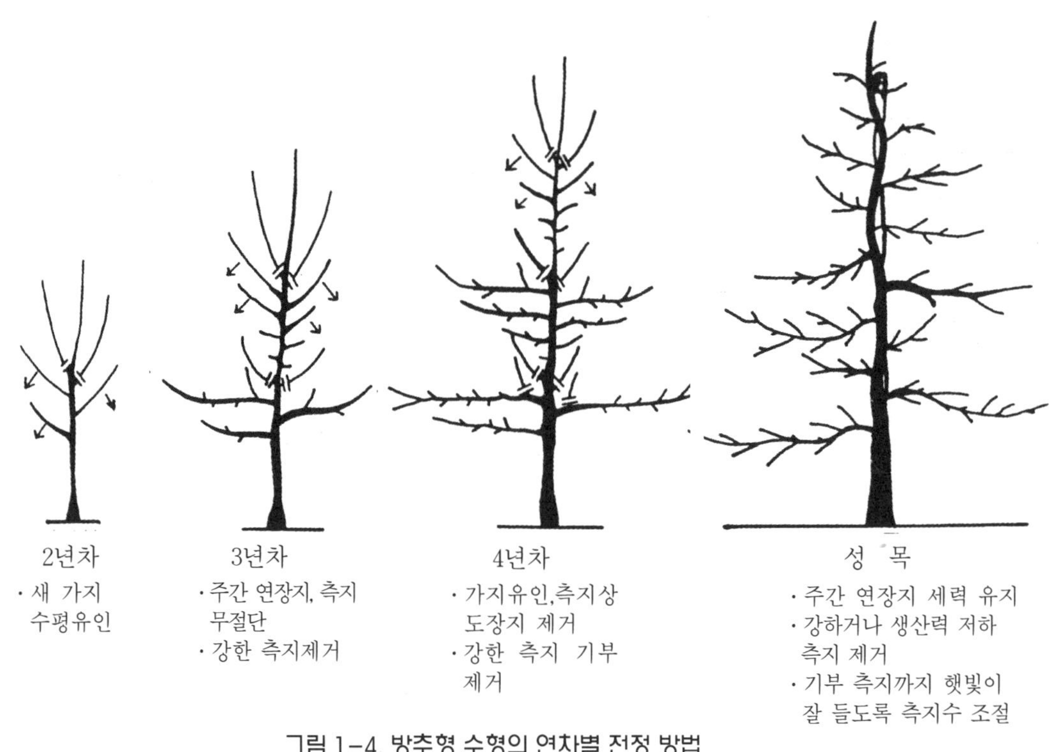


그림 1-4. 방추형 수형의 연차별 전정 방법

## (2) 세장방추형(slender spindle)

1960년경 네덜란드에서 고안된 수형으로 현재 가장 많이 이용되고 있는 수형이다. 세장방추형은 기본적인 나무 모양은 방추형과 같으나, 방추형에 비해 수폭이 좁아 1.0~1.5m 정도이고 수고도 다소 낮은 1.8~2.5m 정도로 지주를 설치하여 재배한다. 대목은 주로 M.9 대목을 이용하나, 일부에서는 M.26, M.27 대목을 이용하기도 한다. 재식거리는 2.8~3.5m×1.0~1.5m가 보편적이다.

수형구성은 최상단 결실부의 높이를 지상 2~2.5m 정도로 생각하고 최하단 곁가지는 주간 60~70㎝ 높이에 형성시키며 주간 상부로 올라갈수록 곁가지 길이를 짧게 하여 원추형으로 형성한다. 재식거리를 3.5×1.5m로 하였을 때 수폭은 1.6~1.7m(하단 곁가지를 기준) 정도가 적당하다.

곁가짓수는 20~30개로서 유목기에는 작은 가지를 많이 배치하고 수령이 진행함에 따라 가지가 다소 커지면서 가짓수는 감소하게 되는데 가급적이면 작은 가지를 많이 붙이도록 하는 방향으로 전정하는 것이 바람직하다.

세장방추형은 밀식 재배 수형의 기본으로 나라에 따라 다소 변형된 형태를 보이면서 가장 많이 이용되고 있는 수형이다.

### (가) 초방추형(super spindle, north holland spindle)

세장방추형에서 수폭을 더욱 좁게 키운 형태로서 초방추형 또는 북네덜란드식 방추형(north holland spindle)이라고도 한다. 재식거리는 2.5~3m×0.5~0.9m 정도다.

### (나) 쉬누어형(Schnur, cordon)

초방추형과는 수폭이 조금 더 좁다는 것 외에는 기본적으로 차이가 없어 지역에 따라 구분하지 않고 초방추형으로 부르기도 한다.

### (다) 쌍세장방추형(double slender spindle)

수세가 강한 품종을 세장방추형으로 키울 때 세력 조절의 문제점을 해결하면서 묘목 값도 줄이는 목적으로 최근에 개발된 수형이다. 지상 30cm 높이에서 2개의 주지를 주간 모양으로 키우면서 2개의 세장방추형을 한 나무에 병렬로 형성시키는 수형이다.

그림 1-5. 쌍세장방추형

## (3) 세장방추형 전정의 실제

### (가) 재식 1년차(재식 당년)

#### ① 재식 시

측지가 많은 우량한 묘목은 세력이 강하거나 분지 각도가 좁은 측지를 유인만 해 주면 되나, 회초리 묘목 또는 측지수가 적은 묘목은 절단전정을 하여 측지발생을 도모하여야 한다. 이 수형에서는 재식당년에 30~60cm 정도의 약한 가지가 여러 개 발생하는 것이 바람직하기 때문에 절단 시에는 강한 측지가 발생되지 않도록 절단 길이에 유의하여야 한다. 절단 길이는 묘목 소질에 따라 다른데 충실한 회초리 묘목이면 80~100cm 정도를 남기는 것이 좋다.

- 곁가지 발생이 많은 우량한 묘목

곁가지가 많은 우량한 묘목은 재식 당년에는 주간 연장지를 절단하지 않고 세력이 강하거나 분지 각도가 좁은 곁가지는 수평 유인을 해 준다. 주간 연장지가 상단 측지에서 1m 정도로 세력이 좋을 경우에는 아상처리 또는 수평 이하로 유인하는 방법으로 측지발생을 도모한다.

- 주간직경 11~13㎜ 이하, 곁가지 5개 이상 착생 묘목

주간 연장지를 최상단 곁가지 발생 부위로부터 40~50㎝ 남기고 절단하는 것이 바람직하다. 주간 거리 1.5m의 거리에 적합한 수관조성을 위해서는 주간의 세력을 어느 정도 높여줄 필요가 있기 때문이다. 세력이 강하거나 분지 각도가 좁은 곁가지는 수평 유인을 해 준다.

그림 1-6. 수본의 곁가지가 발생된 묘목의 곁가지 발생 방법

그림 1-7. 주간 유인으로 새 가지를 발생시킨 모습

- 곁가지 1~2개 있거나 없는 회초리 묘목

묘목에 곁가지가 1~2개 착생된 경우에는 모두 제거하고 새로 곁가지를 발생시키는 것이 유리하다. 곁가지의 착생 위치가 지상 60㎝ 이상인 것은 그루터기를 3~4㎜ 남기고 곁가지를 잘라주는 것이 기부에서 세력이 다소 약하면서 분지 각도가 넓은 새 가지의 발생에 유리하다.

주간 연장지는 묘목 굵기에 따라 높이가 다르게 절단해 준다. 직경 13㎜ 이상의 묘목은 1~1.2m, 직경 13㎜ 이하의 묘목은 묘목의 상태에 따라 0.8~1.0m 정도 남기고 절단해 준다. 직경 10㎜ 이하의 묘목은 50㎝ 높이에서 잘라 강하게 발생하는 주간 연장지에 곁가지를 발생시킨다. 곁가지 발생은 생장조절제를 처리하면 촉진된다.

충실한 묘목의 지상부를 1m 이상 두었을 때, 발아기에 선단으로부터 지상 0.6~0.7m 높이까지 발아되어야 하는데 발아가 불량할 때에는 필요한 부위에 아상처리를 하여 곁가지의 발생을 촉진시킨다. 이 때 BA 400~800ppm액을 살포하면 발아가 더욱 촉진된다.

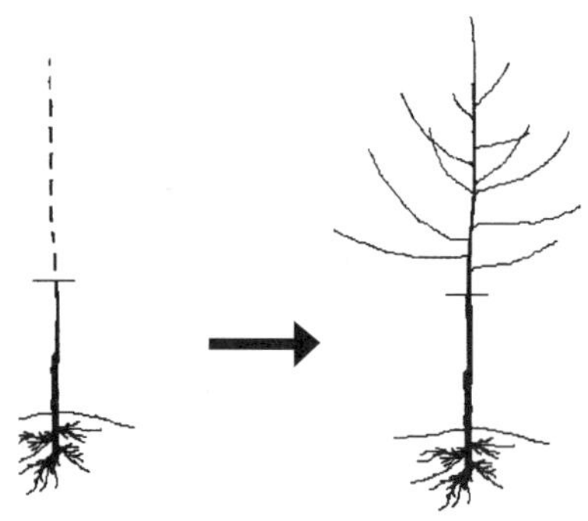

그림 1-8. 세력이 약한 1년생 회초리 묘의 곁가지 발생 방법

② 여름철 관리

• 곁가지가 많은 충실한 묘목 재식의 경우

재식 시 묘목 때에 착생된 곁가지를 수평 또는 그 이하로 유인하였기 때문에 유인한 가지의 등면에서 직립지가 발생되는 경우가 많다. 직립지는 그대로 방치하면 휴면기 전정 시에 솎아내야 하므로 5월 중순 전후에 곁가지 부근의 가지 발생과 곁가지의 발아상태 등에 따라 절단 또는 비틀기를 하나 가급적이면 비틀기를 해서 다음해에 꽃눈이 착생되도록 하는 것이 좋다. 이와 같은 직립지는 재식당년보다 2년차 이후에 많이 발생하며 재식당년에는 심하지 않다.

주간에서 발생된 새 가지 중 7월 하순~8월 초순에 길이가 50~60㎝ 이상 되고 분지 각도가 좁은 것은 세력과 위치에 따라 수평 또는 그 이하로 유인해 준다. 수관 상부로 올라갈수록 유인을 강하게 한다. 주간 세력과 경쟁할 정도의 강한 세력지는 조기에 제거하고, 묘목 때 착생되었던 곁가지는 생육이 진행됨에 따라 세력이 강해지므로 각도가 좁은 것은 수평 이하로 유인한다.

• 곁가짓수가 적거나 회초리묘를 재식한 경우

재식 시 주간 연장지를 절단한 나무에서는 최상단 부위에서 강한 신초가 발생되고 그 아래에는 그보다 약한 신초가 발생된다. 상단부에서 세력이 강한 직립성 신초가 2~3개 발생될 경우에는 나무 전체의 균형에 맞는 세력의 신초를 남기고 나머지의 경쟁지는 5월 중순 이전(신초길이가 30㎝ 정도 될 때)에 비틀기를 하여 자라지 못하게 한다.

최상부의 신초가 15cm 가량 자랐을 때 그 바로 밑에서 나온 분지 각도가 좁고 세력이 강한 1~2개의 신초를 제거하면 그 아래쪽에 분지 각도가 넓은 측지가 많이 발생된다. 측지 발생수가 적거나 발생 방향이 고르지 않을 때는 원하는 방향의 눈 바로 위에 아상처리를 하는 것이 좋은데 아상처리는 시기가 빠를수록 좋다.

지면에서 50cm 이하에서 발생한 신초는 조기에 제거한다. 주간의 50cm 이상에서 발생된 가지 중 발생 각도가 좁은 곁가지는 생육 초기에 이쑤시개로 각도를 벌려주고, 주간 연장지에 비해 세력이 약한 가지라도 30㎝ 이상 자란 것은 7월 하순~9월 상순에 걸쳐 수평 또는 그 이하로 유인해 준다.

세력이 강한 듯해도 부득이 키워야 할 가지는 목질부가 굳기 전(5월 하순경)에 비틀어 준다.


### (나) 재식 2년차

① 휴면기 전정

주간 연장지와 곁가지는 절단전정하지 않는 것이 원칙이나 생장이 약할 때는 주간 연장지와 곁가지의 1/4 정도를 잘라준다.

주간이 약하여 절단할 경우에는 최상단 곁가지에서 40cm 정도의 높이에서 절단하며, 절단 부위 아래쪽 주간에서 곁가지의 발생이 적을 때에는 가지 발생을 원하는 잎눈 위에 아상처리를 하여 측지를 발생시킨다. 주간 연장지의 선단에 해충피해 등으로 여러 개의 가지가 발생한 경우 한 개를 남기고 솎아버리거나, 아래쪽의 충실한 잎눈이 있는 부위까지 잘라버린다.

주간 연장지와 경쟁되는 가지는 제거하되 곁가짓수가 많지 않을 때는 기부를 1cm쯤 남겨두고 잘라주면 다음해 가지발생이 용이하다. 주간 연장지와 경쟁하지 않는 곁가지는 많이 남겨 둔다(연장지 직경의 1/3 이하가 적당).

주간에 착생된 2년 또는 1년생 곁가지 중에서 세력이 너무 강하여 나무전체의 균형을 깨뜨리거나, 주간의 정상적인 발달에 방해가 되는 것은 잘라버린다.

유인한 2년생 곁가지의 등에서 발생된 직립지는 기부에서 솎아버리되 세력이 지나치게 강하지 않고, 그 부근에 공간에 있을 경우에는 수평 이하로 유인 꽃눈이 착생되도록 하는 것이 좋다.

② 생육기간 중의 수형관리

봄에 전년생 가지 중 30cm 이상 되고 분지 각도가 좁은 것은 수평유인하는 것이 좋다. 신초 관리는 재식 당년의 관리요령에 준하여 실시한다. 수평유인한 곁가지의 등에서 발생하는 직립성의 신초는 가능하면 비틀기를 해서 가지를 아끼는 것이 좋다. 5월 하순경 목질부가 굳어지기 전에 비틀기를 하여 세력을 억제시켰다가 7월 하순~9월 상순경에 30cm 이상 직립하여 자란 것은 기부에 3잎을 두고 잘라주며 30cm 이하의 것은 그대로 두되 발생수가 많을 시는 솎아 준다.

주간에서 발생된 신초는 재식당년에서와 같이 세력과 발생 각도에 따라 유인 각도를 달리해 주되 수관 상부로 갈수록 유인을 강하게 한다.

지상 1.8m 정도 이상에서 발생된 신초 중 세력이 지나치게 강한 것은 6~7월경 기부에서 절단하거나 찢어버린다.

전년생 주간에서 발생한 곁가지 중 각도가 넓고 세력이 알맞은 것은 전년과 같이 수평유인하며, 곁가지 발생이 적을 때는 3월 중순~4월 상순에 잎눈 위에 이상을 주어 측지 발생을 도모한다.


(다) 재식 3년차

① 휴면기 전정

측지 묘목이나 회초리 묘목에 관계없이 충실한 묘목을 재식하였을 경우 주간의 약 2m 내외까지 곁가지가 20~30개 정도 착생되고 수고가 2.5m 내외에 달하므로 수고 조절에 노력한다. 주간 연장지를 그대로 두게 되면 결과 부위가 3m 이상으로 높아져, 적과 및 수확 등 관리작업에 큰 불편을 초래한다. 수고 2.5m 이상 자란 나무에서는 주간 연장지를 2m 정도의 높이에서 휘어서 최상단 철선에 유인하는 등 주간 연장지의 세력을 약화시킨다.

세력이 강한 나무의 주간 연장지 선단에 여러 개의 경쟁지가 있을 경우에는 세력이 강한 것을 솎아버리고 중간~약한 가지를 남겨 주간 상부의 세력이 과도해지는 것을 억제한다.

주간에 붙어있는 곁가지 중 특히 묘목 때에 부착된 곁가지가 지나치게 강한 것은 그 부근 곁가지의 세력과 방향 등을 고려하여 될 수 있으면 솎아버리도록 한다. 그러나 부근의 공간을 활용할 수 있는 곁가지가 없을 경우에는 세력이 강한 곁가지라도 바로 솎아버리지 말고 곁가지에서 발생된 도장성 발육지를 많이 솎아내어 세력이 더욱 강해지는 것을 억제하거나, 꽃눈이 착생된 2년지를 두고 잘라 단축한다.

세력이 지나치게 강하지 않더라도 특히 수관하부에 곁가지가 복잡하게 많을 경우 전해에 결실에 이용한 곁가지를 솎아버리고, 꽃눈이 잘 붙은 인접한 가지에 광선투과가 잘 되도록 한다.


② 생육기 중의 수형 관리

주간 연장지상의 곁가지 중 강한 것은 수평으로 유인하며, 다음해에 주간 연장지와 경쟁되는 신초와 곁가지에 발생한 직립신초는 전해와 같은 요령으로 처리한다. 2년차 생육기에서와 같이 곁가지 발생이 적을 때는 아상처리로 곁가지 발생을 유도한다.

5월 하순~6월 상순경 수관 하부에 가지발생이 복잡하여 착색 불량의 우려가 있으면 신초뿐 아니라 필요 시에는 2년생 가지라도 적절히 솎아버린다. 수관 상부 특히 주간 1.8m 높이 이상에서 발생되는 강한 신초는 6월 중순 이전에 솎아버리거나 찢어버린다.


### (라) 재식 4년차

① 휴면기 전정

수관 하부는 곁가지에서 발생된 1, 2년생 가짓수가 많아지므로 상하좌우의 가지 발생 상태를 보아 주간에서 발생된 곁가지 또는 2년생과 1년생 가지를 적절히 솎아낸다. 수관의 중간부와 상부에도 세력이 과도하거나 복잡한 가지는 솎아내되, 수관 전체로 보아 햇빛 투과에 크게 방해가 되지 않는 가지는 남겨둔다. 특히 지상 1.8m 이상에서 발생된 가지 중 세력이 강한 가지는 제거한다.

② 생육기 중 수형관리

3년차와 같은 요령으로 실시한다. 수고를 3m 이내로 유지한다. 주간 연장지의 높이 조절은 약한 곁가지를 두고 잘라 내린다.

(마) 재식 5년차 이후의 정지 · 전정

재식 후 5년차가 되면 수관 구성이 완료되며, 성과기에 도달될 것이다. 수고를 3m 이내로 유지한다. 주간 연장지의 높이 조절은 약한 곁가지를 두고 잘라 내린다. 주간에 붙은 곁가지 중 세력이 너무 강해 주간의 발달을 방해하는 것은 솎아 버리든가 약한 가지를 두고 잘라내어 세력을 억제한다.

나무 전체로 보았을 때 아래쪽에서 위쪽으로 올라가면서 가지의 길이가 짧고 약한 가지가 붙어 있어 광선투과가 잘 되도록 가지를 배치한다. 나무 세력을 조절하여 나무 크기를 주어진 공간에 제한하고, 수관의 모든 부위에서 고품질의 사과가 생산될 수 있도록 한다.

곁가지의 길이가 너무 길어 인접한 나무와 겹쳐져서 광선투과가 불량할 경우에는 안쪽 가지를 남기고 잘라 들이도록 한다.

6~7년생 이상되어 결실에 의해 늘어지고 노쇠한 가지는 어린 가지로 갱신하며 충실한 꽃눈이 형성되도록 한다.

① 성과기 전정의 요점

- 수관내 골고루 햇빛이 들도록 한다. 수관 하부뿐 아니라 수관 중간부의 복잡한 측지 또는 결과모지를 적절히 솎아주거나 약한 가지로 대치하여 수관의 모든 부위에서 고품질의 사과가 생산될 수 있도록 한다.

- 결과지는 주기적으로 갱신한다. 새롭고 세력좋은 결과지에 좋은 품질의 사과가 달린다. 겨울전정 시 늘어져 오래된 가지, 쇠퇴지는 제거한다. 늘어진 가지와 결과지를 적당하게 잘라 새 결과지를 확보한다. 어린 짧은 신초와 결과지는 그대로 두면 다음해에 좋은 결과지로 된다.

- 나무 크기를 주어진 공간에 제한시킨다. 나무 높이를 2.5m 정도로 유지한다. 주간 연장지는 세력이 약한 측지로 교체시킴으로써 그 높이를 유지할 수 있다.

- 가지가 길어 농기계의 주행에 방해되거나 인접나무와 너무 겹치는 가지는 적당히 잘라낸다. 재식거리에 따라 다르나 세장방추형의 기부폭은 1.5m 전후이고 위로 갈수록 좁아져야 한다.

② 선단부 생장을 약화시키는 방법

- 주간의 수액 흐름을 지속적으로 방해, 우회시킨다. 주간 연장지를 다소 약한 경쟁지로 대체 지그재그 형태로 형성하면 수액 흐름이 다소 억제된다.

- 결과기에 달한 나무에서는 선단부가 세력을 얻지 못하도록 선단부에 너무 많은 잎, 긴 가지를 남겨두지 않도록 한다.

- 오래된 나무에서는 전정 때마다 선단 연장지를 짧고 약한 측지로 대체한다. 대체시킨 주간 연장지가 약하고 끝눈이 꽃눈이면 더욱 좋다. 이러한 주간 대체지는 끝을 막을 필요가 없다.

- 선단에 세력이 강한 가지만 있을 때는 꽃이 진 후(5, 6월) 절단한다. 이렇게 하면 새 가지가 생장 정지기까지 시간이 충분하지 않아 강하게 되지 않는다.

- 주간 연장지의 선단을 수평 또는 그 이하로 유인한다. 후에 주간 연장지를 유인한 가지의 등쪽면에서 발생된 약한 가지로 갱신할 수도 있다.

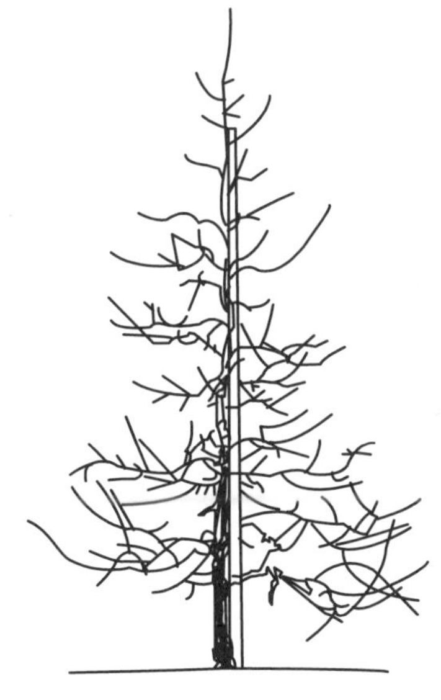

그림 1-9. 세장 방추형

## 다) 수직축형(vertical axis)

1970년대 말 프랑스의 레스피나제(Lespinasse)가 고안한 수형으로 약전정에 의해 결실을 최대한 앞당겨 수체생육을 억제하겠다는 의도에서 고안되었다. 방추형과 비슷하나 수고를 3~4m까지 높인 형태다.

수형을 구성할 때에 주간 연장지를 자르지 않고 그대로 키우기 때문에 나무의 생장 속도가 빨라 보통 2~3년만에 목표 수고(보통 3~3.6m)에 달한다. 그러나 주간 연장지를 자르지 않기 때문에 곁가지의 발생수가 적다. 곁가지는 생육기 후반 주간 연장지의 선단 부분에서 몇 개만 발생하는데 세력이 강하므로 완전히 제거하거나 수평 이하로 유인 또는 적심하여 세력을 조절해 주어야 한다.

목표 수고에 달한 이후에도 주간 선단부의 강한 새 가지는 수세를 교란하거나 수관내 광 환경을 나쁘게 하므로 제거한다. 수고가 높고 방추형이나 세장방추형에 비해 수형 구성이나 유지가 손쉽다.

수고가 높으므로 결실 용적이 크나 적과 및 수확 작업이 어렵고 하단부에 채광이 나빠 수량과 품질이 떨어지는 문제가 있어 프랑스에서도 최근에는 그렇게 매력있는 수형으로 평가받지 못하고 있다.

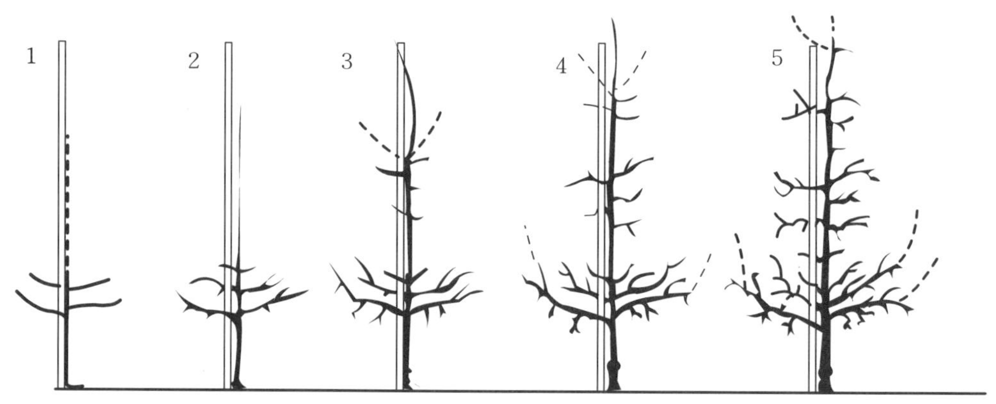

① 재식당시 이용 가능한 측지의 약 25cm 상단 주간부 절단
② 첫해는 주간을 절단치 않고 똑바로 세움
③ 2년차 5월에 도장지 제거(점선)하고 똑바로 키운다.
④ 3년차 이후는 2년차와 같은 방법으로 한다.

그림 1-10. 수직축형(vertical axis)의 정지법

## 라) 하이텍(HYTEC : hybrid tree cone) 수형

이 수형은 미국 워싱턴 주립 대학에서 수직축형과 세장방추형을 혼합하여 개발한 수형이다.

이 수형은 수폭 1.5m, 수고 3m 정도로 키우는 원뿔형 수형으로 주간 연장지를 S자형으로 키워 곁가지를 많이 내면서 주간의 높이를 낮게 유지시키는 수형이다. M.9, M.26 대목에 이용하여 10a당 150~250주 정도로 재식한다.

수형 구성방법은 [그림 1-11]에서와 같이 재식 시 가장 위쪽 곁가지로부터 25cm 상단에서 절단하고, 1년차 말 선단부에 발생한 가지 중 강한 가지(점선)를 제거하고 아래쪽 약한 가지를 주간 연장지로 하여 45°각도로 지주에 고정한다. 2년차 이후에도 위쪽의 세력이 강한 가지를 제거하고 약한 가지를 1년차와 같은 방법으로 유인하면서 곁가지 발생을 도모한다.

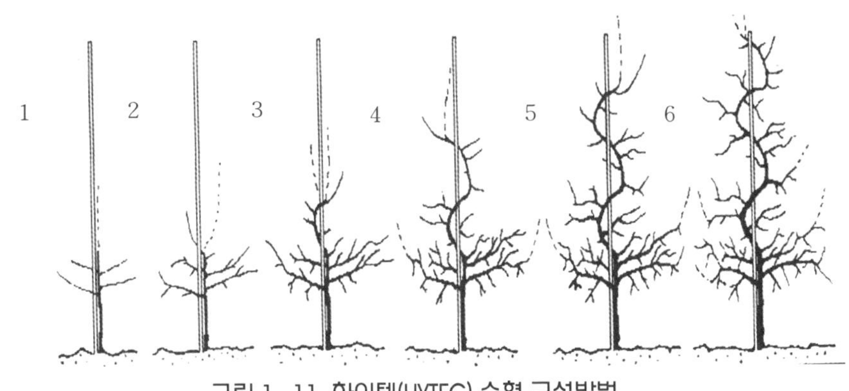


그림 1-11. 하이텍(HYTEC) 수형 구성방법

## 마) 솔렌(solen)형과 솔랙스(solaxe)형

### (1) 솔렌형

프랑스에서 1980년대 말에 개발된 수형이다. 수고를 2m로 제한하여 모든 작업을 서서할 수 있도록 한 수형이다. 과실을 장과지 끝에만 착과시키기 때문에 수양버들처럼 늘어지는 습성이 있는 그라니스미스(Grany Smith)같은 품종에 적합하다고 한다.

세력이 강한 품종인 경우 재식거리를 1.8~2.0m로 하여 심고 2개의 원가지를 엇갈리게 하여 수평으로 배치하고, 원줄기를 1.8m 높이에서 수평으로 휘고 모든 가지를 아래로 늘어뜨려 포도의 니핀식과 유사한 수형이다. 도장성이 강한 가지 발생이 많다는 문제점이 있다.

수형 구성은 지주를 세우고 1.5~1.6m 높이에 하단, 1.8m 높이에 상단 철선을 설치한 다음 구성한다. 묘목을 심고 1.3m 높이에서 절단한 다음 곁가지가 발생되면 상단 곁가지 2개만 남겨 강하게 신장시킨다. 7월경에 강하게 자란 곁가지를 서로 엇갈리게 세워 묶어준다. 다음해 봄 가지에 물이 오르는 시기에 골격지를 찢어지지 않도록 엇갈리게 하여 일자형(一字形)으로 철선에 묶어 수평에 가깝게 유인한다. 2개의 골격지에서 발생하여 자라난 가지는 여름에 아래로 처지게 유인한다.

## (2) 솔랙스형

프랑스에서 고안된 것으로 수직축형은 수고가 너무 높고 주간 선단부가 과다하게 생장하고, 솔렌형은 도장성이 너무 강한 가지를 많이 발생시키는 문제가 있어 보완하기 위하여 이 두 가지형을 혼합한 수형이다.

수직축형 수형에서 지나치게 수고가 높아지는 단점을 해결하기 위하여 모든 가지를 아래로 늘어뜨리는 솔렌 수형의 전정기법을 응용하여 2~3m 높이에서 솔렌에서처럼 수평으로 휘어주는 방법으로 나무를 키운다. 주간에 늘어뜨린 곁가지를 갱신하지 않고 그대로 두는 것이 특징이다.

M.9 대목을 이용하고 철선(1~2선식)을 가설한 지주가 필요하다. 재식거리는 3.0~3.7m × 1.0~1.7m 정도로 한다.

수형 구성방법은 주간 연장지는 절단하지 않고 곧게 키우다가 목표 수고에 달할 무렵 최상단 철선에서 50cm 아래에서부터 45°로 굽혀 장차 주간 연장지가 하수되게 유인한다. 남북 방향의 재식열인 경우 주간 연장지를 남쪽에서 북쪽으로 기울도록 하고 철선 위에서 완만한 수평이 되도록 유인 옆 나무의 주간과 30cm 정도 떨어지도록 주간 연장지를 제한한다. 수고는 수폭의 1.8배 정도 된다.

곁가지는 수평 이하로 유인하며, 수형이 완성될 때까지 절단하지 않고 유인만 실시한다. 주지는 지상 100~120cm에 최하단 주지를 형성한다. 주지수는 주당 18개 정도로서 세장방추형의 2/3~1/2 정도이며, 세력이 왕성하고 긴 주지들을 수관의 중앙 부위에 형성시킨다.

　주지의 등면에서 발생하는 도장지나 세력이 강한 발육지는 발생 초기에 수시로 제거하고 10cm 미만의 단과지만 부착되게 유도하여 주간과 주지의 기부, 즉 주간의 주변에 잔가지가 없어서 햇빛이 수관의 내부까지 손쉽게 비치고 수관 내부에 바람도 잘 통하게 전정한다.

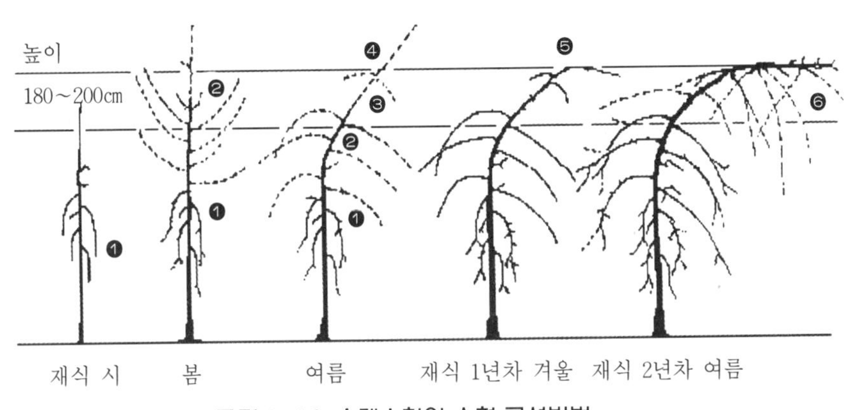



그림 1-12. 솔렉스형의 수형 구성방법

## 빠) 미카도형(Mikado)과 드릴링형(Drilling)

　네덜란드에서 배나무 수형으로 개발되어 사과에 응용되고 있는 수형이다. 이 두 수형의 장점은 나무의 세력을 여러 개의 초방추형 주지에 분산시켜 조기에 수관 형성 및 결과지 형성을 할 수 있어 조기 다수확이 가능하며 채광도 좋아 토지이용률이 높은 점이다.

　수형 구성은 미카도형은 4개, 드릴링형은 3개의 가지를 바깥쪽으로 25° 각도로 기울게 유인, 마주보는 주지간의 각도는 50°가 되게 하여 각각 초방추형으로 키운다.

　왜화도가 낮은 편인 바이러스 무감염 M.9, M.26 대목을 주로 이용한다. 재식거리는 미카도형은 3.5~3.8×1.7~1.8m, 드릴링형은 3.5~3.8×1.2~1.3m 정도로 한다. 1,500~2,000주/ha 재식으로 6,000개의 초방추형이 형성되므로 다수확할 수 있고 묘목

값도 절약할 수 있는 장점이 있으나 수형구성이 쉽지 않다.

수형의 조기 구성을 위해서는 묘포장에서 40cm 높이에서 적심하여 미리 세력 고른 4개의 원가지를 확보해 두면 수관 형성을 훨씬 용이하게 할 수 있다.

## 사) V형 시스템(V system)

스위스에서 개발되었으며 방추형, 세장방추형, 초방추형을 기본 수형으로 하여 나무를 키운다. 1열(Guttingen V system) 또는 2열(30cm 간격)로 심어 좌우로 번갈아 15°각도로 바깥쪽으로 기울어지게 하여 나무를 키우는 방식이다. V형이 되게 함으로 방추형과 개심형이 조화된 형태로 수관을 조기에 확보할 수 있고 수광상태도 양호하다. 이 방식은 재식주수를 최대 40~50%까지 높일 수 있어 조기 증수가 가능하다.

재식거리는 3~3.5×0.9~1.2m 정도로서 개별 나무의 수형을 세장방추형, 초방추형으로 할 경우 250~600/10a주, 쉬누어(Schnur)형으로 할 경우 2,000주까지 재식이 가능하다.

지주 설치와 묘목비 부담이 크고, 안쪽의 작업이 불편한 단점이 있다. 성목 시에는 기울어진 방향의 하단에 채광 불량으로 품질이 나빠지고 심한 경우에는 안쪽에서 도장지가 발생되는 문제점이 있다.

그림 1-13. 귀팅엔 V 시스템

## 2) 일반재배형

사과나무의 정지법에는 여러 가지가 있다. 수형을 결정할 때에는 대목, 토양조건, 품종, 재식거리 등을 고려하여 결정하여야 한다. 일반적으로 교목성 사과나무에는 변측주간형 또는 개심자연형이 적합하다고 한다.

## 가) 변칙주간형

변칙주간형은 초기 수 년간은 주간형과 같이 주간을 연장시켜 가다가 적당한 수의 골격성 주지가 형성되었을 때 주간의 선단부 세력을 서서히 억제함으로써 골격성 주지의 세력을 촉진시킨 후 최상단의 주지가 거의 완성되었을 때 주간 연장부를 제거하여 수형을 완성시킨다.

이 수형은 주간형의 단점인 높은 수고와 수관 내부의 광 부족 현상을 개선한 수형으로 주간형에서 수관 상부 즉 주간 연장부를 제거하여 수관 내부까지 햇빛의 투과를 좋게 하고, 수고가 낮아지므로 각종 관리가 주간형에 비하여 편리한 수형이다.

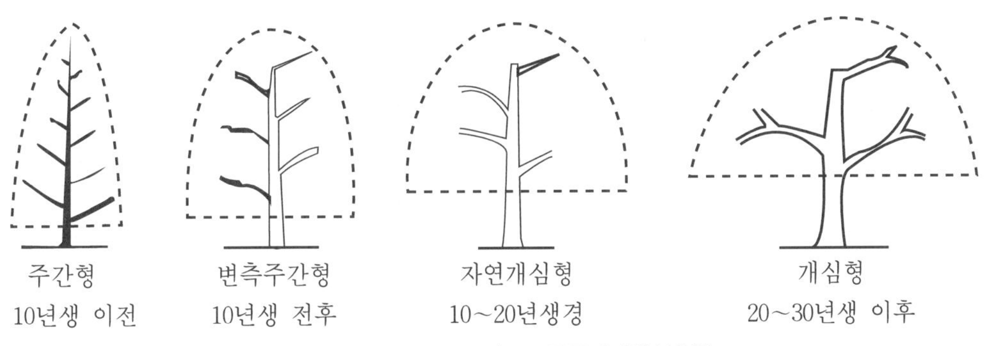



그림 1-14. 수령 진행에 따른 수형의 변화

묘목재식 후 3~4년내에 필요한 7~8개의 원가지를 선택하고, 이것을 키워 나아가며 주간 연장지를 어느 한쪽으로 변칙시켜 마지막 원가지로 이용하는 것인데, 이는 우리나라에는 적합한 수형이 아니므로 이를 약간 개량한 변칙주간형이 합리적일 것이다.

따라서, 기본 수형은 원줄기(主幹) 1.5~2m 높이에 원가지 3개를 붙이되 제1원가지는 그 높이의 1/3 지점에, 제2원가지는 2/3지점 부근에, 제3원가지는 정부에 붙인다.

덧원가지(副主枝)는 주지 위에 늦게 붙이는데, 주지 길이의 1/3 지점과 2/3 지점에 각각 1개를 붙인다. 그리고 각 원가지와 덧원가지에는 작은 곁가지를 자연상태로 붙여 나아간다. 어떤 가지에나 끝에는 작은 곁가지를 드물게 붙여 햇빛을 잘 들어가게 한다.

## (1) 수형 구성

### (가) 유목기(미결실기인 1~6년생까지)

유목기는 주관형으로 키운다. 분지 각도가 넓은 많은 주지 후보지를 양성하고, 수관을 조기에 확대시킨다.

#### ① 재식 당년(묘목 심은 직후)

묘목을 심은 후 묘목의 상태에 따라 70~90cm 정도의 높이로 절단한다. 분지 각도가 넓은 가지를 발생시키기 위하여 5월 하순~6월 상순에 잘라 준 묘목 끝에 발생된 새 가지 2~3개를 붙인 채 묘목을 다시 5~10cm 잘라준다. 이를 지연절단법(delayed heading)이라 한다. 지연절단의 길이는 아랫부분에서 나온 새순들 중에서 생장이 좋은 것은 길게, 약한 것은 짧게 잘라 준다.

새 가지가 5~10cm 자란 후에 키워야 할 새 가지는 그대로 남기고 나머지 새 가지들은 제거하지 말고 순지르기를 해 주는 것이 좋다.

#### ② 1년째 겨울전정

주간 연장지를 70~80cm의 길이로 절단하고 분지 각도가 넓은 새 가지의 발생을 도모한다. 주간 연장지의 세력이 너무 강하면 잘라내고 두번째 발생한 가지를 주간 연장지로 정하고 70~80cm 높이에서 잘라 준다.

주간 연장지 바로 밑에서 나온 가지 1~2개는 각도가 좁고 세력도 강하여 연장지와 경쟁하므로 밑에서 발생된 가지 중에서 각도가 45~60° 되고 가지의 세력도 비교적 좋은 것 2~3개를 골라 주지 후보지로 삼고, 그 끝을 1/3 정도 절단하여 준다.

세력이 강한 가지와 분지 각도가 좁은 가지는 가능하면 유인하여 분지 각도를 넓혀주고 유인하지 못할 경우는 제거한다.

③ 2~3년째 겨울전정

지난해와 동일한 요령으로 주간 연장지를 70~80cm의 길이로 절단하고 각도가 넓은 주지 후보지의 발생을 도모한다.

주지 후보지는 간격이 너무 좁아서 서로 생장하는 데 방해가 되지 않는 한 가급적 많이 양성하는 것이 좋다. 주지 후보지도 지난해와 마찬가지로 끝을 절단한다. 그리고, 지난해에 양성해 놓은 주지 후보지의 연장지도 그 끝을 약간 절단해 주고, 그 밖의 가지는 그대로 둔다.

④ 4~5년째 겨울전정

이 시기가 되면 주지 후보지가 10여개 양성되고 장차 주지가 될 가지가 거의 결정된다. 주간 연장지는 절단하지 않으며 그대로 두고, 영구주지를 선정한다.

제1단 주지는 60cm 정도 높이에 착생되고, 분지 각도가 45~60°로 넓으며, 가급적 남향인 후보지로 선정한다. 제2단 영구주지는 제1단 영구주지로부터 평면 각도가 120° 되고, 간격이 50~60cm 위에 붙은 후보지, 또 3단 영구주지는 제2단 주지로부터 50~60cm 위에 붙고 120°의 평면 각도가 있는 후보지를 골라 정하고, 그 끝을 약간 절단해 준다.

그 밖의 주지 후보지는 영구주지의 발육에 방해가 되거나 나무전체의 균형을 깨트릴 정도의 강한 것은 제거하거나 약화시키고, 나머지는 원가지의 끝을 약간 절단하고, 웃자람가지를 제거하는 정도의 약전정을 하거나 그대로 둔다.

주지 후보지에 따라서는 결실되기 시작하므로 영구주지에는 결실을 제한하고, 나머지 가지에 결실시키도록 한다.


## (나) 성목기(정식 7년 이후)

① 결실 초기(7~10년까지)

● 영구주지 양성

이 시기에는 영구주지 양성에 노력하고, 그 밖의 후보지는 점차 솎아내어 그 수를 반 정도로 줄이며, 주간 연장지의 발육을 억제시키다가 상단주지 위에서 제거하고, 수형을 주간형에서 변칙주간형으로 바꾸어야 한다.

본격적인 결실에 들어가는 시기로서 2~3년간 계속 영구주지의 끝만을 약간 절단하고, 웃자람가지를 제거하는 외에 모든 잔가지의 절단을 금하여 착화를 촉진시킨다.

나무에 결실이 많아지면 수세도 점차 안정되기 시작하므로 8~9년째부터 지나친 약전정을 피하고 정상적인 전정을 하여 수형을 정리한다.

영구주지는 계속 튼튼하게 자라도록 하고, 가지 전체가 완만하게 사립되어 자라도록 한다. 또 원가지에 붙은 곁가지도 튼튼하게 자라도록 하되 원가지보다는 월등히 작게 자라도록 한다.

• 주간 연장지 제거(除心)

원가지가 결정되었다고 하여 곧바로 주간 연장지를 제거하면 원가지가 직립하게 되며, 또 너무 늦게까지 그대로 두면 수관 내부의 햇빛 투과가 방해받아 불리하다.

그러므로, 최상단 주지가 결정된 후에는 나무의 주간 연장지(心)에서 발생되는 곁가지를 많이 제거하여 심의 발육이 약화되도록 만들어간다.

그리고, 주지는 계속하여 튼튼하게 키워나가면 이 시기 말경(9~10년째)에는 선단부의 주지가 개장되고, 각도도 고정되어 직립하지 않게 되며, 주지가 심보다도 굵어지게 되는데, 최상단 주지 바로 위에서 심을 제거한다.

제심 시기가 너무 늦어서 굵은 심(5cm 이상)을 제거하거나 최상단 주지보다 월등히 굵은 심을 제거하게 되면 상처가 잘 아물지 않고 썩어 들어가므로 유의해야 한다. 제심한 후에는 자른 상처에 접답·발코트(Balcoat) 등의 보호제를 발라 속히 아물도록 한다.

이 시기에 덧원가지를 너무 일찍 키우면 가지 끝쪽이 오히려 넓어져서 불리하므로 원가지에 붙은 곁가지를 결실에 이용하면서 자연상태로 키워 나아가면 된다.

② 결식 중기(11~20년까지)

이 시기에는 영구주지 외 그 밖의 가지를 간발하고 영구주지를 양성한다. 마지막까지 남길 영구주지의 수는 2~3본을 원칙으로 한다. 따라서 적당한 시기에 주지수를 점차적으로 줄이도록 한다. 제거할 가지는 몇 년 전부터 점진적으로 표면적을 줄여 주간보다 월등히 작은 가지로 만든 후에 제거한다.

영구주지는 직립되거나 처지지 않도록 곧게 해 주고, 완만히 사립되도록 키워 나아간다. 그리고, 주지의 발육에 방해되는 가지는 과감하게 간발하거나 축소시켜서 주지의 표면적을 확대시켜 준다.

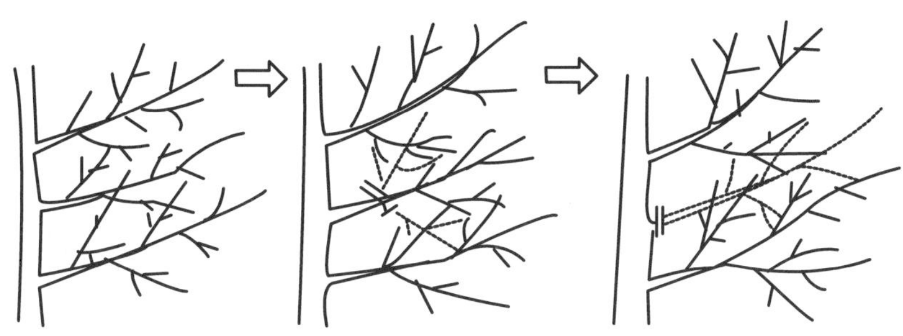

그림 1-15. 주지 후보지의 전정

• 덧원가지(副主枝) 선정

최후까지 남을 2~3본의 영구주지에 대해서는 부주지를 선정 육성해간다. 영구주지가 3개일 때에는 너무 크게 키우면 수관 내부로의 일조 및 통풍을 제한시키고, 수세가 덧원가지로 몰려 균형을 잃기 쉽다. 그러므로, 부주지는 크게 키우지도 말아야 하며, 곁가지로서의 역할을 겸한 작은 부주지를 2~3개 좌우로 붙이는 것이 적당하다.

부주지는 주지 기부로부터 1.5~2.0m 떨어진 위치에서 발생한 측지 중에서 1개를, 다시 1.0~1.2m 떨어진 반대 방향에서 1개를 선택한다. 이 때 부주지의 발생 각도가 주지보다 일어서서는 안된다. 그리고, 부주지 이외에도 주지에는 작은 곁가지를 여러 개 붙여 공간을 메우고 결실에 이용한다.

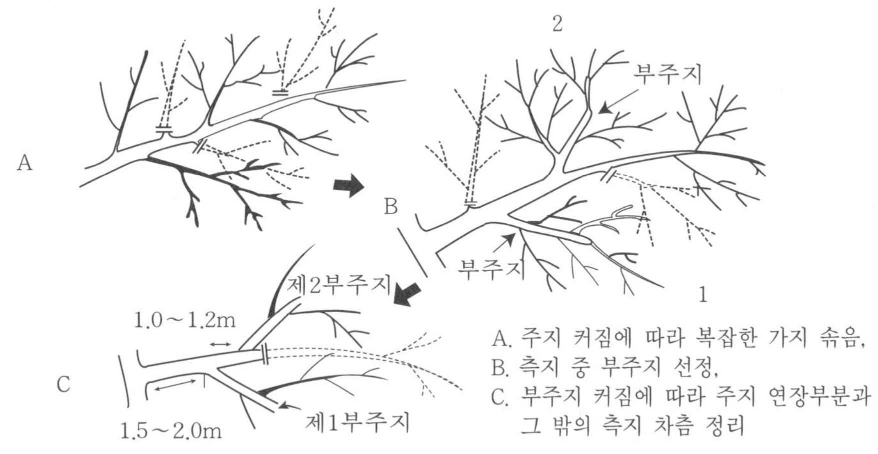


그림 1-16. 부주지 형성요령

- 원가지(主枝)의 하수 방지

　　결실 중기 무렵의 주지들은 굵고 길이도 길다. 이 때 주지의 굵기와 길이의 균형이 맞지 않으면 주지가 착생된 기부에서부터 점점 처지게 된다. 가지가 어느 정도 이상 처지게 되면 이를 교정하기 위하여 가지의 갱신이 필요하다. 갱신의 정도가 심할수록 가지세력을 왕성하게 유지하기 위하여 갱신을 위해 주지선상의 잘라낼 위치 부근에는 될 수 있는대로 많은 수의 측지를 2~3년 전부터 착생시켜 둔다. 갱신지는 가급적 기부 가까이 있는 2~3년 이상의 가지를 택하며 충분히 자란 후 완전히 교체한다.

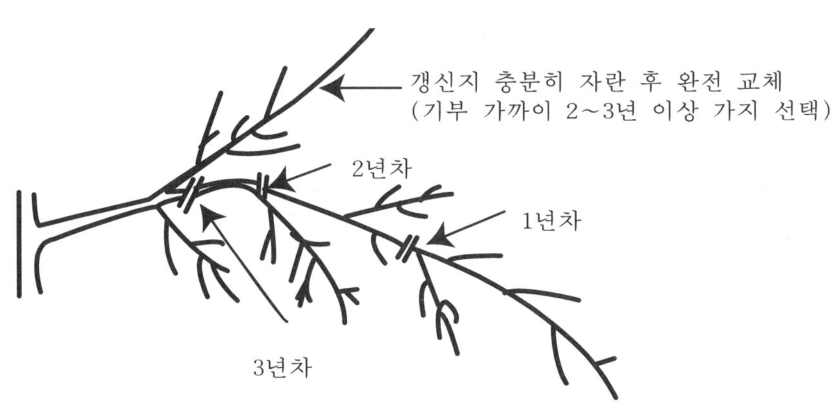


그림 1-17. 주지의 하수 방지를 위한 가지의 갱신

- 결실지 배치

결실지 배치는 주축이 되는 가지를 중심으로 하여 측지를 서로 다른 방향으로 적당한 간격을 유지하면서 서로 고저가 있도록 배치하는 것이 기본이다. 이 때 주지의 기부쪽은 크고 끝으로 갈수록 가는 가지를 붙여 가지 전체의 모양은 가지 끝을 정점으로 한 이등변 삼각형을 이루고 그 단면은 원형 또는 편원형을 이루도록 배치하는 것이 이상적이다.

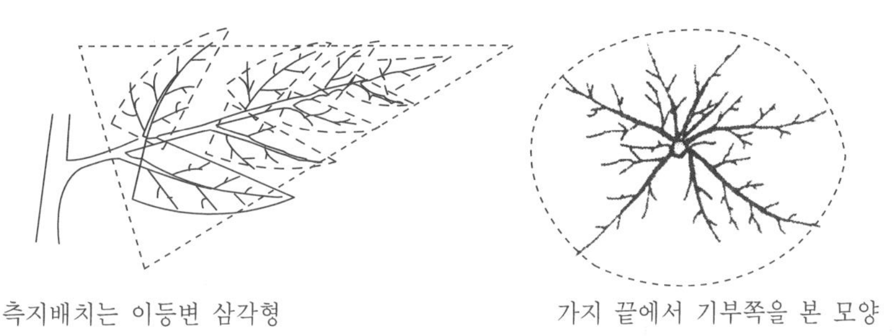



그림 1-18. 결실지의 배치 방법

② 성과기(20년 이후)

이 시기에는 나무가 과수원 전체를 덮게 되므로 가지를 갱신하여 햇빛이 내부에 잘 쬐도록 하고, 나무는 더욱 개장시켜 개심형에 가깝게 만들며, 주지를 튼튼하게 유지시켜야 한다.

이 기간의 전정 목표는 골격의 지속적인 유지, 결실 부위의 증대, 묵은 가지의 갱신 및 인접수와의 적절한 간격유지다.

- 골격유지

완성된 골격지들을 갱신할 경우에는 오랜 시간이 걸리며 수량의 감소도 크므로 될 수 있는대로 골격을 오래 유지하도록 노력한다. 주지, 부주지 등의 골격을 유지하기 위해서는 인접한 나무와 맞닿기 전 미리 가지를 적당한 위치에서 강하게 절단하여 그 길이를 제한하여야 한다.

주지의 끝이 처져 있으면 끝으로부터 약 2m 부근에서 나온 가지로 갱신하여 사립되도록 한다. 부주지도 끝이 처지거나 또는 너무 커진 경우에는 끝으로부터 1m 부근에서 나온 가지로 갱신해 준다.

굵은 가지를 강하게 절단하면 그 부근에 착생된 어린 가지의 생장을 크게 자극하므로 자르는 시기의 선택이 중요하다. 자르고자 하는 주위의 가지가 과실을 착생하기 시작할 때 절단 단축하는 것이 왕성한 생장을 피할 수 있어 좋다.

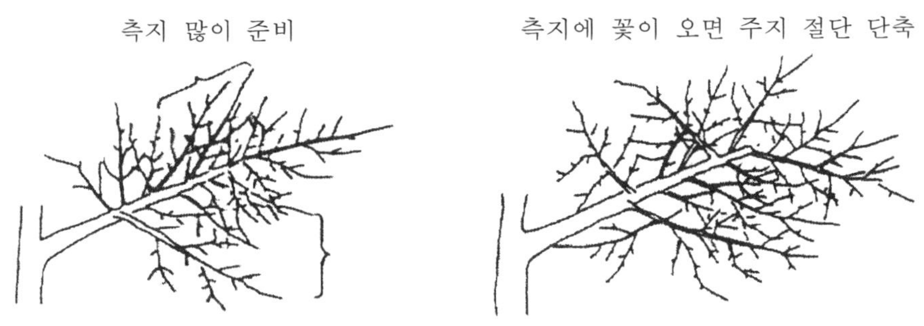



그림 1-19. 주지를 강하게 절단할 시기

## (2) 결실 부위 증대

결실 부위의 증가를 위해서는 충실한 결과지나 결과모지를 많이 확보하여야 한다. 일반적으로 일단 결과되었던 장소인 과대에서 나온 발육지나 생장을 일찍 멈춘 가지로서 그 다음해에 그 곳에서 신장한 가지가 많이 이용되고 있다. 결실지에는 새로운 가지가 길게 자라 꽃눈 착생이 적은 가지는 극단적인 도장성의 가지를 제외하고는 절단전정을 피하고, 꽃눈이 착생되기 시작한 가지는 소질이 좋은 결과지를 남기되 직립성 가지 및 세력이 강한 가지는 제거한다.

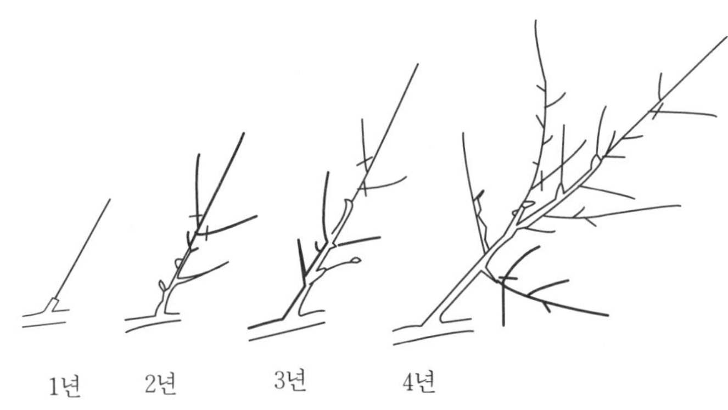



그림 1-20. 결과지 만드는 방법

- 양호한 광선 투과

수관 내부까지 광선 투과가 잘 되도록 수관 내부에 복잡한 가지나 수관 위쪽에 가지를 많이 두지 않도록 해야 한다. 나무 사이는 1m 정도의 간격이 유지되게 전정을 실시한다. 수관 내부가 복잡할 경우 굵은 가지를 솎아서라도 광이 충분히 들어가도록 하여야 한다.

가지가 많을수록 수량은 증가하나 겹쳐진 가지가 많아 품질이 떨어지게 된다. 따라서 수관 내부까지 광이 들어갈 수 있도록 가지의 수를 조절한다. 결실지에 기부까지 햇빛이 들어갈 수 있도록 폭이 좁은 이등변 삼각형 모양의 가지 배치가 이루어지도록 한다. 폭이 좁은 이등변 삼각형을 만들기 위해서는 잔가지를 많이 붙이는 것이 좋다.

- 열매가지(結果枝) 및 결과모지의 전정

유목기에는 장과지가 많이 발생되고 그 끝에 과실이 결실되는데, 특히 축·육오 및 세계일과같은 품종에서는 장과지에 많이 결실된다. 이러한 품종들에서는 장과지의 끝을 자르지 말고, 밀생한 곳만 솎아 주도록 한다.

노쇠한 열매가지는 제거하고 그 부근에서 발생된 새로운 열매가지로 대치시키는데, 꽃눈이 형성된 새 가지가 부족할 때에는 노쇠한 열매가지라도 불충실한 꽃눈을 솎아내고 소수만을 남겨 다음해의 꽃눈 착생에 지장이 없도록 해야 한다.

해거리를 방지하기 위해서는 꽃눈이 극히 많은 해에는 충실한 열매가지만 적당히 남기고, 과대지와 빈약한 꽃눈은 솎아주어야 한다. 많은 꽃눈을 그대로 남기면 과다 결실되어 다음해에 그 영향으로 중간눈(中間芽)이 생기며, 충실한 꽃눈이 적게 생겨 해거리를 하게 된다.

꽃눈이 많아 결실이 많은 해에는 1년생 가지의 절단을 최소한으로 줄여야 그 가지가 연내에 꽃눈이 생겨 다음해에도 많이 결실된다. 꽃눈 착생이 적어 결실이 적은 해의 나무는 다음해에 과다하게 결실되므로 이 해에 꽃눈 형성이 과다하게 되지 않도록 1년생 가지를 많이 절단해야 한다.

- 곁가지의 전정

곁가지는 주로 부주지에서 발생된 잔가지들이다. 부주지에 곁가지를 배치할 때에는 좌우 양쪽에 30~40cm의 간격을 두고 호생(互生)으로 배치하는 것이 좋다. 곁가지는 크게 키우지 않고 빨리 결실되게 하여 세력이 약해져서 처지거나 빈약한 꽃눈이 착생되면 다른 새 가지로 대치시켜야 한다.

### 나) 왜성변칙주간형

왜성변칙주간형(矮性變則主幹形, dwarf modifed leader type)이 교목성대목 사과나무의 변칙주간형과 다른 점은 수고를 3.5m 내외로 하는 것과 3~4본의 강한 주지 대신 교목성대목 사과의 측지크기 정도인 5~6본의 주지를 30~50cm 정도의 간격으로 배치하는 축소된 변칙주간형이라고 할 수 있다.

### (1) 정식 당년(묘목 심은 직후)

곁가지가 없는 묘목이면 70~80cm의 높이에서 절단하고, 곁가지가 나온 굵은 묘목이면 약 1m의 높이로 주간 연장지를 절단한다. 곁가지는 지상 40~50cm에 착생되고 분지 각도가 50~60°되는 것 2~3개만 남기고 나머지는 제거하며, 남긴 가지는 30~50cm로 절단하되 약한 가지는 짧게, 강한 가지는 길게 남긴다.

### (2) 1년째 겨울전정

보통으로 자란 묘목을 심었다면 그 해에 2~3개의 원가지를 선정할 수 있다. 원가지간의 간격이 15~20cm 되고, 착생 위치가 밑의 원가지와 평면 각도로 90°정도이며, 분지 각도가 50°정도 되는 것을 고르되, 최하단 원가지는 지표면에서 40~50 cm 높이의 것이 좋다.

주간 연장지는 50~60cm 남기고 자르며, 그 바로 밑에서 나온 1~2개의 경쟁지는 솎아 준다. 원가지로 선정된 가지는 끝을 약간 절단하는데, 그 끝이 주간 연장지의 높이보다 낮도록 해야 한다.

### (3) 2년째 겨울전정

지난해와 같은 방법으로 다시 2~3개의 원가지를 선정하고, 주간 연장지는 최선단의 강한 직립지 대신에 그 밑에서 나온 세력이 약간 떨어진 가지로 대치한다. 원가지는 세력이 약한 것만 끝을 약간 절단하고 그 밖의 것은 그대로 둔다.

　주지가 원줄기보다 커지지 않게 하기 위하여 주지에서 나온 세력이 강한 직립성인 가지는 제거하며, 분지 각도가 좁은 주지는 유인하여 사립시킨다. 아랫부분의 가지가 너무 길게 자라 위쪽으로 치솟지 않도록 벌려주고, 윗가지도 너무 세력이 강하여 밑부분에 심한 그늘을 주지 않도록 균형을 유지시켜 준다.

## (4) 3~5년째 겨울전정

　이 때에도 앞에서와 같은 요령으로 계속 원가지를 선정하고, 성목이 된 후에 5~7개의 주지를 유지시킬 수 있어야 하므로 주지는 이보다 많이 양성되어 있어야 부적당한 것을 제거할 수 있다.

　주간의 세력이 약화되지 않도록 유지시키다가 주지의 높이 1.6m 내외의 곳에서 분지 각도가 넓은 가지를 마지막 원가지로 선정하며, 그 후부터는 주간 연장지를 더욱 약한 가지로 대치시켜 점차 마지막 원가지보다 약하게 되도록 조절해 나간다.

　원가지도 세력이 너무 강하면 끝의 가지를 그 밑에서 나온 약한 가지로 대치시키고, 원가지에서 나온 세력지를 솎아 내어 균형있게 발육시키며, 어떤 가지든지 절단하지 않는다.

　4년째부터 결실시키는데, 키워야 할 가지의 끝에는 결실시키지 말아야 한다. 원가지에는 곁가지를 자연상태로 배치하여 결실에 이용하는데, 곁가지는 너무 크게 키우지 말고, 항상 어린 가지로 대치시켜야 한다.

　5년째부터는 결실량이 많아지므로 철저히 적과해야 하며, 과실로 인하여 원가지가 밑으로 처지지 않도록 결실부를 나무의 아랫부분에 두도록 해야 한다.

　공간이 메워질 때까지 원가지를 사립 연장시켜 나아가며, 원가지에는 큰 가지가 형성되지 않고 알맞은 곁가지가 고르게 배치되도록 하며, 마지막 원가지가 각도나 굵기에서 안정되었다고 생각될 때, 즉 3~4년 후에 앞에서 설명한 방법으로 원줄기를 제거하여 개심시킨다.

　단과지형(spur type) 품종이라도 절단전정을 강하게 하면 꽃눈이 형성되지 않으므로 유목기에는 절단을 최소로 줄이고 솎음 위주로 하다가 결실성기에 들어가 가지의 발육이 약화되면 가지의 일부를 절단하여 결실을 제한시키는 한편, 새로운 자람가지를 양성시키도록 한다.

## 다. 저수고 밀식 재배의 지주설치

지주는 가능하면 재식 전에 설치하고 늦어도 재식 후 발아 전에는 완료되어야 한다. 지주는 나무마다 세우는 개별지주와 수열에 따라 5~6m 간격으로 세우고 철선을 쳐서 세우는 울타리식(trellis)으로 대별할 수 있으며 비용면으로 보아 울타리식이 유리하므로 이 방법이 널리 이용되고 있다.

### 1) 개별지주

개별지주 방식은 나무마다 지주를 세워주는 것으로 경사지나 소규모 필지에 적합한 방식이다. 작업 시에 편리하고, 나무에 대한 버팀이 확실하며, 자재구입 및 설치 용이, 풍해 시 개별적으로 피해를 받는 등의 장점이 있다. 그러나 울타리지주에 비해 유인작업이 불편하고, 지주비용이 많이 드는 단점이 있다.

그림 1-21. 개별지주 설치

지주자재는 방부처리한 소나무나 아카시아 말목, 시멘트 지주, 철재파이프 등이 있다. 방부처리한 원주목을 이용할 경우 Ø60~70mm, 아연도금 철재 파이프를 이용할 경우에는 Ø42mm, t2mm 정도의 것을 이용하는 것이 알맞을 것으로 생각된다.

지주 설치는 지주 길이를 3.3m 정도로 하여 나무의 북쪽에 70~90cm 깊이로 박아 고정시킨다. 눈의 발아 및 주간의 비대를 고려해 나무와의 간격은 10cm 정도를 둔다.

## 2) 울타리식 지주

설치비 절감 및 유인작업이 용이하고 평지의 대규모 필지에 적합하다. 그러나 열 간을 건너 다닐 수 없고, 풍해 시 전체 열이 넘어질 수도 있으며 지형이 복잡하거나 소규모인 장소에는 부적합하다.

주지주(가장자리 지주)는 많은 힘을 받으므로 튼튼하여야 한다. 목재지주의 경우 Ø100mm, 강재 파이프의 경우 Ø60mm, t3.2mm 이상, 콘크리트 지주의 경우 90×90mm의 지주를 이용한다. 사이 지주는 목재의 경우 Ø80~90mm, 강재 파이프의 경우 Ø48mm, t3mm 이상, 콘크리트 지주의 경우 70×70mm의 지주를 이용한다.

지주설치에 있어 주지주는 바깥쪽으로 70° 정도 기울게 0.9~1.0m 정도의 깊이로 묻고 풍해 등에 의해 쓰러지지 않도록 지주 바깥 1.5m 위치에 버팀돌(anchor)을 1m 깊이로 묻고 Ø60mm 와이어로 당겨 매어 잘 고정시킨다. 사이 지주는 나무간 거리를 고려하여 5~7m 간격으로 0.7~0.9 m 깊이로 묻어 설치한다. 사이 지주에도 받침돌을 넣어 받쳐주는 것이 지주가 가라 앉지 않아 안전하다.

철선은 10번선 이상의 굵기로 하고 지상 70cm부터 50cm 간격으로 4개를 가설한다. 지상 60cm 높이에 길이 90cm 정도의 가로대를 T자 형태로 고정시켜 양끝에 철선을 가설하면, 하단에 있는 측지의 유인과 결실에 의한 가지의 늘어짐을 방지하는 데 효과적이다.

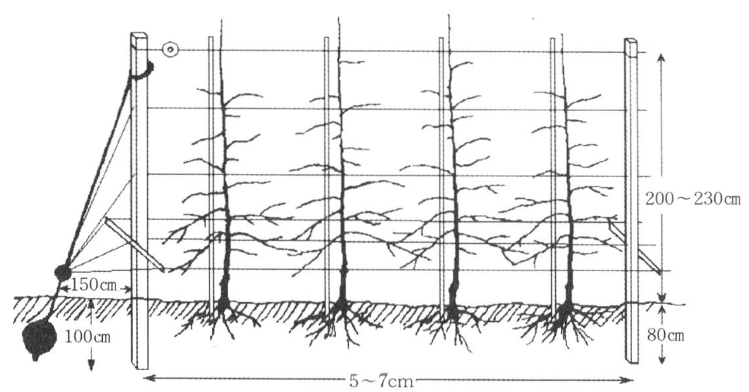


그림 1-22. 울타리식(trellis) 지주 설치 방법

그림 1-23. 6선식 울타리 지주

# 2. 배나무의 정지 · 전정

## 가. 배나무 전정의 기초

### 1） 배나무의 가지 종류와 결과 습성

#### 가) 가지 종류

배나무의 가지는 크게 신초(新梢)와 결과지(結果枝)로 나눈다. 신초는 발육지(發育枝), 도장지(徒長枝), 과대지(果台枝)로 구분되며, 발육지는 정상적인 엽아에서 발생된 가지를 말하며, 도장지는 잠아(潛芽), 과대지는 꽃눈의 부아(副芽)에서 발생된 가지다. 이들 가지 중 발육지는 도장지에 비해 꽃눈 형성이 잘 되고, 생장이 강해지지 않아 결과지로 많이 이용되며, 과대지는 대부분 전정 시 제거하거나 일부 품종에서는 액화아를 형성시켜 결과지로 이용하기도 한다.

　결과지는 단순한 길이를 기준하여 단과지, 중과지, 장과지로 구분하나 전정상으로는 단과지, 장과지, 측지로도 구분한다. 장과지는 액화아가 형성되어 있는 가지, 측지는 정화아(단과지)가 형성되어 있는 가지를 말한다.

## 나) 결과 습성(結果 習性)

　가지상에 꽃눈이 형성되는 위치와 그 꽃눈이 발달하여 개화, 결실되는 것을 결과 습성이라 한다.

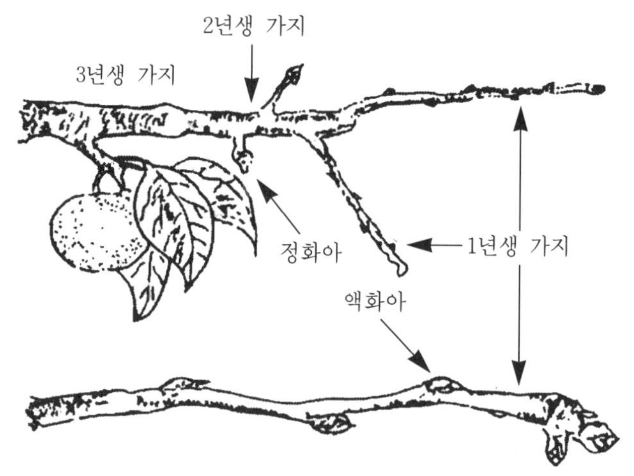


그림 2-1. 배나무의 결과 습성 모식도

　배나무의 결과 습성은 지난해 자란 2년생 가지에서 꽃눈이 형성되어 다음해 3년생 가지에서 개화 결실되는 것이 일반적이나 금년에 자란 1년생 가지에서도 꽃눈이 형성되어 다음해 2년생 가지에서 개화 결실되기도 한다. 전자를 정화아(頂花芽)라 하고 후자를 액화아(腋花芽)라 한다(그림 2-1). 정화아가 형성된 짧은 결과지를 단과지라고도 하며, 단과지는 정화아를 의미하며 단과지가 오래 되어 한 단과지상에 여러 개의 단과지가 형성되어 있는 것을 단과지군 또는 생강아라 한다(그림 2-2).

그림 2-2. 단과지군의 형태

## 2) 전정에 대한 배나무의 생육 반응

### 가) 전정의 강약과 생육

가지를 잘라내는 양에 따라 약전정(弱剪定)과 강전정(强剪定)으로 구분하며, 전정량이 많다는 것은 남기는 눈의 수가 감소되는 것을 뜻한다. 따라서 강전정을 하게 되면 새 가지의 발생수는 적어지지만 가지 하나하나의 생장은 강해진다.

즉 강전정에 의해 눈수는 감소되나 뿌리량은 변하지 않아 뿌리에서 흡수되는 양수분이나 생장호르몬이 남은 눈에 다량 집중됨으로써 강전정에 의한 나무의 생장반응은 영양 생장(營養 生長)이 왕성하게 된다.

반대로 약전정은 남은 눈수가 많아 개개의 가지 자람이 적고 나무 전체로서는 안정된 상태를 나타낸다. 그러나 극단적인 약전정으로 주지, 부주지 및 결과지의 선단 가지의 세력이 약해지면 이들 가지 기부의 세력이 강한 부분에서 잠아와 엽아에서 도장성 가지가 발생되어 강전정과 같은 양상을 나타낸다.

꽃눈 형성은 강전정에서는 가지 생장이 왕성해져 꽃눈이 적어지는 경향이 있고 약전정에서는 증가되는 경향이 있다.

이상과 같은 전정의 강약에 대한 반응에서 볼 때 생장이 왕성한 유목은 약전정으로 가짓수가 증가되어도 개개의 가지는 충분히 자라고 꽃눈 형성도 증가하는 이점이 있다. 반대로 수령이 많거나 꽃눈 형성이 많아 가지 자람이 약한 나무는 강전정에 의해 가지 생장을 좋게 할 수 있다. 그러나 수령이 많은 나무도 주지 기부는 세력이 강해 유목과 같은 생장반응을 나타내므로 전정을 약하게 할 필요가 있고 기부에서 발생되는 가지는 유인 방향이나 각도에 의해 결과지의 세력 조절이 가능하다.

## 나) 솎음전정과 생육

한 가지 전체를 가지 분지부(分枝部)의 기부에서 제거하는 것을 솎음전정이라 한다. 솎음전정은 절단전정에 비해 가지의 생장 반응이 약하고 나무전체 전정량이 많아도 남은 개개의 가지상에 눈수가 많기 때문에 개개의 가지 자람이 적고, 꽃눈 형성이 많아지고 도장지 발생도 적어지게 된다.

이와 같은 가지의 자람 상태에서 보면 솎음전정은 나무의 반응이 적어 약전정과 비슷한 반응을 보이나 지나친 솎음전정은 생장점 감소로 도장지 발생이 많아지게 된다.

## 다) 절단전정과 생육

절단전정은 가지의 중간에서 선단부 일부를 제거하는 것으로 절단전정에 대한 배나무의 생장반응은 품종에 따라 다르다. 즉 정부우세성이 강한 품종은 강하게 절단하면 선단의 신초 하나만 강하게 자라고 기타 아랫눈은 잠아가 되는 경우가 많다. 반대로 정부우세성이 약한 품종은 강하게 절단하면 선단에서 여러 개의 신초가 같은 세력의 크기로 자라는 것이 많으며 절단이 약할 경우는 선단가지의 자람도 약해지고 대부분의 눈은 단과지가 되지만 풍수와 같은 품종은 가지 중간에서 강하게 자라는 신초가 많아진다.

일반적으로 배나무 전정 시는 가지 끝을 절단해 주어 정부우세성을 유지하는 것이 가지 중간에서 도장성의 가지가 발생되는 것을 방지할 수 있으며, 품종이나 가지 세력에 따라 절단정도를 조절해야 한다.

# 3) 배나무의 생육과 화아분화 특성

## 가) 생육 특성

배나무 묘목을 길이 1m 정도에서 절단하여 심은 후 자연상태의 무전정으로 방임하여 두면 1년차는 묘목선단의 눈에서 2~3개의 신초가 직립하여 자란다.

2년차에도 이들 선단부 눈에서 1~2개의 신초가 자라고 그 아랫눈은 중·단과지가 되거나 잠아가 된다. 3년차 이후도 2년차와 동일한 형태로 자라지만 선단에서 자라는 가지의 길이는 매년 짧아지고 최후는 선단도 단과지가 형성되고 자람이 멈추게 된다.

이와 같이 선단의 자람이 극단적으로 약해지면 주간이나 1년차에 자란 가지의 기부 잠아나 중간아에서 도장성의 가지가 발생하게 되고 이들 가지는 1년차에 자란 가지보다 점차 세력이 강해지고 이 가지도 3·4년 후에는 자람이 약해져 또 다시 기부에서 도장성 신초가 발생되는 현상이 반복하게 된다.

이렇게 되면 최초에 자란 가지상의 단과지는 고사되는 것이 많고 가지 전체로서도 뒤에 발생하여 자란 가지에 비해 빈약해지고 착엽수가 적고 엽도 작아지며 이러한 경향은 광 환경이 나쁜 부분에서 더 많아지게 된다.

이와 같이 배나무의 자연에 가까운 상태에서 가지 생육 양상을 정지, 전정의 관점에서 보면 신초 자람은 전년 가지의 선단눈만큼 잘 자라 정부우세성을 나타내지만 이 현상도 방임상태에서는 영속성이 없어져 재배상으로 수관확대를 도모하기 위해서는 정지, 전정이 필수기술이 된다.

가지의 선단 자람이 약하면 기부 잠아에서 도장성 가지가 발생하는 것은 나무가 생장을 계속하는 힘을 잠재적으로 가지고 있다고 볼 수 있으며 배나무 재배 시는 이와 같이 내재하고 있는 생장력을 어떻게 이용하는가가 중요하며, 그렇지 못하면 도장지의 다발생을 초래하여 배재배의 저해요인이 된다.

따라서 선단가지의 생장을 유지하기 위해 배나무 전정 시는 절단전정 방법이 이용되고 있으며 재배적으로 선단가지에서의 결실을 제한하거나 가지 상부가 아래로 처지지 않고 상부로 행하도록 유인하는 방법이 이용된다.

또한 뒤에 발생된 가지가 이미 자라고 있는 가지를 빈약한 가지로 되게 하는 것은 배나무 수형구성 시 수관을 사방으로 균일하게 확대시키는 것을 어렵게 하므로 강한 가지를 제거하는 등의 정지상 참고해야 할 요인이다.

한편 신초 발생 후 오래된 가지, 특히 광 환경이 불량한 부위의 가지에서 단과지의 고사가 많아지고 엽수와 엽의 크기가 작아지게 되는 현상이 발생되는 것은 정지, 전정 시 광 환경을 좋게 하고 가지와 꽃눈 갱신을 도모할 필요성이 있다.

## 나) 화아 분화와 꽃눈 이용

배는 신초의 정아(頂芽)가 꽃눈이 되는 것이 원칙으로, 그 전형적인 현상이 단과지다. 단과지 이외의 가지에서도 정아 외에 액아가 꽃눈이 된 액화아도 형성된다.

액화아 형성은 품종, 수령, 수체영양, 토양, 기후 등 여러 가지 조건에 의해 차이가 있고 또한 반드시 형성되는 것은 아니며, 정상적으로 자란 신초에서 정아는 꽃눈으로 되지 않는 상태에서 액화아만 형성되어 있는 경우는 드물다.

따라서 전정 시는 액화아가 형성된 가지를 단과지에 대해 장과지라 부르고 품종에 따라 결과지로 이용된다.

액화아 형성과 이용은 품종의 공통된 것은 아니며 대부분의 품종에서 액화아에 결실된 과실은 비대와 과형에서 차이가 있어 신고 품종을 중심으로 한 대부분의 품종은 측지에 형성된 단과지를 이용하는 것이 일반적이나 장십랑, 행수 품종과 같이 단과지 유지가 어려운 품종은 액화아가 형성된 장과지를 높은 비율로 이용하는 전정법이 이용되고 있다.

## 다) 단과지와 액화아의 과실 생육 특성

배의 꽃눈은 가지상의 형성위치에 따라 정화아와 액화아로 구분되며 단과지는 반드시 정화아에 형성되어 있기 때문에 보통 단과지라고 하는 것은 정화아를 의미한다.

이들 두 종류의 꽃눈은 형성되어 있는 위치뿐만 아니라 기능, 품종에 의해서도 차이가 있기 때문에 전정 시는 두 꽃눈의 성질을 충분히 이해하여 이용하는 것이 중요하다.

따라서 액화아는 화아 분화 시기가 단과지보다 늦고 개화기도 늦으며 특히 장과지 세력이 강하거나 장과지 기부의 꽃일수록 이러한 현상은 심하다.

과실의 숙기도 단과지 과실보다 늦고 과형이 부정형의 기형과 발생이 많아지며, 풍수 품종의 경우는 과실에 골이 지는 현상이 많이 나타난다.

과실비대는 품종에 따라 차이가 있으며 장십랑, 행수, 풍수 품종에서는 단과지 과실과 큰 차이 없이 비대하지만 신고 등 대부분의 품종에서는 액화아에 결실된 과실은 비대가 나쁘다. 또한 장과지 상태에 따라서도 과실 비대에 차이가 있으며 가늘고 빈약한 장과지의 과실은 비대가 나빠진다.

한편 단과지의 과실비대는 지령(枝齡)에 따라 차이가 크며, 일반적으로 육성 후 3~4년생 가지상의 단과지 과실은 비대가 좋으나 5년생 이상 가지상의 단과지는 꽃눈이 가늘고 작아지거나 엽/재비 감소로 비대가 나빠지게 되므로 가지의 갱신이 필요하게 된다.

## 라) 화아수와 가지 생장 및 전정

꽃눈과 관련하여 가지 생장이 문제되는 것은 꽃눈내 부아의 자람이다. 단과지 이용의 경우 부아가 자라면 단과지가 유지되지 않고 장과지 이용의 경우는 가지가 발생되어 복잡해지게 된다.

부아가 자라는 조건은 개개의 단과지의 경우 상부로 행하고 있거나 젊고 굵은 단과지, 특히 주지, 부주지 등 골격지 기부의 단과지에서 가지가 신장하기 쉽다.

측지 단위로 보면 측지 세력이 강하거나 측지상에 단과지수가 적은 경우 부아가 자라게 된다.

액화아의 부아는 장과지가 굵고 길거나 가지 기부가 굵고 선단부는 가는 조건에서 자라는 가지가 많으며, 특히 잠아에서 발생한 장과지에서는 부아의 자람이 많고 예비지에서 발생한 장과지에서는 부아의 신장수도 적고 도장성 가지도 적다.

화아의 부아가 신장하는 것은 결과지 자체의 세력과 그 결과지의 세력과 꽃눈수

또는 결실수와의 균형이 맞지 않을 때 나타나는 것으로 이것은 전정상으로 보면 단과지 이용의 경우는 개개의 단과지 특성을 구별하고 측지 세력에 적합한 단과지수를 확보해야 한다.

액화아를 이용할 경우는 장과지의 세력이나 질에 적합한 액화아가 형성되어 있는 장과지를 선택하여 이용하는 것이 필요하다.

## 4) 배나무의 전정 방법과 수형 형태에 따른 생육 특성

### 가) 배나무 전정 방법

### (1) 단과지 전정법

단과지 전정법은 주지, 부주지와 같은 오래된 굵은 골격상의 가지에 형성된 단과지군(생강아)을 이용하여 결실시키는 전정 방법으로 단과지 전정을 위주로 하는 나무의 지상부 수체 구성상태는 주로 주지, 부주지와 같은 골격지와 도장지로 형성되어 있다.

따라서 단과지 전정법은 도장지를 제거하여 주는 단순한 전정이 반복되는 형태로 전정이 쉬우나 매년 도장지 다발, 강전정이 되풀이됨으로써 수세안정이 어렵고 나무의 영양상태도 나빠져 생산성과 품질이 떨어지기 쉽다.

### (2) 장과지 전정법

장과지 전정법은 행수, 장십랑같이 꽃눈 유지성이 나빠 단과지군(생강아)이 잘 형성되지 않은 품종에 이용되는 전정법으로 1년생 가지상에 형성된 액화아를 결실꽃눈으로 많이 이용하는 전정법이다.

일반적으로 배나무의 꽃눈 종류는 액화아, 단과지, 단과지군으로 구분하며 액화아는 1년생 가지, 단과지는 2년생 가지, 단과지군은 3년생 이상의 가지상에 형성된 꽃눈을 말한다. 이들 꽃눈 중 액화아는 단과지보다 꽃눈 분화시기가 늦고 영양적으로 충분히 발달하지 못해 개화기가 늦거나 화총당 꽃수가 적으며 기형화로 꽃이 피는 경우가 많은데 이와 같은 현상은 가지 기부와 선단 부분에 가까운 꽃일수록 심하게 나타난다. 따라서 액화아에 결실된 과실은 단과지나 단과지군에 결실된 과실보다 크기가 작고 성숙이 다소 늦어지며 기형과 발생도 많아지게 되므로 신고와 같은 대부분의 품종에서는 결실꽃눈으로 이용하지 않는 것이 일반적이다.

그러나 행수, 장십랑과 같이 단과지 유지성이 나쁜 품종은 액화아를 이용하지 않고 단과지를 이용할 경우 결과 부위가 상승되어 3~4년생의 가지상에는 꽃눈이 적거나 없어져 결실 확보가 어려우므로 액화아를 이용하는 전정 방법이 이용되며 액화아의 형성 및 충실도를 좋게 하기 위해 여름철 신초유인, 액화아 형성, 이듬해 결실, 겨울철 가지갱신 과정을 매년 반복하는 전정법을 장과지 전정법이라 하며 대부분 액화아 이용비율은 품종 및 나무상태에 따라 다르나 40~60%를 기준한다.

## (3) 측지 전정법

측지 전정법은 신고, 황금배 등과 같이 꽃눈 유지성이 좋아 단과지군이 잘 형성되는 품종에 이용되는 전정법으로 3~5년생 가지상의 단과지 및 단과지군을 결실로 이용하다 5년생 이상이 되어 가지가 일정 크기 이상 굵어지면 기부를 절단하여 새로운 가지로 갱신하여 2~5년생 가지를 잘 혼재시켜 결과지로 이용하는 전정법을 말한다.

이와 같은 측지 전정법은 단과지 전정법에 비해 초기 엽면적 확보가 빠르고 과총엽 비율이 높아지게 된다(표 2-1).

<표 2-1> 배나무 전정 방법에 따른 엽면적과 과총엽 비율

| 구 분 | 시기별 엽수확보 비율(%) | | | 과총엽비율 (%) |
|---|---|---|---|---|
| | 만개 30일 후 | 만개 60일 후 | 만개 90일 후 | |
| 측지 전정 | 68 | 92 | 100 | 64.5 |
| 단과지 전정 | 54 | 79 | 100 | 49.8 |

배나무의 생육 초기 중요한 생리현상 중의 하나는 저장양분에서 동화양분으로 바뀌는 양분전환기가 5월 중순경으로 이 시기는 연중 수체 영양상태가 최저가 되는

불안정한 시기인 반면 한편으로 개화, 유과의 세포 분열과 비대, 초기 생장을 위해 많은 양의 탄수화물과 질소, 수분이 필요한 시기이기도 하다. 따라서 양분공급의 다소에 따라 유과의 형태가 결정되고 유과 형태는 수확기 과실 품질을 결정하는 중요한 요인이 되므로 동화양분 공급을 위한 조기 엽수확보는 대단히 중요하다.

따라서 측지 전정은 과총엽이 많아져 엽수를 조기에 확보하는 것 외에 오래된 굵은 가지의 갱신에 의한 엽/재비 개선으로 양분의 헛된 소모를 줄여 품질향상 효과 외에 가지량이 많아 수세 안정과 도장지 발생이 적어지는 효과가 크다.

## (4) 예비지 전정법

예비지 전정은 장과지와 측지 전정과는 달리 이들 전정의 보조수단으로 이용되는 전정법으로 대개 장과지 전정 시 꽃눈 형성과 충실도를 좋게 하기 위해 이용된다. 장과지 전정 시 이용되는 액화아는 생리적으로 단과지에 비해 충실도가 나쁘므로 충실도를 좋게 하는 것이 중요하며 이와 같은 충실도는 가지의 종류에 따라 영향을 받게 된다.

배나무의 1년생 가지는 잠아나 중간아 또는 정상적인 엽아에서 발생되는데 이들 중 엽아에서 발생된 가지를 이용하기 위해 도장지나 발육지를 다소 짧게 남기고 절단하여 두는 가지를 예비지라 하며 예비지에서 발생된 가지는 기부까지 액화아가 형성되는 경우가 많고 충실한 결과지가 된다.

예비지 전정은 좋은 결과지 형성 외에 도장지 발생이 적어지고 수세안정 효과도 있다.

## 나) 수형 형태와 생육 특성

배나무의 배상형 수형 구성 시 주간의 높이, 주지의 유인상태에 따라 4가지 형태로 구분되며(그림 2-3), 이들 형태에 따라 생육 특성에도 차이가 있다.

A형은 전형적인 배상형 형태로 주간을 낮게 하여 주지를 사립형태로 구부리지 않고 유인하는 형태로 배나무의 자연적 성질에 반하지 않아 도장지 발생이 적으나 덕 아랫부분인 주지기부는 측지의 유인이 어렵고 주간이 낮아 주간 부위의 각종 작

업이 불편하고 대형 기계이용이 어렵다.

B형은 주지를 덕에 수평으로 유인한 형태로 가지 유인과 배치가 쉽고 측지가 덕에 잘 고정되어 낙과가 적고 주간이 높아 각종 작업이 편리하나 주지의 급격한 유인으로 주지기부 구부러진 부위에서 도장지 발생이 많아지고 주지선단의 세력이 약화되기 쉬우며 이와 같은 주지선단 세력 약화는 더욱 도장지 발생을 조장하게 되어 도장지 다발, 강전정 등의 악순환이 되기 쉽다.

C형은 주간높이는 A형과 같으나 덕 설치 부위에서 주지를 수평으로 유인하는 형태로 유목기는 도장지 발생이 적으나 주지가 덕 부위에서 수평으로 유인되므로 주지선단의 세력이 약화되기 쉽고 덕 아래 주지 부위와 구부러진 부위에서 도장지가 발생하기 쉽고 특히 덕 아래 주지상에 결과지 유지가 어렵다.

D형은 B형과 C형을 절충한 형태로 주간 높이를 90~120cm로 하여 B형과 C형의 결점을 다소 보완할 수 있으나 주지가 구부러진 부위에서는 도장지가 많이 발생하기 쉽고 주지선단이 약해져 수관확대는 A 및 C형에 비해 늦으나 대형 농기계 이용, 작업 편이성 등의 이점이 있다.

그림 2-3. 배상형의 수형 형태별 종류

# 5) 여름전정

## 가) 여름전정과 겨울전정의 목표

겨울전정은 생리적으로 나무에 미치는 영향이 적은 휴면기에 행해지므로 큰 가지 제거나 많은 양의 전정도 가능하고 수형구성이나 수관확대, 결과지 갱신 등 정지, 전정의 대부분의 목적을 완수할 수 있게 된다.

그러나 여름전정은 가지내 양분이 가장 많이 축적되는 시기에 이루어지므로 생리적으로 나무에 미치는 영향이 커서 여름전정은 겨울전정의 보조수단으로 불필요한 가지나 도장지 제거, 필요한 가지의 생장이나 광 환경을 좋게 하여 남은 가지가 충실해질 수 있도록 하는 것이 중요한 목적이다.

### 나) 여름전정의 효과

배나무의 여름전정 효과를 요약하면 첫째 과총엽의 발육을 좋게 한다.

과총엽의 발육은 생육 초기인 5월경으로 이 시기는 대부분 저장양분을 이용하여 전엽하여 발육하게 된다.

따라서 이 시기에 발생하는 도장지를 제거하여 주면 도장지 생육에 이용되는 저장양분의 헛된 소모를 줄여 남은 양분이 과총엽의 발육을 좋게 한다.

둘째, 광 환경을 좋게 하여 꽃눈 형성과 과실 품질을 좋게 한다.

도장지나 복잡한 가지를 제거하는 여름전정은 수관내 광 환경을 좋게 하는 효과가 크다(표 2-2). 이와 같은 광 환경 개선은 엽의 광합성능을 좋게 하고 꽃눈 형성이나 꽃눈 충실도를 좋게 할 뿐만 아니라 충실한 단과지 유지가 좋아져 과실 품질에 효과적이다.

또한 신수와 같이 과실비대 기간이 짧은 조생종 품종은 가지를 유인하여 생장을 억제시키면 과실과 가지간의 양분경합이 적어져 과실 비대를 좋게 하는 효과가 있다.

<표 2-2> 여름전정에 의한 수관내 광 환경 개선 효과 및 꽃눈 충실도

| 구 분 | 광 환경 개선 효과 | | 꽃 눈 크 기 | |
|---|---|---|---|---|
| | 수관하조도량 | 지표면광투량 | 종 경 | 횡 경 |
| | klux | % | cm | cm |
| 여름전정 | 3.1 | 27.5 | 1.06 | 0.56 |
| 무 처 리 | 1.8 | 18.3 | 1.01 | 0.54 |

셋째, 남은 가지의 발육을 좋게 한다.

수형 구성 시 경쟁지를 제거해 주거나 결과지 기부에서 발생한 가지 등을 제거해 주면 남은 가지의 발육이 좋아져 수관확대가 빨라지고 좋은 결과지 유지가 가능해진다.

## 다) 여름전정 방법과 시기

배나무의 여름전정은 광 환경 개선을 위해 도장지를 제거하는 방법과 꽃눈 형성을 위해 신초를 유인해 주는 방법이 주로 이용되며 시기에 따라 미치는 영향은 다르게 나타난다.

도장지를 제거해 주는 여름전정은 과총엽의 발육과 광 환경을 좋게 하기 위한 것으로 도장지 제거시기와 과실 품질에 미치는 영향을 보면 도장지 제거시기가 빠를수록 과실 비대에 효과적이다(표 2-3).

이와 같은 효과는 도장지를 조기에 제거해 줌으로써 저장양분의 소모가 적어지고 남은 저장 양분이 과총엽의 발달, 유과의 세포분열과 비대 및 조기엽수 확보 등 초기 생육을 좋게 하고 도장지 밀도조절에 의한 광 환경 개선효과로 볼 수 있다.

따라서 배나무의 도장지 제거시기는 5월 초순부터 주지기부의 배면이나 지난해 가지를 제거한 상처(切口) 부위에서 발생되는 가지는 대부분 도장성이 강한 가지가 되므로 조기에 눈따기를 해 주고 이후 불충분한 부분은 보완하는 수준에서 도장지를 제거하되 제거량이 많아지지 않도록 하고 가능한 6월 중순 이전에 끝마쳐야 한다.

<표 2-3> 여름전정 시기에 따른 생육 및 과실크기

| 제아시기 | 신초수 | 도장지수 | 과중비 |
|---|---|---|---|
| 5월  1일 | 99.7 | 63 | 109 |
| 5월 10일 | 94.2 | 62 | 107 |
| 5월 20일 | 78.0 | 59 | 111 |
| 6월  1일 | 73.0 | 53 | 108 |
| 6월 20일 | 84.2 | 48 | 106 |
| 6월 20일 | 105.1 | 53 | 101 |
| 무 처 리 | 100.0 | 100 | 100 |

※ 단위 : 무처리 100에 대한 비율

※ 눈따기 대상 가지 : 잠아에서 발생된 도장지 가지

※ 도장지 : 1m 이상의 직립지

특히 7~8월에 도장지를 제거하면 도장지를 제거한 주위의 과실은 비대가 나빠지고 당도도 낮아지게 된다(표 2-4).

**<표 2-4> 배나무 여름전정 시기가 과실크기 및 당도에 미치는 영향**

| 전정시기 | 도장지 밀도<br>(개/㎡) | 평균 과중<br>(g) | 당도<br>(°Bx) | 당도 범위<br>(°Bx) |
|---|---|---|---|---|
| 6월 17일 | 4.9 | - | 11.5 | 10.2~12.4 |
| 8월 20일 | 4.6 | 596 | 10.1 | 9.0~10.8 |
| 무 처 리 | 6.7 | 668 | 11.0 | 10.0~11.8 |

배나무의 신초 유인은 좋은 결과지 확보와 조생종 품종의 경우 과실 비대를 좋게 하기 위해 이루어진다. 유인시기는 6월 초순경에 유인하는 것이 꽃눈 형성이 좋으나 늦어도 6월 중하순까지 유인하면 액화아의 착생도 좋아지고 다음해 단과지 형성도 좋아져 좋은 결과지 확보가 용이해진다. 그러나 신수 품종과 같은 조생종의 경우는 과실 비대를 촉진하기 위해 신초가 왕성하게 자라고 과실 비대기인 6월 하순경이 유인 적기이며 행수 품종의 경우는 발육지 끝을 절단하고 유인하면 액화아 형성이 좋아진다.

가지 유인각도는 평면을 기준으로 40도 정도가 알맞으나 수세가 강한 신수 품종은 수평에 가까워질수록 꽃눈 형성이 좋아진다(표 2-5).

**<표 2-5> 품종별 유인각도에 따른 꽃눈 형성 정도**

| 유인각도 | 꽃 눈 형 성 률(%) | |
|---|---|---|
| | 신 수 | 행 수 |
| 0(수평) | 18.9 | 13.2 |
| 20 | 9.6 | 40.8 |
| 40 | 6.4 | 41.8 |
| 무처리(수직) | 1.0 | 16.6 |

※ 유인시기 : 6월 하순

　그러나 지나친 유인은 가지의 2차 생장이 많아져 양분소모와 충실도가 나빠져 과실품질이 저하되고(표 2-6), 수관내 광 환경이 나빠지기 쉬우므로 장과지를 확보해야 하는 품종을 제외하고는 가능한 신초 유인을 하지 않는 것이 좋으며 단과지 유지성이 좋은 신고와 같은 품종은 측지를 형성시킬 경우는 단과지가 형성된 후 유인하는 것이 좋다.

<표 2-6> 풍수 품종의 가지유인에 따른 생육 및 과실품질

| 구　분 | 2차생장지율(%) | 재발생지율(%) | 과중비(%) | 변형과율(%) |
|---|---|---|---|---|
| 가지유인 | 49.7 | 81.3 | 92.5 | 29.7 |
| 방　임 | 32.8 | 10.3 | 100.0 | 19.8 |

※과중비 : 방임 100에 대한 비

## 라) 품종별 여름전정 방법과 문제점

　배나무는 품종에 따라 생육 특성이 다르며 이들 특성에 따라 알맞은 여름철 관리를 해 주는 것이 좋다.

　즉 가지 발생량이 많고 사립지 발생이 많은 풍수, 장십랑같은 품종은 나무 내부가 복잡해지기 쉬우므로 밀생지를 제거하여 수관내 광 환경을 좋게 하는 것이 여름철 관리의 주가 되며 신고, 영산배와 같이 가지 발생량이 적고 대부분의 가지가 직립성인 품종은 위치가 좋은 가지는 결과지로 확보하고 도장성 가지는 초기부터 눈따기를 해 주는 것이 좋다.

　또한 정부우세성이 강하여 가지 발생이 적은 신수 품종과 단과지 유지성이 나쁜 행수 품종은 신초를 유인하여 액화아가 형성된 결과지를 확보하는 것에 중점을 두어야 하며 수형구성 시 유목기(1~3년)에는 주지상에 발생되는 도장지는 가능한 제거해 주는 것이 좋다.

　그러나 성목의 경우 수관내 광 환경을 좋게 하기 위해 도장지를 제거하는 여름전정의 경우 여름전정에 의해서만 해결하려 하면 수체 생리적 측면에서 오히려 과실 생산에 마이너스가 될 수 있으므로 유의할 필요가 있다.

배나무의 도장지 발생원인은 질소과다, 강전정에 의한 T/R률의 저하, 세근발달불량, 가지유인상태 등 여러 가지 원인에 의해 발생되므로 이들 원인을 개선해가면서 여름전정은 보조수단으로 이용하는 것이 효과적이며 여름전정에만 의존할 경우 계속적인 도장지 다발 여름전정의 반복으로 가지와 꽃눈의 재생장 등, 생리적 반발에 의해 품질저하의 원인이 될 수 있다.

# 나. 배나무 정지, 전정 시 유의점

## 1) 배나무의 생장 특성과 정지, 전정

### 가) 꽃눈 형성 및 유지가 용이하다

배나무는 꽃눈 형성이 용이하고 배나무 특유의 단과지군이 형성되어 단과지가 유지되는 특성이 있다.

이와 같은 특성은 배나무에서만 볼 수 있는 유일한 특성으로 매년 결과지의 동일한 위치에서 과실을 결실시킬 수 있어 결과 부위(結果部位)가 상승하지 않게 된다.

전정적인 측면에서 결과 부위의 상승 유무는 결과지의 형태나 관리 방법과 밀접한 관계를 가지게 되는데 결과 부위가 상승되는 경우는 하나의 결과지가 형성되면 결과 부위 상승을 억제하기 위해 해가 거듭될수록 결과지상에 가지를 파생시켜 파생된 가지에 다시 결실을 유도해야 하므로 결과지군으로 이루어진 형태가 되지만 결과 부위가 상승되지 않는 배나무의 경우는 결과지상에 가지를 파생시키지 않고 일직선의 결과지를 형성시켜 유지함으로써 전정이 단순하고 가지가 복잡해지지 않아 결과지 관리가 용이해지게 된다.

그러나 오래된 결과지는 갱신해 주는 방법이 필요하다.

## 나) 도장지 발생이 많다

배재배 시 도장지가 많이 발생되면 수관내 광 환경이 나빠져 꽃눈 형성 및 충실도가 나빠지고 과실과의 양수분 경합으로 과실 품질에 나쁜 영향을 미치게 된다.

도장지의 발생 원인은 재배적으로 토심이 깊어 뿌리가 수직으로 깊게 뻗을 경우, 토양내 질소 성분과 수분이 과다할 경우이며 정지, 전정면에서는 밀식에 의한 강전정의 경우 또는 수형구성 시 주지를 급격하게 구부러지게 유인할 경우에 도장지 발생이 많아진다.

이와 같은 도장지 발생을 억제하기 위해서는 나무의 주요 골격이 되는 주지와 부주지를 곧게 키우고, 주지 부주지의 연장지 세력을 강하게 유지시키고 지나친 강전정을 피하며 예비지 전정을 실시하면 도장지 발생을 억제할 수 있다.

## 다) 가지가 직립성이다

배나무의 새 가지는 직립하여 강하게 자라는 특성을 가지고 있다.

가지가 직립하면 생장이 강해지고 늦게까지 생장을 계속하게 되므로 가지가 자라는 데 동화양분이 많이 이용되어 과실 생장과 꽃눈 형성 및 발달에 나쁜 영향을 주게 된다.

또한 직립성이 강한 가지는 좋은 결과지가 되기 어려우므로 결과지로 이용할 경우에는 여름철에 적절한 각도로 유인해 주어야 한다.

신수와 같은 조생종 품종은 과실이 성숙할 수 있는 기간이 짧아 직립성인 가지를 그대로 두면 과실과 가지 생장간의 양분경합에 의해 과실 생장이 저해되므로 품질이 좋은 과실을 생산하기 위해서는 가지를 유인해 주어 지나친 생장을 억제하면 과실 비대가 좋아지게 된다.

## 라) 가지의 세력은 발생위치에 의해 좌우된다

결과지의 세력정도는 꽃눈 유지성, 충실도, 과실비대 등과 관계되어 과실품질을 결정한다. 따라서 결과지의 세력을 어떻게 안정시킬 것인가는 전정상 매우 중요한 문제로 유인형태, 꽃눈 형성 정도, 결실 등과도 관계가 있으나 대개 발생위치에 따라 세력에 영향을 받는다(그림 2-4).

즉 주지, 부주지 등의 가지 직경을 중심으로 상부 배면에서 발생된 가지는 세력이 강해지고 중심부에서 아래쪽으로 발생된 가지일수록 세력이 약해지는 성질이 있다.

이와 같은 성질을 이용하여 수형구성 시는 주지에서 발생되는 부주지 형성 시와 부주지에서 발생되는 측지형성 시 중간보다 아래쪽 부분에서 발생된 가지를 선택하여 이용하면 가지 세력이 안정되어 도장성 가지 발생도 적어지고 관리도 쉬워지게 된다.

일반적으로 상부 배면에서 발생된 가지는 세력이 강하고 유인을 하면 활처럼 구부러지게 유인되어 강한 도장성 가지가 발생되어 꽃눈 형성이 불량해지고 과실 품질도 나빠지게 되나 반대로 하단부에서 발생된 가지는 결실과 동시에 노쇠하는 경우가 있으나 가지를 상부로 향하게 유인하면 세력이 좋아져 좋은 결과지가 된다.

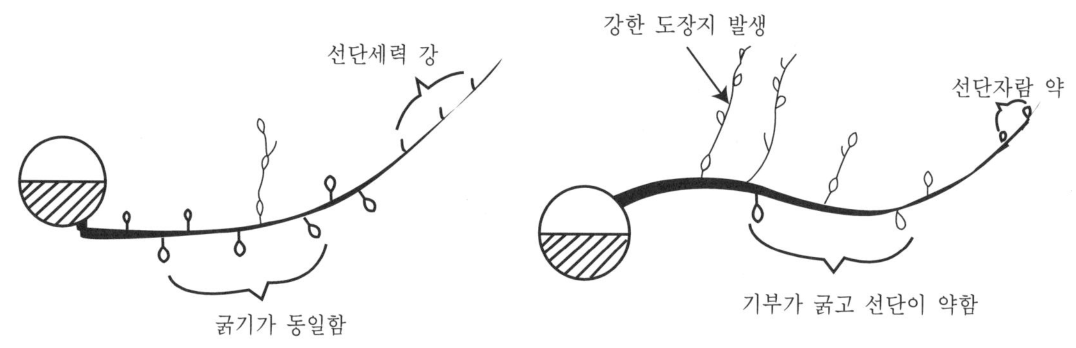


그림 2-4. 가지의 발생위치와 세력

## 마) 품종에 따라 나무 생육 특성에 차이가 있다

배나무는 품종에 따라 정부우세성, 단과지 유지성, 액화아 형성정도, 가지 발생량, 발생상태, 수세 등에 차이가 있다.

정부우세성 정도는 유목기 수관확대에 영향을 미치며 정부우세성이 약한 품종은 수관 확대가 늦어지기 쉬우므로 수형 형성기는 연장지의 세력이 약해지지 않도록

2~3년 동안 수직으로 키운 후 유인하거나 여름철 경쟁지를 제거하여 주는 방법이 필요하다.

단과지 유지성 정도는 품종에 따라 차이가 크며 신고 품종과 같이 단과지 유지성이 높은 품종은 전정상 어려움이 없으나 유지성이 낮은 품종은 예비지 전정, 신초 유인에 의해 질이 좋은 장과지를 확보하고 3년생 이상의 결과지가 많아지지 않도록 갱신을 해야 한다.

이외에도 가지 발생량이 많은 품종은 여름전정으로 수관내 광 환경을 좋게 하고 가지가 직립성으로 자라는 품종은 생육 초기에 좋은 각도로 유인하여 좋은 결과지가 확보되도록 하는 것이 중요하다.

## 2) 수형구성 시 유의점

### 가) 햇빛을 잘 받는 나무가 되도록 한다

전정의 가장 중요한 목적 중의 하나는 과원에 쏟아지는 광을 어떻게 최대한 이용하여 과실생산에 이용하느냐에 달려 있다.

즉 과수재배는 과원에 쏟아지는 모든 광을 엽을 통하여 동화작용의 과정을 거쳐 과실을 생산하는 것으로 그러기 위해서는 먼저 수관확대와 적절한 가지 배치에 의해 광이 지표면에 그대로 통과되지 않게 하는 것이 중요하다. 다음으로 가능한 많은 엽수를 확보하여 모든 엽이 햇빛을 충분히 받아 동화작용에 의해 탄수화물을 충분히 생산하여 과실생산에 쓰일 수 있도록 해야 한다. 그러나 엽수가 어느 일정 수준 이상이 되면 엽이 햇빛을 받지 못하게 되는데 햇빛을 받지 못하는 엽을 무효용적(無效容積)이라 하며, 이와 같은 엽은 양분은 생산하지 못하고 호흡에 의해 다른 엽이 생산한 양분을 소모하게 되므로 무효용적이 많은 나무는 생산성과 품질이 나빠지게 된다.

따라서 전정은 생산의 기초가 되는 엽수 확보를 위해 가지를 배치하고 나무 내부가 효율 좋은 수광 상태를 유지하게 하는 것이므로 주지, 부주지와 같은 골격지와 결과지 형성은 물론 이들의 간격과 밀도를 어떻게 배치하는가가 정지, 전정상 중요하다.

## 나) 작업이 편리한 나무로 만들어야 한다

전정이 잘 되었는지의 여부는 전정의 작업능률에 크게 영향을 준다. 유목 시는 문제가 되지 않지만 골격이 완성된 성목 시에는 주지, 부주지, 측지의 굵기 차이가 분명하지 않고 부주지 사이의 간격이 좁은 나무는 측지의 배치와 갱신이 어렵다. 뿐만 아니라 세력이 균일하지 않아 나무의 균형 유지가 어렵고 생산성이 높은 측지의 유지와 관리가 어려워지게 된다.

따라서 수형에 구애되어 무리하게 전정하는 것은 나무의 생리상 좋지 않으나 .주지, 부주지, 측지 사이의 굵기 차이를 분명하게 하고, 측지 갱신이나 배치를 잘하여 작업능률과 생산성을 높여야 한다.

## 다) 주간의 높이는 토양조건, 품종의 수세, 재식거리 등에 따라 알맞게 조절한다

지상부에서 주간이 높은 경우는 측지 유인이 쉬운 이점도 있으나 구부러짐이 급격해져 주지 기부에서 도장지의 발생이 많아지고 지상부의 가지 생장은 주간이 낮은 경우에 비하여 약해지는 경향이 있다.

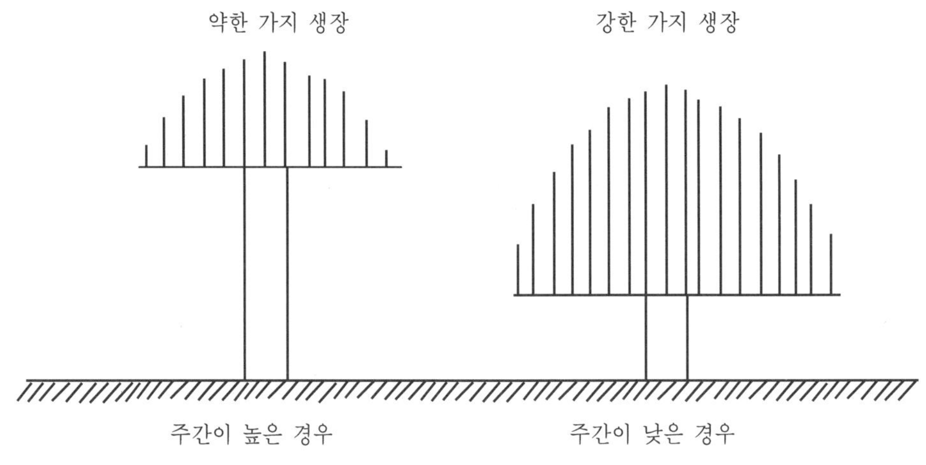


그림 2-5. 주간의 길이에 따른 지상부의 생장 정도

반대로 주간의 길이가 짧으면 지상부 가지 생장이 강해지고 토양관리 등의 작업이 불편해진다. 따라서 주간의 길이는 토양 비옥도, 품종, 대형농기계 이용여부 등에 따라 적절한 높이로 조절해야 한다.

## 라) 주지, 부주지는 곧고 빠르게 키운다

배나무 재배 시 문제가 되는 것은 도장지 발생이고 이 도장지의 발생억제가 배 재배 시의 중요한 기술에 속한다.

도장지의 발생원인은 여러 가지 재배적 원인이 있으나 정지, 전정 측면에서 주지, 부주지의 기부와 상부의 가지 직경 굵기가 현저하거나 활처럼 구부러지게 유인했을 때 발생이 많아진다.

배나무의 도장지 발생은 수형의 기본 골격이 되는 주지와 부주지에서 대부분 발생되므로 이와 같은 가지의 직경크기 차이가 심한 경우 또는 가지 유인 시 활처럼 구부러지게 유인할 경우 굵기 차이가 나는 부위와 구부러진 부위에서 도장지 발생이 많아지게 된다.

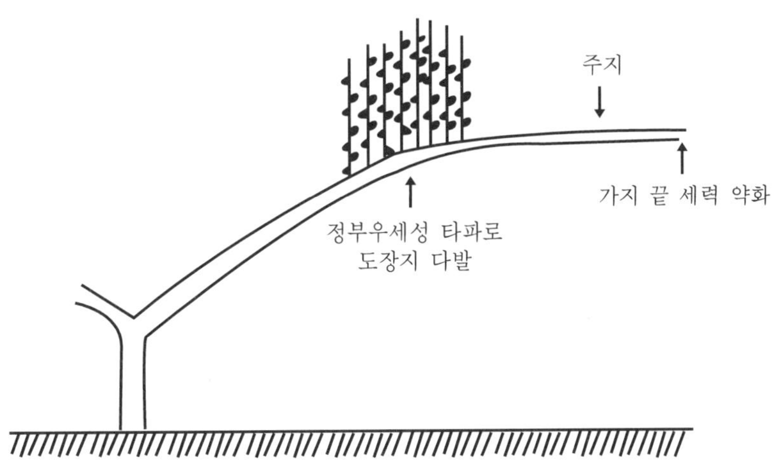


그림 2-6. 주지 유인형태와 도장지 발생 정도

그러므로 수형의 기본 골격이 되는 주지와 부주지는 가능한 기부와 상부의 굵기 차이가 적도록 수형 구성 초기인 2~3년차까지 주지상의 강한 도장성 가지는 제거하여 주고, 곧고 바르게 키우며 유인 시도 가지 중간에서 급격히 구부러지지 않도록 하는 것이 양수분의 흐름이 좋아지고 도장지 발생도 적어진다.

## 마) 가지의 선단(연장지) 세력이 약해지지 않도록 한다

주지나 부주지 또는 측지의 선단가지(연장지) 세력의 강약은 양수분의 이동과 관계하여 도장지의 발생에 영향을 미치게 된다. 즉 선단가지가 강하게 자라면 강하게 자라는 부위는 세포분열이 왕성하여 호르몬의 생성이 많아지고 엽의 증산작용이 왕성하여 뿌리에서 흡수된 양수분이 왕성하게 자라는 부위로 이동이 많아져 가지 중간 부위에서 도장지 발생이 적어지게 된다. 따라서 배나무의 도장지 발생을 적게 하기 위해서는 주지, 부주지 또는 측지의 선단가지가 강하게 자랄 수 있도록 결실량을 억제하고 아래로 처지게 유인되지 않도록 하는 동시에 항상 끝부분이 위로 향하게 자라도록 하고 절단전정을 하여 세력이 유지되도록 한다(그림 2-7).

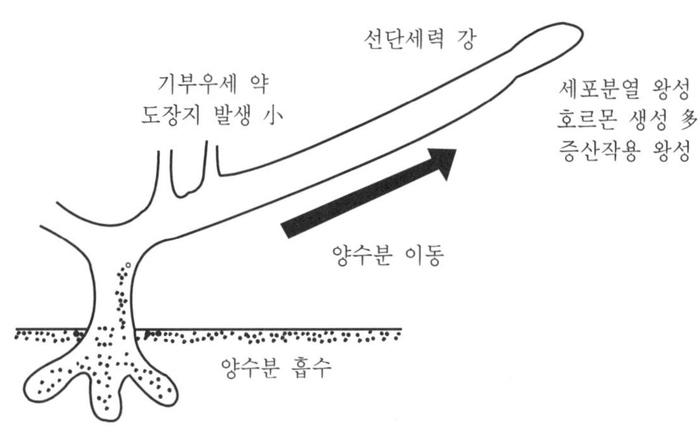


그림 2-7. 주지선단 세력에 따른 생장 모식도

이외에도 도장지 발생은 단과지 위주의 강전정을 하거나 재배적으로 토양 심토가 깊고 비옥한 토양에서 뿌리가 수직으로 깊게 뻗을 경우 많이 발생되므로 도장지 발생이 많은 과원은 측지를 많이 유인하여 세력을 분산시키고 재식 후 2~5년까지는 토양 깊이 30~40cm 부위에 유기물을 사용하여 뿌리가 수직으로 깊게 뻗지 않고, 뿌리가 지상부 수형형태와 같이 옆으로 확대되도록 하는 동시에 토양물리성을 좋게 하여 세근의 발생을 많게 하면 도장지 발생을 줄일 수 있다.

### 바) 엽/재비를 높여 양분의 헛된 소모를 줄인다

나무의 지상부는 크게 엽과 가지로 구성되어 있다.

엽은 동화작용에 의해 생장에 필요한 탄수화물을 생산하는 기관인데 비해 가지는 뿌리에서 흡수한 양수분과 엽에서 생산된 동화산물을 각 기관에 전달하고 결실된 과실을 지지하는 외에 대부분 양분을 소모하는 기관에 속한다. 그러므로 생산성이 높고 좋은 품질의 과실을 생산하기 위한 수체 관리방법은 나무당 가능한 엽수를 많이 확보하고 확보된 엽이 충분히 햇빛을 잘 받을 수 있게 하는 동시에 가지 최적은 과실을 지지하고 양수분을 전달할 수 있는 최소 단위로 유지하는 것이라 할 수 있다. 그러나 나무는 수령이 많아질수록 엽면적은 일정수준에서 더 이상 증가되지 않는 반면 가지 최적은 수령증가와 더불어 증가하게 된다(그림 2-8).

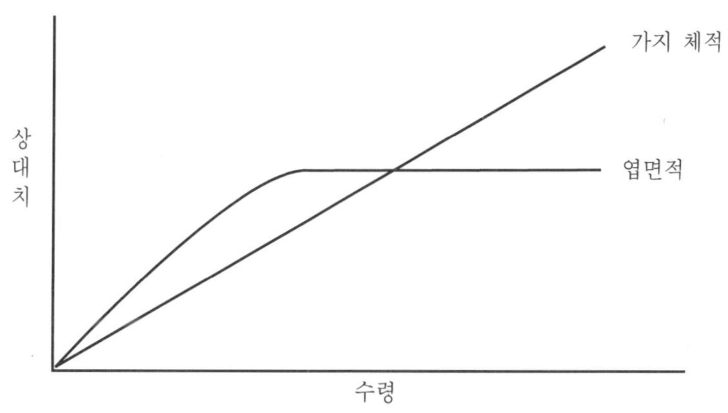


그림 2-8. 수령에 따른 엽면적과 가지 체적의 변화

이와 같은 가지 체적의 증가는 엽에서 생성된 동화산물의 분배가 과실이나 꽃눈, 뿌리보다 가지 생명을 유지하는 데 많이 분배되어 수령의 증가와 더불어 생산성과 과실품질을 저하시키는 원인이 된다.

따라서 생산성이 높은 나무로 유지하기 위해서는 오래된 굵은 가지는 갱신하여 젊은 새 가지로 유지되도록 하여 엽/재 비를 높이는 것이 전정의 중요한 목적에 속한다.


# 다. 배나무의 수형과 정지, 전정

## 1) Y자 수형

### 가) Y자 수형의 효과와 문제점

Y자 수형은 밀식 재배가 가능한 수형으로 밀식에 의한 수관(樹冠)의 조기확대에 의해 조기증수, 성과기 단축 및 수형 특성상 작업능률을 높일 수 있다.

원예연구소 실험결과에 의하면(표 2-7), 재식 초기 수량은 Y자 수형의 밀식 재배(密植 栽培)가 배상형의 소식 재배(疏植 栽培)에 비해 약 5~10배 정도 증수(增收)되었으며 재식 7~8년차에 10a당 3~5톤 생산되어 성과기(盛果期) 수량에 도달되었다.

수형별 노력절감 효과에 있어서도 Y자 수형은 배상형에 비해 적과, 봉지 씌우기, 수확 등의 노력을 절감할 수 있었다(표 2-8).

따라서 Y자 수형은 조기증수(早期增收) 및 성과기 단축에 의해 투자자본의 회수기간을 단축시킬 수 있고 작업노력을 줄여 생산비를 절감할 수 있는 효과가 있다.

그러나 Y자형에 의한 밀식 재배는 배의 유전적 생육 특성에 알맞게끔 자랄 수 있는 충분한 재식 거리가 주어지지 않고 재식 초기에는 단과지 위주의 전정으로 도장지 발생이 많아지기 쉽다.

따라서 Y자 수형 밀식 재배 시는 적기에 간벌하여 T/R률 불균형에 의한 도장지 발생이 많아지지 않도록 해야 한다.

**<표 2-7> 배나무 수형 및 재식밀도에 따른 연차별 수량(품종:단배)**

| 수형 및 재식주수 | 수량(kg/10a) | | | | | | | |
|---|---|---|---|---|---|---|---|---|
| | 4년차 | 5년차 | 6년차 | 7년차 | 8년차 | 9년차 | 10년차 | 11년차 |
| Y자형(330주/10a) | 1,766 | 2,142 | 2,363 | 3,366 | 5,181 | 4,257 | 5,,214 | 5,298 |
| Y자형(165주/10a) | 1,030 | 1,341 | 1,889 | 2,030 | 4,615 | 3,047 | 5,241 | 4,604 |
| 배상형(41주/10a) | 155 | 247 | 578 | 988 | 2,608 | 1,986 | 2,220 | 3,394 |

**<표 2-8> Y자 수형에 의한 노력절감 효과**

| 수 형 | 소요노력(시간/10a) | | |
|---|---|---|---|
| | 적과(45천 개 적과 시) | 봉지씌우기(6천 개) | 수확(3톤 수확 시) |
| Y자형 | 33.2 | 42.1 | 12.7 |
| 배상형 | 42.9 | 56.9 | 20.4 |

## 나) Y자 밀식 재배 품종별 적응성

Y자 수형에 의한 밀식 재배 시는 밀식적응성(密植適應性)이 높은 품종을 선택하여 재배해야 한다. 밀식적응성은 단과지 형성과 유지 및 가지 생장상태에 따라 결정된다. 단과지 형성이 잘 되고 단과지 유지가 잘 되어 단과지군이 잘 형성되는 품종과 수세가 강하지 않은 품종 또는 중과지 발생이 많은 품종일수록 밀식적응성이 높다.

따라서 신고, 장십랑, 풍수, 황금배, 추황배 등은 밀식적응성이 높은 품종에 속하고, 신수, 행수, 원황, 화산배, 감천배 등은 낮은 품종에 속한다.

밀식적응성이 높은 품종은 고밀식 재배(高密植 栽培)가 가능하나 밀식적응성이 낮은 품종은 결과지를 형성시켜 자주 갱신해 주는 전정을 해야 하므로 Y자 수형에 의한 밀식 재배에 부적당하다.

그러나 적응성이 낮은 품종이라도 결과지 형성이 가능하도록 주간(株間)의 간격을 넓혀주면 재배가 가능하므로 밀식적응성이 낮은 품종을 Y자 수형으로 재배할 경우는 6.5m×2.5m로 재식하는 것이 좋다.

## 다) Y자 수형의 구성 방법

### (1) 재식 후 전정 방법

재식 후 묘목은 지상 70~90cm높이에서 절단한다. 묘목의 절단높이는 지상부 생장에 영향을 주므로 비옥하고 밀식할수록 많이 남기고 절단한다.

묘목 절단 시 최선단 1~2개의 눈에서 발생되는 새 가지는 분지 각도가 좁으나 그 아래 발생되는 가지는 분지 각도가 넓으므로 주지 발생 위치를 정하고, 그 위에 1~2개 여분의 눈을 남기고 절단하면 분지 각도가 넓은 주지를 형성할 수 있다.

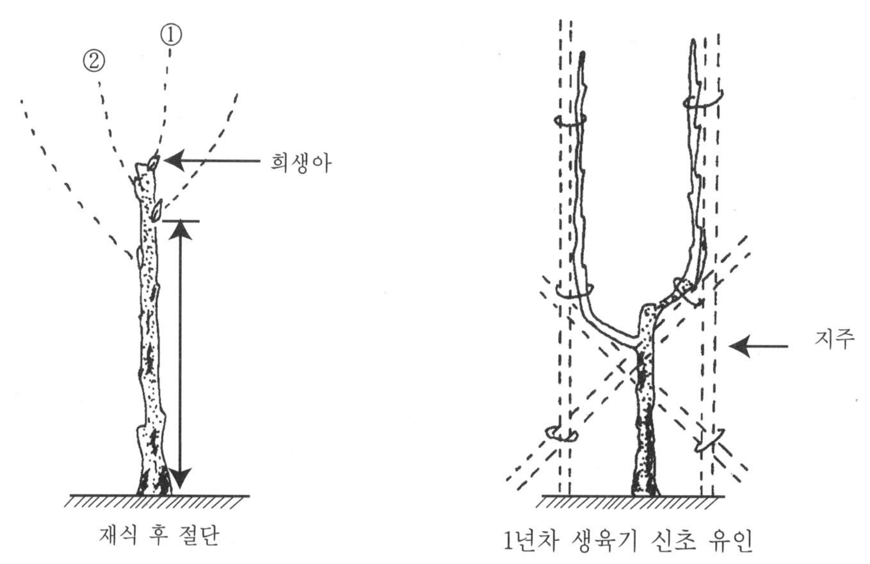



그림 2-9. 희생아 전정법과 유인방법 (①, ②는 생육기 제거)

주지 형성 후 위에 남겨둔 눈에서 발생된 분지 각도가 좁은 가지는 주지생장을 좋게 하기 위해 여름철 생육기에 제거하는데 이를 희생아(犧牲牙) 전정이라 한다.

형성된 주지는 생육기에 분지 각도가 30도 정도 확보될 수 있도록 유인하고 끝부분은 위로 향하게 하여 강하게 자랄 수 있도록 한다.

주지 분지 각도가 좁으면 유인 시 찢어지기 쉽고 주지 유인형태가 활처럼 유인되어 도장지 발생의 원인이 되므로 지주(支柱)를 이용하여 6~8월경에 분지 각도가 확보되도록 유인하는 것이 중요하다.

### ⑵ 2~3년차 전정 방법

주지를 형성시키는 시기로 좋은 주지는 형태상으로 일직선으로 자라고 주지 기부와 상부의 굵기 차이가 적을수록 양수분의 흐름이 좋아져 도장지 발생도 적어지게 된다.

따라서 주지 연장지는 겨울전정 시 매년 끝을 세력의 강약에 따라 1/4~1/5 정도 절단하여 주고, 생육기는 연장지 세력이 약해지지 않도록 연장지와 경쟁되는 가지는 제거하여 준다.

또한 유목기 주지 기부 배면에서 발생되는 도장성 가지는 주지 기부를 굵게 하고 이 부위에서 가지를 절단한 상처가 있으면 유인이 어렵고 도장지 발생이 많아지게 되므로 주지 형성시기인 재식 후 2~3년차는 주지상에 발생되는 도장지는 조기에 제거하여 준다.

주지 유인시기는 너무 빠르면 주지 연장지 세력이 약해져 수관 확대가 늦어지고, 너무 늦으면 주지가 굵어져 유인작업이 어렵고 유인 시 톱으로 상처를 내어 유인할 경우 주지가 절단되거나 생육이 약해지는 경우가 많으므로 2년차 겨울 전정 후 새 가지 연장지가 어느 정도 자란 후인 3년차 6월부터 8월 사이 유인하는 것이 유인작업이 쉽고 유인 노력을 절감할 수 있다.

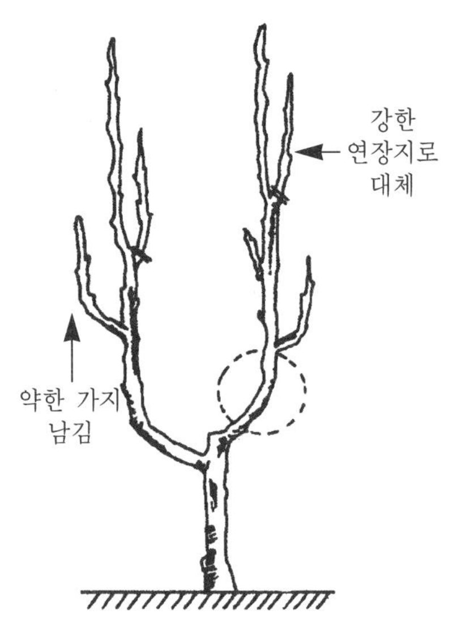


그림 2-10. 2~3년차 전정 방법

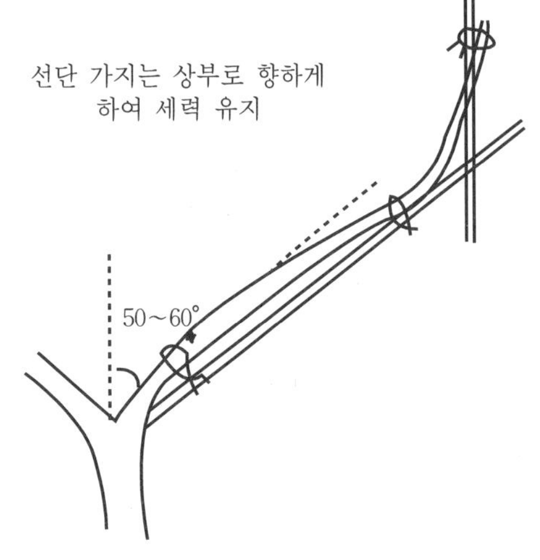


그림 2-11. 2년차나 3년차 생육기 유인

## (3) 4~5년차 전정 방법

4년차 이후가 되면 나무가 잘 자라 수관확대가 빠르고 수세가 강해지기 쉬운 시기다.

따라서 결실과 더불어 주지상의 측면 아랫부분에서 발생한 가지는 가능한 많이 남겨 결과지로 확보하여 수세안정을 꾀하고 강전정이 되지 않도록 한다.

또한 정부우세성이 약해 수관확대가 늦은 황금배와 같은 품종은 계속하여 주지 연장지를 1~2년 수직으로 키워 유인을 반복하여 조기에 수관이 형성되도록 한다.

## (4) 5년차 이후의 전정 방법

5년차 이후가 되면 수형이 완성되는데 수형 형태는 크게 선단 강세형, 선단 빈약형, 도장지 다발형으로 구분할 수 있다.

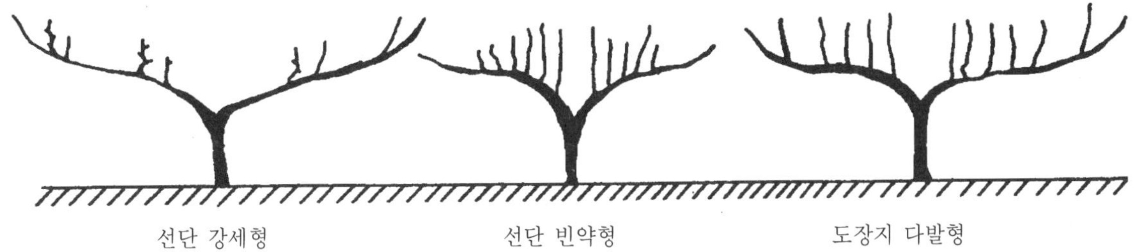

선단 강세형　　　　　　선단 빈약형　　　　　　도장지 다발형

**그림 2-12. Y자 수형의 3가지 형태**

선단 강세형(先端 强勢型)은 주지가 곧고 바르며 주지 선단의 가지 생장이 왕성한 형태로 도장지 발생이 적고 단과지 형성도 잘 되어 이상형이라 할 수 있다. 선단 빈약형(先端 貧弱型)은 주지의 선단 가지 생장이 약해 주지기부에 도장지 발생이 많아지는 형으로 선단 가지가 아래로 처지거나 결실과다의 경우 선단의 빈약형이 되기 쉽다. 도장지 다발형(徒長枝 多發型)은 주지의 기부와 상부 굵기 차이가 크거나 주지 중간이 활처럼 구부러졌을 때, 또는 재배적으로 질소과다 시용, 배수불량 등도 도장지 다발형이 된다.

따라서 수형이 완성된 후에는 주지 선단의 가지 세력이 약해지지 않도록 하고 단과지, 중과지 위주로 결실시키되 발생 각도가 넓은 결과지를 이용한다. 수령이 점점 증가하면 재식 거리를 유지하기 위해 강전정이 되어 도장지 발생이 많아지고 수관 내부 광 환경도 나빠져 밀식장해(密植障害)가 발생하게 되는데, 밀식장해가 발생되면 과실의 비대가 나빠지고 생산성이 떨어지므로 밀식장해가 발생되기 1~2년 전에 간벌하여 주지상에 많은 결과지를 직각으로 형성시켜 뿌리에서 흡수한 양수분을 결과지로 분산시켜 나무의 세력안정을 꾀해야 한다.

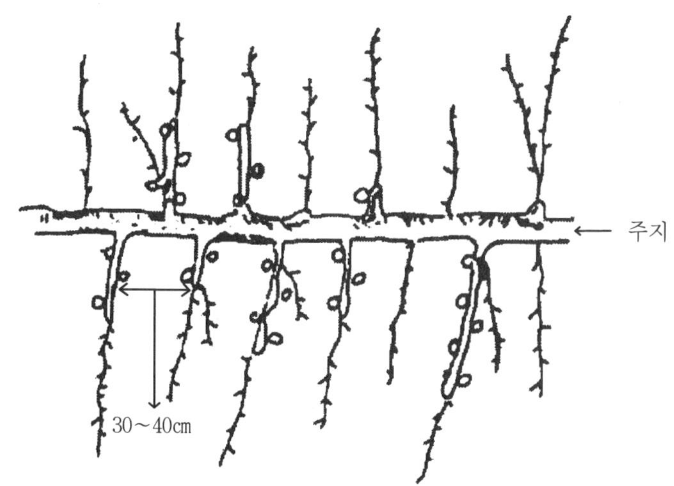



그림 2-13. 간벌 후의 측지 배치방법(1~5년생 측지가 잘 혼재되도록 배치 한다)

## 2) 배상형(盃狀形) 수형

### 가) 배상형 수형의 특성

배상형은 주간에서 3~4개의 주지를 형성하고 초기에는 주지, 부주지상에 단과지나 중과지 위주로 결실시키다가 성과기가 되면 단과지와 부주지상의 측지를 이용하여 결실시키는 수형으로 평덕을 가설하여 철선에 주지 끝을 매어 재배하는 수형이다.

이와 같은 평덕을 이용하여 재배하는 배상형은 덕 가설비가 많이 들고 초기 수량이 적은 단점이 있으나 성과기가 되면 평면점유율(樹冠占有率)이 높고, 무효용적이 적어 수량이 많으며, 측지의 갱신과 유인이 용이하여 노목에서도 품질이 좋은 과실을 생산할 수 있다.

현재 남부지역에서 이용되고 있는 수형은 평덕에 의한 배상형 수형과 유사한 방법으로 재배되고 있으나 주지 및 부주지수가 많고 주지, 부주지의 세력이 뚜렷하게 구분되어 있지 않으며, 주지·부주지상의 단과지 위주로 결실시키고 있는 것이 특징이다.

## 나) 배상형 수형 구성요령과 전정 방법

### (1) 재식 후 전정 방법

묘목 재식 후 지상 70~120cm의 위치에 눈이 3~4개 연이어 있는 부위를 골라 절단한다. 절단 시는 주지의 분지 각도를 넓히기 위해 Y자 수형과 같은 방법으로 희생아 전정을 한다. 주지로 결정된 3~4개의 가지는 비스듬히 자라게 되면 생육이 약해지므로 지주를 이용하여 수직이 되게 유인하여 주지가 강하게 자랄 수 있도록 한다(Y자 수형 구성요령 참고).

### (2) 2~4년차 전정법

주지의 골격을 형성하는 시기로 주지는 가능한 한 곧고 기부와 상단부의 굵기 차이가 나지 않도록 키워야 한다. 따라서 재식 초기 기부각도를 충분히 확보한 후 3년차까지는 수직으로 곧게 키우는 것이 수관확대가 빠르다. 또한 이 시기는 주지 기부의 비대를 방지하는 것이 중요하므로 부주지와 같은 골격지나 세력이 강한 발육지의 발생을 억제하고 단과지 또는 중과지의 발생을 유도한다.

유목기에 부주지와 같은 골격지를 주지상에 형성시키면 주지와 부주지의 굵기 차이가 확실해지지 않아 주지-부주지간의 세력균형을 잃기 쉽다. 또한 주지 세력이 약해져 수관확대가 늦어지며 발생된 부주지를 경계로 하여 주지 상부와 하부와의 굵기 차이가 커져 후일 도장지의 발생을 많게 하는 원인이 되므로 부주지는 물론 엽면적이 많은 강한 발육지의 발생도 억제하는 것이 좋다.

주지상의 도장지는 조기에 제거하고 강하게 자라는 발육지는 눈따기, 적심 등에 의해 생장을 억제시켜야 하며, 주지 기부 40~50cm 이내에 발생되는 가지도 조기에 제거하여 큰 가지의 발생을 억제한다.

3년차 봄에 곧게 자란 주지는 알맞은 각도로 유인하고 유인 후 주지상단부는 강하게 자랄 수 있도록 가지의 위쪽 눈을 남기고 절단하거나 지주를 세워 자라는 신초가 수직이 되도록하여 수관을 조기에 확대시킨다.

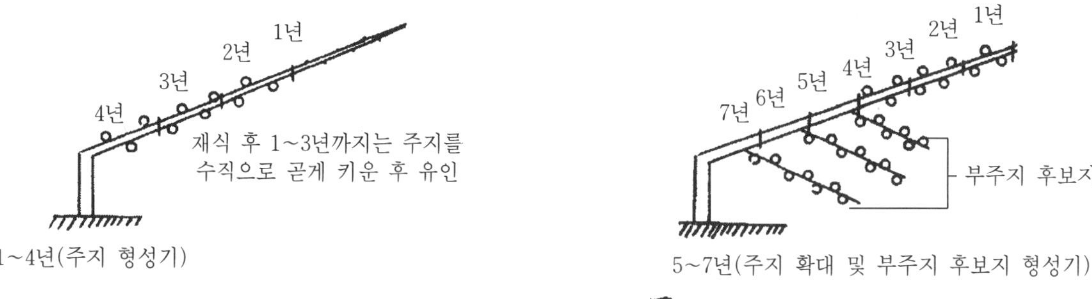


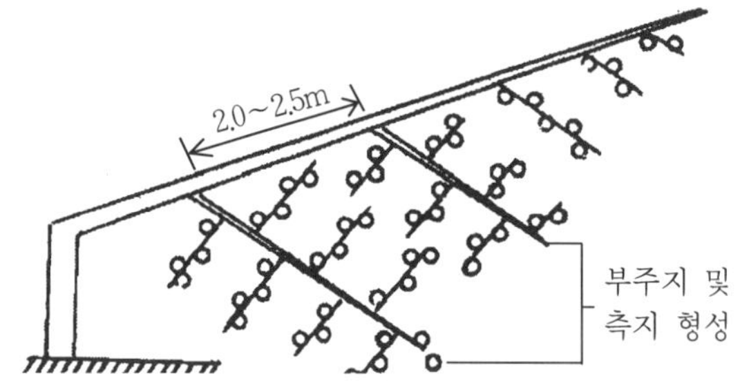


그림 2-14. 배상형 수형의 연차별 구성 요령

## (3) 5~7년차 전정법

이 시기는 나무의 생장이 왕성하고 수관확대도 빨라 수량도 급격하게 증가되는 시기다. 따라서 생장과 결실의 균형을 유지할 수 있도록 유도하고, 가능한 강한 절단 전정을 피한다.

부주지수는 주지당 2~3개를 최종 목표로 하지만 이 시기는 5~6개 정도 형성시키되 부주지상에는 유목기 주지 형성 시와 같이 강한 발육지의 발생을 억제시킨다.

부주지는 주지 측면 또는 다소 아래부위에서 발생된 가지를 이용해야 세력조절이 쉽고 좋은 측지를 형성할 수 있다.

## (4) 7년차 이후의 전정

7년차 이후는 부주지의 선정과 부주지상에 측지를 형성시키는 시기로 4~6년차에 형성된 좁은 부주지 후보지를 솎아주어 부주지 간격을 1.8~2.0m 되게 넓히고 측지를 배치하여 최종적으로 [그림 2-15]와 같이 주지, 부주지 및 측지를 배치한다.

수형이 완성된 후에는 측지의 관리가 전정상 중요하며, 오래된 측지는 갱신하고,

좋은 측지를 만들기 위해서는 예비지(豫備枝) 전정을 한다. 성과기 나무에서의 측지 갱신 방법은 다음과 같다.

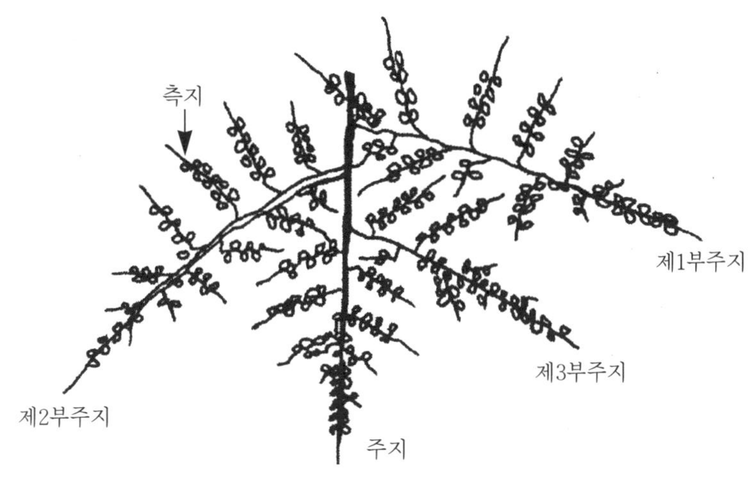


그림 2-15. 배상형의 골격지 및 측지 배치방법

묵은 측지는 꽃눈이 충실하지 못하고 엽/가지의 비율이 낮아져 과실의 발육과 품질이 나빠지므로 매년 일정수 새로운 가지로 갱신해 주어야 한다. 갱신 대상이 되는 측지는 오래된 측지, 기부가 비대하여 꽃눈이 적은 측지, 측지 기부에 꽃눈이 없고 선단부에만 꽃눈이 있는 측지 등이다.

측지는 기부와 선단부의 굵기가 큰 차이가 없고 단과지가 형성되어 있는 것은 5년 이상 사용해도 좋으나 기부에서 도장지가 발생되는 측지는 3년생 가지라도 갱신하는 것이 좋으며, 좋은 측지는 선단부가 강하게 자라야 한다.

측지 갱신은 품종에 따라 차이가 있으며, 신고와 같이 단과지 형성과 유지가 용이한 품종은 좋은 측지일 경우 6년 이상 사용이 가능하나, 행수와 같이 단과지 유지가 어려운 품종은 갱신시기가 빨라야 하며 신품종인 화산, 원황 품종은 신고와 행수 품종의 중간 정도다.

측지의 갱신이 순조롭게 이루어지기 위해서는 다음과 같은 점에 유의하여 측지관리에 힘써야 한다.

첫째, 측지는 부주지와 직각이 되게 배치한다.

측지의 각도는 좁으면 생장이 강해져 꽃눈 형성이 나쁘고 갱신시기도 빨라지며 각도가 90°이상되면 쉽게 노쇠되어 품질이 떨어지므로 부주지와 직각이 되게 유인하고, 1~5년생 측지가 잘 혼재되어 있도록 한다.

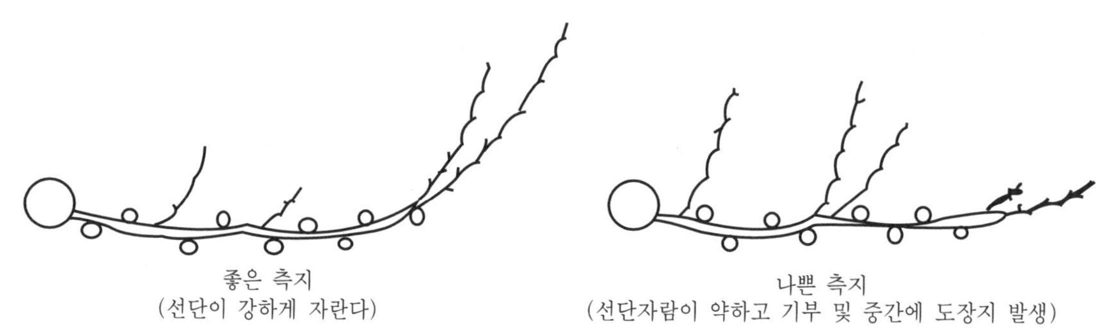



그림 2-16. 측지의 자람상태

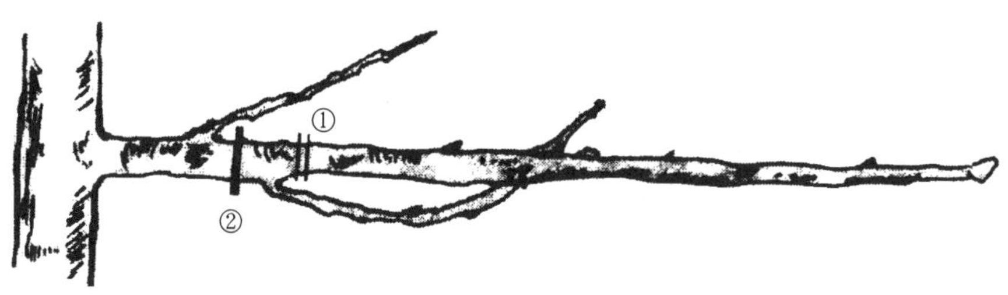



그림 2-17. 측지 갱신법(① 이나 ②에서 절단)

둘째, 묵은 측지는 갱신 시 측지 기부 10~30cm 정도 남기고 절단하거나 충실한 1년생 가지를 남기고 절단한다.

측지 갱신 시 그루터기를 남길 경우에는 측지 기부 아래쪽에 숨은눈이 남도록 경사지게 절단하여 아랫부분에서 신초가 발생되게 한다.

셋째, 장과지, 측지 기부의 잎눈은 웃자라게 되어 기부를 굵어지게 하므로 조기에 눈따기를 하여 측지 갱신이 빨라지지 않도록 기부관리를 철저히 한다.

넷째, 부주지상에 측지가 없는 경우는 복접이나 목상처리(目傷處理)를 하여 가지가 발생되게 한다.

## 3) 방사상형(放射狀形) 수형

중부 내륙지방에서 덕 가설없이 이용되었던 수형으로 주간 높이 40~50cm 부위에서 5~7개의 주지와 주지당 1~2개의 부주지를 형성하여 주지, 부주지상에 직접 단과지 또는 단과지군을 만들어 결실시키는 수형이다.

방사상형 수형은 주지의 유인이 급격하지 않아 양주잔과 같은 나무꼴이 되며 가짓수가 많고 재식주수가 많아(10a당 50~60주 재식) 조기수량이 많은 장점이 있으나 수고가 높아져 각종 작업이 어려운 문제점이 있다.

그리고 주지, 부주지 사이의 공간이 적어 단과지 위주의 전정이 되므로 나무세력이 강한 유목기에는 큰 문제가 없으나, 성목이 될수록 강전정이 되고, 단과지 위주의 전정으로 나무의 영양상태가 나빠져 과실 품질이 나빠진다.

또한 주지와 부주지의 수가 많고 단과지 전정에 의한 도장지의 발생이 많아 나무 내부에 햇볕이 잘 들지 않으므로 유효 수관용적이 적다.

방사상형은 단과지 형성과 유지가 용이한 신고같은 품종에서는 재배가 가능하지만 발육지를 유인하여 결과지로 이용해야 하는 행수와 신수 품종에서는 수량이 감소된다.

방사상형 수형은 수령이 많아지면 간벌을 하거나 주지수를 줄이고 유인하여 나무 내부 광 환경을 개선하고 측지를 이용하는 전정을 해야 단과지 전정에서 야기되는 수세 쇠약을 방지할 수 있고 좋은 품질의 과실 생산이 가능하다.

## 4) 변칙주간형 수형

변칙주간형은 풍해가 적은 중부 내륙지방의 일부에서 이용되었던 수형으로 주간을 높여 주지를 4~6개 형성하고 주지에다 측지를 형성하거나 짧은 부주지를 2~3개 형성하여 부주지상에 측지(결과지)나 단과지를 이용하여 결실시키는 자연형에 가까운 수형이다.

유목기는 나무생리에 알맞아 도장지의 발생이 적으나 성목이 되면 주지가 겹치고 가지가 복잡해져 무효용적이 많아져 생산성과 품질이 떨어지기 쉽다. 또한 이 수형은 과실 크기가 균일하지 못하고 바람 피해를 받으면 낙과가 많고 나무당 용적에 비해 효율적이지 못하고 평면이용도가 다른 수형에 비해 낮아 수량이 낮고 각종 관리작업이 어려워 재배상의 문제점이 많아 현재는 대부분 이용되지 않는 수형이다.

## 5) 엇갈린 부채꼴 수형

엇갈린 부채꼴 수형은 사과에서 이용되고 있는 수형을 다소 개선하여 배에 적용한 수형으로 최근 일부 농가에서 이용되고 있는 수형이다.

수형 형태는 배나무를 일정 간격으로 심은 후 수직에서 30도 각도로 비스듬히 서로 엇갈리게 재식하여 일직선의 주간에서 측지를 부채형으로 형성시켜 결실시키는 수형으로 열간에는 20~30% 정도 수관을 형성시키지 않고 공간을 두어 광 환경을 좋게 하고, 절단전정을 하지 않고 솎음전정 방법을 이용하는 수형이다.

이 수형은 현재까지의 동양배에 이용되고 있는 수형 중 자연형에 가장 가까운 수형으로 주간이 30도 각도로 비스듬히 재식되어 구부러짐이 없고, 일직선으로 형성시키기 때문에 도장지 발생이 다른 수형에 비해 적고 작업이 쉬운 특성이 있으나 무절단전정에 의한 액화아 형성 과다, 신초 생육 약화, 좁은 유인각도 등으로 과실비대가 불량해지는 문제점이 있다.

또한 평덕식의 배상형이나 Y자 수형에 비해 평면 공간 이용율이 20~30% 낮아 성과기 수량이 적어질 수 있고, 수령이 많아지면 서로 엇갈려 재식되어 있어 간벌이 어려울 뿐만 아니라 수고 조절의 문제점 등이 금후 검토되어야 할 것이다.

# 라. 품종별 생육 특성과 정지, 전정

## 1) 가지 생장특성의 품종간 차이와 전정

배 신초는 전년생 가지의 정아에서 자란 가지와 육안으로 구별할 수 없는 잠아에서 자라는 가지가 있다. 정아에서 자라는 가지는 순수한 엽아에서 자란 가지와 화아의 부아에서 자라는 가지의 두 종류로 정아에서 자라는 가지는 가지 선단에서 자라는 가지만큼 강하게 자라는 성질 즉 정부우세성과 관계가 있고 이 성질은 대개의 품종이 가지고 있으나 그 강약은 품종에 따라 차이가 있다.

전정의 차이는 품종의 정부우세성을 고려하여 대처할 필요가 있으며 특히 가지 절단 시 절단정도를 결정하는 요인이 된다.

품종별 정부우세성 정도는 풍수, 장십랑, 황금배 품종은 약한 쪽에 속하고 신수, 감천배 등은 강한 쪽에 속한다. 정부우세성이 약한 품종을 강전정하게 되면 가지 기부에서도 신초가 발생하여 복잡해지기 쉬우며 정부우세성이 강한 품종은 단과지 형성이 잘 되지 않는 특성이 있다.

또한 정부우세성이 약한 품종은 주지와 같은 골격지를 일직선이 되게 형성하기가 어렵고 수관확대가 늦어지는 특성이 있다.

적당한 정부우세성을 가진 품종은 선단가지의 자람도 좋고 가지 기부눈은 단과지 형성도 잘 되어 전정상 어려움이 없다.

이상과 같이 가지 생장은 품종에 따라 차이가 있고 이와 같은 차이를 어떻게 조절하는가는 전정의 문제다. 그러나 이러한 차이를 전정만으로 조절하는 것은 어려우며 유인각도와 눈따기 등 여러 가지 보조수단을 이용하는 것이 효과적이다.

## 2) 액화아 형성의 품종간 차이와 전정

나무의 수령이 많아지면 액화아 형성이 많아진다.

그러나 품종에 따른 액화아의 다소는 차이가 있고 유목기에 형성이 많은 품종과 유목기는 거의 형성되지 않는 품종이 있다. 액화아 형성이 잘 되는 품종은 장십랑, 황금배, 풍수 등이고 적은 품종은 신수, 행수, 감천배 등이다.

장십랑이나 풍수와 같은 품종은 정아에서 발생한 신초뿐만 아니라 잠아에서 발생한 도장성의 가지에서도 액화아가 생기나 행수 품종은 정아에서 발생한 가지에서는 액화아가 생기나 잠아에서 발생한 가지에서는 액화아 형성이 극히 적다 (표 2-9).

<표 2-9> 행수와 풍수 품종의 가지 종류별 액화아 형성정도

| 품 종 | 구 분 | 신초수(개/주) | 엽아수(개) | 액화아수(개) | 액화아율(%) |
|---|---|---|---|---|---|
| 행 수 | 정아신초 | 1,125 | 6,903 | 7,383 | 51.7 |
| | 잠아신초 | 389 | 5,634 | 1,668 | 22.8 |
| 풍 수 | 정아신초 | 662 | 4,504 | 7,419 | 62.2 |
| | 잠아신초 | 263 | 3,762 | 2,058 | 35.4 |

액화아 형성이 쉬운 품종은 액화아 형성을 위한 전정상 대책을 강구할 필요는 없으나 행수 품종은 잠아에서 자란 가지에는 액화아 형성이 적으므로 발육지나 도장지를 절단하여 두면 선단에서 자란 가지에는 액화아가 잘 형성되므로 장과지를 이용한다. 이와 같이 장과지를 육성하기 위해 절단하여 둔 가지를 예비지라 부르며, 풍수 품종도 예비지를 이용하는 것이 질이 좋은 결과지가 된다.

한편, 품종에 따라서는 유목기 수형구성 시 주지의 선단에서 자란 가지에서도 액화아가 형성되는데 액화아 형성이 많아 선단에 액화아를 두고 절단하면 화아의 부아에서 발생되는 가지는 직선으로 자라지 못하고 방향이 바뀌어 주지가 일직선으로 자라지 않고 지그재그 형태로 되어 양수분의 흐름이 나빠지고, 도장지 발생도 많아지게 된다.

따라서 이 때에는 꽃이 피기 직전 꽃만 제거하여 주면 부아에서 자라는 신초가 일직선으로 자라게 된다.

## 37 단과지 유지성의 품종간 차와 전정

배의 눈꽃은 꽃을 피게 하는 화총 부분과 가지를 가지게 하여 잎이 달리는 엽총 부분을 포함한 혼합아다. 이 엽총 부분을 부아(副芽)라 부르고 엽아인 것이 보통이다.

이 부아의 엽아가 조금 자라 정아가 꽃눈이 된 것이 다음해 단과지다. 그러나 부아는 반드시 엽아라고 할 수 없으며 화총이 되어 있는 것도 있다.

부아는 하나의 화아 중에 1~2개 포함되어 있으며, 그 중에는 부아가 없는 꽃도 있고 부아가 3개인 화아도 있다. 이와 같이 부아가 복잡하게 변하므로 배꽃을 쌍자화, 무착엽화총(無着葉花叢) 등으로 부른다.

무착엽화총이라는 것은 보통 부아가 없이 화총 한 개만의 꽃눈과 부아가 있어도 전부 화총만으로 엽아가 없는 꽃눈을 가리킨다. 이러한 무착엽화총은 다음해 정아가 없는 맹아(盲芽)가 될 확률이 높다.

따라서 무착엽화총이 되기 쉬운 품종은 단과지의 유지가 나빠지게 되는데(즉 생강아가 형성되지 않음) 행수 품종은 이러한 성질을 가진 대표적 품종으로 단과지만으로는 결실확보가 어려워 높은 비율의 장과지를 이용해야 한다.

단과지의 유지가 용이한 품종은 신고, 추황배, 황금배 등으로(표 2-10) 이들 품종은 수형 형성기인 유목기는 단과지를 주체로, 성목 및 노목기는 높은 비율의 측지 이용도 겸해야 한다.

풍수 품종은 무착엽화총이 적은 쪽이지만 부아의 엽아가 단과지가 되지 않고 자라기 쉬운 성질이 있으며, 이러한 현상은 유목이나 수세가 강한 경우, 또는 결과지상 꽃눈이 적은 경우 더 심하므로 부아의 자람을 억제하기 위해 측지를 강하게 절단하지 말고 약하게 절단하여 측지상에 단과지를 많게 한다.

신수 품종은 부아가 간신히 자라 겉보기로는 단과지처럼 보이지만 정아가 꽃눈이 되지 않고 중간아가 되는 것이 많으며, 이들 중간아는 다음해 대부분 단과지가 된다.

| 품 종 | 단과지<br>형성정도(개/m) | 단과지<br>유지성(%) | 가지 발생량(개/m) | |
|---|---|---|---|---|
| | | | 2년생 가지 | 3년생 가지 |
| 신 고 | 16.4 | 90.1 | 4.4 | 4.5 |
| 영산배 | 15.4 | 92.5 | 4.1 | 4.8 |
| 황금배 | 14.6 | 87.2 | 6.1 | 6.0 |
| 추황배 | 13.6 | 88.2 | 6.0 | 8.0 |
| 감천배 | 14.1 | 88.1 | 4.5 | 4.5 |
| 수황배 | 15.0 | 85.6 | 3.5 | 4.0 |
| 화산배 | 15.1 | 64.6 | 3.4 | - |
| 신 수 | 14.5 | 70.2 | 3.4 | 2.5 |
| 행 수 | 10.6 | 49.2 | 6.7 | 5.0 |
| 풍 수 | 11.9 | 62.6 | 9.1 | 7.6 |
| 장십랑 | 7.4 | 51.0 | 11.8 | 12.4 |
| 금촌추 | 8.8 | 69.4 | 12.7 | 8.7 |

# 4) 주요 재배 품종의 특성과 전정

## 가) 신고(新高)

가지의 자람은 직립성이고 다소 강한 편에 속하며 가지의 발생도 적은 편에 속한다. 단과지의 형성이 잘 되고 유지도 쉬워 꽃눈 형성을 위한 전정상 어려움은 없으나 성목이 되면 주지 기부에서 강한 발육지가 발생되어 꽃눈 형성이 나빠지기 쉬우므로 가능한 약전정을 한다.

유목기는 단과지 위주의 전정에 의해 결실시키고 성과기가 되면 측지상의 단과지를 이용하여 결실시키도록 한다.

특히 신고 품종은 가지가 직립성이고 발생량은 적은 편이므로 좋은 위치에서 발생된 결과지 확보가 어려우므로 가능한 주지나 부주지의 측면에서 발생된 가지는 제거하지 않고 결과지로 이용하고 복접, 상처 등에 의해 결과지 발생을 도모한다.

## 나) 신수(新水)

정부우세성이 강한 특성을 가지고 있어 가지의 발생이 적고 액화아의 형성도 극히 나쁘므로 신초를 유인하여 세력을 억제해야 한다. 또한 신수 품종은 과실 수확 후 신초가 다시 강하게 자라는 성질이 있으므로 방치하면 발생된 신초의 대부분이 도장지가 되므로 철저히 유인한다.

세력이 안정된 좋은 결과지나 측지를 형성시키기 위해서는 신초를 유인하여 액화아를 형성시키고 가능한 한 비대를 억제시키며 발육지는 절단을 약하게 하여 단과지 형성을 유도한다.

신수 품종은 액화아 및 단과지 형성도 불량하지만 액화아는 과실이 작고 단과지의 형성과 충실도를 나쁘게 하므로 액화아에는 결실시키지 않는 것이 좋다. 또한 수세가 강하고 가지 발생이 적어 수량이 적은 결점이 있으므로 배상형 수형으로 재배하는 것이 좋으며, 측지는 자주 갱신해 주어야 품질이 좋은 과실을 생산할 수 있다.

## 다) 행수(幸水)

액화아나 단과지에 과실을 결실시켜도 품질에는 큰 차이가 없으므로 그 해의 꽃눈 형성을 보아 액화아 형성이 좋은 해는 결과지의 갱신을 적극적으로 하여 예비지전정에 의해 장과지를 많이 형성시킨다. 한편 기상조건이 나쁘고 액화아 형성이 불량한 해는 가능한 발육지를 유인하여 꽃눈을 확보해야 한다.

특히 행수는 단과지 유지가 어려운 품종으로 단과지만으로는 결실확보가 충분하지 못하기 때문에 액화아를 많이 이용하는 전정법을 사용해야 하므로 Y자 수형에 의한 고밀식 재배가 어렵고 가지유인이 용이한 배상형 수형의 평덕식 재배가 유리하다.

가지 발생량은 많으므로 여름전정에 의해 수관 내부가 어둡지 않도록 해야 꽃눈 형성이 좋아지며 결과지도 자주 갱신해야 좋은 품질의 과실을 생산할 수 있다.

## 라) 풍수(豐水)

정부우세성이 약하고 가지 발생량도 많은 편이다. 특히 6월 이후에 자라는 가지는 선단부가 구부러지는 특성이 있으므로 유목기 수관확대를 위해서는 구부러진 바로 아래를 절단해 주면 다음해 강한 가지를 발생시킬 수 있다.

단과지 전정 시는 위로 향하거나 아래로 향한 것보다 45° 정도 비스듬한 단과지를 남기는 것이 부아에서 가지 발생을 줄일 수 있다.

가지 발생량이 많아 수관 내부가 어두워지기 쉬우므로 여름전정을 해 주고, Y자 수형·배상형 모두 가능하며, 배상형 재배 시 재식거리가 너무 넓으면 수관확대가 어렵고, Y자 수형구성 시는 선단 빈약형이 되기 쉬우므로 주지 상부를 수직으로 유인하여 세력이 약해지지 않도록 해야 한다.

## 마) 황금배

나무 세력은 약한 편에 속하고 개장성이며, 가지가 아래로 늘어지는 성질이 있다. 정부우세성이 약하며, 가지 발생이 많고 사립지 발생이 많아 측지 형성이 쉬운 특성이 있으나 유목기 수형구성 시 주지 끝부분의 세력이 약해지거나 직선으로 곧게 자라지 않아 수관 확대가 느려 신고에 비해 유목기 수량이 적고, 성과기 도달이 느리다.

따라서 유목기 수형구성 시는 주지를 수직으로 키우거나 경쟁지를 제거하여 연장지 세력이 약해지지 않도록 하고 주지 연장지 절단 시 액화아를 남기고 절단하면 화아의 부아에서 발생한 가지는 직선으로 자라지 않는 특성이 있으므로 엽아를 남기고 절단하고, 액화아를 남기고 절단할 경우는 개화 전 꽃봉오리를 제거하면 선단에 일직선으로 자라는 가지를 발생시킬 수 있다.

꽃눈 형성은 단과지, 중과지 형성이 매우 쉽고 유지성도 좋아 결실량 확보에는 문제가 없으나 액화아 형성이 많아 조기에 적화를 해 주지 않으면 초기 생육이 불량해지기 쉽다.

## 바) 감천배

감천배는 만삼길에 단배 품종을 교배하여 육성된 품종으로 이들 교배친의 영향을 받아 수세가 극히 강하다. 따라서 유목기 수세 안정이 어려워 꽃눈 형성이 불량하거나 형성된 꽃눈의 충실도가 나빠 과실비대가 불량해져 소과발생의 원인이 된다.

따라서 감천배는 유목기부터 가지 발생량을 많게 하고 유인하여 수세안정을 꾀하고 강전정, 질소과다 사용이 되지 않도록 하여 수세안정에 의해 꽃눈 충실도를 좋게 해야 한다.

정부우세성은 다소 강하고 가지 발생이 많은 편이나 대부분 발생되는 가지가 직립성으로 생산성이 높은 측지 형성이 어렵다.

수세가 안정되면 꽃눈 형성 및 유지도 잘 되는 편이나 액화아 형성은 잘 되지 않는다.


## 사) 추황배

정부우세성이 강하여 유목기 수형구성 시 수관 확대가 빠르고, 2년생 가지에는 신초 발생이 적으나 단과지 및 중과지 발생은 많고, 3년생 이상의 가지에서는 가지 발생량도 많아지며, 특히 주지 측면에서 각도가 넓은 사립지 발생이 많아 좋은 결과지 확보가 쉬워 전정이 용이하다.

꽃눈 형성이 잘 되고 유지성이 높아 측지 전정이 쉽고, 밀식 적응성이 높아 고밀식 재배가 가능하며, 3년생 이상의 주지에서는 가지 발생량이 많고 다른 품종에 비해 과총엽이 많아 수관 내부가 복잡해지기 쉽다.

도장지 발생은 많지 않으며, 주지 배면에서 발생되는 도장지는 굵고 강하게 자라나 7월경이 되면 도장지 선단부가 고사되어 길게 자라지는 않으며, 항상 가지 선단부 세력이 강하게 유지되는 특성이 있다.

## 아) 화산배

수세는 강한 편에 속하며, 정부 가지의 세력이 강하고 곧게 자라 수관 확대는 빠르나 유목기 수형구성 시 가지 발생이 매우 많아 주지상에 꽃눈 형성이 안되는 특성을 가지고 있다. 따라서 강한 절단전정을 피하고 주지상에 꽃눈이 없으므로 측지에 결실시키는 방법으로 유목시기부터 전정을 해야 한다.

측지상에는 단과지, 중과지 등의 꽃눈 형성이 잘 되는 편이나 단과지 유지가 잘 되지 않으므로 Y자 밀식 재배 시는 나무의 거리가 2.5m 되게 재식하여 결과지를 형성시켜 결실시키고 신고 품종보다 자주 갱신해 준다.

원황배도 화산배와 같이 수세가 강하고 수관 확대가 빠르며, 곧게 크는 성질이 있으나 가지 발생량이 많아 주지상에 꽃눈 형성이 잘 되지 않는 특성을 가지고 있으나 수세가 안정된 가지에서는 단과지 형성이 많고 특히 화산배는 중과지가 많다.

## 자) 장십랑(長十郞)

액화아와 단과지도 잘 형성되고 꽃눈 형성도 매년 잘 되므로 전정상 어려움이 없으나 액화아를 이용하는 장과지 전정을 많이 이용해야 한다.

다만 정부우세성이 약하여 가지의 발생이 많은 특성을 가지고 있다. 여름철 가지가 복잡해져 수관내 광 투과가 나빠질 우려가 있으므로 절단전정은 강하게 하지 않는 것이 좋으며 복잡할 경우는 여름전정에 의해 밀생된 가지를 솎아주어야 한다.

도장성이 강한 장과지는 숙기도 늦어지고 측지도 크고, 굵게 되기 때문에 적갈색의 충실한 장과지를 이용한다. 전정 시 단과지는 상부로 향한 것을 남기고 측지는 4~5년마다 갱신해 주고, 수령이 많아지면 단과지 형성이 다소 불량해지므로 장과지에 행한다. 단과지와 액화아의 이용 비율은 대개 50% 정도가 알맞다.

## 차) 만삼길(晩三吉)

수세와 가지의 자람이 강하며 가짓수가 적고 직립성이 강하다.

단과지 착생도 쉽고 유지도 잘 되나 1년생 발육지가 강하게 자라 액화아의 형성이 적다. 따라서 선단을 절단하지 않거나 약하게 절단하여 40°전후로 유인하여 두면 다음해 단과지 형성이 많아진다.

특히 만삼길은 과실이 오랫동안 달려 있어 과실을 결실시킨 부위는 중간아가 되기 쉬우며 중간아는 다음해 단과지가 된다.

## 마. 배나무의 수세와 정지, 전정

배나무뿐만 아니라 모든 과수는 영양 생장과 생식 생장 정도를 나타내는 수세를 알맞게 유지하는 것이 재배상 중요하다.

이와 같은 수세는 전정 방법, 전정 정도뿐만 아니라 시비량 결정, 결실조절 등에도 이용되므로 수세를 정확히 진단하고 수세에 알맞은 재배관리 방법을 선택하는 것이 중요하다.

### 1) 배나무의 수세 진단법

#### 가) 신초생장 정지시기와 수세

과수의 영양 생장기와 생식 생장기는 일년생 작물과는 달리 확연히 구분되지 않으나 신초생장 정지시기를 기점으로 이전을 영양 생장기 이후를 생식 생장기로 구분한다.

따라서 신초생장 정지시기는 과실비대와 착색 등과 관계가 크며 수세진단 기준으로 이용된다.

일반적으로 배나무의 신초생장 정지시기는 6월 하순이나 7월 초순 사이 80% 이상 정지하는 것이 좋으며 이보다 빠르면 수세가 약하고 늦으면 수세가 강하다고 할 수 있다.

## 나) 신초의 생육상태와 수세

낙엽이후 가지의 상태를 보아 수세를 판단하는 방법으로 가지길이, 굵기, 절간의 길이, 가지의 색과 경도, 눈의 상태 등에 의해 판단하며 충실형은 발육지의 길이가 60~70cm 정도로 굵기는 중정도, 절간이 길지 않고 굴곡이 지며 엽아가 다소 돌출되어 있고 가지 끝이 잘 경화되어 있다.

## 다) 도장지 및 과대지 발생정도와 수세

배나무의 발육지와 도장지는 직립으로 자라므로 육안으로 발육지인지 도장지인지 구별하기 어렵다.

단지 엽아에서 자란 신초는 발육지, 숨은눈에서 발생된 신초를 도장지라 구분하는데 판단방법은 산형(山型)과 같은 형태를 도장지 발생이 많은 나무라 할 수 있으며 (그림 2-18), 도장지 발생밀도, 굵기, 길이 등에 의해 수세를 판단한다.

일반적으로 수세가 강한 나무는 도장지 발생밀도가 높고 도장지 길이가 110cm 이상의 가지가 많으며, 꽃눈의 부아에서 과대지도 많이 발생한다.

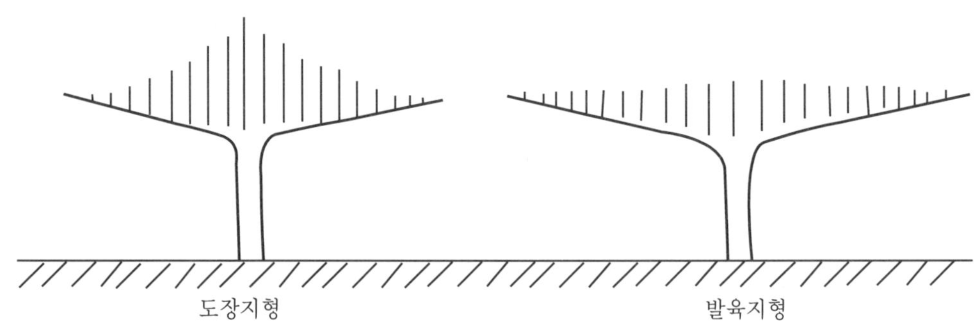


그림 2-18. 도장지형과 발육지형

## 라) 엽색 및 엽의 형태와 수세

엽색은 농가의 영양진단 기준으로 이용되고 있으나 수치화(數値化)가 곤란하여 육안으로 판단하고 있는데 판단자에 따라 다르다는 결점이 있다.

일반적으로 질소가 많은 엽은 엽색이 짙고, 반대로 질소가 적은 엽은 옅은 녹색을 띠게 되며 엽의 형태에 있어서도 질소가 많은 엽은 엽장이 길고, 질소보다 상대적으로 탄수화물이 많은 엽은 엽장에 비해 엽폭이 넓다.

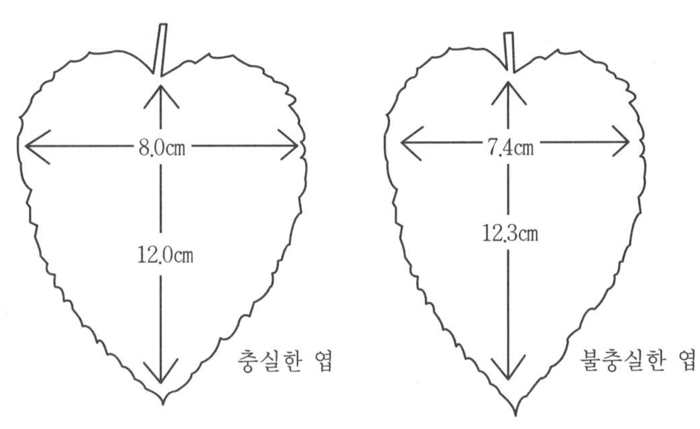



그림 2-19. 엽의 형태와 영양상태

## 마) 꽃눈의 형태와 수세

단과지의 상태나 액화아의 발생정도도 나무의 수세와 밀접한 관계가 있다.

그림 2-20. 꽃눈형태와 충실도

[그림 2-20]과 같이 2차과지가 많으면 수세가 강한 것으로 판단한다.

2차과지의 발생은 가지의 강절단, 결실불량, 질소과다 등의 원인이 된다.

또한 1년생 가지상의 액화아 형성정도도 판단기준이 되는데 불충실한 가지에서는 액화아 형성이 적으나 충실한 가지에서는 액화아가 많다. 다만 액화아의 형성이 지나치게 많은 경우는 수세가 떨어지고 있다는 적신호로 생각할 수 있다.

## 바) 낙엽상태와 수세

일반적으로 질소가 많아 수세가 강한 나무는 낙엽기간이 길고 낙엽이 늦은 반면 수세가 약한 나무는 일시에 낙엽이 되고 낙엽시기가 빠르다.

충실한 나무에서는 11월경에 단풍이 들고 11월 중하순경에 일시에 낙엽이 된다. 지나치게 낙엽이 빠른 경우는 뿌리에 이상이 있는 경우가 많다.

반대로 질소비료가 많거나 토양이 과습한 경우 또는 계분 등의 지효성 비료를 늦은 봄에 시용한 과원에서는 가지의 생장이 늦게까지 계속되어 일시에 단풍이 들지 않고 색깔이 선명하지 않으며 낙엽기 이후에도 상단부 가지에는 오랫동안 잎이 달린 채 남아 있는 경우가 많다.

이외에도 수세진단으로 과실크기, 당도, 과피색이 이용되며, 수세가 강한 나무에서는 과실이 크고 당도가 낮고 과피색이 나빠지며 특히 질소성분이 많은 경우 당도가 낮고 과피색이 나빠지는 가장 큰 원인이 된다.

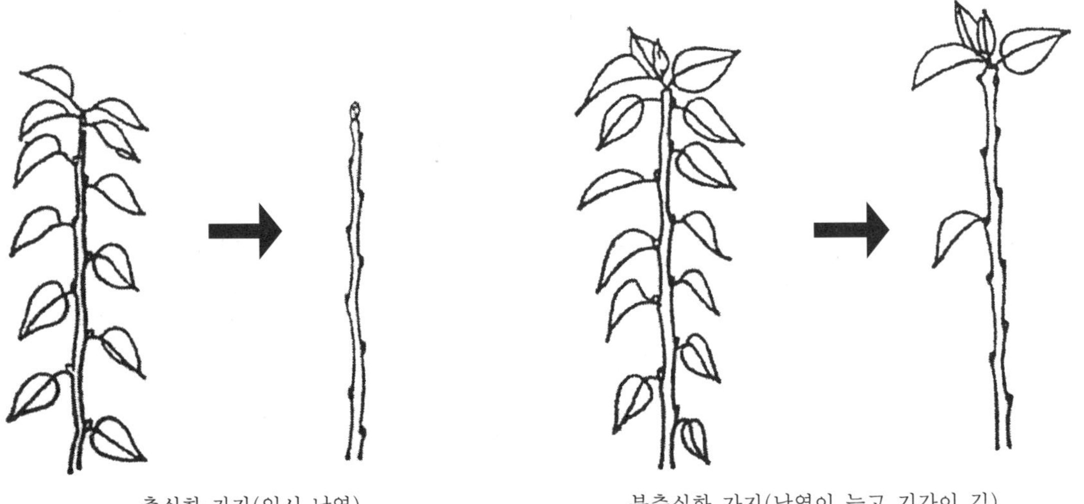



그림 2-21. 가지 충실도에 따른 낙엽 상태

# 27 수세에 따른 정지, 전정

나무가 성목이 되어 결실이 많아지면 적절한 영양 생장과 생식 생장의 균형을 유지하는 것이 중요하다. 영양 생장과 생식 생장의 정도는 결실과 과실품질에 미치는 영향이 크므로 이들 생장의 균형을 유지하기 위해 전정과 동시에 시비, 결실관리 등을 알맞게 해야 한다.

일반적으로 수세가 강한 나무는 가능한 약전정을 하여 가지를 많이 남김으로써 저장 양분과 뿌리에서 흡수된 양수분을 많은 가지에 분산시켜 강한 신초가 발생되지 않도록 해야 한다.

반대로 수세가 약한 나무는 약한 가지, 꽃눈, 결과모지를 많이 솎아주어 저장양분의 소모를 줄이는 동시에 뿌리에서 흡수된 양분과 수분을 남은 가지에 집중시킴으로써 신초의 생육을 좋게 해야 한다. 그러나 전정을 독립된 기술로 생각하여 전정만으로 이러한 문제를 해결하려 하면 효과적인 결과를 얻을 수 없다.

전정은 과실생산에 적합한 수형과 가지 생장, 결실을 가져오도록 하는 것이지만 반대로 나무의 생리상태에 의하여 전정의 반응은 다르게 나타나는 경우가 많다. 이러한 이유에서 나무의 생리생태에 영향을 주는 토양조건, 시비, 결실 등과 같은 재배관리 조건과 일치하지 않으면 수세를 조절하기 위한 전정의 효과는 나타나지 않으며, 전정 그 자체도 어려워지게 된다.

예를 들면 토양조건과 전정과의 관계에서 유효토심이 깊은 비옥한 토양에서는 영양 생장이 왕성하여 나무가 어느 일정한 크기에 달한 후부터 충실한 꽃눈이 잘 형성되므로 가능한 재식거리를 넓혀주어야 수세조절이 용이하며, 전정의 효과도 잘 나타난다.

그러나 비옥한 토양에서 나무를 배게 심거나 강전정을 할 경우에는 꽃눈 형성이나 충실도가 나빠지고 가지 생장도 강해져서 전정은 더 어려워지게 된다.

반대로 척박한 토양에서는 영양 생장이 약하고, 생식 생장이 강해지므로 측지가 쉽게 쇠약해지며, 이러한 측지는 보다 빈번히 갱신전정이 이루어져야 한다.

시비와 전정과의 관계에서도 전정은 신초 생장을 강하게 하는 면에서 질소비료의 시용과 유사한 효과가 있으나, 전정에 의해 시비를 대체하는 것은 불가능하다. 그러나 계속 비료를 주지 않거나 다른 조건에 의해 수세가 약할 때는 강전정에 의해 수세를 회복하는 것이 가능하지만 가지를 강하게 제거하는 것은 수관이 축소되어 수량이 감소된다.

나무 수세가 강하여 가지가 번무하고 꽃눈 충실도가 나쁘며 과실 색택이 나쁠 때는 전정만으로 효과적인 개선이 어려우므로 질소의 시용량을 줄이거나 일시적으로 시비를 중단하여 수세를 약화시키면 전정도 쉬워지고 전정에 의한 수세조절 효과도 빠르게 나타나게 된다.

이와 같은 개념에서 질소 과다 시비에 의해 수세가 지나치게 강할 경우는 일시적인 시비량 조절만으로는 효과적인 수세조절이 어려우며 이때에는 가지를 많이 남기는 전정을 하여 뿌리에서 흡수된 양수분이 많은 가지로 분산시켜야 빠른 시일내 효과적인 수세 안정이 가능해지게 된다.

이상에서와 같이 수세는 재배조건에 따라 영향을 받으므로 수세조절을 위한 전정은 종합적인 기술로 생각하고 토양조건, 시비, 결실, 토양수분 등과 함께 서로 보완적으로 대처해야 효과적인 수세조절이 가능하다.

# 3. 복숭아나무의 정지 · 전정

## 가. 결과습성과 결과지의 종류

새 가지의 꽃눈 형성 위치와 과실의 착생특성을 결과습성이라고 하는데 이는 과수의 종류나 품종에 따라 다르므로 전정하기에 앞서 그 특성을 잘 파악해 두어야 한다. 복숭아나무는 꽃눈착생이 잘 되어 묘목 재식 후 2~3년만 되어도 과실이 잘 맺히며, 수세가 안정되면 세력이 강한 가지에서도 쉽게 꽃눈이 맺혀 결실이 잘 된다.

복숭아 꽃눈은 그 해에 자란 새 가지 잎겨드랑이에 형성되어 다음해에 개화, 결실된다(그림 3-1). 가지의 끝눈은 잎눈이고, 곁눈은 꽃눈과 잎눈이 섞여 보통 2~3개의 눈으로 되어 있다. 한 마디에 잎눈의 수는 1개 이하이고 꽃눈은 1~3개다. 보통 기부 쪽에는 잎눈만 있는 경우가 많다. 발육이 좋은 가지에는 2눈 이상의 복아(複芽)가 많고, 세력이 좋지 못한 가지에는 단아(單芽 : 홑눈)가 많이 붙는다(그림 3-2).

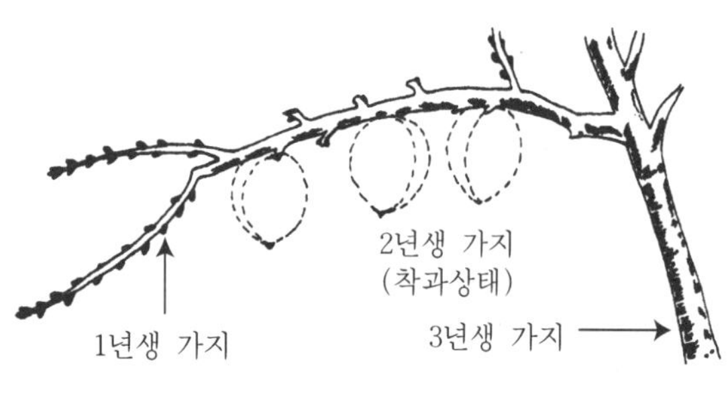

그림 3-1. 복숭아나무의 결과습성

그림 3-2. 복숭아 꽃눈 착생상태

## 1) 장과지(長果枝)

길이가 30cm 이상 되는 결과지로서 기부에 2~3개의 잎눈이 있고 중간은 대개 꽃눈과 잎눈이 함께 붙고 끝에 잎눈 또는 꽃눈이 있다. 일반적으로 장과지는 꽃눈의 발육이 충실하고 새 가지가 많이 발생하여 많은 잎이 착생되므로 과실의 발육이 양호하다. 기부쪽의 잎눈은 결과부위가 상승하는 것을 막을 수 있다.

## 2) 중과지(中果枝)

길이가 10~30cm 정도의 결과지로서 끝눈은 잎눈이지만 중간은 겹눈의 경우에도 잎눈은 많지 않고 특히 발육이 좋지 않은 것은 꽃눈만 착색하는 홑눈이 많다. 이러한 가지에 착생한 과실은 착과는 잘 되나 잎눈이 적기 때문에 과실의 발육이 장과지의 것만 못하며 또 기부에 잎눈이 없으므로 중과지 길이만큼 결과부위가 상승하기 쉽다.

## 3) 단과지(短果枝)

길이가 10cm 이하의 짧은 가지로서 끝눈만이 잎눈이고 나머지는 전부가 홑눈인 꽃눈으로 되어 있다. 충실한 단과지는 선단의 잎눈이 신장해서 다음해에 단과지로 되지만 세력이 약한 단과지는 결실되면 말라죽는 경우가 많다. 품종에 따라서는 백도(白桃)와 같이 단과지가 많이 생겨 중요한 결과지로 되는 경우가 있으나, 일반적으로는 주지 아래쪽 세력이 약한 부분, 측지 중 전년에 결실된 부분, 영양불량 또는 노쇠한 가지에서 발생하는 것이 보통이다.

## 4) 화속상 단과지(꽃덩이 단과지)

꽃덩이 단과지는 길이가 3cm 이하인 결과지로서 끝눈만 잎눈이고, 전부 꽃눈인 홑눈이 서로 닿아 마치 꽃덩이를 이룬 모양이다. 단과지와 같이 한 번 결실되면 말라죽거나 다시 꽃덩이 단과지로 되기 쉽다.

이와 같이 눈이 붙는 정도는 품종에 따라 또는 가지의 영양상태에 따라서도 달라진다. 결과지 종류별 특징을 보면 다음과 같다(그림 3-3).

그림 3-3. 복숭아의 결과지 종류

## 나. 복숭아나무 전정의 기초

나무가 건전하고 생산량이 많으며, 품질이 우수한 과실이 달릴 수 있는 나무로 만들기 위해서 정지, 전정은 필수조건이 된다. 그러나 복숭아나무의 성질을 잘 알지 못하고 전정에 임해서는 목표하는 수형(樹形)을 제대로 만들 수 없다. 특히 복숭아는 일반 과수와는 다른 생장 특성을 갖고 있다.

## 17 복숭아나무의 생장 특성

### 가) 생장이 왕성하고 수관확대가 빠르다

유목의 새 가지는 발아 후 왕성한 생장에 의해 2m 이상 자라는 경우도 많고, 곁눈에서는 다시 싹이 터서 부초(副稍)가 붙는다. 이것을 2번지(番枝)라고 부르며, 또는 3번지를 형성하기도 하며 수관이 크게 확대된다. 부초는 성목에서도 가지세력이 왕성해지면 쉽게 발생하는데 8월 이전에 형성된 부초상의 눈은 꽃눈으로 분화된다.

### 나) 도장지(웃자람가지)의 발생이 많다

복숭아는 건조에 견디는 성질이 강한 편이나 내습성(耐濕性)이 약하며, 토양의 양분과 수분이 많게 되면 도장지의 발생도 많아진다. 특히 질소질 비료에 민감하며 강전정은 다비 재배(多肥 栽培)와 같은 결과로 도장지의 발생이 많고 수지병(樹脂病), 줄기마름병의 발생을 쉽게 하여 수명을 단축시킨다.

### 다) 나무자세는 개장성(開張性)이다

유목의 생장은 극히 왕성하여 직립하기 쉬우나 결과기에 들어서면 밑으로 처져 점차 개장되어 간다. 또한 뿌리는 얕게 뻗는 성질 때문에 태풍에 약하고 주지(원가지)도 개장되므로 찢어지기 쉽다.

<표 3-1> 복숭아 품종별 개장성 정도

| 중직립성 | 중개장성 | 개장성 | 심개장성 |
| --- | --- | --- | --- |
| 창방조생<br>백 봉<br>장호원 황도 | 포목조생, 관도5호<br>대화조생, 중진백도<br>중산금도, 유명 | 백도, 흥진유도<br>기도백도, 고양백도<br>대화백도 | 대구보 |

## 라) 정부 수세 현상이 변하기 쉽다

복숭아나무의 끝눈에서 자란 가지는 하부의 눈에서 신장한 가지보다 세력이 강한 것이 보통이다. 이는 부분적으로 정부우세성이 작용하기 때문이나 때로는 하부의 것이 강하게 되는 성질이 있어 점차 아래쪽 원가지가 상부의 원가지보다 강해져 굵어지기 쉽다.

## 마) 노쇠(老衰)가 빠르다

복숭아나무는 2~3년생만 되어도 꽃눈이 쉽게 맺히므로 착과과다(着果過多) 상태가 되기 쉽고 이에 따른 수세 쇠약은 노쇠를 조장한다. 또한 유리나방, 깍지벌레 등에 의하여 줄기와 큰 가지가 피해를 받기 쉽다.

## 바) 내음성(耐陰性)이 약하다

복숭아는 양성(陽性)과수로 광 부족에 민감하여 그늘 속에 있는 잎눈은 쉽게 약해져서 수관 내부의 잔가지가 고사(枯死)하기 쉽고, 음아(陰芽)도 적다. 따라서 결과부위의 상승이 쉽고, 주지나 부주지 등의 굵은 가지의 표피가 일소(日燒)를 받는 경우가 많다.

## 사) 전정 부위의 상처 유합(癒合)이 잘 안된다

전정한 곳은 유합이 잘 안되어 말라들어 가기 쉽고, 줄기마름병균의 침입과 동해도 쉽게 받는다.

## 아) 결실확보를 위한 작업효과가 쉽게 나타난다

길게 자란 신초나 도장지를 유인 또는 가지비틀기 작업을 해 주면 쉽게 결과지로 활용할 수 있다.

## 2) 수세와 전정의 강약(强弱)

### 가) 강전정과 약전정

전정에 의해 잘라내는 양이 많은 것을 강전정이라 하고, 적은 것을 약전정이라 하는데 전정을 강하게 하면 인접한 곳의 눈에서 나온 가지의 세력은 왕성하게 되지만 나무전체를 생각할 때에는 강전정할수록 잎면적이 적어지기 때문에 총생장량이 떨어지게 되고, 수명도 단축된다.

나무가 나이를 먹어감에 따라 점차 생장에 대한 전정의 영향은 적게 나타나지만, 늙은 나무나 세력이 약해진 나무는 적당히 전정을 해 줌으로써 오히려 나무의 생장을 촉진시킬 수 있다. 이는 늙은 나무일수록 광합성(光合成)을 할 수 있는 잎이 나무전체 중에 차지하는 비율이 적어지기 때문에 전정에 의해서 광합성을 하지 못하는 부분이 많이 제거된다. 따라서 호흡에 의한 양분소모량이 상대적으로 줄게 되고, 겹쳐진 가지가 줄어들므로 나머지 잎과 새로 자란 가지의 잎은 충분한 광합성을 할 수 있게 된다. 일반적으로 수세가 강한 가지는 약하게 전정하고 쇠약한 가지는 강하게 전정한다.

지나친 강전정은 화아 형성을 나쁘게 하고 도장지의 발생도 많아진다. 그러나 너무 약한 전정은 자칫 착과과다에 의한 소과(小果) 생산비율을 높이고, 과실품질을 떨어뜨리기 쉬울 뿐만 아니라 결과부위를 상승시키게 된다. 유목기에 수세가 쇠약하게 되는 원인은 대개 뿌리가 장해를 받은 경우가 많으나, 성목기의 수세쇠약은 강전정의 영향이나 나무줄기의 병해 또는 뿌리의 장해에 의한 경우이므로 전정의 강약은 수세조절에 매우 중요하다(표 3-2).

| 과수종류 | 강전정 | 중간 | 약전정 |
|---|---|---|---|
| 복숭아 | 12.0 | 16.9 | 19.4 |
| 살 구 | 11.7 | 12.6 | 15.3 |
| 양앵두 | 10.0 | 11.2 | 12.3 |
| 자 두 | 6.3 | 10.4 | 11.3 |
| 배 | 8.7 | 9.1 | 9.7 |
| 평 균 | 9.7 | 12.1 | 13.6 |

## 나) 전정량의 조절

복숭아나무의 전정량은 대개 전체 눈수의 60~90%의 범위에서 실시하게 된다. 특히 토심(土深)이 깊고 비옥한 땅에서는 80% 이상 전정해 내는 경우가 많아 강전정이 계속 반복되기 쉽다.

일반적으로 전정량을 50%로 하면 남아 있는 눈에 집중되는 양분이 전정하지 않은 나무에 비해 2배가 되고, 75%로 하면 4배, 90%에서는 10배에 달한다고 한다. 복숭아나무에서의 적당한 전정량은 전체 꽃눈수의 60~70%로서 수체(樹體)내의 양분은 남아있는 각 눈에 알맞은 양으로 분배되어 신초신장이 원만하고 적과 등의 작업이 적당하게 되면 세포분열(細胞分裂)과 과실비대도 순조롭게 된다.

이렇게 되면 도장지의 발생도 적고 수광량(受光量)도 충분하여 착색이 좋은 고품질(高品質)의 과실이 생산된다. 그러나 80% 이상 강전정의 경우는 1눈당 분배되는 양수분이 과잉상태가 되어 도장지 발생을 조장한다. 따라서 꽃눈 형성이 나빠지고 생리적 낙과(生理的落果)와 과실품질 저하의 원인이 된다.

전정 정도가 생리적 낙과 및 과실에 미치는 영향을 조사한 것으로 전정량의 조절에 의해서 낙과는 물론 수량, 과실 크기 등이 조절될 수 있음을 보여 주고 있다 (표 3-3).

<표 3-3> 전정정도가 낙과 및 과실품질에 미치는 영향(1980)

| 전정강도<br>(전정량) | 봉 지<br>씌운 수 | 1㎡당 봉지<br>씌운 수 | 낙과율<br>(%) | 수 량<br>(kg/㎡) | 과 중<br>(g) | 당 도<br>(°Bx) | 산 도<br>(pH) |
|---|---|---|---|---|---|---|---|
| 약(37%) | 551 | 13.2 | 7 | 2.73 | 249 | 11.3 | 4.50 |
| 중~약(47%) | 408 | 7.4 | 8 | 1.53 | 252 | 11.1 | 4.52 |
| 중(51%) | 269 | 6.7 | 14 | 1.36 | 264 | 11.5 | 4.57 |
| 강(66%) | 243 | 4.7 | 18 | 0.97 | 275 | 11.1 | 4.58 |

# 다. 복숭아나무의 여러 가지 수형(樹形)

## 1) 배상형과 개심자연형

복숭아나무는 처음 방임상태(放任狀態)로 재배해 오다가 차츰 관리와 정지(整枝)가 편한 배상형(盃狀形)으로 나무를 다듬어 키워 왔다.

배상형은 묘목을 심은 후 원줄기를 45~60cm에서 잘라 여기에서 3~4개의 원가지를 내어 벌리고, 이듬해부터 2~3년간 매년 45~60cm에서 자르면서 각 원가지에서 2개씩의 가지를 받아 원가지수를 12~24개로 만들어 벌린 꼴이다.

이와 같이 수형을 만들기 위해서는 바로 선 가지를 벌려주기 위한 유인(誘引)작업을 행해야 하며, 전정 시 눈의 방향에 주의하면서 기하학적 정지를 하는 것이 최상의 방법이라 생각하였다.

그러나 배상형은 나무의 자연성(自然性)을 무시한 인공형(人工形) 정지법으로 원가지를 벌려 놓아 도장지의 발생이 많고 여름철 신초관리에 노력이 많이 소모되고, 아랫가지는 그늘에 의한 고사가 심하여 결과부위의 상승을 초래하며 경제적 수명과 수량도 떨어진다는 것이 여러 시험결과 지적되기에 이르렀다.

그러므로, 나무공간을 입체적으로 이용하기 위해서 원가지를 자연스럽게 배치하고, 원가지도 줄이고, 부주지를 만들어 가는 이른바 개심자연형(開心自然形) 정지법을 적용하기에 이르렀다. 개심자연형 정지는 원줄기의 길이를 60~70cm로 하고 원가지 3개를 20cm 내외의 간격으로 배치시킨 후 원가지는 분지(分枝)시키지 않고 곧게 연장하면서 원가지 위에 덧가지를 2개씩 붙이는데 그 발생위치는 지상 1.5m 전후로 하게 된다. 개심자연형 수형의 자세한 내용은 〈라. 개심자연형 전정〉을 참고한다.

<표 3-4> 개심자연형과 배상형의 장단점

| 구 분 | 장 점 | 단 점 |
|---|---|---|
| 개심자연형 | • 착과용적이 크고 수량이 많다<br>• 수광조건과 과실품질이 좋다<br>• 경제수령이 길다<br>• 비옥지 재배에 알맞다 | • 수고가 높아 작업이 불편하다<br>• 최상단 주지가 약해지기 쉽다<br>　(3본 주지의 경우)<br>• 수형구성이 어렵고 기간도 길다(6~7년)<br>• 세력이 주지간 고루 분산시키기 어렵다 |
| 배 상 형 | • 수고가 낮아 작업이 편리하다<br>• 정지법이 비교적 간단하다<br>• 세력을 고루 분산시키기 어렵다<br>• 척박지 재배에 알맞다 | • 원가지가 찢어지기 쉽다<br>• 도장지 발생이 쉽다<br>• 평면적 착과로 수량이 적다<br>• 수명이 짧아지기 쉽다 |

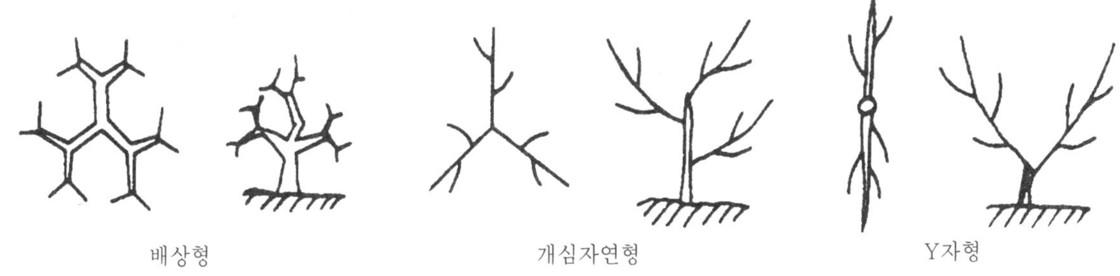


그림 3-4. 복숭아 나무의 수형

## 2) 밀식 재배(密植 栽培) 수형

최근 과수재배에서는 조기다수(早期多收)와 작업의 생력화(省力化) 및 품질향상(品質向上) 효과를 높이기 위해서 왜화(矮化) 밀식 재배 경향이 높아가고 있다. 이미 사과나무에서 왜화 재배는 일반화된 지 오래되었고 이에 따라 정지, 전정방법도 상당히 달라졌다.

복숭아나무에서도 재식거리를 달리하여 단위 면적당 많은 주수를 재식하여 조기다수를 기하고자 한다면 기존의 개심자연형이나 배상형 수형으로는 재배하기가 어렵게 된다. 즉 재식거리가 달라지면 수형도 달라져야 하는 것이다. 그러므로 복숭아에서도 밀식 재배에 적합한 새로운 수형의 개발이 필요 불가결한 과제로 등장하기에 이른다.

복숭아의 고밀식(高密植) 재배 방식은 이미 호주, 캐나다, 미국, 프랑스, 이스라엘, 이탈리아 등의 구미 각 국에서 그 실용성이 입증되었고, 우리 나라나 일본에서도 밀식 재배와 관련한 새로운 수형에 관한 관심이 커지고 있다.

복숭아나무를 밀식하려면 그 수형은 주지를 곧게만 키우는 주간형 또는 방추형이나 주지를 양쪽으로만 키우는 Y자형이 알맞다. 배상형이나 개심자연형은 보통 사방 4~6m 간격으로, Y자 수형의 재식거리는 6~7×2~3m 간격으로 심는다. 복숭아에서의 Y자 수형은 나무의 생장 특성상 비교적 수형 구성이 용이하므로 밀식 재배에서 선호하는 형태로 개심자연형의 2본 주지형과 같게 키우면서 부주지를 두지 않고 0.6~1m 간격의 곁가지에 결과지를 붙이면 된다(그림 3-5).

<표 3-5> 복숭아 수형별 재식거리 및 10a당 재식주수

| 구 분 | 개심자연형 | 배상형 | Y자형 | 주간형 |
|---|---|---|---|---|
| 재식거리(m) | 6×4.5~5 | 5×4~5 | 6~7×2~3 | 4~5×2~3 |
| 주수(주/10a) | 33~37 | 40~50 | 48~83 | 67~125 |

그림 3-5. 복숭아 Y자 밀식 재배

주간형은 방추형과 매우 흡사한 모양으로 주간을 강하게 세운다는 점에서 마찬가지다. 주간부에 직접 결과지군 가지만을 붙여 나간다면 방추형이 되지만 결과지군 가지에 또 다시 결과지를 받아낸 상태라면 주간형이 된다. 그러므로 10a당 125주(4×2m) 이상의 초밀식 재배를 할 때에는 방추형으로 하고 그 이하로 재식할 때에는 주간형으로 구성하는 것이 좋을 것이다.

주간형에서 주간을 세우는 요령은 다음과 같다.

- 충실한 묘목을 선택한 후 주간 선단부를 절단하지 않아 주간 전체 눈에서 짧고 약한 가지들을 많이 받는다. 약한 묘목은 주간을 짧게 남겨 절단한 후 다시 주간을 세우면서 곁가지는 하계전정하여 약화시킨다.
- 5월 하순~6월 중·하순경까지 3~4회에 걸쳐 강한 곁가지를 절단하여 주간부를 튼튼히 키울 수 있고 약한 곁가지를 결과지로 유도할 수 있다.
- 강한 곁가지라 함은 곁가지 길이가 그 발생위치로부터 신장한 주간길이의 1/3 이상 자란 가지가 대상이 되며 이러한 곁가지는 기부에서 완전히 제거하지 않고 가지의 세력에 따라 2~4눈 정도 남기고 절단한다.
- 동계전정 때에도 하계전정 요령에 따라 전정하고 도장지와 밀생지는 솎아낸다. 이 때 주의할 점은 주간부 생장에 지장을 주지 않도록 바짝 잘라 전정상구가 크게 나지 않도록 그루터기를 약간 남기고 전정한다.
- 수고는 2~2.5m로 유지하여 작업이 편리하도록 해 준다.
- 잔가지를 너무 많이 남기면 과다결실 상태가 되어 과실 비대가 나빠지기 쉬우므로 잔가지는 적당히 솎아낸다.

주간형 구성은 대부분의 품종에 적용시킬 수 있으나, 조생종은 수확 후 신초 성장이 왕성하여 수형유지가 곤란하므로 중·만생종의 착색이 용이한 품종이 적합하다. 또 중·장과지 발생이 적고, 단과지 착생이 비교적 용이한 백도, 유명 품종이 수형 구성면에서 보다 유리하여 조기 증수효과를 올릴 수 있다.

## 3) 기타 수형

### 가) 사립주간형(斜立主幹形)

사립주간형은 주간형의 단점을 보완한 수형으로 주간형으로 조기 수형 구성을 하다가 성목이 되어 감에 따라 서서히 주간을 눕혀 수고를 낮추고 광 이용률을 높이는 수형이다. 이 수형은 수고가 낮아 농작업의 생력화가 가능하고(표 3-6), Y자 수형에서와 같이 광 이용성이 좋아 고품질 생산이 가능하다. 그러나 사립주간형만으로 재배할 경우 수관확대가 늦어 초기 수량확보가 곤란하므로 사립주간형 나무 사이에 주간형의 간벌수를 재식하여 초기 수량을 확보하는 것이 좋다.

<표 3-6> 수형별 작업노력 비교                                      (梅丸 등 1993)

| 수 형 | 10a당 작업노력(시간) | | | | 100과당 봉지 씌우기 소요시간(분) |
|---|---|---|---|---|---|
| | 전 정 | 적 과 | 봉지씌우기 | 계 | |
| 사립주간형 | 51.7 | 32.0 | 45.5 | 129.2(100) | 30 |
| 주 간 형 | 47.3 | 38.6 | 60.2 | 146.1(113) | 39 |
| 개심자연형 | 73.2 | 56.0 | 66.0 | 195.1(151) | 36 |

### 나) 평덕식

포도의 덕보다 강한 덕을 이용하여 수고를 2m 이내로 유지하기 때문에 가장 수고가 낮은 수형이다. 이 수형은 작업효율이 높기 때문에 경사지에서도 활용 가능하나 주로 시설재배에 이용되는 수형이다(그림 3-6).

재식거리는 영구수인 경우 6~8×4m이지만 초기 수관확대가 늦어지기 때문에 영구수의 사이에 간벌수를 배치하여 수량을 증대시킨다.

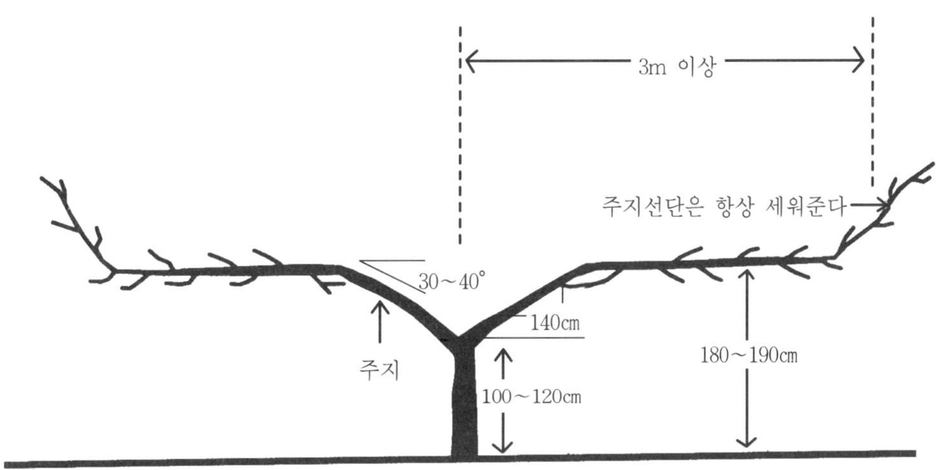


그림 3-6. 복숭아 성목의 덕식수형 단면도 (農文協, 1993)

# 라. 개심자연형 전정

## 1) 개심자연형 수형의 기본

### 가) 원줄기의 길이

원줄기는 원가지를 배치시키는 가장 중요한 중앙부의 기둥을 말하는 것으로 보통 2~3개의 원가지를 발생시킨다. 원줄기가 길수록 기계이용 작업은 편리하나, 적과, 봉지씌우기, 수확 등의 작업은 불편해지고 바람에도 약하기 쉽다. 복숭아는 기부(基部)의 가지일수록 세력이 왕성해지는 특성이 강하므로 원줄기를 길게 하려고 해도 위쪽가지는 세력을 얻기 어려워 길게 하기가 어렵다.

복숭아 수형을 배상형이나 개심자연형으로 만들어 온 것은 그러한 특성을 쉽게 이용하기 위한 것이다. 개심자연형 원줄기의 길이는 70cm 내외로 하되 비옥한 토양에서는 길게 척박한 토양에서는 짧게 하는 것이 좋다.

### 나) 원가지의 수

원가지수가 많게 되면 아래쪽에 그늘이 많아지게 되어 곁가지들이 고사하기 쉽다. 그러므로 원가지수는 2본으로 하는 것이 좋으며 대체로 비옥한 땅에서는 원가지수를 적게 하고, 척박한 땅에서는 많게 한다.

### 다) 원가지의 발생위치

원가지는 보통 지상 30cm에 제1원가지를 두고, 그 위쪽으로 20cm 내외의 간격으로 제2, 제3원가지를 둔다. 원가지의 간격이 너무 가까워 차지(車枝)로 되면 가지가 찢어질 염려가 있으며 결과부위가 평면적으로 될 우려가 있으므로 적어도 15cm 이상은 떨어지게 배치하여야 한다.

### 라) 원가지의 분지 각도(分枝 角度)

원가지는 벌림 각도가 좁을수록 위로 서게 되어 생장이 왕성하고 찢어지기 쉽다. 벌림각도는 가지 발생 초기에 되도록 수평쪽으로 벌어진 것을 택하는 것이 좋다. 복숭아나무는 가장 위쪽의 원가지의 세력이 쉽게 약해지기 때문에 이 가지의 벌림 각도는 좁게 하고 밑의 가지일수록 각도를 벌려주어 원가지의 세력이 균형있게 발달되도록 해야 한다.

3본 주지의 경우 가장 아래에 있는 제1원가지의 벌림각도는 60~70°, 제2원가지는 45~50°, 제3원가지는 30°내외로 하는 것이 좋다. 2본 주지의 경우는 상부 원가지는 원줄기를 약간 눕혀 이것을 그대로 이용하고, 아래 원가지는 60°정도로 벌려 주면 된다. 원가지의 끝부분은 늘어지지 않도록 비스듬히 일어서게 키워서 원가지가 곧바르게 해야 한다(그림 3-7).

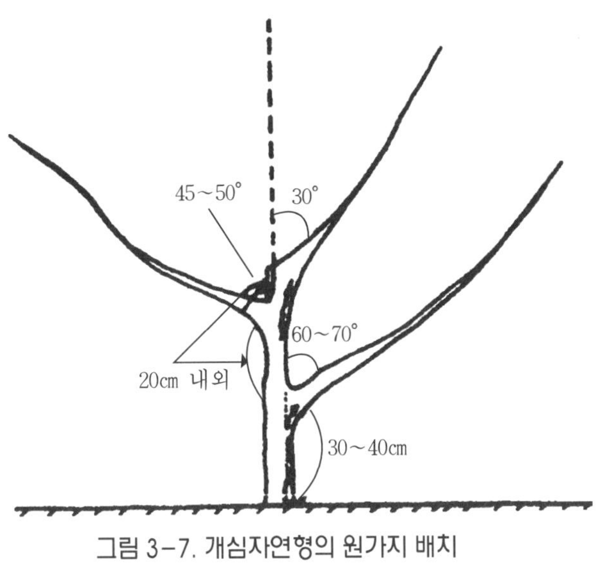


그림 3-7. 개심자연형의 원가지 배치

## 마) 부주지(副主枝)의 형성

원가지에 붙이는 큰 가지를 부주지라 하고 각 원가지마다 1~2개 붙이게 된다. 원가지에 직접 발생한 가지라도 작은 가지는 부주지라 부르지 않는다. 부주지는 원가지와 비슷한 목적으로 결과부위를 확대시키고자 하는 것이므로 곧게 신장시키되 원가지보다 세력을 약하게 만들어야 한다.

부주지 형성은 재식 후 3년째부터 하나씩 만들어 가면 된다. 즉, 제3원가지에는 3년째, 제2, 제1원가지에서 4년째에 부주지 하나를 선정하고 다음 부주지는 그 후 1~2년 후 선정하도록 한다. 원가지의 밑부분에 붙이는 제1부주지는 길게 키우고 그 위쪽에 붙이는 부주지는 짧게 키워 햇빛 쪼임과 통풍을 좋게 하여야 한다.

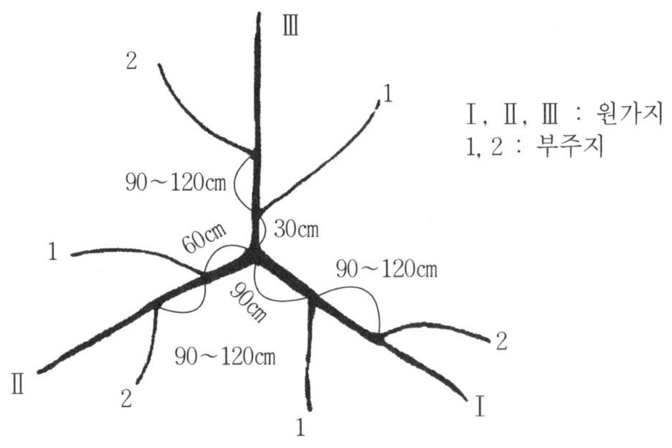

Ⅰ, Ⅱ, Ⅲ : 원가지
1, 2 : 부주지

그림 3-8. 원가지와 부주지의 배치

부주지의 선정은 원가지의 측면과 아래쪽의 중간 부위에서 발생한 가지를 택하는 것이 좋다. 부주지의 발생위치는 원가지에 따라 달리해 주어야 세력의 균형을 잘 맞출 수 있게 된다. 제2원가지상의 제1부주지는 원줄기로부터 30cm 정도거리에, 제2원가지상에서는 60cm, 제1원가지상에서는 90cm가 되는 위치에서 발생시킨다. 원가지상의 각 부주지 사이의 간격은 90~120cm가 오도록 배치하는 것이 좋다(그림 3-8).

## 빠) 곁가지의 형성

곁가지는 원가지 또는 부주지에 붙는 가지로서 결과지를 착생시키는 가지다. 원가지와 부주지는 나무의 골격이므로 영원히 유지하여야 하지만 곁가지는 필요에 따라 갱신(更新)하여야 하므로 너무 크게 키울 필요는 없다.

곁가지의 배치나 크기를 잘못 조절하면 나무 속 그늘이 많이 생기고 과실 비대가 불량하고 품질이 떨어지며 나무 속의 가지들이 말라죽게 되기 쉬우므로 곁가지 크기를 알맞게 형성시키는 것이 중요하다. 곁가지의 세력을 언제나 부주지의 세력보다 약하게 되도록 한다. 수관 위쪽의 곁가지는 짧게 유지하고 아래로 내려올수록 점차 곁가지의 크기는 크게 한다.

복숭아나무는 직사광선이 굵은 가지에 닿으면 일소를 일으키기 쉬우므로 굵은 가지가 노출되지 않도록 곁가지를 고르게 배치한다. 곁가지는 너무 커지기 전에 갱신하도록 하며 갱신방법은 곁가지내에서 행하는 방법과 곁가지를 기부에서 제거하고 원가지나 부주지에 발생한 어린 가지로 바꾸는 방법이 있다. 곁가지의 형태는 곁가지의 선단과 각 결과지를 연결하는 선이 삼각형이 되도록 해서 아래쪽 가지에 광선이 잘 들어가도록 해야 한다(그림 3-9).

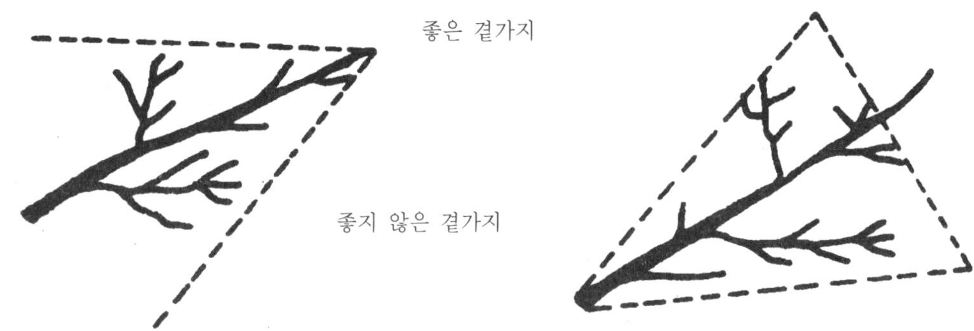



그림 3-9. 곁가지의 형태

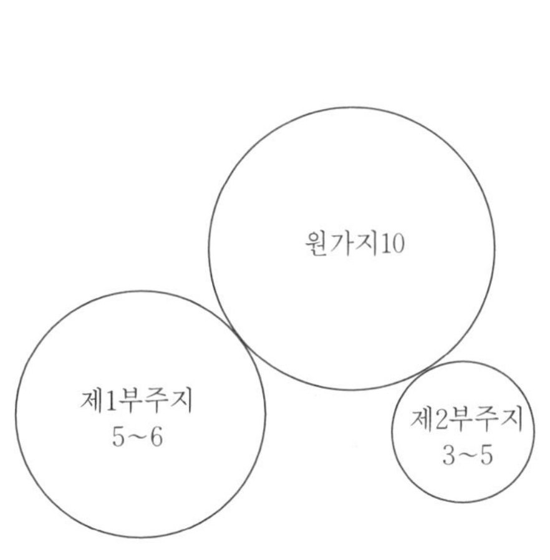



그림 3-10. 원가지와 부주지와의 간주비교

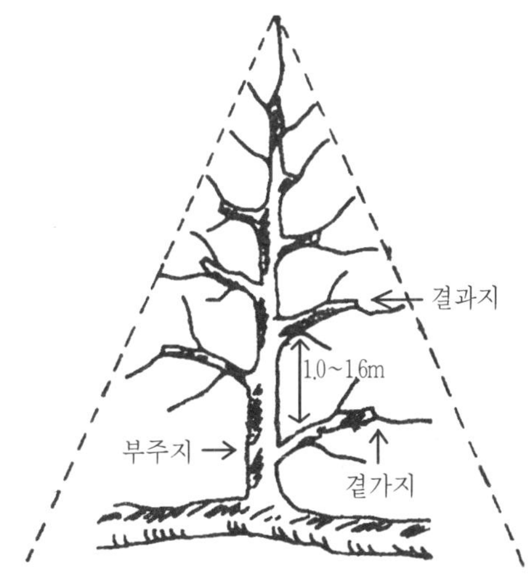



그림 3-11. 곁가지의 간격

# 2) 개심자연형 전정의 실제

## 가) 유목기의 전정

### (1) 재식당년

복숭아는 앞에서도 말한 바와 같이 지면에 가까운 곳에서 발생한 가지의 세력이 왕성해지기 쉬운 특성이 있으며 불량한 묘목을 심거나 토양조건이 나쁠 때 또 비배관리가 좋지 않을 경우에는 묘목의 위쪽에서 나오는 가지는 세력을 얻지 못하고 극히 쇠약(衰弱)해지는 것을 흔히 볼 수 있다. 그러므로 좋은 묘목을 가을 또는 이른 봄에 충분한 퇴비를 주고 심은 후 관리를 잘 해 주어야만 가지가 밑에서 위쪽까지 고르게 배치되어 수형 구성을 용이하게 할 수 있게 된다. 나무 심을 자리에 대목을 심어 놓고 절접을 하고 나서 눈접 묘를 심어서 키우면 가지가 강력하게 나오므로 수형 구성이 비교적 쉽다.

재식 당년의 수형 구성은 새 가지가 10cm 정도 자라는 초여름부터 시작하는 것이 이상적이다.

### (가) 여름철 손질

새 가지가 약 10cm 자랐을 때 지표에서 30~40cm 정도의 높이에 있는 새 가지 중에서 분지 각도가 너무 좁지 않은 것을 택하고 이 가지 위쪽에 20~30cm 간격으로 방향이 120° 정도 어긋나게 붙은 가지를 골라 주지 후보지로 정하고 나머지 새 가지는 원가지 후보지를 키우는 데 방해가 될 정도로 세력이 강하거나 가깝게 붙어 있는 것은 기부에서 잘라 버리고 그 외의 가지는 가지 끝을 1~2회 적심(摘芯)하여 발육을 억제한다(그림 3-12).

원가지 후보지는 여름동안에 복숭아 순나방의 피해를 받지 않도록 주의한다. 기부 가까운 곳에 2번지가 나오면 세력이 치우쳐지기 쉬우므로 순을 잘라주어 약화시킨다.

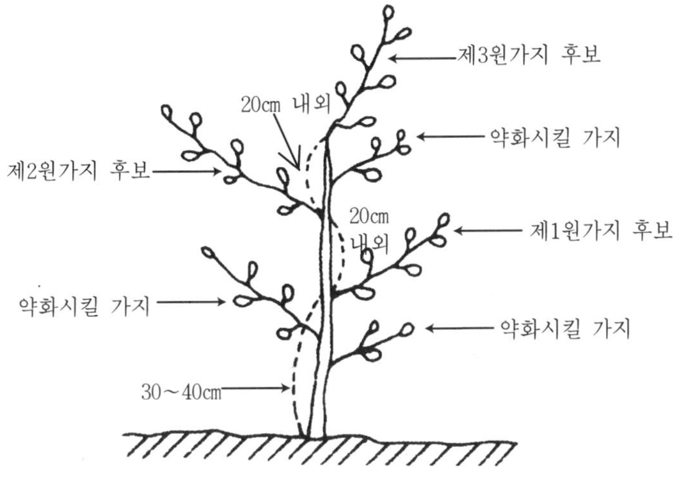



그림 3-12. 재식 당년의 여름철 손질

## (나) 겨울전정

1년째 겨울전정은 원가지 후보지가 자란 길이의 1/3~1/4 정도를 가지가 잘 여문 부위에서 자르는데 잎눈을 반드시 밖으로 두고 자른다. 아래쪽에 붙어있는 원가지일수록 세력이 강해지기 쉬우므로 가지에 붙는 엽면적을 미리 조절해서 원가지간의 세력이 균형을 이루도록 한다. 그러기 위하여 제일 위쪽 원가지 후보지는 길게 남기고 제일 아래 원가지는 짧게 남기며 중간에 붙은 가지는 중간 정도의 길이가 되도록 잘라 주는 것이 좋다(그림 3-13). 그리고 수형구성에 지장이 없는 결과지는 착과시키도록 한다.

원가지 끝에서 30cm 내외에 붙은 2번지는 모두 잘라내고 그 이외의 2번지는 세력이 지나치게 강한 것과 가지가 긴 것은 잘라내고 나머지는 길이의 1/3 정도를 잘라준다. 여름철 손질을 하지 않고 키운 나무일 경우에는 발생 위치와 분지 각도가 원가지로 만들기에 적당한 1년생 가지를 원가지 후보지로 정하고 위에서와 같은 요령으로 전정한다. 원줄기 아래쪽에 붙은 가지일수록 강해지기 쉬우므로 아래쪽 후보지는 위쪽보다 약한 것을 택하도록 한다.

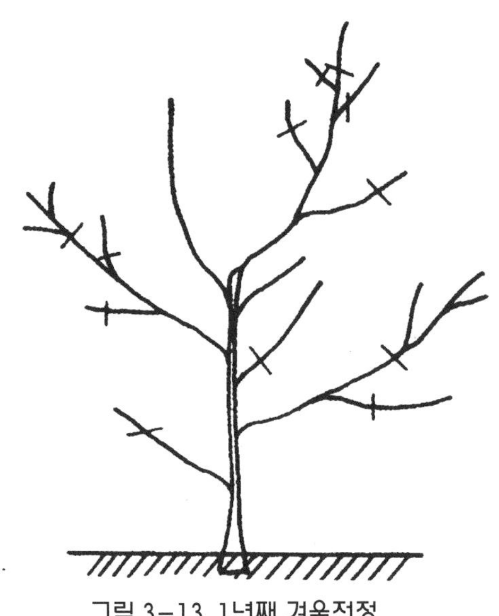

그림 3-13. 1년째 겨울전정

## (2) 재식 후 2년째

### (가) 여름철 손질

전년도 겨울전정 때에 원가지 선단의 눈을 밖으로 두고 잘라 주었어도 원하는 방향으로 새 가지가 강하게 자라 나오지 않거나 선단 가까이 세력이 비슷한 새 가지가 2~3개 나오는 경우가 흔히 있다. 이러한 새 가지를 여름에 손질을 하지 않고 그대로 두면 겨울전정 시 그 중 하나만을 남기고 나머지는 제거해야 하므로 강전정이 되기 쉽고 또 전정 부위가 갑자기 가늘어지므로 원가지가 아래로 구부러질 우려가 많게 된다. 그러므로 5월 중하순에 원가지 선단에서 나온 새 가지 중 원가지 연장지로 키울 가지에 경쟁이 되는 가지는 비틀거나 적심을 해서 세력을 죽여 놓아야 한다. 또 주지의 등(背面)이나 주간에서 발생하는 도장지도 같은 방법으로 세력을 약화시켜야 한다. 원가지의 분지 각도가 너무 좁을 때에는 끈으로 묶어 유인해 주는 것이 좋다.

### (나) 겨울전정

원가지 선단은 잎눈을 밖으로 두고 1년에 자란 길이의 1/3~1/4을 잘라내되 가지의 세력을 보아서 약한 원가지는 길게 남기고 강한 원가지는 짧게 남기고 잘라 원가지 세력의 균형을 잡도록 해야 한다. 그러나 앞에서도 말한 바와 같이 기부에 가까운 원가지일수록 세력이 강해지기 쉬우니 이 점을 유의해서 세력조절을 하여야 한다.

원가지 연장지 이외의 가지 중에서 원가지의 발육에 방해가 되는 경쟁지나 원가지의 등에서 나온 도장지 등은 기부에서 솎아 버리고 그 이외의 가지는 복잡한 것만 솎아내고 남긴 가지는 가지 길이의 1/4 정도만 잘라둔다.

원가지 연장지에는 발생한 부초(副梢 : 2번지)도 적당한 간격으로 솎아내되 원가지 선단으로부터 30cm 이내의 것은 기부에서 잘라 낸다.

### (3) 재식 후 3년째

#### (가) 여름철 손질
전년과 같은 요령으로 실시한다.

#### (나) 겨울전정
전년과 같이 원가지 연장지의 선단은 그 길이의 1/3~1/4 정도를 원가지 세력을 감안하면서 잘라 낸다. 금년에는 제1부주지를 선택하는데 아래쪽 원가지일수록 부주지의 착생위치를 원줄기 기부에 가깝게 하면 세력이 세어지기 쉽고 경우에 따라서는 원가지보다 세력이 커지므로 아래쪽 원가지일수록 착생위치를 기부에서 멀리 떨어지게 두어야 한다.

그러므로 제1원가지상에는 그 분기점에서 약 90cm, 제2주지상에는 약 60cm, 제3주지상에는 약 30cm 정도의 거리에서 제1부주지를 발생시키고 원가지상의 제2부주지는 제1부주지로부터 90~120cm 거리에서 제1부주지와 반대방향으로 발생시킨다.

부주지는 원가지의 측면과 하면의 중간 부위에서 발생하는 것이 이상적이며 주지의 등쪽에서 나온 것은 세력이 강해지기 쉬우니 피하여야 한다.

결정된 부주지는 그 선단을 길이의 1/3~1/4 가량 절단하고 그 부근에 방해가 되는 가지는 제거하여 광선을 잘 받도록 한다. 3년째가 되면 곁가지는 1년생(結果枝)과 2년생이 있는데, 1년생 곁가지는 평행하여 있는 것은 적당한 간격으로 솎아내고

2년생 곁가지에서는 원가지와 부주지에 방해가 되지 않는 작은 것으로 절단전정과 숨음전정을 적당히 행하여 배치한다.

이 때 위쪽의 곁가지일수록 짧게 절단하고 아래쪽의 곁가지는 숨음전정을 행하는 정도로서 그친다. 원가지 및 부주지의 선단에는 절대로 결실하지 않게 하고 기타의 결과지에서는 나무의 세력을 보아 과도하지 않는 범위에서 결실해도 무방하다.

## (4) 재식 후 4년째

### (가) 여름철 손질

전년과 같은 요령으로 실시한다.

### (나) 겨울전정

원가지 연장지는 전년과 같은 요령으로 선단을 절단하여 곧고 튼튼하게 발육하도록 하고 부주지 연장지도 같은 요령으로 선단을 1/3~1/4 정도 절단한다. 다만 부주지의 세력이 원가지보다 세어질 가능성이 있을 때에는 강하게 절단하는 동시에 부주지 위의 가지를 많이 솎아 내어 엽면적을 줄여야 한다.

금년에는 각 주지상에 제2부주지를 선택하되 전년에 선정한 제1부주지에서 90~120cm거리에 있고 원가지의 측면과 하면의 중간 부위에서 발생된 가지로서 제1부주지와 반대 방향에 있는 가지를 택한다.

선택된 제2부주지도 역시 선단을 1/3~1/4 정도 절단하여 튼튼하게 연장시킨다. 원가지 및 부주지의 발육에 방해가 되는 가지와 수관 내부에 발생한 도장지는 기부에서 제거한다. 그 이외의 가지는 복잡한 가지만 솎아 내고 남길 가지는 가지 끝을 1/4 정도 잘라준다. 금년부터는 과실이 많이 열리는데 원가지와 부주지의 끝에 붙은 과실은 따버리고 그 이외의 과실은 나무세력을 보아서 적당히 남기도록 한다.

## (5) 재식 5~6년째

수관형성(樹冠形成)이 완료될 때까지 원가지와 부주지의 연장지를 전보다 약간 짧게 남기고 잘라서 발육을 충실하게 하여 준다. 원가지 선단이 밑으로 처지지 않도록 주의하고 부주지도 세력이 너무 세어지거나 아래로 처지지 않도록 한다. 곁가지는 항시 그 크기와 간격에 주의하여 아래쪽의 곁가지 또는 결과지에 햇빛이 충분히 들어갈 수 있도록 위쪽에 있는 방해되는 강한 곁가지는 기부에서 제거하거나 일부를 절단해야 한다.

곁가지의 전정 방법에는 솎음전정과 절단전정의 두 가지가 있는데 지력(地力), 시비량, 수세, 품종 등에 따라서 이 두 방법을 적절히 이용하여야 한다. 즉 지력이 좋거나 수세가 강한 것, 통조림용 복숭아와 같이 수세가 강하고 꽃눈 형성이 잘 안 되는 품종 및 유목에서는 절단전정을 피하고 솎음전정을 이용함과 동시에 가짓수가 많아지도록 전정하고 반대로 지력이 별로 좋지 않은 곳, 대구보(大久保), 백도(白桃)와 같은 동양계 품종 및 수세가 약한 나무에 대하여는 절단전정법을 이용하는 것이 필요하다. 남기는 결과지의 수는 각 원가지간 원가지와 부주지간의 균형에 주의하면서 수세, 품종과 결실량의 관계를 고려하여 결정하도록 한다.

## 나) 성목전정(成木剪定)

재식 후 정상적인 관리를 행한 나무는 7~8년경이 되면 성목이 된다. 나무 높이도 4m 정도 되고 수량도 많아지게 된다. 이 때부터는 수형이 흐트러지지 않고 목표로 하는 수형에 가깝도록 유지하면서 작업이 편리하고 상품성 높은 과실을 수확할 수 있게 전정을 해야 한다.

### (1) 원가지 및 부주지의 전정

주지와 부주지는 이 때쯤 되면 상당히 개장(開張)된다. 특히 대구보와 같은 개장성의 품종에서는 더욱 심하다. 그러므로 원가지와 부주지 선단의 절단은 유목시대(幼木時代)보다 강하게 하여야 한다. 그러나 이미 원가지 선단이 심히 개장되었거나 개장되기 시작한 것은 밑에서 나온 도장지를 이용하여 바꾸어 주는 것을 고려해야 한다. 나무 높이는 작업능률 및 약제살포 등을 고려하여 4m 이내로 제한하는 것이 좋다. 목표로 하는 나무높이에 도달한 이후부터는 원가지와 부주지의 선단을 새 가지로 대체하여 항상 생육이 왕성하게 해야 한다.

## (2) 곁가지의 전정

곁가지는 전술한 바와 같이 곁가지 단위로 갱신하는 가지다. 이 곁가지의 간격이나 크기는 아래쪽에 있는 가지에 햇빛이 잘 들어가 말라죽지 않도록 유의하면서 조절하여야 한다. 따라서 원가지, 부주지상의 곁가지는 선단으로 갈수록 짧고 작게 하고 갱신의 간격을 조절하여 서로 교차하기 직전 상태에서 적절히 실시하도록 한다.

## (3) 결과지 전정

유목시대에는 장과지가 많으나 성목이 되면 점차 장과지는 적어지고 중과지와 단과지가 많아진다. 결과지로는 장과지가 좋지만, 품종에 따라서 결과지의 착생상태나 결과습성(結果習性)이 다르므로 품종의 특성을 잘 고려하여 전정하여야 한다. 일반적으로 조생종은 장과지가 잘 착생하고, 결실 또한 잘 되나, 단과지나 꽃덩이 결과지에는 착과가 불량하며 결실하여도 낙과되기 쉬우므로 장과지를 잘 활용하고 길게 남기며 그 대신 수를 줄인다. 그러나 백도 계통은 장과지가 잘 착생하지 않고, 중과지와 단과지에도 잘 결실하므로 이들을 이용하고 중생종은 그 중간 성질이므로 장과지, 중과지를 남기고 단과지는 솎아낸다. 보통 장과지는 30~45cm, 중과지는 20~30cm 간격으로 솎아 주고, 단과지는 적당히 솎아 낸다.

### (가) 예비지 전정(豫備枝 剪定)

복숭아나무는 결과부위가 상승하기 쉬우며, 일단 상승하면 회복하기 어려우므로 상승하기 전에 자주 갱신하여야 한다. 유목기에 발육이 왕성하여 한 가지 갱신법은 어려우므로 두 가지 갱신법으로 하여야 한다.

예비지(豫備枝)는 세력이 왕성한 가지를 기부의 눈 2~3개를 남기고 자르며 이렇게 하여 2~3개의 가지가 발생하면 다음 해에는 그 중에는 세력이 좋고 원가지나 부주지에 가까운 1개의 가지를 다시 2~3눈 위에서 잘라 예비지로 하며 나머지의 1~2개 가지는 결과지로 이용한다. 이 때 이미 결실했던 가지는 잘라 버리게 된다. 이와 같은 갱신법을 두 가지 갱신법이라고 한다. 이 전정법은 항상 기부에 예비지를 두게 한다.

## (나) 장초 전정(長梢 剪定)

복숭아의 장과지나 중과지는 끝을 절단하게 되는데 길이를 짧게 남기고 절단하는 것을 단초(短梢) 전정이라 하고, 장과지를 길게 남기고 절단하는 것을 장초 전정이라 한다. 장과지는 보통 끝을 1/3~1/4 정도 절단하거나 그대로 두며 중과지는 선단부를 약간 자르거나 그대로 두고 단과지는 선단을 자르지 않는다. 장과지를 길게 두어 이용하면 착과량을 늘릴 수 있고, 엽면적 확보가 용이하여 과실품질에 효과적으로 대처할 수 있는 장점도 있으나 자칫 결과부위의 상승과 과다착과에 의한 수세쇠약의 원인이 되기도 쉽다. 그러나 장과지의 지나친 강전정은 반대로 수량 및 품질저하와 도장지 발생 등을 유발할 수 있으므로 전정의 강약이나 이용에도 세심한 주의가 필요하다.

[표 3-7]은 장과지 길이별로 복숭아를 착과시킨 후 명년도에 사용할 수 있는 새 가지의 발생정도를 장과지의 기부(基部), 중부(中部) 및 선단부(先端部)로 나누어 조사한 결과로서 가지가 45°각도로 발생한 장과지의 기부에서 충실한 새 가지가 많이 나왔다. 그러므로 장과지를 이용할 경우에는 직립지나 늘어진 가지보다는 45°각도쪽으로 뻗은 장과지를 이용하는 것이 결과부위의 상승을 줄일 수 있어 좋다.

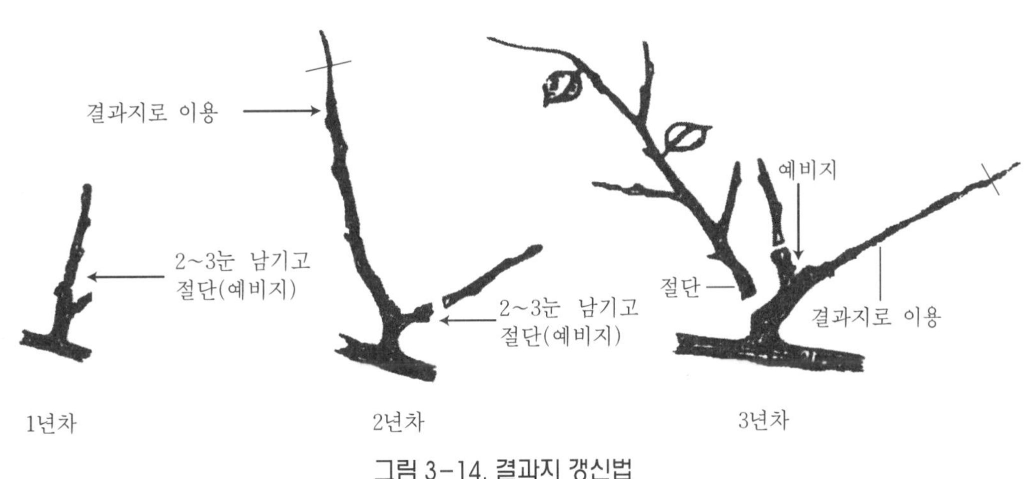


그림 3-14. 결과지 갱신법

<표 3-7> 복숭아 장과지별 발생각도에 따른 부위별 새 가지 발생상태      (趙 : 1978)

| 장과지 길이 | 발생각도 | 새 가지 1본 평균길이(cm) | | |
| --- | --- | --- | --- | --- |
| | | 기 부 | 중 부 | 선단부 |
| 30~40cm | 25° | 1.0 | 7.1 | 15.9 |
| | 45° | 12.3 | 1.9 | 22.6 |
| | 70° | 2.2 | 9.7 | 35.7 |
| 40~60cm | 25° | 1.3 | 5.2 | 11.8 |
| | 45° | 19.7 | 4.6 | 11.9 |
| | 70° | 10.2 | 8.6 | 17.3 |
| 60~90cm | 25° | 10.4 | 13.1 | 19.1 |
| | 45° | 14.7 | 7.1 | 11.2 |
| | 70° | 1.1 | 9.7 | 19.7 |

# 마. Y자 수형 전정

## 17 복숭아 Y자 수형 재배의 특징과 조건

복숭아의 Y자 수형에 의한 재배방식은 크게 두 가지로 대별해 볼 수 있는데 지주와 유인선을 설치하여 계획적으로 나무를 키워가는 방식과 무지주 상태로 개심자연형의 2본 주지형과 같이 키우면서 부주지를 두지 않고 측지와 결과지를 배치하여 키워나가는 방식으로 구분해 볼 수 있다.

그러나 세계적으로 복숭아의 주요 생산국인 이탈리아를 비롯한 구미 각국과 미국의 재배경향을 보면 지주와 유인선을 설치하여 계획적으로 Y자 수형을 구성하여 재배하는 방식으로 발전하고 있다.

과거 배상형이나 개심자연형 수형일 때는 10a당 25~80주를 재식하였으나 1980년 이후부터 팔메트나 Y자 수형의 보급이 많아졌고 이에 따른 조기 다수효과가 일반 개심자연형에서 보다 3~4배의 높은 조기수확을 올릴 수 있으며 수고를 3.5m 이하로 낮게 구성하고 계획적인 수형 구성과 유인에 의해 수광(受光) 상태가 좋아 고품질의 과실을 생산할 수 있고 작업의 생력화를 기할 수 있다는 데 그 특징을 찾을 수 있다고 생각된다.

<표 3-8> 유럽의 복숭아 재식밀도 경향 (Sansavini, 1984, Italy)

| 구 분 | 재식거리(m) | | 재식주수 (주/ha) |
|---|---|---|---|
| | 열간거리 | 주간거리 | |
| 1950~60 | 5.5~6.5 | 5.0~6.0 | 250~350 |
| 1960~70 | 4.5~5.5 | 4.0~5.0 | 350~550 |
| 1970~80 | 4.0~5.0 | 3.0~4.0 | 500~800 |
| 1980~85 | 4.0~5.0 | 1.5~3.0 | 750~1,500 |

이러한 복숭아 Y자 밀식 재배에 있어 최적의 목표수량을 올리고 단순 기계화가 용이하도록 재배적 관리가 필요한데 이들을 요약해 보면 다음과 같은 것들이 있다.

첫　째, 공간활용을 위한 최적의 재식거리 유지(조기다수를 위한 고밀식)

둘　째, 과실, 잎에 투광효과가 높고 광합성 증진을 위한 가지배치

셋　째, 영양생장을 감소시키고, 뿌리의 경합을 가져올 수 있는 밀식조건

넷　째, 수평 또는 수직관리가 용이한 과원의 평탄화

다섯째, 수관은 방제, 수확, 전정작업 등이 단순기계화가 가능하도록 작게 구성하며 가지배치의 단순규격화

<표 3-9> 주간형과 Y자 수형의 재식거리별 수량

| 구 분 | 재식거리 (m) | 재식거리 (주/ha) | 수 량(kg/ha) | | | | | |
|---|---|---|---|---|---|---|---|---|
| | | | 3년차 | 4년차 | 5년차 | 6년차 | 7년차 | 8년차 |
| 주간형 | 4×1.9 | 1,320 | 10,560 | 18,350 | 12,580 | 22,310 | 19,580 | 17,300 |
| | 4×2.5 | 1,000 | 6,950 | 16,400 | 15,080 | 22,770 | 28,940 | 22,040 |
| | 5×3.0 | 660 | 4,660 | 8,290 | 6,730 | 11,740 | 19,270 | 18,990 |
| Y자형 | 4×1.9 | 1,320 | 6,600 | 26,020 | 19,230 | 25,040 | 24,240 | 22,230 |
| | 4×2.5 | 1,000 | 6,440 | 17,590 | 16,400 | 20,270 | 26,500 | 22,910 |
| | 5×3.0 | 660 | 2,180 | 12,980 | 8,740 | 14,310 | 17,450 | 19,780 |
| 개심자연형 | 5×6.0 | 330 | 1,090 | 6,170 | 6,480 | 8,890 | 11,160 | 13,060 |

※ 자료 : 농업과학논문집 36(1):460~464, 1994 품종 : 창방조생, 시험장소-수원

| 수 형 | 수 고(m) | 수관점유용적(㎥) | 봉지 씌우기 시간(분) | 수확시간(분) |
|---|---|---|---|---|
| Y 자 형 | 3.6(88) | 64(32) | 19(83) | 8(89) |
| 개심자연형 | 4.1(100) | 201(100) | 23(100) | 9(100) |

※ ( ) : 개심자연형을 100으로 한 지수, 100과당 소요시간(農業 および 園藝, 1996년)

<표 3-11> 복숭아 수형에 따른 수관하의 밝기와 과실품질, 수량

| 수 형 | 수관하의 밝기[X] | 수관 상부와 하부의 품질 차이[Y] | | | | 10a당 재식주수 | 10a당 수 량 |
|---|---|---|---|---|---|---|---|
| | | 과 중 | 당 도 | 착 색 | 수 량 | | |
| Y 자 형 | 35 | 85 | 90 | 104 | 110 | 75 | 3,225 |
| 개심자연형 | 28 | 84 | 95 | 95 | 149 | 13 | 3,040 |

※ X : 수관외의 밝기를 100으로 한 지수, Y : 지상부를 100으로 한 지수(農業 および 園藝, 1996년)

# 2) 복숭아 Y자 수형 구성방법

## 가) 재식밀도

앞에서도 언급되었지만 Y자 수형 밀식 재배를 하기 위한 재식밀도는 재배지역의 기상조건이나 토양조건, 경사도 등의 제반 입지조건과 품종의 특성이나 측지의 유인 방법, 병해충 방제나 기계화 정도 등을 미리 예상하여 재식밀도를 정하는 것이 바람 직하다.

배상형이나 개심자연형 수형일 때 보통 사방 4~6m 간격으로 10a당 25~62주 정 도를 재식하였으나, 외국의 경우 Y자 수형 밀식 재배는 5~7×1.5~3.0m 간격으로 70 ~150주를 재식하고 있다. 우리 나라의 재배환경에 알맞은 재식밀도 등에 관한 연구 결과 재식거리는 6~7m의 열간에 2~3m의 주간거리가 추천되고 있고, 양주지간의 벌림 각도는 80°가 좋은 것으로 알려졌다.

## 나) 재식렬 방향

나무의 Y자 배치방향은 수광태세를 고려하면 남북렬로 하는 것이 바람직하다. 동서열의 경우 남측의 주지와 북측의 주지에 광의 분포차이가 있기 때문에 나무의 생육과 과실품질면에서 바람직하지 못하다. 부득이 동서열로 재식할 경우에는 광의 분포차이를 줄여주기 위해 분지 각도 및 측지배치의 조절이 필요할 것이다.

## 다) 재식 시 묘목의 절단방법

복숭아 Y자형의 수형구성은 재식 후 4~5년이내 조기완성을 목표로 하기 때문에 재식당시의 유목시기부터 계획적으로 실시해야 된다.

Y자 수형 구성 시 묘목의 절단방법은 묘목상태가 비교적 빈약한 묘목의 경우는 묘장 40~50㎝높이에서 절단 후 최상부 신장가지는 희생아 전정을 하고 제1주지, 제2주지를 선정하는 것이 수관확대에 효과적이며, 묘장 70~80㎝ 이상의 충실한 묘목은 주간을 경사각(앙각) 50°정도로 유인하여 제1주지로 키운 후 기부 20~30㎝높이에서 제2주지를 받는 것이 수관확대에 효과적임을 알 수 있다.

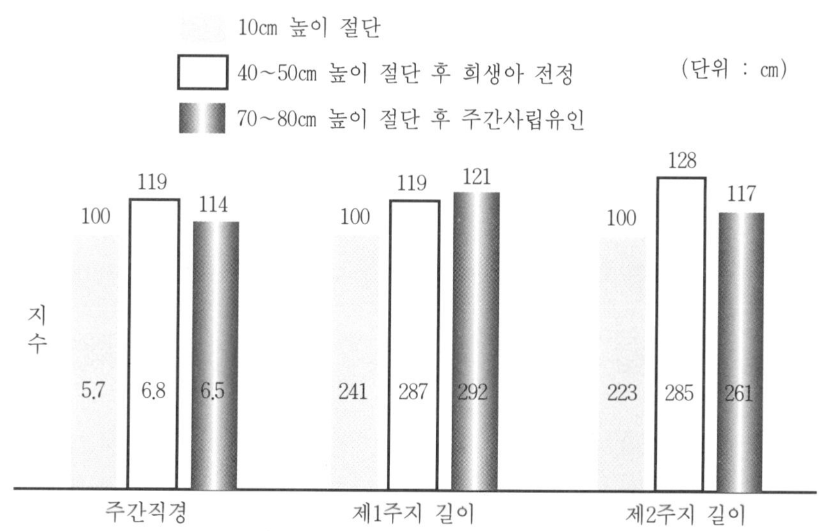


그림 3-15. 복숭아 Y자 수형에서 묘목 절단방법에 따른 주간 및 주지의 재식 2년차 생장량(원예연 1998)

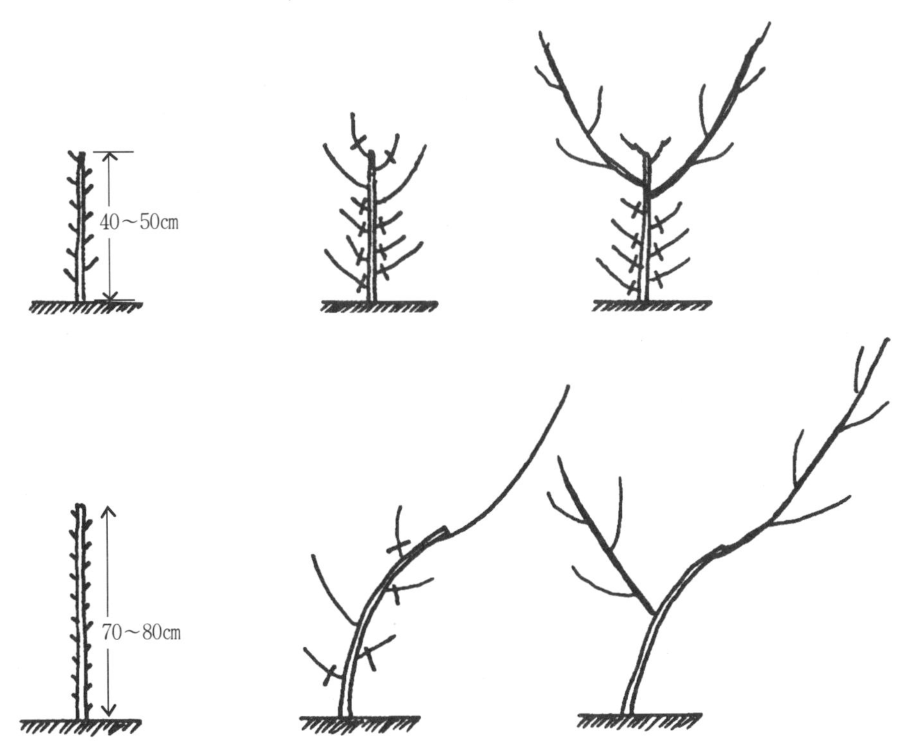

그림 3-16. 복숭아 Y자 수형 구성 시 묘목 절단 후의 주지 육성방법 모식도

<표 3-12> 처리별 '월미복숭아' 2년생의 주지 생육상태                    (조사일 : '98. 11. 4)

| 처 리 | 주간 직경 | 제1주지 | | 제2주지 | | 하계 전정량 | 착과량 |
|---|---|---|---|---|---|---|---|
| | | 간 경 | 신장량 | 간 경 | 신장량 | | |
| | cm | cm | cm | cm | cm | kg/10a | kg/10a |
| ○ 10cm 높이절단 (신초적심) | 5.7 | 4.2 | 241 | 3.8 | 223 | 20.7 | 48.5 |
| ○ 10cm 높이절단 (신초사립유인) | 6.2 | 5.1 | 281 | 3.6 | 245 | 45.1 | 54.7 |
| ○ 40~50cm 높이절단 | 6.8 | 4.8 | 287 | 4.6 | 285 | 56.0 | 50.1 |
| ○ 70~80cm 높이절단 | 6.5 | 5.2 | 292 | 4.2 | 261 | 56.3 | 87.8 |

# 3) 복숭아 Y자 지주시설

우리 나라의 기후조건과 토양조건에 알맞은 복숭아의 Y자 수형 구성방법과 지주

시설에 대해서는 구체적인 연구가 시작단계에 있기 때문에 아직 확실한 모델을 제시하기 어렵다. 그러나 우리 나라보다 한발 앞선 호주나 이탈리아와 최근에 연구가 진행중인 일본의 사례를 들어보고자 한다.

## 가) 슈렵형(Tatura Trellis)의 수형구성과 지주시설

이탈리아를 비롯한 호주에서 발전한 복숭아 Y자 수형(Tatura Trellis)과 지주설치는 [그림 16~18]에서 보는 바와 같이 묘목은 재식당시에 20~30cm 부위에서 주지가 될 두 가지를 선택하여 10cm 정도로 강하게 절단하고 높이 2.5~3m 정도까지 키워나가 Y자 형태의 주지를 형성하고 주지세력을 유지시키기 위해서는 도장지나 강대한 가지는 하계전정을 실시하여 개심자연형이나 배상형에서 볼 수 있는 부주지는 만들지 않고 측지와 결과지만을 두어 결실시키는 형태의 수형을 구성하고 있다.

지주의 설치는 [그림 3-18]에서 보는 바와 같이 수도 강관파이프(40mm $\phi$ )를 이용하여 6m 정도 간격, 지주와 지주 사이 각도를 60° 정도로 하여 교호로 세우고 50~60cm 간격으로 철선을 늘어뜨려 고정한 후 주지를 유인하는 방식이다.

그러나 아직 우리 나라의 경우 체계화된 수형구성이나 표준화된 지주시설이 미흡한 실정이므로 농가마다 각각의 방식대로 재배되고 있어 보다 효율적이고 체계화된 Y자 수형에 의한 밀식 재배에 대한 계속적인 기술개발이 요구되고 있는 실정이다.

그림 3-17. 복숭아 Y자 수형 구성과정

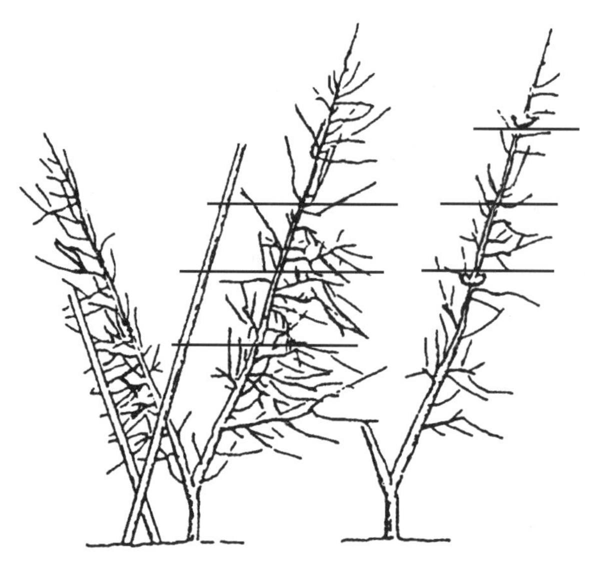

그림 3-18. Y자 수형의 완성단계

## 나) 측지슈인 Y자 수형구성과 지주시설

주로 일본에서 시도되고 있는 복숭아 Y자 수형구성과 지주시설 방법으로 재식간격은 열간 6m×주간 4m, 수고는 3.5m로 하는 수형인데 특히 유럽형(Tatura Trellis)과 다른 점은 [그림 3-20]에서 보는 바와 같이 측지를 계획적으로 수평으로 유인하여 결과지를 발생시키고 결실시키는 방법이다.

수형구성방법은 그림에서와 같이 묘목을 절단하여 심고 주간의 50cm 부위에서 발생한 신초를 2본 선택하여 주지의 앙각(경사각도)을 52°로 하여 높이 3.5m까지 키워나가고 측지는 주지가 분지된 지점에서 높이 70~80cm 간격으로 5단 정도 발생시켜 2m 정도 키워 측지상에 결과지를 배치하여 결실시키는 방법이다.

이 수형은 측지의 고른 세력유지, 측지상의 결과지 배치와 갱신 등의 어려운 과제가 있기 때문에 5~9월 사이에 하계전정 위주로 관리하는 특징이 있다. 아직은 연구중에 있어 자세한 장단점은 열거할 수 없으나 수형이 완성되었을 때 수고가 3.5m로 다소 높아 사다리나 작업대차 등을 이용해야 하는 불편은 있지만 계획적인 결과지의 배치와 과실생산이 가능하리라 생각된다.

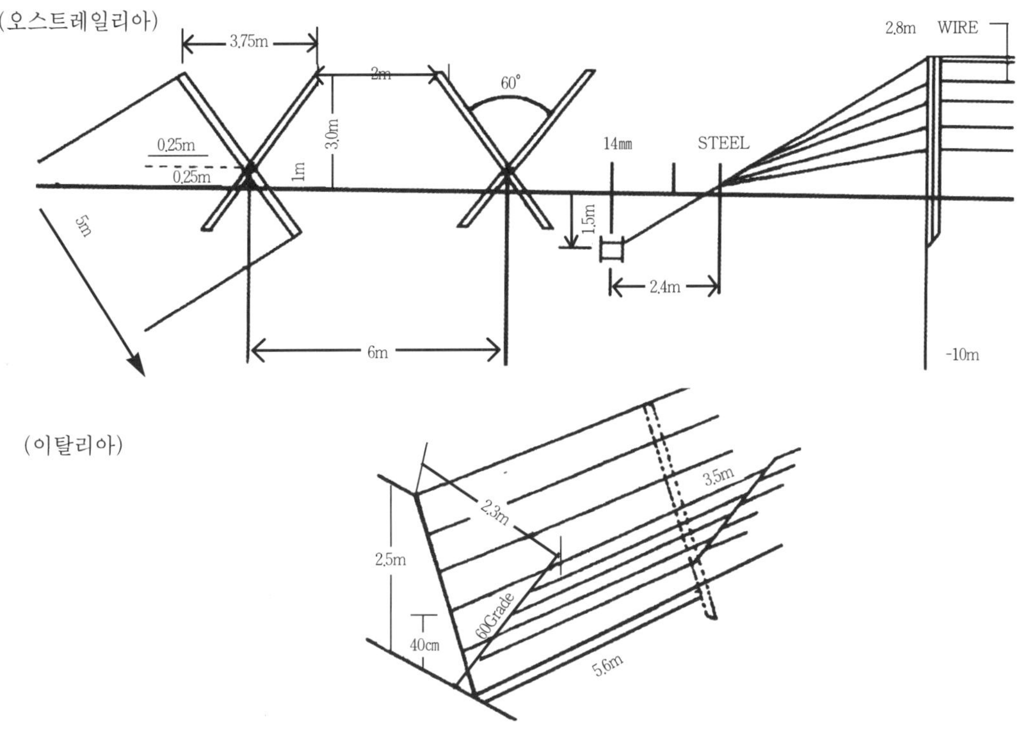


그림 3-19. Y자 수형구성 지주규격(예)

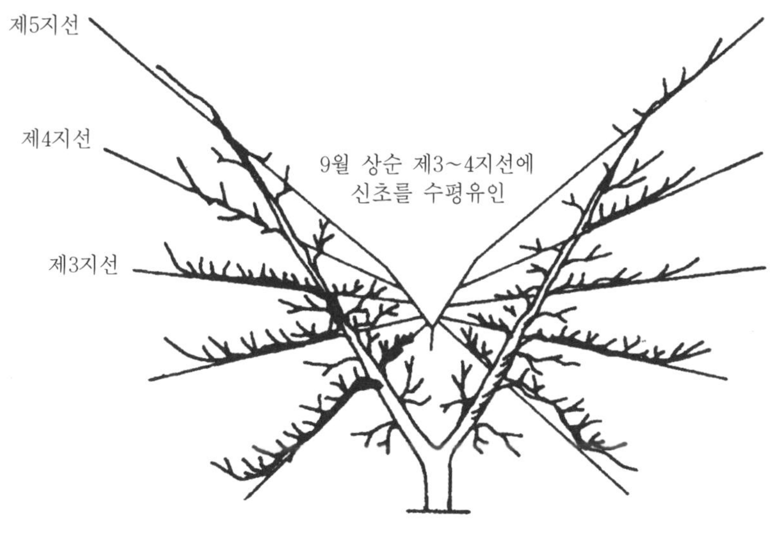


그림 3-20. Y자 수형의 수평유인 방법(예)

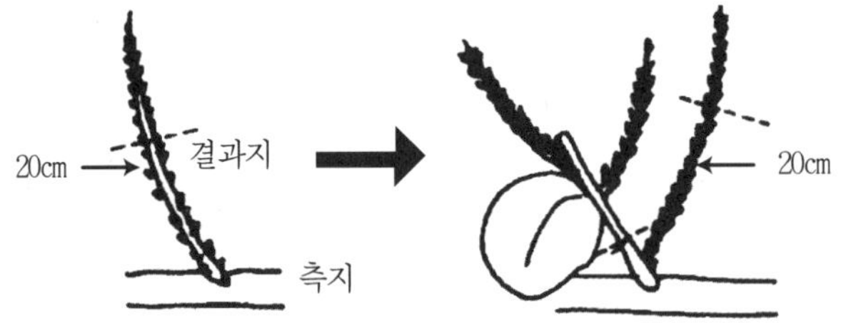


그림 3-21. Y자 수형의 수평유인시 결과지 착과방법(예)

여름상태

겨울상태

그림 3-22. Y자 수형의 가지배치가 잘된 상태

# 바. 하계전정 및 도장지 이용

## 17 하계전정

낙엽과수에서 하계전정이란 봄 발아부터 낙엽까지의 눈따기, 적심, 순 비틀기 등의 신초관리를 포함한 수형 만들기와 가지치기 등 일련의 작업을 말하는 것인데, 광 환경 개선과 깊은 관련이 있다. 복숭아는 특히 내음성이 약한 과수이므로 광 환경의 개선이 없이는 가지의 활용도를 높일 수 없다. 복숭아 잎의 광합성은 광도가 3만 럭스(구름이 끼지 않은 한낮의 광도가 10만 럭스) 이상으로 되면 광합성 속도는 더 이상 증가되지 않지만, 나무 전체를 보면 수관 외부를 제외한 내부의 잎들은 충분한 양의 햇빛을 받지 못하게 된다. 따라서 불필요한 가지를 조기에 제거하거나 유인하지 않으면 고품질과 생산 및 결과부위 상승 방지를 이룰 수 없게 된다.

## 가) 하계전정의 효과

### (1) 수세조절

동계전정과 비배관리만으로는 수세조절이 어렵다. 따라서 생육기의 신초관리를 시기 적절하게 실시함으로써 수세를 어느 정도 조절할 수 있다.

### (2) 수관 내부의 활용도 증대

하계전정으로 수관 내부까지 광이 잘 투과됨으로써 화아분화 및 저장양분 축적이 좋아져 충실한 결과지수가 증가되기 때문이다.

### (3) 나무의 수명 연장

하계전정은 동계전정에 비해 전정구 유합이 좋아 전정구의 병해 발생이 적어진다.

## 나) 하계전정의 문제점

하계전정은 기본적으로 다음과 같은 문제점을 안고 있기 때문에 그 점들을 충분히 인식하고 실시하여야 한다.

(1) 생육중에 가지나 잎을 제거하게 되면 양분의 손실에 의해 수세 약화와 생육량 감소를 초래하는데, 특히 가지와 잎의 신장이 끝난 직후의 전정 실시는 이런 영향을 더욱 가중시킬 수 있으며,

(2) 과실이 발육중인 때에 전정을 실시하면 새로운 가지와 잎의 신장에 양분이 소비되기 때문에 과실쪽으로 분배될 양분이 감소하여 숙기가 지연되고 품질

이 저하되며,

(3) 화아분화가 시작되는 시기에 전정을 하게 되면 신초신장이 정지되지 않고 계속되어 생식 생장보다는 영양 생장쪽이 왕성하게 되므로 화아착생이 나빠지며,

(4) 생육이 왕성한 가지를 생육 도중에 잘라내면 새로 발생된 연약한 부초에 병해충 발생이 많아질 수 있다.

## 다) 하계전정 시기

### (1) 개화 후~장마기

신초 발생과 신장이 왕성한 이 시기에 실시하는 눈따기, 적심, 순 비틀기 등은 불필요한 가지를 조기에 유인 또는 제거해 줌으로써 수형구성과 수세조절에 매우 효과적이다.

### (2) 장마기

조생종 복숭아 등에서는 수확이 완료되면 상당히 강한 절단전정을 실시하여도 수세가 빨리 회복될 수 있다. 또한 생육기간이 긴 남부 지방에서는 새로 발생된 신초에도 화아가 착생될 수 있다. 그러나 이 시기의 전정은 중생종, 만생종에서는 악영향을 미칠 수 있으므로 불가피한 경우 가능한 한 가볍게 실시한다.

### (3) 한여름

이 시기는 핵과류의 화아가 분화·발육하는 시기인데, 이 때 하계전정을 실시하면 화아착생이 저해될 뿐 아니라 수세가 쇠약해질 염려가 있다.

### (4) 가을철(저장양분 축적기 직전)

수확이 완료된 이후에는 이미 화아분화가 종료되어 있을 뿐 아니라 전정구의 유합도 여전히 좋기 때문에 수관 내부의 광환경 개선 및 남아있는 가지의 저장양분 축적 증대로 결과지가 충실해져 다음해의 결실에 좋은 영향을 줄 수 있다.

## 라) 가지 종류별 하계전정 시기

톱으로 잘라낼 정도의 굵은 가지를 일찍 하계전정하면 수세를 쇠약하게 할 염려가 있기 때문에 수확 종료 이후에 전정하며, 전정 시 일소피해를 받지 않도록 주의한다. 전정가위로 잘라낼 정도의 가는 가지는 봄부터 장마기까지와 가을철에 잘라내며, 손으로 처리할 수 있는 신초는 봄부터 장마기에 걸쳐 적심과 순 비틀기를 실시하면 다음해 결과지로 이용할 수 있다.

## 마) 가을철 전정의 장점

화아분화와 수확이 완료되고, 저장양분 축적이 시작되기 직전인 가을철 전정의 장점은 다음과 같다.

첫　째, 잎이 붙어 있는 시기에 전정을 실시하기 때문에 수관 아래의 광 투과량을 확인하면서 전정과 유인을 할 수 있으며,

둘　째, 동계전정에 비해 전정에 따른 상처가 적고 유합이 잘 되며,

셋　째, 저장양분 축적 전에 전정을 실시하기 때문에 주지, 부주지 등의 비대억제 효과가 있고 측지를 가늘게 유지할 수 있으며,

넷　째, 9월 이후에 엽아가 휴면에 들어가기 때문에 전정 후에 부초가 발생되지 않고

다섯째, 다음 해의 도장지 발생이 적어 하계전정이 손쉽게 이루어질 수 있으며

여섯째, 가지가 연한 시기에 전정을 실시하므로 가지 절단이 쉽다 등의 장점이 있다.

이러한 가을철 전정을 실시한 경우에는 동계전정에 비하여 결과지의 꽃눈 착생수가 많아지는 효과가 있다(표 3-13).

<표 3-13> 복숭아 9월 전정에 따른 생육 및 과실 품질 　　　　　　　　　　(猪股, 1996)

| 처리구 | 수관 하부 밝기[z] | 주간 비대율 | 눈 착생수[y] | | 과 중 (g) | 당 도 (°Bx) | 색지수[x] |
|---|---|---|---|---|---|---|---|
| | | | 화 아 | 엽 아 | | | |
| 금년 가을전정 | 47 | 20 | 18 | 8 | - | - | - |
| 지난해 동계전정 | 40 | 20 | 8 | 4 | 281 | 13.4 | 3.4 |
| 대 조 | 31 | 22 | 8 | 3 | 273 | 13.0 | 3.5 |

※ [z]수관 외부 100으로 한 지수, [y]신초 10cm당 착생수, [x]과면의 50~79%가 착생된 경우가 3.0임

## 바) 하계전정의 정도와 수체반응

가지 끝을 잘라내지 않고 순 비틀기를 하거나 수평으로 가지를 유인해 주면 가지의 영양 생장이 약화되어 화아착생이 좋아지며, 도장지와 같은 세력이 강한 가지로 되기 전에 신초 끝을 손으로 적심하면 그 이후에 발생되는 부초에 화아가 착생된다. 그러나 상당히 강하게 적심하면 그 후에 발생되는 신초가 도장하여 화아가 착생되지 않는다. 또한 전정시기가 늦어지면 화아착생이 불량해진다. 또한 지나치게 강한 하계전정은 성숙중인 과실의 숙기지연이나 품질저하를 방지하고 부초 신장을 피하기 위하여, 과실 수확이 끝나고 화아분화가 완료된 가을철에 실시하여야 한다.

## 2) 도장지의 이용

복숭아나무에서 도장지 발생이 많게 되면 그늘이 생겨 수관 내부의 잎눈 활력이 억제되어 고사하므로 결과부위의 상승을 초래케 될 뿐 아니라 수형을 교란시켜 수세안정도 어렵게 만든다. 특히 선단부쪽의 수세는 급격히 쇠약해져 수량 및 품질을 떨어뜨리는 요인이 되기도 하고 수령을 현저히 단축시키는 결과도 가져오기 쉽다. 현재 복숭아나무에서 추천되고 있는 수형은 개심자연형이지만 농가의 경향은 작업상 수고를 낮게 유지시키고, 분지 각도를 넓히고 주지수도 많게 하는 배상형 수형쪽의 나무로 구성시키는 경향 때문에 필연적으로 강전정이 수반되고 있어 도장지의 발생도 비교적 많은 실정이다. 그래서 복숭아 재배상 문제가 되는 도장지 관리를 보다 효율적으로 하기 위해서는 도장지의 특성과 그 활용방법을 잘 알아야 한다.

## 가) 도장지의 특성

### (1) 도장지의 크기

도장지는 직립성인 가지로 세력이 강하여 이를 직접 결과지로 사용할 수 없는 발육지(發育枝)의 일종이다. 도장지는 보통 직경 0.9cm에 길이 100cm 이상의 가지가 대상이 되며 부초(2번지)가 붙은 가지를 일컫게 된다.

### (2) 도장지의 발생 부위

도장지의 발생은 수형이나 전정이 잘못된 나무에서 많고 과다 시비나 영양 과다 상태의 과원에서 많다. 그러므로 수체내 가지간의 영양공급 불균형 상태가 되지 않도록 가지배치와 전정에 세심한 주의가 요구된다.

黑田(1969)의 조사에 의하면 복숭아나무에서의 도장지 발생부위는 굵은 가지를 솎아낸 부근이 가장 많아 전체 도장지 발생수의 70.7%를 차지하고 세력이 강한 가지를 강하게 절단한 선단부에서는 24.1%, 기타 부위 5.2%이었고, 도장지 신장량과 절구면적(切口面積)간에는 높은 상관(+0.823)이 있다고 보고한 바 있다.

### (3) 도장지상의 화기(花器)의 형질

도장지는 장과지에 비해 화아분화(花芽分化)가 충실치 못하여 꽃눈 착생수도 적고, 꽃눈의 발육상태도 나빠 착과과실의 품질도 좋지 못하다. 복숭아도 도장성이 심한 가지일수록 또한 기부쪽으로 갈수록 개화가 늦다. 山下(1970)에 의하면 전년도 장과지와 도장지상의 영양상태를 비교해 본 결과 N 및 Ca 함량은 전반적으로 도장지가 장과지에 비해 현저하게 떨어졌으나 P, K, Mg 함량은 차이가 없었고, 환원당, 비환원당의 당 함량은 도장지가 장과지에 비해 현저하게 떨어졌고, 전 탄수화물 함량은 거의 차이가 없었다고 하였다.

(山下, 1970)

| 가지종류 | 부 위 | 꽃눈수(1㎡ 길이당) | 꽃눈 무게(100화) |
|---|---|---|---|
| 장 과 지 | 선단부 | 85.7개 | 2.278 g |
| | 중앙부 | 71.5 | 2.190 |
| | 기 부 | 61.0 | 1.938 |
| | 평 균 | 72.7(100) | 2.135(100) |
| 단 과 지 | 선단부 | 29.7 | 2.234 |
| | 중앙부 | 30.3 | 1.988 |
| | 기 부 | 19.5 | 1.748 |
| | 평 균 | 26.5(36) | 1.990(93) |

<표 3-15> 가지종류 및 부위가 개화일에 미치는 영향

(山下 : 1970)

| 구 분 | 부 위 | 4/15 | 16 | 17 | 18 | 19 | 20 | 21 | 22 |
|---|---|---|---|---|---|---|---|---|---|
| 장과지 | 선단부 | 1.17 | 5.34<br>(6.51) | 40.23<br>(46.74) | 44.24<br>(90.98) | 7.51<br>(98.49) | 0.50<br>(98.99) | 0.50<br>(100) | |
| | 중앙부 | 0.66 | 2.21<br>(2.87) | 26.34<br>(29.21) | 54.20<br>(83.41) | 13.50<br>(96.91) | 2.21<br>(99.12) | 0.88<br>(100) | |
| | 기 부 | | 0.49 | 17.72<br>(18.21) | 51.20<br>(69.91) | 19.41<br>(89.32) | 7.04<br>(96.36) | 2.67<br>(99.03) | 0.97<br>(100) |
| 단과지 | 선단부 | 0.36 | 2.18<br>(2.54) | 26.91<br>(29.45) | 41.09<br>(70.54) | 24.36<br>(94.90) | 2.54<br>(94.90) | 1.82<br>(99.26) | 0.73<br>(100) |
| | 중앙부 | | | 4.40 | 37.36<br>(41.76) | 42.85<br>(84.61) | 10.44<br>(95.05) | 2.75<br>(97.80) | 2.20<br>(100) |
| | 기 부 | | | 0.48 | 12.50<br>(12.98) | 36.54<br>(49.42) | 31.75<br>(81.25) | 10.58<br>(91.83) | 8.17<br>(100) |

※ 개화율 : % (　)내는 누계개화율

## 나) 도장지의 활용

### (1) 원가지 형성 및 곁가지 갱신

복숭아 재배에 있어서 전정 시 도장지 정리는 매우 중요한 작업 중의 하나가 된다. 유목기에는 원가지 형성에 이용되나 성목기에는 곁가지를 갱신하는 갱신지(更

新枝)로 이용되므로 이를 적절히 유인 또는 전정하면 유용(有用)한 결과지를 만들 수 있기 때문이다.

복숭아 묘목을 심은 후 2~3년간은 세력이 강한 발육지가 많이 발생하게 된다. 이러한 발육지는 대개 도장성을 띤 가지로 되어 남은 부초를 착생하게 되며 수관이 급격히 확대된다. 따라서 당초 선정해 놓았던 주지(원가지) 세력과의 균형이 바뀌어 대체하게 되는 경우가 발생하게 된다. 이럴 때에는 세력의 순리에 입각하여 원가지를 선정하여 조절해 나가는 것이 바람직하다. 성목기에는 쇠약해진 곁가지를 갱신하는 데 도장지가 유용하게 쓰이므로 강전정에 의하여 필요한 부위에 바람직한 도장지의 발생을 유도하도록 한다.

## (2) 도장지의 하계전정 시기 및 효과

도장지를 하계에 절단함으로써 수형교란을 방지하고, 통광(通光), 통풍(通風) 효과를 얻음과 동시에 새로운 결과지를 발생시키기 위한 하계 절단시기를 조사한 결과를 [그림 3-23]에서 보면, 6월 상순에 적어도 43cm 이상 자란 도장가능성을 띤 가지를 대상으로 전정 그루터기의 길이를 10~20cm 정도 남기고 절단한 것이 좋다.

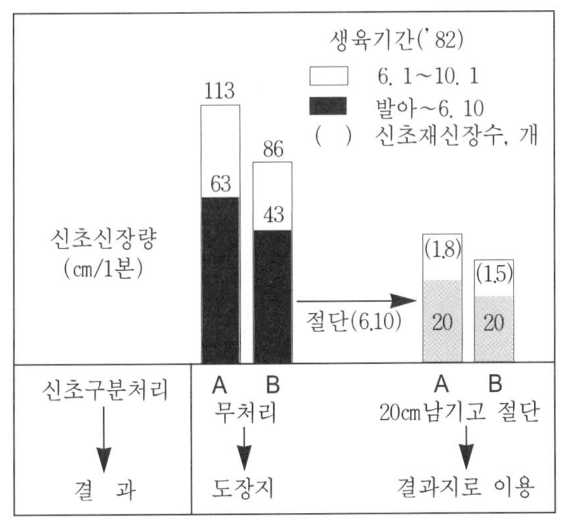


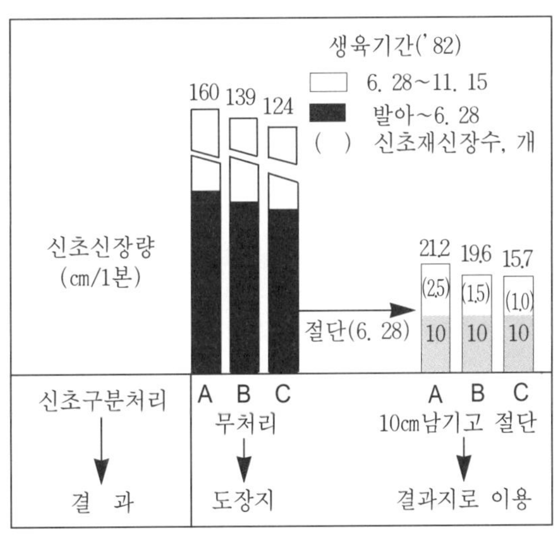


그림 3-23. 복숭아 도장성 신초의 하계전정 효과('83)

엄동기의 복숭아 전정은 가지마름을 촉진하고 이로 인한 동고병이나 세균성 수지병의 침입을 가져오므로 수세쇠약의 원인이 되고 있다. 따라서 겨울철 추운 지방에서 전정 시의 상처 부위를 통해서 발생하는 이들 병균의 감염을 감소시키려면 전정시기를 이른 봄이나 발아 직전까지 늦추는 것이 좋다.

일반과수 전정 시 전정 상처 부위가 빨리 아물도록 해 주기 위한 일반적 방법으로 가지절단면의 그루터기를 원가지와 평행되게 밀착시켜 바투 자르도록 추천되고 있는데 복숭아와 같이 전정 상처 부위가 잘 아물지 않는 나무의 경우는 그 절단방법에 있어 나무의 생리나 그 생장 특성에 잘 맞도록 해 줄 필요가 있다.

전정 시기와 절단 방법을 달리한 시험결과, 매우 추운 1월에 전정한 나무는 3월에 전정한 나무에 비해 동고병균의 감염이나 수지증상의 발생이 많았다(표 3-16). 따라서 겨울철 추운 지방이나 겨울이 추운 해에는 전정시기를 늦추는 것이 좋다.

한편 굵은 곁가지나 경쟁되는 가지의 제거는 분지된 기부조직을 바투 자르지 않고 기부의 주름잡힌 조직을 약간 남기고 절단한 것이 바투 자른 것보다 전정 상처 부위의 고사정도, 동고병 감염률, 수지증상 발생률 등을 비롯한 상처 부위조직의 갈변면적 등이 크게 감소된다.

<표 3-16> 복숭아 전정시기와 가지절단방법이 전정 상처부위 고사 및 동고병 감염 등에 미치는 영향

(Charles 등, 1984)

| 처 리 | 전정상처 부위의 고사 정도 (㎜) | 동고병감염 (%) | 수지발생 (%) | 조직내 갈변조직 (㎠) |
|---|---|---|---|---|
| **전정시기** | | | | |
| 1월 | 16.3 | 35.4 | 27.7 | 3.4 |
| 2월 | 16.3 | 20.0 | 17.9 | 3.2 |
| 8월 | 11.6 | 21.3 | 25.4 | 2.5 |
| **절단방법** | | | | |
| 3~5 남 김 | 20.9 | 26.5 | 5.8 | 3.6 |
| 주름조직남김 | 7.9 | 19.3 | 11.7 | 2.4 |
| 바 투 자 름 | 16.4 | 31.0 | 53.6 | 3.2 |

# 4. 포도나무의 정지 · 전정

## 가. 포도나무의 생육특성과 정지 · 전정

포도의 정지 및 전정법은 품종의 수체생육 및 꽃눈분화 정도 등 생리적 특성에 의해 우선 결정되어지나, 지역에 따라 기상 및 토양 등 재배적 환경조건 그리고 재배의 편리성이나 생력화 기술 등에 의해서도 달라질 수 있다. 매년 고품질의 과실을 안정적으로 생산하기 위해서는 품종에 따라 수체생장 및 결과습성뿐만 아니라 지역별 재배환경 조건을 잘 이해하고 조화시켜 올바른 수형 및 전정법을 적용해야 한다.

# 17 포도 생육특성

## 가) 결과습성

포도 과실은 전년도에 발생된 가지의 눈으로부터 생산된다. 포도의 눈(芽)은 대부분 과실을 생산할 수 있는 꽃눈으로 전년도의 신초가 생장하면서 잎의 겨드랑이에서 발생하는데, 마디마다 눈이 형성되고 이듬해 봄에 그 눈에서 새 가지가 생장하면서 결실하게 된다. 따라서 포도는 1년생 가지에서만 꽃눈이 생성되며, 2년 이상 묵은 가지는 눈이 착생되지 않아 새 가지도 발생하지 않으며, 숨은눈(隱芽)에서 발아된다고 해도 꽃송이가 착생되지 않는다.

일반적으로 포도의 눈은 사과, 배, 복숭아 등과는 달리 눈 속에 1개의 주아 및 2개의 부아 등 3개의 작은 눈이 하나의 눈을 구성한다. 이들 각각의 주아와 부아는 가지, 잎 그리고 꽃(과실)으로 발달될 능력을 모두 가지고 있다. 포도는 가장 잘 발달된 주아에서 신초가 발생되어 과실을 생산하나, 주아괴사현상 등 생리장해로 인하여 주아가 고사되는 경우 화아발달이 미약한 부아에서 신초가 발생하여 포도 과실을 생산하는 경우도 많으며, 이러한 특성은 외관상으로 구분이 어렵다.

## 나) 꽃눈분화 및 발달

포도가 달리는 새 가지를 열매가지(結果枝)라고 하고, 새 가지가 나온 지난 해의 가지를 열매어미가지(結果母枝)라고 한다. 열매가지에는 2~3개의 꽃송이가 착생하는 것이 대부분이고, 품종에 따라서 4~5개의 꽃송이가 착생되는 경우도 있다. 꽃송이는 덩굴손이 변형된 상동기관(相同器官)으로서 품종에 따라서 새 가지의 셋째 및 넷째 마디에 달리고, 다음 다섯째 마디는 거르며, 영양상태가 좋으면 여섯째 마디에 달리는 간절성(間絶性)인 경우와 셋째 마디부터 꽃송이가 계속 착생되는 연속성(連續性)의 형태를 나타낸다. 포도의 꽃눈 분화기는 5월 중·하순경이며, 새 가지의 밑부분 2~3마디부터 분화하기 시작하는데, 이러한 꽃눈의 분화는 수체(樹體)의 영양상태에 따라 크게 영향을 받는다.

포도 신초에 붙어있는 각각의 잎 겨드랑이에는 5월 상순에 내년에 가지가 될 눈이 형성되며, 이 눈이 발달하는 과정에서 내년에 과실을 생산할 수 있는 꽃송이가 생겨나는데 이 시기를 꽃눈 분화기라고 한다. 우리 나라에서 캠벨얼리 품종의 꽃눈 분화기는 5월 하순으로 보고되어 있는데, 가장 빨리 분화되는 눈의 위치는 기부에서 2~3번째 눈이다. 그러나 꽃눈 분화기는 재배지역이나 품종 그리고 동일 신초상의 위치에 따라서 다르며, 그 해의 기상상태에 따라서도 달라질 수 있다.

## 2) 포도 수형구성(정지) 및 전정법

### 가) 포도 정지, 전정의 중요성

포도의 정지(수형, 즉 나무모양 만들기) 및 전정(가지 자르기)법은 매년 안정적으로 고품질의 과실을 생산하는데 매우 중요한 기술이며, 또한 수형에 따라서 작업의 편리성 및 효율성에도 크게 영향을 미친다. 포도원을 개원할 때에는 재배할 품종을 우선 선택하게 되면, 선택한 품종의 유전적 생육 특성 및 결과습성에 따라 이에 맞는 적당한 수형은 대부분 결정되고, 선택한 품종에 맞는 재식거리 및 전정법 등도 결정된다. 따라서 품종별 생육특성에 따라 품종에 적합한 수형 등이 결정될 수 있으므로 품종에 관한 기본적인 지식은 반드시 필요하며, 이를 기초로 올바른 정지, 전정법을 적용할 수 있다. 같은 품종이라도 재배지역의 환경 및 재배기술에 따라 수형을 변형하여 재배할 수도 있으나, 이러한 응용기술 역시 품종별 기본 지식을 기반으로 해야 성공할 수 있다. 특히 수형구성은 매우 보편적인 기술로 생각할 수 있으나, 이는 포도원 개원부터 폐원까지 모든 재배관리에 많은 영향을 주는 가장 기본적이고 중요한 기술로서, 수형이 만들어진 후에는 새롭게 다른 수형으로 재구성하기가 매우 어려우므로 신중한 선택이 필요하다.

전정은 확립된 수형을 계속 유지해 나가면서 고품질의 과실을 안정적으로 생산할 수 있는 중요한 기술이다. 전정의 강약을 통한 적절한 꽃눈의 확보는 건전한 수체 생육을 유도하여 매년 목표한 수량을 달성하는데 직접적인 영향을 주는 기술이다.

## 나) 포도 품종별 수형 및 전정법

  수형구성 및 전정법은 품종별 생육특성에 크게 좌우된다. 일반적으로 포도나무는 세력이 왕성하며, 기부쪽 눈에서 화아 착생이 불량한 품종은 수관확대를 통해 세력 분산이 가능한 수형인 X자형, 우산형 그리고 울타리형의 니핀식이 적당하다. 그러나 수체 생육이 비교적 떨어지고 기부의 눈에서도 결실이 양호하여 단초 전정이 가능한 품종은 수형구성이 용이하고 결실관리가 간편한 울타리식의 웨이크만 수형과 평덕식의 일자형이나 개량 일문자형 등이 적합하다.

  이러한 수형에 적합한 전정법은 재배 품종별 생육특성에 따라 대체로 세력이 강해 새 가지의 밑부분에 충실한 꽃눈이 형성되기 어려운 거봉과 같은 대립계통 품종은 장초 전정, 델라웨어나 엠비에이(M.B.A)와 같이 세력이 중간 정도의 품종은 중초 전정, 캠벨얼리, 다노레드, 머스캣 오브 알렉산드리아와 같이 새 가지의 밑부분에도 비교적 충실한 꽃눈이 형성되어 결실이 좋은 품종은 단초 전정을 하는 것으로 되어 있다(표 4-1).

<표 4-1> 포도 수형 및 품종에 따른 전정방법

| 구 분 | 평덕식 | 울타리 식 | 주 이용 품종 |
|---|---|---|---|
| 단초 전정 | - 일 자 형<br>- 개량일자형<br>- H자형(쌍방H자)<br>- 올백형<br>- 우산형 | - 웨이크만형<br>- 개량 먼슨형<br>- 개량 니핀형<br>- 수평 코르돈형 | - 캠벨얼리<br>- 타노레드<br>- 머스캣 오브<br>　알렉산드리아 등 |
| 장초 전정 | - X자형<br>(변형 X자형) | - 니핀형<br>- 만즈 레인캇트형 | - 거봉 등 대립계<br>(대부분의 품종가능) |

  이외에도 수형을 구성하는 데 있어 재식거리는 매우 밀접한 관계가 있다. 품종별 수세확장 정도에 따라 수형이 결정되면 수형별로 재식거리는 대부분 결정된다. 적정한 재식거리 확보의 가장 중요한 목적은 수세의 안정을 위한 것이며, 이에 따라 일정한 면적에 가장 생산 효율을 높일 수 있는 재식주수가 결정된다. 그러나 많은 농

가에서는 조기에 많은 수량을 얻기 위해 과도한 재식을 하는 경우가 있으며, 과도한 재식은 수형의 유지가 어렵고, 밀식장해 등에 의한 불량한 수체 관리로 고품질 과실 생산에 큰 영향을 미치므로 주의하여야 한다.

특히, 우리 나라 포도나무 재식거리는 상당히 좁게 심는 밀식 재배 형태로서 밀식장해의 위험성이 매우 높다(표 4-2). 포도 재식 시 열간과 주간거리 중에서 작업과 수세관리에 열간거리는 매우 중요하다.

캠벨얼리 품종에서 주로 이용하는 웨이크만, 일문자, 개량일문자 수형과 같은 일명 줄포도 형태의 수형에서는 열간거리 2.7m(또는 3.6m)와 주간거리 2.7m를 재식거리로 추천하고 있다. 우리나라에서는 열간 적정거리인 2.7m를 두고 재식하는 농가는 매우 드물며, 대부분 2.4m 또는 2.1m를 이용하고 있으며, 1.8m의 매우 좁은 열간거리를 이용하는 농가도 많다. 많은 수량확보를 목적으로 열간거리를 2.1m 이하로 좁게 할 경우 2~3년차의 유목기에는 고품질의 과실 생산이 가능하나 성목이 될수록 공간이 좁아 잎이 겹치고 복잡해져 광조건이 불량해지고 수세 관리가 어려워 신초도장 등의 문제점이 발생하여, 장기적으로 고품질 과실 생산에 매우 불리한 조건이 된다. 따라서 좁은 열간거리로 재식된 농가에서는 성목이 된 후 이러한 문제점을 해결하기 위하여 한줄 건너 열간을 제거할 경우 광조건이 개선되어 품질향상을 도모할 수 있으나 초기의 열간거리보다 2배 정도되므로 수량이 감소될 수 있다. 따라서 재식 초기부터 열간거리의 설정은 매우 중요하며, 안정적인 수량확보 및 고품질 포도 생산을 위해서는 열간거리를 최소 2.4m 이상은 유지해야 한다. 그러나 주간거리는 초기 밀식을 하여도 수세의 확장 정도에 따라 연차적으로 계획간벌을 하고 간벌된 공간은 신초를 유인하여 수세를 안정화시키고, 빈 공간을 채움으로써 수량 감소를 막을 수 있어 재식 초기 주간거리를 좁게 하여 조기 수량을 높이고 점차 간벌을 통해 적정 주간거리를 유지하는 재배방법은 이용할 만하다.

거봉 품종과 같이 수세안정을 위해 이용되는 X자형 수형은 열간 및 주간거리를 6×6m 또는 7.2×7.2m로 재식하도록 추천되어 있다. 그러나 우리나라에서는 주로 3.6×3.6m의 재식거리를 이용하고 있어 매우 밀식하여 재배하는 형태다. 거봉과 같이 수세가 왕성한 품종의 안정된 재배법은 재식거리를 충분히 유지하고 약전정과 수관을 점차적으로 확장하여 수세를 안정시켜야 하나, 우리나라와 같이 겨울철 동해 피해를 막기 위해 매몰하여 월동해야 하는 재배상 문제점으로 수관을 확장시키기 곤란한 측면이 있다. 따라서 거봉 주산지인 천안 및 안성 등에서 수관을 크게 확장하지 않고 좁은 재식거리를 이용하게 된 이유라고도 볼 수 있으며, 이러한 재식형태에 맞게 모든 재배 관리가 확립된 상태로 볼 수 있다. 그러나 고품질 포도생산을 위해서는 현재의 재식거리보다는 좀더 넓게 재식할 필요가 있으며, 특히 3.6×3.6m 보다 더 좁은 재식거리는 삼가해야 하며, 만약 이보다 좁게 심었을 경우에는 필히 연차적 간벌 계획을 수립하여야 한다.

<표 4-2> 국내 캠벨얼리 품종의 수형 및 재식 형태('96~98, 원예연)

| 지 역 | | 주요 이용 수형 | 재식거리<br>(열간×주간) | 재식주수<br>(10a당) | 밀식정도 |
|---|---|---|---|---|---|
| 경북 | 영천 | 개량 먼슨 | 2.1×1.8m | 265 | 매우 과다 |
| | 김천 | 개량 일문자 | 2.1×2.1m | 228 | 과 다 |
| | | | (2.4×1.6m) | 260 | 매우 과다 |
| | 상주 | 개량 일문자 | 2.4×2.4m | 174 | 약간 과다 |
| 충북 | 영동 | 일문자 | 2.7(2.4)×1.8m | 174(154) | 약간 과다 |
| | 옥천 | 우산형 | 2.4×2.1m | 200 | 과 다 |
| 전북 | 김제 | 웨이크만 | 2.4×1.8m | 230 | 과 다 |
| | | | (2.4×1.2m) | 300 | 아주 과다 |
| | 완주 | 웨이크만 | 2.1×1.8m | 230 | 과 다 |
| 충남 | 아산 | 웨이크만 | 2.1×1.6m | 250 | 과 다 |
| 경기 | 화성 | 웨이크만 | 2.4×1.8m | 230 | 과 다 |
| | 가평 | 개량 일문자 | 2.7(3.6)×2.4m | 154(115) | 정 상 |
| | 김포 | 웨이크만 | 2.4×2.1m | 200 | 과 다 |
| | 강화 | 웨이크만 | 2.4×2.1m | 200 | 과 다 |



**최신 과수 정지 · 전정**

포도는 이론적으로 수체의 생리특성에 따라 품종별로 수형과 전정법이 대체적으로 결정되어 있다. 그러나 실제로 품종별로 어떠한 수형과 전정법을 선택하느냐는 경제성의 논리, 즉 수익을 많이 올릴 수 있느냐에 따라 결정되어질 수 있으며, 이는 재배환경, 재배목적 그리고 농가의 재배수준 등에 따라 좌우된다고 할 수 있다. 따라서 포도 재배가 초보인 경우에는 일반적 이론에 의해 재배하는 것이 성공 확률이 높으며, 이론과 실제를 겸비하여 재배기술이 높은 농가에서는 이를 응용하여 적용할 수 있다.

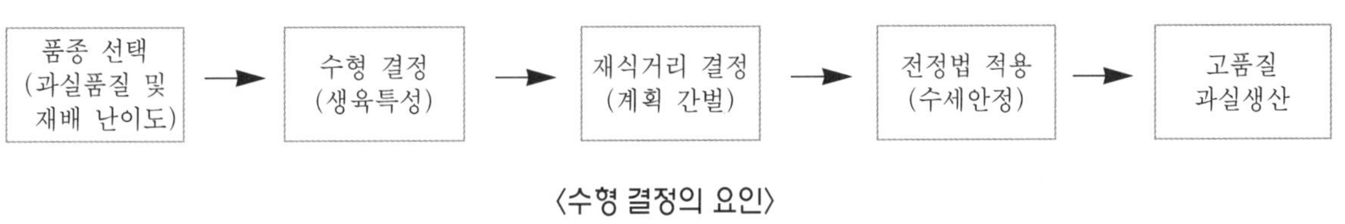



〈수형 결정의 요인〉

## 다) 수형구성 시 주의 사항

포도나무는 품종별 생육특성에 따라 적합한 수형이 선택된다. 또한 선택된 수형에는 최적 재식거리와 전정법도 결정된 경우가 많다. 이러한 수형, 전정법, 재식거리의 3가지 요인은 상호 관련되어 있기 때문에 잘못 적용하게 되면, 농사에 실패를 가져오는 경우가 발생한다. 예를 들어, 캠벨얼리 품종에 주로 사용되는 웨이크만형은 수체 생육특성과 재식거리에 따라 단초 전정을 적용하는 것이 가장 적합하다. 그러나 이러한 웨이크만 수형에 수세가 강하고 장초 전정을 이용하도록 되어 있는 거봉 품종을 이용하면 결과지 난립으로 수형을 계속 유지하기가 어렵게 되고, 단초 전정을 적용하면 도장 등으로 인하여 수세 안정이 거의 불가능하기 때문에 포도 농사를 실패하게 된다. 이러한 경우는 포도 주산단지에서 품종을 새롭게 교체하려는 농가에서 품종의 특성을 정확히 파악하지 않고 재배하는 경우에 종종 발생한다.

# 나. 수형 종류 및 구성 방법(정지 방법)

## 1) 울타리식 수형 및 구성 방법

### 가) 웨이크만형(Wakeman's training system)

지상 1.2~1.5m 높이의 지주(땅에 묻는 길이 60cm)를 세우고 길이 90cm 되는 철주를 가로로 대어 T자형으로 고정시키고, 이 철주의 양쪽 끝과 땅부터 위로 90cm 되는 곳에 3개의 철선을 늘어뜨린다. 주지 유인 철선인 1번 철선의 높이가 90cm보다 낮으면 지상에서 튀어 오르는 빗물에 의해 병해 발생의 위험성이 크다.

일반적으로 지주 가까이에 포도를 재식하여 한쪽으로만 원가지(주지)를 비스듬히 눕혀서 키우나 우리 나라에서는 주로 주지 2개를 양쪽으로 유인하여 재배되는 변형된 형태로 재배하는 지역이 많이 있는데, 주지를 1개로 이용하는 것과 2개로 이용하는 것에 대한 차이점은 없다. 이 수형은 단초 전정을 하는 품종에 적합한 수형이다.(그림 4-1)

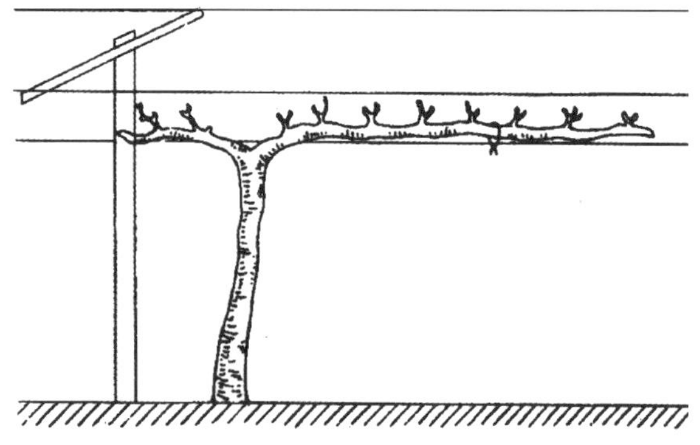

그림 4-1. 웨이크만형

[1년차] 묘목을 심은 후 2~3마디 충실한 눈을 남기고 자르고, 그 눈에서 나온 새 가지 중 세력이 좋은 것 1개만을 남기고 키우고 나머지는 두 잎 정도만을 남기고 순을 질러 생장을 억제시킨다. 겨울철 전정 시 충실히 자란 경우 1.2~1.5m를 남기고 자르나, 대부분 가지가 충실히 자란 곳까지를 남기고 자르는 것이 좋다.

[2년차] 2년째는 포도 눈이 트기 전까지 지주 및 철선이 가설되어야 한다. 철선은 지주 중간을 연결하는 간선은 8번 철선을, 지주 상단의 지선은 10번 철선을 사용한다. 봄철 발아 후 원줄기 밑부분에서 나온 새 순은 모두 제거하고, 원줄기 끝부분에서 나온 새 가지 중 튼튼한 것을 연장지로 삼아 철선에 유인한다. 그 밖의 새 가지는 상단 철선에 유인하여 키운다.

포도나무의 생육이 충실하면 2년째에도 결실이 가능하나 일반적으로 결실을 시키지 않으며, 혹은 품종확인을 위해서 1~2송이를 남기고 제거한다. 겨울철 전정시기가 되면, 원줄기 연장지는 충실하게 자란 곳에서 자르되, 너무 길게 남기면 밑부분의 눈이 트지 않거나 약하게 자라 열매가지가 불량하게 되므로 충실하게 자란 경우라도 1.2m 이상은 남기지 않는다.

[3년차] 3년차부터는 본격적으로 결실이 되므로 새 가지가 30cm 정도 되었을 때 바람에 부러지지 않도록 상단 철선에 서로 어긋나도록 유인하고 가지의 세력을 보아 1~2송이를 결실시킨다. 주지 연장지에는 결실을 시키지 않고, 이웃 나무와 서로 맞닿게 되면 그 이상은 연장시키지 않는다.

## 나) 개량 먼슨형(가칭)

우리 나라 경북 영천지역에서 많이 사용하는 수형으로서 [그림 4-2]처럼 1단의 원가지 유인철선은 지면 위 90cm이고, 그 위 50cm 위로 지주에 붙히는 앵글의 길이를 60cm 하여 양쪽에 2단 유인 철선을 두며, 그 위로 다시 50cm 정도 띄어 3단 신초 유인선을 가설한다. 이 수형은 웨이크만식 수형처럼 신초를 양옆으로 유인하여 펼치는 형태가 아닌, 2단 철선에 신초를 유인 후 위의 3단 철선으로 모아 유인시키는 형태다.

이러한 형태는 신초유인을 내부에 하기 때문에 내부에 잎이 과도하게 겹쳐 있어 웨이크만형이나 일문자형과 같이 신초를 좌우로 펼쳐 잎이 받는 수광 면적을 최대로 하여 광을 이용하는 수형에 비해 광효율성이 매우 떨어진다. 다만, 열간 좌우로 광 투과가 매우 용이하고 과실이 직접 광에 노출되어 있으며, 열간 수관이 복잡하지 않아 재배관리면에서 편리한 이점을 가지고 있다. 측면에서 보면 니핀식의 형태와 유사한 형태를 가지고 있으며, 신초가 직립된 형태로 생장하므로 캠벨얼리 품종에 이용하는 웨이크만이나 일문자형 수형보다 생장량이 많은 특성이 있다. 연도별 수형 구성 방법은 웨이크만과 유사하다.

그림 4-2. 개량 먼슨형

## 다) 니핀형(Kniffin's training system) 및 개량 니핀형

니핀식 수형은 원줄기를 수직으로 세우고 원가지 좌우에 각각 2단으로 유인하여 원가지에서 나오는 열매가지를 아래로 늘어뜨리고, 원가지의 밑부분에는 예비가지를 두어 원가지(열매어미가지)를 매년 갱신시키는 방법이다. 따라서 이 수형은 장초 전정이 가능한 수형이다(그림 4-3). 개량 니핀식 수형은 니핀식과 외관적으로 비슷하나 원가지를 갱신하지 않고 영구 원가지로 고정시켜 두며, 그 위에서 나오는 열매가지를 매년 단초 전정을 하고 여기에서 나오는 가지를 수직으로 올려 철선에 유인해 주는 방법이다(그림 4-4). 이 수형은 우리 나라에서는 잘 이용하지 않으며, 특히 생육기 장마 등으로 인해 광 조건이 불량한 우리 나라의 조건에서는 아래 신초가 광을 받기가 어려워 신초 생육이 떨어지거나 눈이 죽는 경우가 종종 발생하는 단점이 있다.

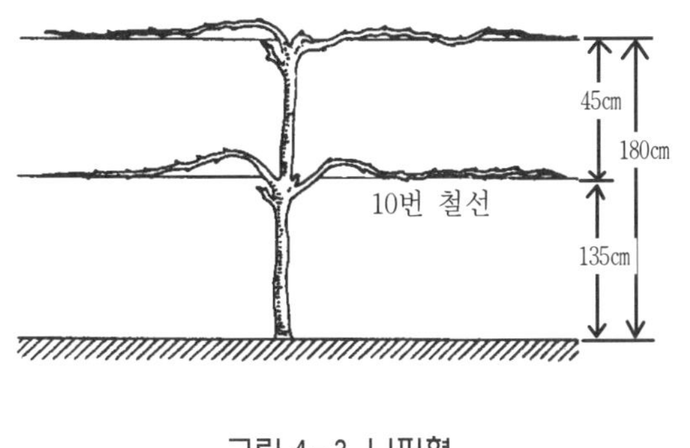
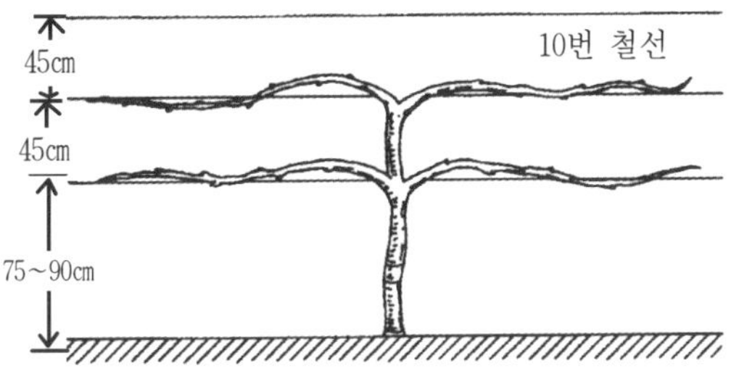



그림 4-3. 니핀형                     그림 4-4. 개량 니핀형

이러한 수형 외에 우리 나라에는 많이 쓰이지 않으나 나무세력이 왕성하고 여름철 고온 다습한 조건에 맞는 제네바 2중 커튼형과 비가 많이 내리는 일본에서 양조형 포도 품종재배를 위해 개발한 만즈레인 커튼형 등이 있다(그림 4-5).

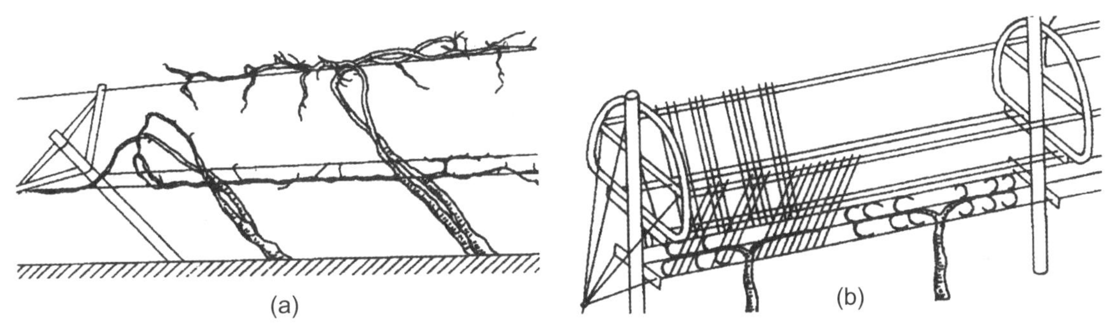


그림 4-5. 제네바 2중 커튼형(a), 만즈레인 커튼형(b)

## 2/ 평덕식 수형

### 가) 일자형(일문자형)

평덕식 정지에서 단초 전정이 가능한 품종에 적합하도록 확립된 정지방법으로, 덕 높이에서 원가지를 좌우로 각각 1개씩 직선으로 키워 영구 원가지를 형성시킨다. 따라서 웨이크만식 수형을 덕 위에 올려 놓은 것과 매우 유사한 수형이다(그림 4-6).

수관확대가 별로 필요하지 않고 단초 전정이 가능한 품종에 적합하며, 평덕식 정지 중 간단하고 우리 나라의 재배조건에도 적당하여 추천할 만한 수형이다. 이 수형의 장단점은 다음과 같다.

장점으로는

첫째, 열매가지가 고르게 배치되어 결실관리 및 전체적인 공간활용이 가능하고,

둘째, 결과부위 상승이 적어 결과지 관리가 간편하고,

셋째, 열매가지의 세력이 고르기 때문에 포도송이가 균일하며, 결실과다의 염려가 없고 수량이 안정되고 나무의 세력유지가 쉬우며,

넷째, 전정이나 새 가지의 유인이 쉽고,

다섯째, 신초를 덕 위로 유인하기 때문에 아래 공간을 활용할 수 있어 폭이 좁은 기계의 사용도 가능하다.

단점으로는

첫째, 전정의 정도 및 강약 조절이 어렵고,

둘째, 열매어미가지의 손상 시 공간을 메우기 어려워 수량이 감소되기 쉬우며,

셋째, 유목기부터 강전정이 되므로 수관의 확대가 느려 성과기 도달이 늦고,

넷째, 발아가 늦고 웃자라며, 착색과 성숙이 늦다.

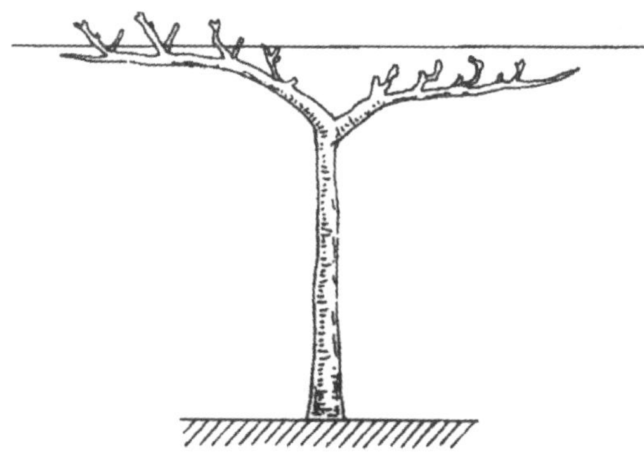

그림 4-6. 일자형 수형

[1년차] 묘목의 관리방법은 웨이크만과 동일하다. 생장이 좋으면 덕 밑까지 자라므로 원가지는 덕의 천장 20~30cm 아래에서 양쪽으로 분지시키나 일반적으로 1년

차에는 분지시키지 않고 계속 신장시킨다. 겨울철 전정은 생육이 불량하면 0.5~1.5m 에서 절단하여 원가지를 다시 키우고, 세력이 적당하면 원가지를 덕 위 30~50cm에 서 절단한다. 세력이 강한 원가지는 덕 위 0.5~1m에서 절단하고 반대쪽의 원가지는 30~50cm정도로 짧게 자른다.

[2년차] 덕 아래에서 나오는 새 가지는 모두 제거하고, 덕 위의 새 가지는 웨이크 만형처럼 좌우로 유인하여 키우고, 원가지 끝부분의 충실한 가지는 연장지로 계속 키 운다. 반대쪽 원가지를 선택하지 않았을 경우에는 덕 아래 20~30cm 부위에서 충실한 새 가지를 골라 최초 원가지의 반대 방향으로 유인하여 원가지로 삼는다. 2년차 겨울 철 전정도 웨이크만식과 유사하다. 덕 위 1년생 가지는 2~3마디로 전정하고 한쪽의 세력이 좋은 원가지 연장지는 1~1.5m, 반대쪽의 원가지 연장지는 1m 내외로 자른다.

[3년차] 3년차 이후는 2년차와 동일하게 매년 결과지를 형성시켜 마치 웨이크만 수형을 덕 위에 올려 놓은 것과 같은 비슷한 수형이 되게 한다. 이 때 유의할 점은 한쪽 원가지는 반대 방향의 원가지보다도 강한 세력으로 유지해야만 나무의 세력 균형이 유지된다.

## 나) 개량 일(문)자형

개량 일문자형은 일문자형 및 웨이크만형의 장점을 모아 개량한 수형으로 이 두 수형과 형태가 매우 유사하며, 수형 구성의 방법은 일문자 수형과 동일하다. 가장 큰 차이점은 주간에서 주지를 분지시키는 높이가 웨이크만형의 90cm와 일문자형의 140~150cm의 중간인 약 110~120cm로써 웨이크만형의 수광 조건과 작업 불편함 그 리고 일문자형의 작업 불편함의 단점을 해결코자 개발된 수형이며, 울타리식이 아닌 평덕식으로 이용한다(그림 4-7).

일자형 수형에서 원가지를 유인하는 철선을 덕 아래인 지상 1.4m 내외의 높이에 설 치하여 원가지에서 나오는 새 가지를 웨이크만 수형과 같이 원가지의 직각방향으로 비 스듬히 덕 위에 유인시킨다. 원가지와 덕과의 거리가 떨어져 있으므로 신초엽 4~6매 정도 시 바람에 부러지지 않게 유인할 수 있는 철선을 하나 더 가설하는 것이 좋다.

그러나 과실 착과부위는 농민의 키에 따라 달라지므로 철선의 높이 등은 농가 스스로가 판단하여 설치하는 것이 바람직하다. 나머지 연차적 수형구성은 일문자 수형 관리와 유사하게 관리한다.

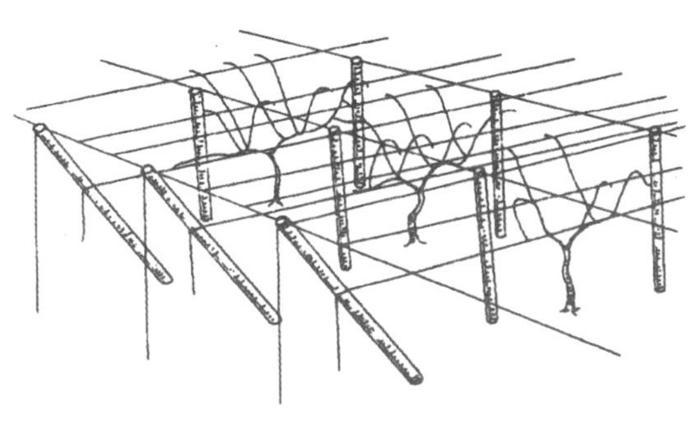

그림 4-7. 개량 일(문)자형

우리 나라 주품종인 캠벨얼리에서 사용되는 수형인 웨이크만형이나 일문자형 등은 나름대로의 장단점이 있지만 재배관리에 불편한 면도 있다. 포도나무 재배관리작업 중 꽃송이 다듬기, 유인, 적립, 봉지 씌우기, 수확 등 주로 결실관리에 많은 노동력이 소요되고 있어 수형에 따라 과실 착과부위는 작업의 편리성에 큰 영향을 미친다. 일반적으로 울타리식의 모든 수형은 과실 착과 위치가 허리 아랫부분으로 작업상 허리, 무릎 등에 무리가 가는 형태로 되어 있으며, 일문자형과 같은 수형은 결실부위가 덕면 위로 높아 어깨와 목에 무리가 있어 작업에 불편함을 주고 있다(표 4-3).

<표 4-3> 수형별 작업 노력도 비교('99 원예연)

| 구 분 | 울타리식<br>(웨이크만형) | 평 덕 식 | |
|---|---|---|---|
| | | 일문자형 | 개량일문자형 |
| 수형특성(과실착과부위) | 허리 아래 | 머리 위 | 가슴부위 |
| 작업 불편 신체부위 | 허리, 무릎 | 목, 어깨 | 어  깨 |
| 10a당 평균 작업일수(봉지수/10a) | 1.15(1,400) | 0.93(1,700) | 0.92(1,800) |
| 노력 절감 지수 | 100(100) | 80.9(78.6) | 80.0(71.4) |

따라서 [그림 4-8]과 같이 과실착과 위치가 재배농가의 가슴 위치정도에 있는 것
이 작업의 효율성을 가장 높일 수 있는 수형이다. 따라서 과실착과 위치가 가슴에
있도록 개선된 수형인 개량 일문자형은 캠벨얼리와 같이 단초 전정을 이용할 수 있
는 품종에서 이용될 수 있는 수형으로 작업효율이 높은 수형이다.

〈개량일문자 수형〉

〈일문자 수형〉

〈웨이크만 수형〉

그림 4-8. 수형별 결실관리 작업 형태

## 다) H자형

H자 수형은 일자형 수형에서 원가지를 좌우로 각각 2개씩 분지시켜 위에서 본 원
가지 모양이 마치 H자와 비슷하여 2중 일문자라고 할 수 있다. 4개의 원가지는 상호
간 세력차이가 있어 주종관계가 분명해야 나무의 균형을 이룰 수 있다. 수관 확대가
요구되는 비옥한 토양과 세력이 강한 품종에 적합한 수형이다. 따라서, 여름철에 비
가 많이 오고 토양도 비교적 비옥해 나무의 세력이 왕성하기 쉬운 일본에서 캠벨얼
리와 같은 단초 전정이 가능한 품종의 대표적인 수형이다(그림 4-9).

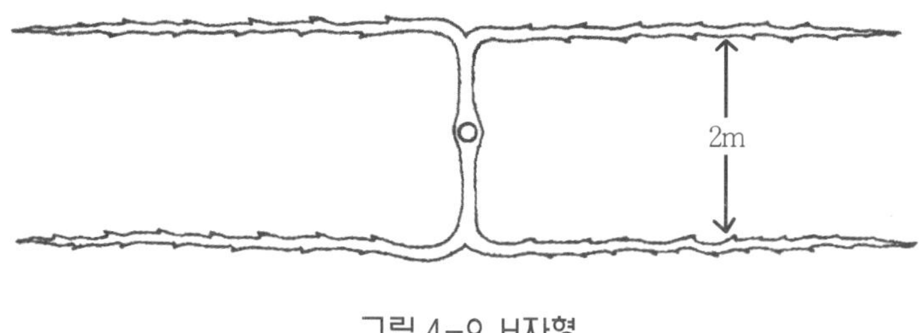

그림 4-9. H자형

## 라) 수산형

대전 근교에서 캠벨얼리 품종에 주로 밀식 재배에 많이 이용되었던 수형이나, 현재는 재배면적이 급속히 줄어가는 수형이다. 수형의 형태는 덕 아래 60cm부위에서 원가지를 사방으로 3~4개 분지시키고 다음해(2년째)에 원가지를 다시 2개로 분지시켜 덧원가지로 한다. 3번째에 덧원가지를 절단하면 곁가지가 12~15개 정도 생긴다. 이 곁가지를 열매어미가지로 이용하여 새 가지(열매가지)를 발생시켜 우산살과 같은 수형이 된다. 이 수형은 전정 및 송이의 관리에 편리하고, 특히 초기 수량이 많다. 그러나 지나친 밀식 재배(10a당 150그루 내외)는 수관의 확대가 곤란하여 재식 후 4~5년부터는 밀식장해가 발생되기 쉬우므로, 나무의 세력조절에 유의해야 한다(그림 4-10).

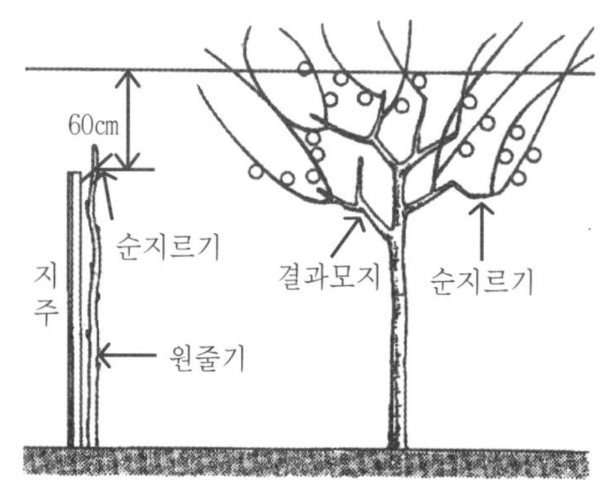

그림 4-10. 우산형

# 마) X자형

일본에서 개량된 대표적인 자연형 정지방법으로, 원가지를 X자가 되게 사방으로 향하도록 배치하고, 장초 전정을 주로 하되 중초 전정과 단초 전정을 동시에 사용할 수 있다. 이 수형은 재식거리를 넓게 하여 나무를 크게 만드는 방법으로 수세 조절이 용이하며, 나무의 수명이 길어지는 장점이 있어, 세력이 왕성한 대립계통의 품종에서 많이 사용되고 있다. 그러나 X자형은 정지, 전정이 어렵고 수형구성의 시간과 노력이 많이 소요되며, 또한 대립계 품종은 내한성이 약해 우리 나라 대부분의 지역에서는 월동 시 지중에 매몰해야 하므로 수관을 크게 할 경우 토양매몰이 어려워 우리 나라의 안성, 천안 등 거봉 재배단지에서 크게 이용되지 못하고 있으며, 유사하게 변형된 X자 형태의 축소 수형이 이용되고 있다(그림 4-11).

그림 4-11. X자형 수형(a), 국내 변형 X자형 수형(b)

[1년차] 묘목에서 자란 새 가지는 원가지로 덕 위로 올리고 발육이 양호하면 덕 30cm 아래에서 덧가지가 발생하므로 이 가지를 덕 위 반대방향으로 유인한다. 겨울철 전정 시 발육이 왕성하면 덕 위에서 캠벨얼리나 델라웨어의 경우 1.2m로 잘라주고 덧가지는 생육에 따라 60~120cm로 전정하여 원줄기와 덧가지의 비율이 6 : 4 정도 되게 주종관계를 유지하게 한다.

[2~3년차] 원줄기에 원가지의 골격을 만드는 시기로 발육이 좋으면 1년차에 제2원가지를 만들고, 2년차에는 각 원가지로부터 나온 덧가지를 이용하여 각각 원가지를 만들 수 있으므로 3년차에는 4개의 원가지를 완성할 수 있다. 원가지는 4개로 한정시키고 발생순서에 따라 제 1, 2, 3, 4번 원가지로 한다. 제1원가지와 제3원가지, 제2원가지와 제4원가지는 서로 반대쪽에 있게 하며, 2개의 원가지가 이루는 각도는 100~110°가 적당하다.

[4~5년차] 원가지를 계속 연장시키면서 덧원가지를 만들어 나가는 시기다. 완성된 원가지는 4개를 직선으로 계속 연장시켜 나가며, 수관 내부에 이미 형성된 덧원가지에서는 2~3개의 열매어미가지가 나오게 된다. 일찍 형성된 덧원가지는 세력의 균형이 맞지 않아 혼란을 일으키는 경우가 있다. 또한 덧원가지가 너무 강해지면 원가지를 약해지며, 특히 끝부분의 2~3눈에서 발생된 가지는 원가지와 같이 신장하여 원가지의 세력을 약하게 하므로, 이러한 강한 1년생 가지는 솎아 주는 것이 좋으며, 잔가지를 길게 남겨 새 가지를 적당히 솎아 주어 수관의 확대를 돕는다.

[6~7년차] 덧원가지의 정리 단계로서 이 시기에는 원가지의 자람도 점차 감소하여 원가지가 완성에 가까워진다. 원가지가 덧원가지보다 세력이 약한 경우 원가지를 자르고 맨 위의 덧가지를 원가지로 삼는다. 원가지의 좌우에는 교호로 적당한 세력의 덧원가지가 있도록 하여 수관 내부에 강한 세력의 가지가 발생하지 않도록 하는 한편, 솎아줌에 따라 생긴 공간을 메우도록 한다. 즉, 원가지 밑부분의 세력이 매우 강한 덧가지는 솎아내고 세력이 약한 원가지를 남기며, 윗부분의 덧원가지로서 밑부분 공간을 채운다. 원가지의 중간 부위와 끝부분에서 발생한 덧원가지는 점차 솎아서 영구성이 있는 덧원가지를 만들며, 덧원가지 사이의 거리는 품종 및 나무의 세력에 따라 다르다. 델라웨어의 경우에서는 밑부분은 1.6m, 중간은 1.2m, 끝부분은 0.6m로 하여 수를 최소한으로 만들어 준다. 원가지에서 덧원가지, 덧원가지에서 곁가지, 곁가지에서 열매어미가지로 수액이 점차 약하게 이동하도록 세력의 균형을 유지하는 것이 좋다.

## 빠) 소목자연형

수세가 강한 거봉계 품종에서 수세와 결실 안정을 좋게 하기 위해 일본에서 개발된 수형으로 전체적인 형태가 일문자형을 이루고 있는 수형 형태다. 주로 세력이 강한 품종에 적용하는 장초 전정법을 사용하기 때문에 캠벨얼리와 같은 단초 전정 품종에 사용되는 일반적인 일문자형이 아니고, X자 수형처럼 부주지를 만들고 여기에 결과지를 활용하는 방법을 이용한다. 이 수형의 특징은 수세조절을 위하여 동계전정 시 초약전정을 주로 이용하여 많은 가지를 발생시켜, 양분의 분산을 통하여 수세를 안정화시킨 후 생육기에 여분의 가지를 2~3차로 제거한 후 목표 수량을 달성하는 방법을 이용한다. 이 때 제거되는 가지의 명칭을 조정지라고 칭한다.

소목자연형을 이용할 때 재식거리는 2.5~3×4m로 10a당 90~100주로 재식한 후 수관이 확장되어 이웃한 나무와 겹치게 되면 간벌을 실시하여 5~6×8m로 최종 10a당 20~25주 내외로 한다. 우리 나라에서 이 수형을 이용하고자 할 때에는 동계 동해피해가 발생하지 않는 남부 일부지역에서 가능한 것으로 보이며, 동해피해 우려가 있어 겨울철 매몰을 해야 하는 지역은 수관이 너무 커 매몰작업이 어렵기 때문에 이용하기는 쉽지 않다. 그러나 소목자연형이 이용하는 방법인 조정지를 이용한 수세 안정화 방법은 국내 거봉과 같은 대립계 포도에서 이용할 만한 전정 방법이다.


# 다. 전정 방법

정지 작업을 통해 수형구성이 되면 그 수형을 계속 유지하면서 매년 열매어미가지를 골라 이를 적당히 잘라주는 작업이 포도의 전정이다. 전정 정도는 필요에 따라 가지를 길게 또는 짧게 자를 수 있고, 남기는 가지의 길이에 따라 장초 전정(長梢 剪定), 중초 전정(中梢 剪定), 단초 전정(短梢 剪定)으로 나눌 수 있다. 재배자가 단초나, 장초 전정을 하는 것은 자유이나 어떠한 전정법이 품종이나 수형에 적합하고 또한 경제적 재배가 가능한가는 전정법에 대한 이해가 충분히 된 후에 적용해야 한다. 또한 특정지역에서 행하는 전정법을 그대로 답습하는 경우도 있는데, 이는 그 지역의 토양 비옥도, 일조, 기온, 강우량 등과 나무의 자람세는 밀접한 관계가 있으므로 이러한 요소들이 필수적으로 고려되어야 한다.

# 17 단·중초 및 장초 전정

겨울철 전정 시 전정의 대상이 되는 결과모지를 자를 때 남기는 눈의 수에 따라 1~3마디를 남기는 경우를 단초 전정, 4~6마디를 남는 경우를 중초 전정, 7~10마디 이상을 남기는 것을 장초 전정이라 한다. 단초 전정은 대부분 수세확장이 비교적 적고, 기부에도 꽃눈의 착생이 양호한 품종에 적용하고, 수세가 강하고 기부의 눈이 불충분한 품종의 경우는 수세안정을 위해 장초 전정을 이용하며, 수세가 중간 정도인 품종에는 중초 전정을 이용한다(표 4-4).

<표 4-4> 품종별 전정방법

| 구 분 | 단초 전정 | 중초 전정 | 장초 전정 |
|---|---|---|---|
| 전정방법 | 1~3마디 | 4~6마디 | 7마디 이상 |
| 품 종 | - 캠벨얼리<br>- 타노레드<br>- 머스캣 오브<br>　알렉산드리아 | - 델라웨어<br>- M.B.A | - 거봉 등 대립계<br>　(대부분의 품종 가능) |

수세확장의 정도는 품종의 유전적 특성에 따라 정해지므로 품종별로 이러한 전정법을 일률적으로 적용할 수 있으나, 재배과정에서의 수체 생육에 따라 변형하여 적용할 수 있다. 즉, 거봉과 같은 수세가 강한 대립계 품종도 대부분 장초 전정을 하지만 적절한 수세를 이루고 있거나, 약한 가지 등은 단초나 장초 전정을 혼합하여 적용할 수 있다. 또한 단초 전정을 위주로 하는 캠벨얼리 품종 역시 수형을 계속 유지해 나가는 범위에서 장초, 중초 및 단초 전정을 모두 사용할 수 있다. 이와 같은 전정법의 응용은 수형의 유지를 우선적으로 고려해야 하나 이 중에서 어느 방법을 선택할 것인지는 수형, 품종의 특성, 재배기술 등에 따라 다르므로 이를 종합적으로 고

려하여 결정하도록 한다(표 4-5).

<표 4-5> 장초 및 단초 전정의 장단점

| | 장초 전정 | 단초 전정 |
|---|---|---|
| 장<br><br>점 | o 수관의 확대 및 결실기 도달이 빠름<br>o 수세에 알맞게 전정량 조절가능<br>o 덕면을 균등하게 이용가능<br>o 세력이 강한 품종의 수세안정 가능<br>o 다수확 가능 | o 결과부위 상승이 적고 수형구성이 간편함<br>o 신초 세력은 불안정하나 과반수는 균일함<br>o 결과지수로 수량이 안정<br>o 전정이나 신초유인이 용이 |
| 단<br><br>점 | o 수형 확립이 어려움<br>o 결실과다에 의한 수세저하<br>o 정지, 전정 이해 및 습득의 어려움 | o 유목기부터 강전정으로 수관확대가 어려움<br>o 수세에 맞게 전정량 조절이 어려움<br>o 장초 전정에 비해 공간활용이 불리<br>o 신초유인은 용이하나 바람에 부러지기 쉬움<br>o 과방은 소형으로 착립이 조밀하여 품종에<br>  따라서는 품질을 저하시킴<br>o 지하부와 지상부의 균형을 맞추기 어려움 |

# 2) 전정 시 열매어미가지(結果母枝)의 선별 요령

<표 4-6> 열매어미가지의 생장상태의 형태적 특성(거봉)

| 가지의 특성 | 충실한 가지<br>(탄수화물의 함량이 많고 질소의 함량은 적음) | 불량한 가지<br>(질소의 함량은 많고 탄소화물의 함량은 적음) |
|---|---|---|
| 외 형 | 원 통 형 | 약간 편평함 |
| 마디의 굴성 | 지그재그형 | 직선형 |
| 마 디 사 이 | 짧 음 | 김 |
| 수피색 | 황갈색, 적갈색 | 자갈색~흑자색 |
| 수피의 질 | 매끈매끈하고 두꺼움 | 거칠고 얇음 |
| 목부의 질 | 단단하고 치밀함 | 연하고 거칠음 |
| 절구의 단면 | 약간 적고 수가 적음 | 크고 수가 많음 |
| 눈 | 크고 돌출되어 있음 | 적고 낮음 |
| 절벽 (節壁) | 두꺼움 | 얇 음 |
| 덩굴손 | 크고 강함 | 가늘고 약함 |

포도 전정 시 양호한 열매어미가지를 남기고 전정하는 것은 발아율, 새 가지 신장, 송이의 크기 및 모양, 착립률 등 포도 결실에 영향을 주는 중요한 기술이며, 특히 장초 전정을 위주로 하는 수형이나 품종에서는 더욱 중요하다. 외관상으로 충실한 가지인가를 판별할 수 있는 가지의 형태적 특성은 [표 4-6]과 같다.

## 3) 전정 시기

동계전정은 낙엽된 후 2~3주인 12월 상중순부터 수액이 이동하기 전인 2월 중하순까지 끝내는 것이 좋다. 포도나무의 가지는 속이 크고 조직이 연하므로 다른 과수와 같이 눈바로 위에서 자르면 눈이 마르거나 발육이 불량해지므로 추위 전에 전정할 때에는 희생아(犧牲芽) 전정을 해야 하나 작업이 번거러우므로 별로 이용하지 않는다. 또한 동해의 위험이 있는 지역에서는 해빙 직후인 3월경에 하는 것이 좋다. 그러나 1차 예비전정으로 잔가지를 제거한 후 2차 본 전정을 하는 것이 작업을 하는 것이 편하다.

## 4) 전정 정도(程度)

나무의 세력에 따른 전정 정도의 조절은 포도의 전정에 있어 중요하다. 지나친 강전정은 열매어미가지의 수가 부족하여 수량이 감소되고 새 가지도 웃자라 결실이 불량하게 되며, 반면에 약전정을 하면 결실 과다로 새 가지의 생장 불량과 나무의 세력이 급속히 떨어진다. 대체로 세력이 강한 나무는 약전정을 하여 눈을 많이 남겨 양분의 분배를 균등히 하여 세력을 안정시키고, 반대로 세력이 약한 나무는 강전정을 하여 알맞은 수세를 유지하도록 해야 한다. 단초 전정 위주의 수형에서는 재식거리에 알맞게 재식하여 너무 강전정이 되지 않도록 해야 한다.

수령에 따른 전정은 유목기에는 생장이 왕성하므로 수관 확대를 빨리 하기 위해 장초 전정이, 성과기(盛果期)에는 중초 전정이, 노쇠한 나무는 새로운 가지로 교체시키기 위해 단초 전정이 적당하다.

## 5) 결과모지의 결손 보충

수령이 오래되면 병충해의 피해나 동해(凍害)로 결과지(신초)가 없는 결손 측지가 되는 경우가 있다. 이 때에는 결과모지를 길게 전정하여 결손부위를 보충한다. 결손 결과모지가 1~2개일 경우에는 인접한 충실한 결과모지를 장초 전정하여 주지와 평행되게 유인하여 결손부위를 보충해 주어야 한다(그림 4-12).

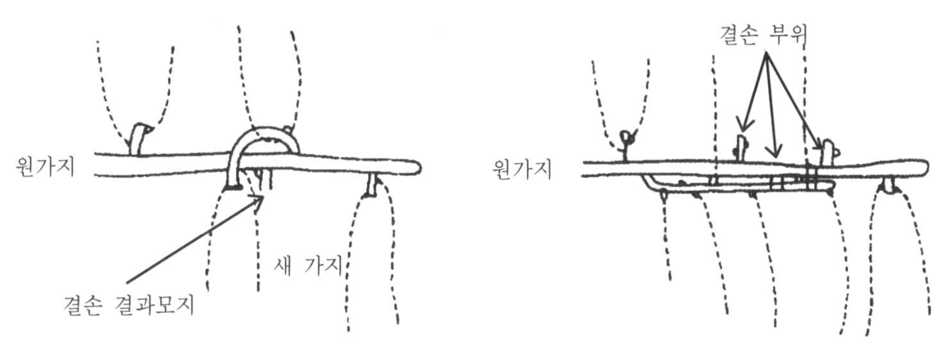


그림 4-12. 결과모지 결손보충 방법

## 6) 결과부위의 상승방지

단초 전정 위주의 수형에서는 매년 기부쪽의 눈을 남기고 전정하더라도 해가 지남에 따라 측지의 결과부위가 점차 상승하게 되므로 측지를 갱신하여 결과부위 상승을 방지해 주어야 한다.

갱신방법은 측지의 기부에서 발생한 부정아를 제거하지 말고 잘 보호하였다가 이듬해 겨울전정 시 묵은 측지와 대체시켜 새로운 측지를 만들어 나간다. 만약 측지 기부에 부정아가 발생하지 않으면, 측지의 기부를 남기고 강하게 전정하여 인위적으로 기부에서 부정아를 유도하여 대체시켜야 한다. 측지의 부분적인 갱신이 곤란할 경우 주지의 아래쪽 부위에서 나온 결과지 또는 발육지를 충실하게 키웠다가 겨울철 전정 때에 이를 장초 전정하여 주지 전체를 대체시켜 준다.

# 5. 감귤나무의 정지 · 전정

## 가. 재배 감귤의 종류와 재배 형태

감귤이란 운향(Rutaceae)과 감귤(Citrus)속에 속하는 아열대성의 식물군으로서 상록성인 과실이며 식물학적 종수가 159종에 이르고 있는 대단위 집단이다. 그 중에서 원예적으로 재배되고 있는 대표적인 종은 온주밀감류, 오렌지류, 만감류이고 현재 제주도에서 재배되는 형태는 노지 재배와 하우스 재배다. 구체적인 내용은 [표 5-1]과 같다.

| 재 배 종 | 주요 계통과 재배형태 |
|---|---|
| 온주밀감<br>(Citrus unshiu) | 극조생 온주 : 노지 재배 / 하우스 재배<br>조생 온주 : 노지 재배 / 하우스 재배<br>보통 온주 : 노지 재배 |
| 오 렌 지<br>(Citrus sinensis) | 네이블 오렌지 : 하우스 재배<br>보 통 오렌지 : 품종보존 재배 |
| 만 감 류<br>(온주밀감보다 성숙기가 늦은 감귤류를<br>총칭하는 뜻으로 다양한 종이 있음) | 탄골류 : (밀감과 오렌지 교배종)하우스 재배<br>탄젤로 : (밀감과 문단류 교배종)품종보존 재배<br>팔삭, 하귤, 일항하류 : 품종보존 재배 |

# 나. 감귤나무 전정의 기초이론

## 1) 감귤의 생장과 결과 습성 및 과실발달 양상

### 가) 생장습성과 새로 나는 가지의 구분

감귤은 상록성 과수로서 신초가 발생된 후에 구엽의 일부가 낙엽이 되면서 잎수가 조절된다. 감귤나무는 생육에 알맞은 온도조건하에서도 뿌리 발육과 신초 발육을 번갈아 가면서 스스로 생장을 조절해 나가는 특성이 있다. 제주지역에서의 감귤나무의 생장은 3회에 걸쳐서 신초가 발생할 수 있는 것이 일반적이다. 즉, 4월 상순경에 발아하여 6월 상순까지 자라는 봄순이 있고 봄순이 굳은 후 7월 하순경 봄순 선단부로부터 발아되어 8월에 자라는 여름순이 있고 다시 8월 하순경에 발아되어 9월 중에 자라는 가을순이 있다. 3회에 걸쳐 자라는 생장습성이 있으나 수령이나 착과 상태에 따라서 발아 및 생장습성은 다소 달라진다. 봄순은 모든 나무에서 발생하지만 여름순과 가을순은 수령이 어린 나무나 착과가 불량한 나무에서만 자라는 특성이 있다.

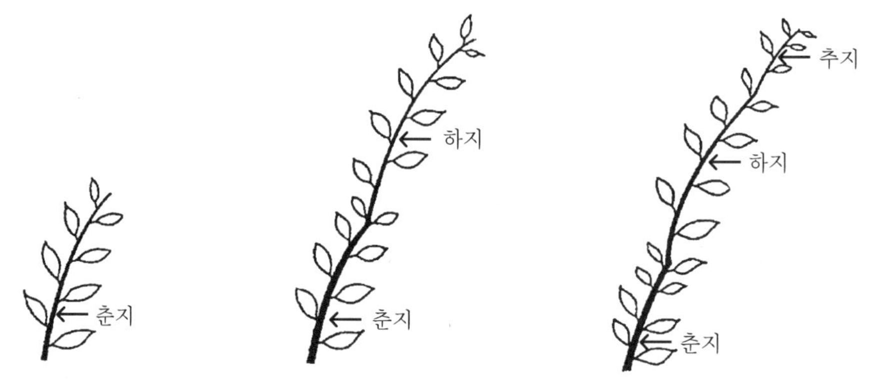


그림 5-1. 감귤의 가지발달 유형

## 나) 생장정도와 줄기의 발달습성

탱자나무를 대목으로 한 온주밀감의 경우를 예로 들어 설명하면 온주밀감은 잎과 잎 사이가 짧고 가지의 길이가 짧은 편이다. 봄순은 10~20㎝ 정도 자라고 여름순은 30~60㎝ 정도, 가을순은 20~40㎝ 정도 자란다. 가을순은 자라는 기간동안 온도가 낮기 때문에 굳어지지 못하여 약한 가지상태로 월동하게 된다.

결과가 되기 전 유목은 봄, 여름, 가을 가지가 순차적으로 나오지만 10년생 이상이 되어 착과 안정기에 들어가면 여름순과 가을순은 나오지 않는다. 새로 자라난 가지에 부착한 잎 사이에는 액아가 숨어 있다가 다음해에는 발아하는 능력이 있어서 10~30㎝의 가지로부터 2~5개의 새로운 가지를 발생시킨다. 정아우세성이 강하지 않기 때문에 나무 전체는 왜성으로 자라며 측면과 하부로도 잘 뻗어나는 습성이 있어서 특별한 경우가 아니면 가지를 유인하거나 억제할 필요는 없다. 유목인 경우 직립성 가지는 세력이 강하기 때문에 유인하거나 제거하여 다른 가지와 세력을 대등하게 유지시켜 나가도록 해야 한다.

가지의 자람새는 직선적이지 않고 바람이나 주변가지 및 전정의 영향을 받아서 굴곡하면서 자라는 습성이 있고 주지의 방향은 가지가 자라는 시기에는 확실하지 않다가 가지가 굵어지는 시기에 특별히 세력을 받은 가지쪽으로 형성된다. 세력을 받은 가지는 여름순이 돋아나거나 새 가지가 많이 돋아난 가지에서 형성된다. 가지는 단단하여 태풍 등의 강한 바람에도 찢어지거나 부러지는 예는 거의 없다. 아열대성 기후에 적합하게 생존할 수 있도록 자람새부터 습성화되어 있다.

그림 5-2. 감귤나무의 생장 모습(개심자연형)

## 다) 결과습성과 화아분화

결과시기에 다다른 성목에서 큰 가지를 제외한 가지들은 다섯 가지로 나눌 수 있다. 즉 과실의 달려있는 결과지와, 결과지를 지탱하는 결과모지가 있고, 결과지에서 과실을 수확한 다음부터는 과경지(전년결과지)라 하고 결과모지가 되기 전 가지는 예비지(차년도 결과모지)로 구분할 수 있다. 또 다른 하나는 생육지로서 개화되지 않고 신초만 발생시키는 가지가 있다. 이들 가지에 대한 이해를 돕기 위하여 결과습성을 그림으로 표기하면 [그림 5-3]과 같다.

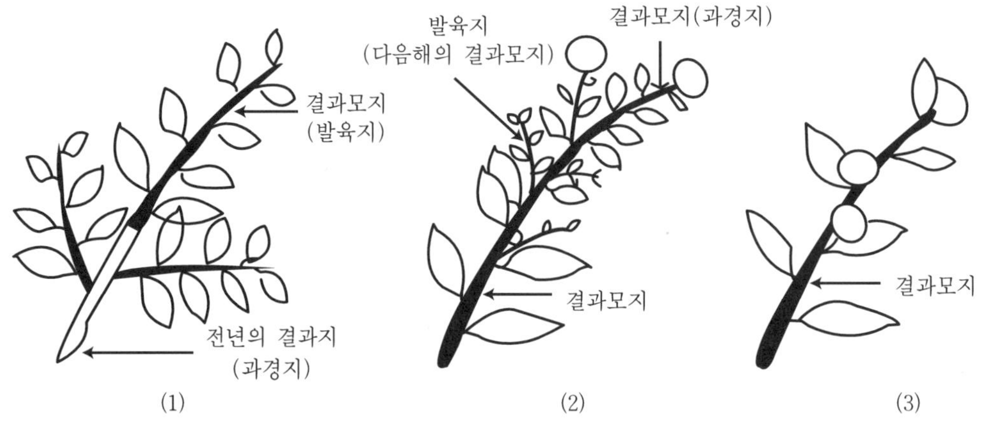


(1) 전년의 결과지(結果枝)로부터 결과모지 발생된 상태임
(2) 결과모지로부터 결과지가 발생되어 결실한 상태임(유엽화)
(3) 결과모지에서 직접 결실된 상태임(직과)

**그림 5-3. 감귤의 가지종류와 결과습성**

감귤의 개화와 결과습성은 일정하지가 않다. 전년도 가지상태에 따라서 결과지를 발생하여 착과하거나 아니면 전년도 가지에 바로 착과하는 과실도 있다. 대부분의 착화는 전년도 봄순에서 이루어지나 여름순이 발생한 나무는 여름순에서 착과한다. 개화가 많은 때에는 온나무의 가지 액아에서 개화가 보이며 개화가 보통일 때에는 꽃과 신초가 함께 한 눈으로부터 발생시키고 개화가 적을 때에는 꽃눈보다는 신초 발생이 많아지는 특성이 있다.

감귤이 화아분화는 불규칙한 양상을 나타난다. 즉, 수세에 따라 또는 전년도 결실 상태에 따라 화아분화 시기나 화아분화량이 다르게 나타난다. 결과가 많은 경우는 겨울철 이전에 화아가 분화된 것으로 보이며 결과가 적은 경우는 겨울 이후에도 계속적으로 화아가 분화하는 특성을 가지고 있다.

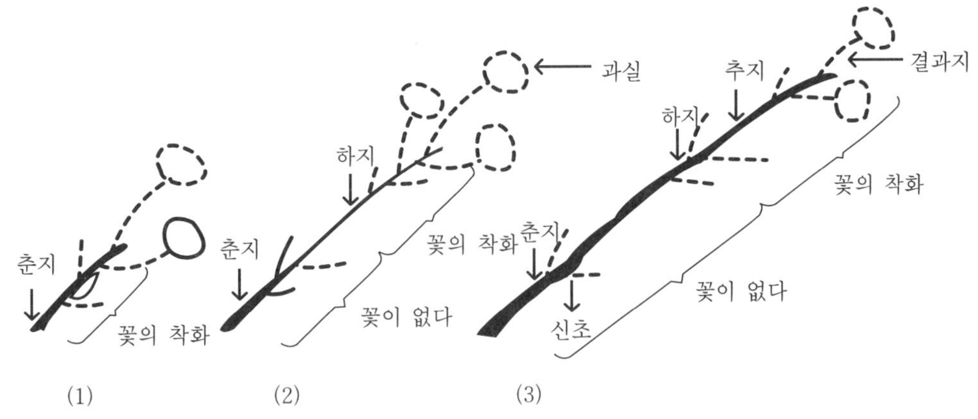



(1) 봄순만 발생한 경우는 전마디에 거의 꽃눈이 생기게 되지만 과일은 1~3개 정도만 결실됨.
(2) 봄순 여름순이 발생된 경우는 여름순에만 꽃눈이 발생되어 잘 결실됨.
(3) 여름순에서 다시 가을순이 나올 경우에는 가을순에만 꽃눈이 발생되고
충실한 가을순에는 결실됨.

그림 5-4. 온주밀감의 결과 모지의 생장양상과 결과습성

## 라) 결과상태에 따른 과실 발달 양상

감귤에서 과실이 나무에 결과된 모습은 실로 다양하다. 나무 위치에 따라 상부, 중부, 하부, 외부, 내부 결과와 상향, 측향, 하향 결과가 있고 결과지에 잎을 많이 가진 과실이 있는가 하면 전혀 잎이 없는 과실이 있다. 이들 과실 발달은 각각 다른 특성이 있기 때문에 그에 대한 특성을 이해하는 것은 전정과 결실관리의 기본이 된다.

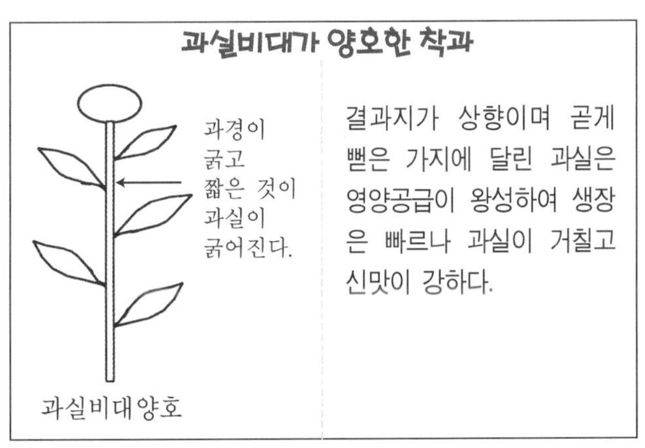

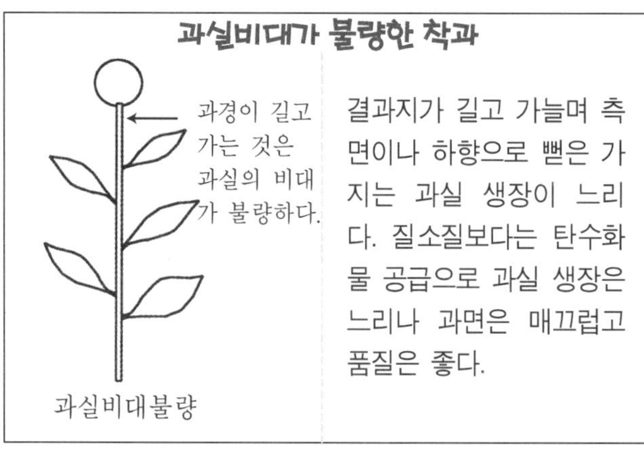



결과지가 길고 가늘며 측면이나 하향으로 뻗은 가지는 과실 생장이 느리다. 질소질보다는 탄수화물 공급으로 과실 생장은 느리나 과면은 매끄럽고 품질은 좋다.

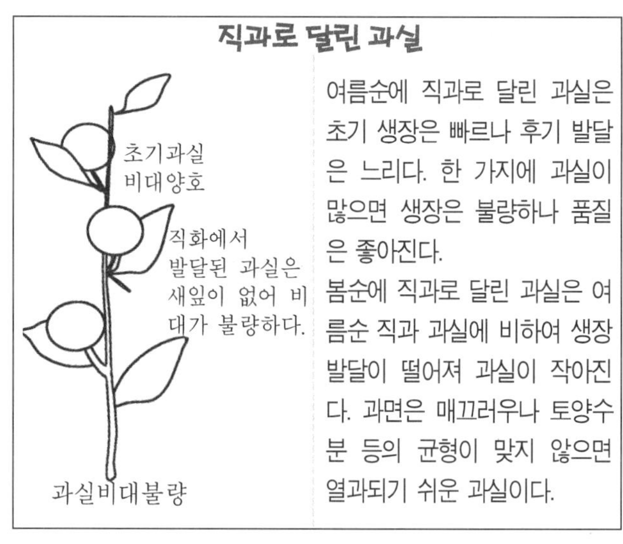



여름순에 직과로 달린 과실은 초기 생장은 빠르나 후기 발달은 느리다. 한 가지에 과실이 많으면 생장은 불량하나 품질은 좋아진다.
봄순에 직과로 달린 과실은 여름순 직과 과실에 비하여 생장 발달이 떨어져 과실이 작아진다. 과면은 매끄러우나 토양수분 등의 균형이 맞지 않으면 열과되기 쉬운 과실이다.

## 마) 결과지의 형태와 과실품질

결과지란 결과모지로부터 발생되어 선단에 과실을 갖는 가지로서, 긴 것은 20㎝ 정도의 것으로부터, 짧은 것은 거의 흔적만 있는 것도 있으나 보통은 5~10㎝ 정도의 것이 많다.

결과지의 길이와 과실의 형질은 밀접한 관계를 가지고 있어 결과지가 짧은 경우에는 과실의 형태가 편평해지고, 길 경우에는 종경이 높아지는 과실이 많다. 과실의 크기는 결과지의 길이가 5~6㎝ 정도로 잎을 2~3매 가진 것에서 가장 크고, 과실의 크기도 고르며, 이보다 길면 과실의 크기가 고르지 못하다.

그림 5-5. 결과지의 여러 가지 모양

한편 가지의 세력이 강하고 직립된 곳에서는 과실은 커지나, 과피가 거칠어지고 늘어진 것은 과실이 적어지고 과피가 얇아지게 되어 품질이 좋아진다. 반대로 결과지가 짧든가, 흔적만 있는 것에서는 과실의 크기가 작아진다.

## 2) 감귤 정지, 전정에서 숙지해야 할 술어의 의미와 특성

① 주간(主幹) : 주간이란 주지(主枝)를 지탱하는 기본 줄기를 뜻하는데 감귤전정의 기본형인 개심 자연형에서는 그 길이가 50㎝ 미만이며 경우에 따라서는 접목부 상단 20㎝ 이내에서 3~5개의 주지가 발달해 버리기도 한다.

② 주지(主枝) : 주간으로부터 나온 줄기를 뜻한다. 주지는 아주지를 지탱하는 줄기인데 감귤에서는 아주지부터는 주지인지 아주지인지 구분이 곤란해지는 세력을 가진 줄기가 1개의 주지에서부터 많이 발생하는 특성이 있다. 그리고 주지의 자라는 방향도 직선적인 것보다는 굴곡하면서 자라는 특성이 있다.

③ 아주지(亞主枝) : 주지로부터 나온 줄기를 아주지라 한다. 아주지는 결과모지나 예비지 또는 다른 아주지를 발생시키는 줄기다. 아주지 이후부터는 줄기를 구분하는 것은 곤란하다. 아주지까지의 나무를 정리하는 것을 정지(整枝)라 할 수 있다. 아주지 이후부터의 가지를 정리하는 것은 전정(剪定)이라고 할 수 있다. 이러한 두 가지의 작업을 하는 것을 정지, 전정이라 한다.

④ 봄순(春枝) : 겨울이 지난 후에 기온이 높아지면서 새로 자라나는 신초를 봄

순이라 한다. 감귤나무의 생장의 기본적인 신초다. 기온이 낮은 관계로 가지가 가늘고 짧다. 그러나 단단하여 봄순에 착생된 잎은 평균 24개월 지탱한다.

⑤ 여름순(夏枝) : 봄순 발생 후 두번째로 자라는 신초다. 감귤나무는 봄순이 자라면서 스스로 생장점을 적심하는 특성 즉 자기적심 특성이 있어서 생장이 멈추고 그 후 자라난 부위에 발생한 잎을 굳게 하는 특성이 있다. 이 잎이 굳은 후에 2차로 여름순이 발생하기도 하고 발생하지 않기도 하는데, 유목이나 열매가 적게 달리면 여름순이 발생하지만 노목이나 과실이 많이 달린 나무는 여름순은 발생하지 않는다.

⑥ 가을순(秋枝) : 여름순 발생 후 자기적심이 된 후에 가지가 발생하는 경우가 있다. 이 신초를 가을순이라 한다. 재배적으로 중요성이 매우 떨어지므로 대부분 전정해 버리거나 발생을 억제시키려는 재배적 조치를 하는 신초다.

## 3) 정지, 전정 전에 숙지해야 할 감귤나무의 특이한 습성

### 가) 감귤 잎의 수광(受光)상태와 줄기의 잠아(潛芽)발아력

감귤은 양지식물이기 때문에 외부에 노출된 잎이 다른 장애물에 의하여 태양광선을 가로막아 그늘이 지게 되면 광합성량은 떨어지게 된다. 외부에 노출된 잎은 서로 연결되어 있는 것이 아니고 입체적으로 배열되었기 때문에 광선이 내부에 있는 잎까지 도달될 수 있도록 되었거나 아니면 산광이라도 받을 수 있도록 중복으로 배열되어 있어서 전정 전에 적합한 엽면적 지수를 알아두어야 한다. 조생온주 밀감의 엽면적 지수와 생산성을 조사한 결과는 [그림 5-6]과 같다. 최고생산량을 나타나는 엽면적 지수는 수령에 관계없이 지수 7에서 ha당 72ton 내외의 생산량을 나타내고 있음을 알 수 있으며 엽면적 지수 7까지는 비례적으로 증가되고 있으나 7 이상이 되면 점차 감소하고 있음을 보여 주고 있다.

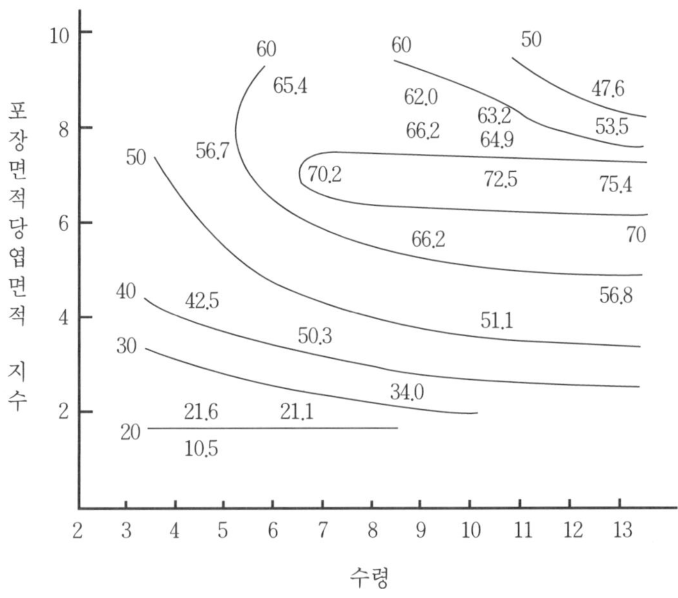


그림 5-6. 조생온주의 수령에 따른 엽면적 지수와 수량과의 관계(hirano 등 1981)
* 내부곡선상의 숫자는 ha당 ton 생산량으로 표현한 것임

감귤나무는 줄기에 직사광선을 받으면 생장호르몬 작용으로 새싹이 나올 수 있도록 되어 있기 때문에 굵은 줄기가 잎이 없고 광선을 받을 수 있도록 비어 있으면 그 줄기로부터 신초가 돋아 나와 바로 메꾸는 특성이 있다. 따라서 외부의 잎이 무성하여 내부에 잎이 비어 있는 나무에서 내부가지에 잎을 돋아나게 하려면 내부로 직사광선이 들어갈 수 있도록 정지를 해 주면 된다.

## 나) 과실착과량과 수세 및 화아분화

감귤나무는 수령이 어린나무일지라도 화아 분화가 쉽게 이루어지며 착과도 잘된다. 성목이 될수록 영양 생장보다는 생식 생장이 왕성하게 일어나 착과량이 모자라는 경우는 드물다. 그러나 과다한 착과로 인하여 저장양분이 부족하면 화아 분화가 되지 않고 신초가 돋아나와 수세를 회복하려는 경향이 있어서 소위 격년결과 현상이 심하게 나타난다. 이와 같이 감귤나무 스스로는 착과 조절을 못하고 외부환경에 지배를 받아 한 번은 풍작, 한 번은 흉작을 되풀이하게 되는데, 이러한 원인은 착과와 비착과로 인한 액아와 잎에 함유된 저장양분과 지베렐린 함량의 변화에 기인한 것으로 착과량 조절이 격년결과를 방지하는 수단이 되며 감귤나무에서 적정한 착과량은 [표 5-2]와 같다.

<표 5-2> 감귤나무 종류별 적정 엽과 비율

| 수관부위 | 하우스 온주밀감 | 노지 온주밀감 | 부지화 | 청 견 |
|---|---|---|---|---|
| 수관외부 | 7~8 | 25~30 | 120~150 | 70~80 |
| 수관내부 | 20 | 30~40 | 200 | 100 |

## 다) 감귤나무 액아수와 신초 발아 특성

감귤은 잎이 나온 겨드랑이에 액아가 있다. 그 액아는 꽃눈과 신초를 발생시킬 수 있는 겹눈으로 되어 있다. 또한 잎 겨드랑이 외에도 봄가지와 여름가지가 연결되는 마디 부분에는 잠아가 산재해 있어서 정아우세성이 약해지면 잠아가 일제히 발아하여 신초다발을 이루게 되며 이들 신초는 결과모지로서 역할을 하게 된다.

그림 5-7. 마디부분에 산재한 잠아

그림 5-8. 잠아에서 돋아난 신초

그림 5-9. 액아에서 1개씩 나온 신초

그림 5-10. 굵은 예비지 잠아에서 돋아난 신초

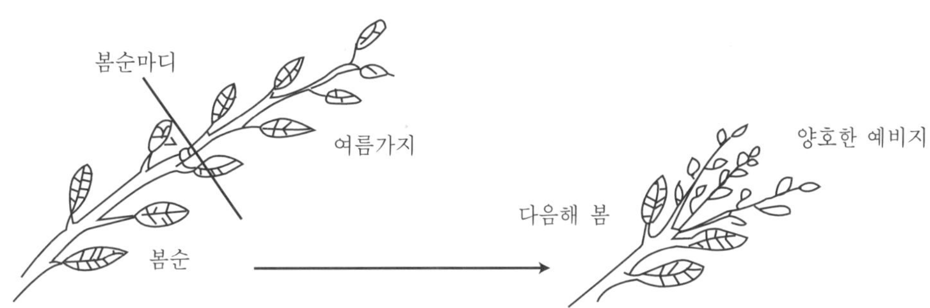

그림 5-11. 감귤나무 신초발생과 액아 및 잠아의 위치

## 라) 줄기로부터 돋아나는 부정잠아의 발생과 이용성

감귤나무의 줄기는 신초를 발생한 다음 1~2년까지는 줄기에 직접 잎을 부착시키지만 3년차부터는 줄기가 굵어지면서 잎은 떨어져 나가고 그 부위에서 발생한 가는 결과모지들이나 아주지를 발생시키고 줄기로 변화해간다. 나무가 성장하면서 나무가지들은 굵어지고 외부의 작은 가지들을 지탱하는 부위로만 역할하지만 정지, 전정과 태풍피해 등 외부의 요인에 의해서 큰 가지가 제거되어 감귤나무 내부로 직사광선이 들어가게 되면 직사광선을 받은 부위에서 부정아가 발생하여 새로운 줄기를 발생시킨다. 이와 같이 직사광선을 받으면 내생호르몬이 작용하여 신초발생 능력을 발휘하는 것이다. 따라서 정지, 전정에 의해 수관 내부 광 환경을 좋게 하여 내부 결과층을 형성시키게 하는 것이 전정상 중요하다.

# 다. 정지, 전정의 목적과 실태

## 1) 최근 재배기술에 적합한 정지, 전정의 목적

감귤재배 기술은 시험연구와 함께 시대적 변화에 대응할 필요가 있다. 수량 위주의 기술에서 품질 위주의 기술로 전환하고 30년 이상의 장기재배보다는 20년 정도의 단기재배로 품종갱신을 한다는 전제하에서 정지, 전정 목적을 기술하고자 한다.

- 태양광선의 이용효율을 높이는 데에 있어서 수령이 어린 나무에서는 수관확대를 철저히 하도록 하며 수령이 많고 수관이 큰 나무는 입체화하여 광합성 효율을 높이는 목적으로 한다.
- 전정으로 잎수를 늘리는 것이 아니라 광합성 효율을 증대시킬 수 있는 잎을 보다 많이 확보하는 목적으로 한다.
- 주지수를 방임상태보다 줄여 주어서 튼튼한 골격을 유지하여 양수분 이동을 원활하게 시켜 주고 병충해에 강한 특성을 보유되도록 하며 동시에 수확, 약제 살포, 적과 등의 작업을 용이하게 하는 목적으로 한다.
- 정지, 전정을 통하여 과다한 착과로 인한 격년결과를 방지하여 매년 고르게 결실되도록 하고 품질이 고른 과실을 착과시킬 목적으로 한다.
- 품질향상을 위한 착과수와 착과방법을 고려하여 정지, 전정을 한다.

## 2) 전정과 관련된 감귤농가 의식과 전정실태

정지, 전정 기술에 의해서 과수원 관리의 성패가 좌우된다는 의식을 가지고 있다. 과수원 관리기술은 정지, 전정과 함께 시비관리, 병해충 방제기술, 토양관리가 병행되어 복합기술로 작용한다.

당년은 수확량을 고려하여 밀식된 상태에서도 간벌을 소홀히 하며 아울러 한 나무에서도 가짓수를 너무 많게 하여 통풍불량, 광선투과불량, 병해충 발생증가 등의 요인을 가지도록 관리하는 농가가 많다.

전정을 지나치게 철저히 해서 강전정을 하거나 또는 지나치게 소홀히 해서 방임하는 양극화로 관리하는 사례가 많다. 극단적인 관리보다는 양측을 적당히 조합하여 적절한 전정상태를 유지할 필요가 있다.

전정에 대한 인식이 수세안정과 장기 관리에 맞추어 있는 것을 품질향상과 품종 변화에 따른 단기관리로 전환해야 할 필요가 있다.

# 라. 정지, 전정의 실제

## 1) 감귤에 적용하는 수형

감귤재배에 적용되는 수형은 주지수를 3개로 하는 개심자연형(開心自然型 - 나무 중심이 열려 있는 수형이라는 뜻), 1본 주지형, 자연형으로 구분할 수 있다. 이외에 도 배상형, 2본 주지형, 피라미드형, 울타리형 등도 있으나 이들 수형에 대해서는 재 배적으로 많이 이용되고 있지 않다.

### 가) 개심자연형

개심자연형은 주간에 3개의 주지를 같은 간격으로 세 방향으로 분산시키고 각개의 주지에 아주지를 2~3개 정도 배치시켜 수관을 형성시키는 수형이다(그림 5-12 참조).

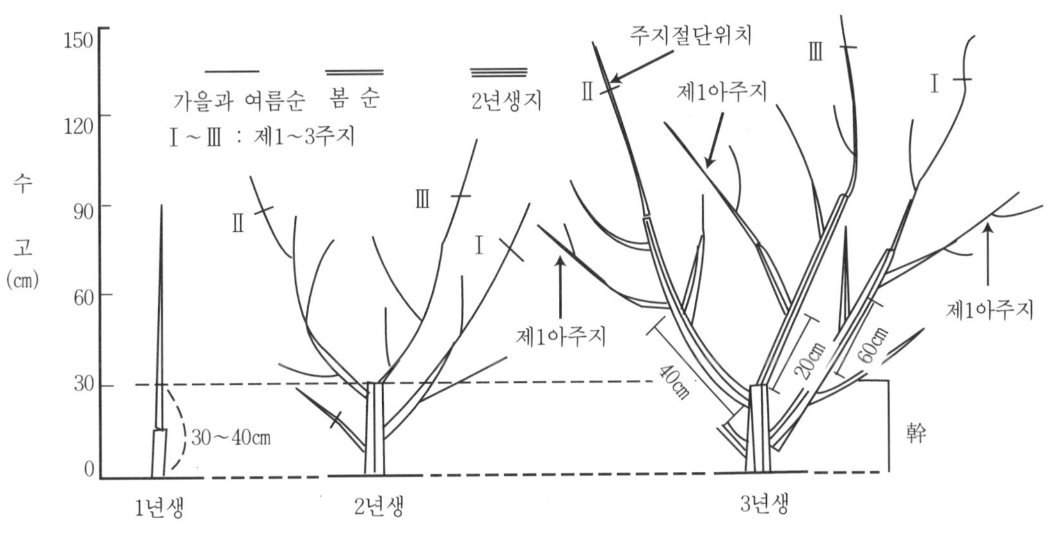


그림 5-12. 개심자연형의 수형 만드는 모형도

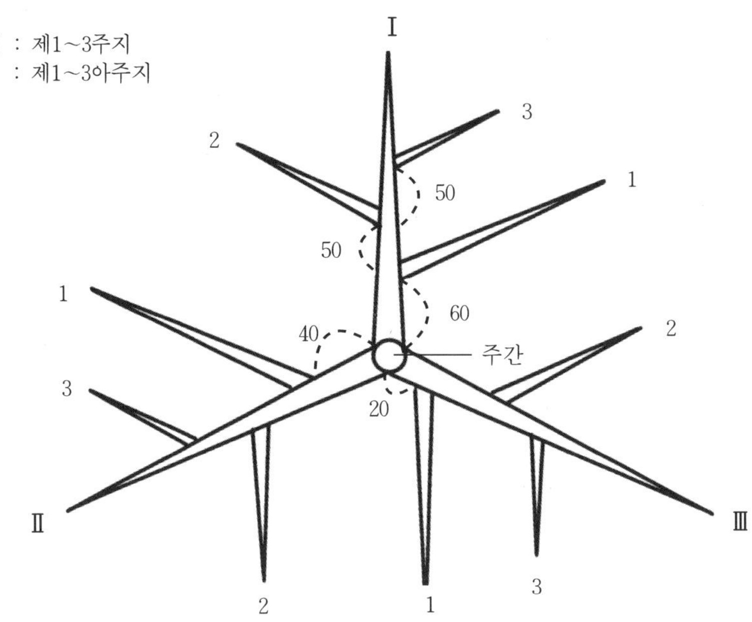


그림 5-13. 개심자연형 주지 아주지 배치 평면도(단위 : ㎝)

[그림 5-12]에서 보는 바와 같이 70~80㎝ 정도의 외대로 키운 1년생 묘목을 구입한 후 30㎝ 높이에서 절단하여 정식한 후 신초를 발생시킨다. 봄순 발생 후 여름순, 가을순을 잘 키운다. 2년생부터 주지 개념을 설정하여 3개 방향으로 자란 튼튼한 가지를 키워나간다. 작은 가지들도 함께 키워서 수세를 확보시킨다. 나무가 임의대로 자라지 않은 경우가 있으므로 어디까지나 개개 나무의 생장 특성에 따라 수형 개념만 유지한 채로 가지 자람세에 따라 가지 고르기를 해 나간다.

제1주지는 지면으로부터 10~20㎝ 부위에서 돋아난 가지로 하며 주간을 수직으로 하여 30°정도의 각도를 주어 키워나간다. 주간과의 분지점 부위로부터 60㎝ 부위에서 제1아주지를 키운다. 제1아주지는 주간으로부터는 60°정도로 주지로부터는 30°정도의 각도로 뻗어나가게 방향을 잡아준다. 제2아주지부터는 50㎝ 정도 간격으로 배치한다. 제2주지는 제1주지가 나온 부위로부터 5~10㎝ 상단에서 돋아난 가지로 하여 제1주지와 마찬가지로 주간을 수직으로 하여 30° 정도의 각도로 키워나가며 제2주지의 제1아주지는 주간으로부터 40㎝ 정도에서 발생시키고 이후 50㎝ 간격으로 배치해

간다. 제3주지는 주간 30㎝ 부위에서 돋아난 가지며 역시 방향은 30°로 한다. 제3주지의 제1아주지는 분지된 곳으로부터 20㎝ 정도에서부터 발생시키고 각도는 제1, 제2아주지와 같은 정도로 한다. 주지, 아주지의 방향은 360°의 원상에서 배치하는 것이므로 철저하게 주지는 3개의 방향으로 아주지는 주지와 주지의 공간을 메꾸어 주는 방향으로 키워나가는 것이다.

처음 나무를 키울 때 지나치게 수형에 제시하는 각도와 방향을 맞추기 보다는 개개 나무의 특성에 따라 조절하도록 해야 한다. 나무는 비어있는 공간이 없도록 생장하려는 특성이 있기 때문에 인위적으로 배치하지 않더라도 각각의 가지는 스스로 적당하게 배치되어 간다. 주지나 아주지가 배치된 후에는 성목에서 수행해야 하는 정지, 전정에 따라 나무의 상태와 결실량을 예상하여서 정지, 전정을 조절해 간다.

## 나) 1본 주지형(주간형)

### (1) 1본 주지형 정지란

1본 주지형 정지는 주간을 곧게 연장시켜 나가는 상태에서 발아되는 가지를 주지나 아주지로 정지해 나가지 않고 바로 주간에서 측지로 유인하여 그 측지에서 착과시켜 나가는 정지형태다. 이 정지법은 정부우세성이 강한 과종에서 주간이 직립으로 신장하는 성질이 강할 때 가능하다. 천근성인 탱자를 대목으로 하는 온주밀감처럼 직립성이 약한 경우 1본 주지형으로 정지해 나가기는 쉽지 않으므로 1본 주지형의 장점을 살릴 수 있는 재배형태에 적용하여야 유용한 정지법이 될 수 있다.

### (2) 1본 주지형 정지의 이점

#### (가) 투과 및 반사광 이용률이 높다

1본 주지형 정지와 Y자형 정지에서 수관 내부로 투과되는 광합성 유효 복사량은 Y자형에서 많다. 배나 복숭아처럼 내음성이 약한 과종은 대부분 수관 내부로의 광투과량에 따라 수량이 달라지게 된다. 그러나 온주밀감인 경우 비교적 잎이 작고 가지가 비스듬하게 착생되므로 나무 전체로서는 수광 상태가 유리한 과종이다. 또한 다른 과수보다 내음성이 비교적 강하고 가지가 짧기 때문에 수관 내부의 음아에서도 가지가 발생하기 쉬우므로 일부러 절단 전정을 하여 절단부 주위에서 발아가 되도록 전정을 하지 않아도 되는 경우가 허다하다. 이러한 특성으로 인하여 온주밀감은 수관 내부로 들어오는 광량이 다소 작더라도 수고를 높게 유지하고 사방 측면으로 투과되는 광을 이용한다면 오히려 득이 될 수 있다.

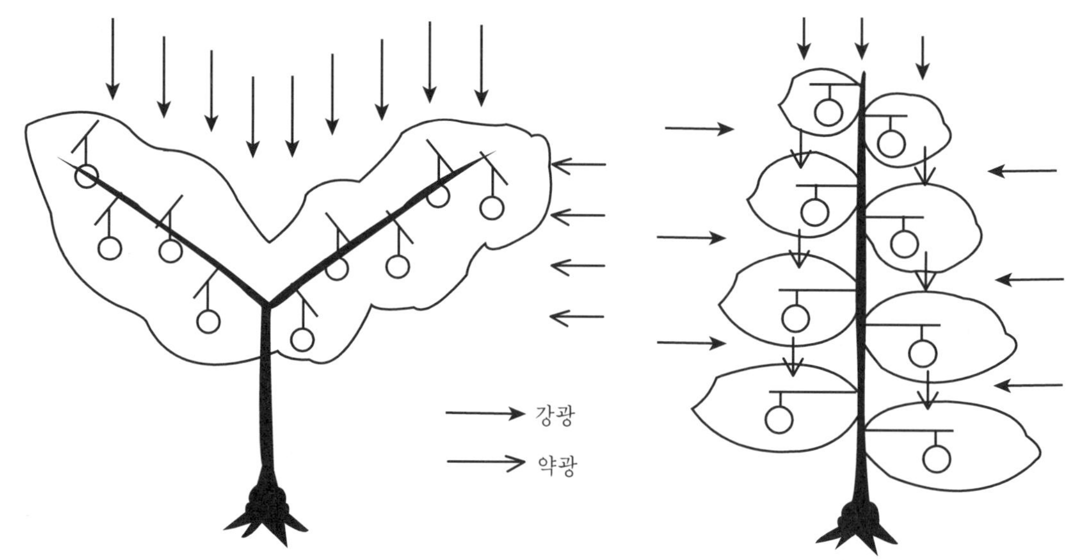


그림 5-14. Y자형 수형과 1본 주지형 수형의 투과량 비교 모식도

## (나) 조기 수량 확보가 가능하다

소비자의 기호가 시시각각으로 변하고 새로 육성된 품종이 급속하게 증식 공급되고 있는 단계에서 신품종으로 개식할 때 투자자본의 회수 기간을 어떻게 최소화하느냐가 관건이 된다. 새로운 품종의 상품성 가치를 10년으로 본다면 묘목기간을 최소화하여 착과시키는 게 무엇보다도 중요하다. 그러므로 나무의 골격을 유지해 나갈 때 주간→주지→아주지→측지→결과지의 단계를 주간→측지→결과지가 되도록 정지하여 주지와 아주지로 정지하는 과정을 거치지 않음으로 해서 착과 소요 기간을 짧게 하는 것이다. 그러므로 급속하게 주간을 신장시키고 측지를 배열하여 착과시키면 조기 수량 확보가 가능하다.

| 처 리 별 | 수  량(kg/10a) | | | | | 수  량(kg/주) | | | | |
|---|---|---|---|---|---|---|---|---|---|---|
| | '97 | '98 | '99 | '00 | 계 | '97 | '98 | '99 | '00 | 계 |
| 1본 주지형 | 3,552 | 6,142 | 7,078 | 6,401 | 23,173 | 9.6 | 16.6 | 19.1 | 17.3 | 62.6 |
| 2본 주지형 | 2,268 | 6,574 | 7,343 | 6,389 | 22,574 | 4.9 | 14.2 | 15.8 | 13.8 | 48.7 |

## (다) 착색 증진

온주밀감은 착과량이 많아 수관 내부 광이 전혀 투과되지 않는 곳까지 낙화 낙과되지 않고 착과되어 성숙 시까지 가게 된다. 이러한 경우 착색이 극히 불량하다. 또한 하우스 재배 시 착색되는 기간에 고온에 의해 착색이 지연되는 경우가 많은데 일시에 착색을 고르게 하기 위해서는 잎의 그늘에 가려져 있는 과실로의 광 투과가 필요하다. 그러므로 수관 상부에서 아래로 투과되는 광량은 다소 적을지라도 수관높이를 높게 하여 측지를 사방으로 적절하게 배열하고 측지와 측지를 넓게 유지한다면 착색이 일시에 고르게 증진된다.

<표 5-4> 하우스내 정지형태별 수관위치별 착과과실 착색 분포비율(%)

| 정지형태 | | 적도부분 과피색 a값의 분포 | | | |
|---|---|---|---|---|---|
| | | 0.01 이하 | 0.01~10.00 | 10.01~20.00 | 20.00 이상 |
| 주간형 | 〉50cm | 5.3 | 15.8 | 63.1 | 15.8 |
| | 51~100 | 6.3 | 14.3 | 52.3 | 26.9 |
| | 101~150 | 0.0 | 16.5 | 52.0 | 31.7 |
| | 151~200 | 0.0 | 11.5 | 57.1 | 31.5 |
| | 200〈 | 0.0 | 0.0 | 66.7 | 33.3 |
| 2주지형 | 〉50cm | 35.0 | 60.0 | 5.0 | 0.0 |
| | 51~100 | 20.3 | 64.1 | 14.1 | 1.6 |
| | 101~150 | 16.8 | 52.0 | 28.6 | 3.2 |
| 3주지형 | 〉50cm | 12.5 | 75.1 | 12.5 | 0.0 |
| | 51~100 | 6.3 | 46.3 | 36.3 | 1.3 |
| | 101~150 | 20.6 | 44.1 | 32.4 | 2.9 |

## (라) 공간 이용 확대

수고를 높이는 자체는 수확 등의 노력이 추가로 투입되는 불합리한 면도 있지만 수직의 공간 활용도를 높일 수 있는 장점도 있다. 그러므로 밀식이 가능하며 단위면적당 엽면적 지수를 높일 수 있어 증수할 수 있는 기본여건이 된다.

그러므로 관리 노력이 가능한 범위내에서 수고를 높여 밀식상태를 유지할 수 있는 정지 형태라 볼 수 있다.

## (3) 1본 정식주수

1본 주지형 정지는 하우스 재배에 적합하여 공간활용과 조기수량 확보가 주요한 기술요인이다. 수고는 높고 수폭이 좁기 때문에 재식간격이 좋아지게 된다. 주간형 정지 시 적정한 재식방법은 남북이랑으로 하여 열간거리는 기계화 등을 고려하여 2.7m로 하고 주간거리는 1.0m로 한다. 이 경우 10a당 재식 주수는 370주가 된다. 적정수확기간은 10년 정도로 한다

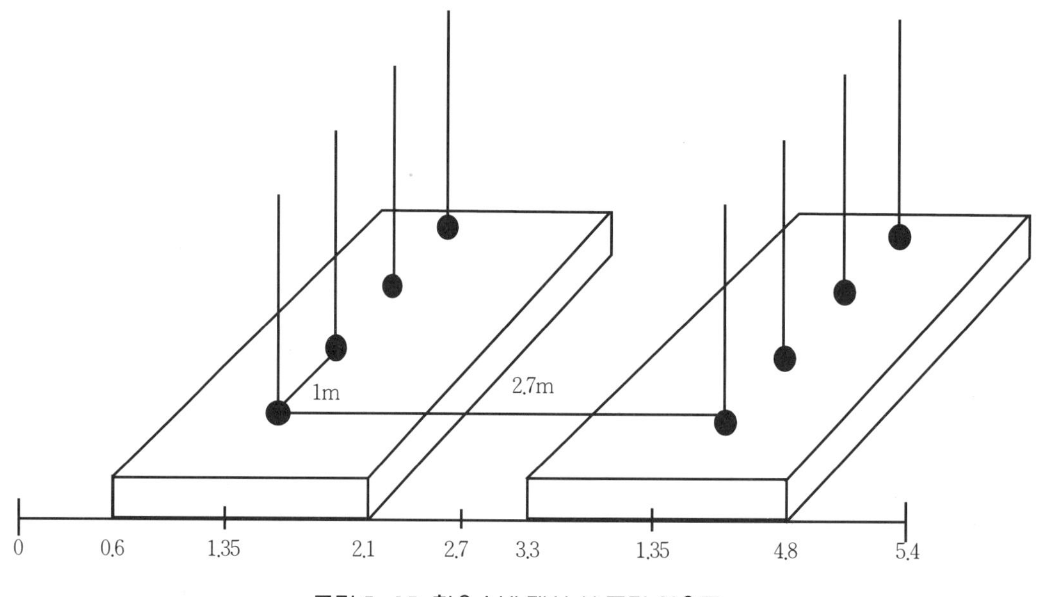



그림 5-15. 하우스내 재식 시 공간 이용도

5.4~5.5m 폭의 하우스에 폭 1.5m베드를 만들어 양쪽 측장으로부터 0.6m를 남기면 베드 끝과 끝 사이는 1.2m 폭이 되고 나무 열과 열 사이는 2.7m가 된다. 나무와 나무사이를 1m 간격으로 재식하고 지주를 세워 2.5m까지 연장시킨다.

## (4) 수형 구성하기

### (가) 1년차

온주밀감은 직립성이 강하지 않기 때문에 주간형으로 정지해 나가기 위해서는 재식용 1년생 묘목은 수고가 높은 대묘라야 가능하다.

우선 수고 1.5m, 접목부 2㎝ 윗부분의 직경이 20㎜ 이상인 우량 묘목을 재식하고 지주를 세워 춘지와 하지를 충실하게 발육시켜 나가는 데 하지는 정아부위 한 지점에서 여러 개가 발아되므로 주간 연장지로 육성할 제일 강한 순 하나만을 택하여 계속 신장시켜 나간다. 이 때 아래에서 나오는 측지는 3개 중 1개의 비율로 남겨 측지로 활용하여야 한다. 이 과정에서 측지가 너무 강하여 주간 연장지보다 강하게 되면 제거하거나 주간을 교체하여 다시 키워나가야 한다. 주간 연장만을 위하여 측지를 모두 제거하게 되면 의도하는 위치에 측지가 재발아하기 어려우므로 적정 위치에 있는 신초를 측지로 키워나가야 한다. 지상부 50㎝부터 20~25㎝ 간격으로 측지 8~10개를 육성할 것을 목표로 한다.

### (나) 2년차

주간 연장지를 계속하여 신장시키고 측지 연장지보다 항상 강하게 유지시키며 1년차에 신장한 측지는 주간을 중심으로 하여 사방으로 어긋나게 배열시키며 수평되게 유인한다. 주간은 2.5m까지 신장시켜 절단하며 지주에 고정되도록 한다.

### (다) 3년차

주지는 그대로 유지시키며 측지는 연장시켜 나가되 사방으로 고르게 배열한다. 재식 3년차에 착과시키고 착과되는 위치는 주간에서 바로 분지된 30㎝ 내외의 측지이며 이 측지는 점차 연장시켜 나가면서 착과시킨다. 매 측지마다 착과시키고 이웃한 측지와 어느 정도 겹치는지, 간격이 너무 벌어지지 않았는지 확인하여 겹치는 측지

는 솎아내거나 단축시킨다. 결과 초기에는 착과가 다소 많아 나무에 부담이 되더라
도 그대로 착과시켜 과실의 크기를 너무 크지 않게 한다.

### (라) 4년차

같은 줄에 있는 나무와 나무 사이의 측지는 50~60㎝를, 열과 열 사이의 측지는
100㎝를 넘지 않도록 주간과 측지의 균형을 조절해 나간다. 측지의 배열은 바로 위
의 측지가 아래의 측지보다 강하거나 길지 않게 절단하거나 솎아내면서 유지해 나
가고 가지의 배열이 흐트러지지 않아야 사방 측면으로 투과되는 광을 받아 착색이
고르게 된다.

### (마) 5년차 이후

4년차와 동일하게 관리하며 측지가 노쇠하다 생각되고 측지 배열에 문제가 없다
면 강전정으로 갱신하여 주간보다 세력이 강하지 않도록 관리한다.

## (5) 적용 예

주간형 정지법은 노지에서는 의도하는 대로 나무꼴을 구성하기 힘들다. 지주시설
및 유인 줄이 갖추어지지 않거나 바람이 세면 1년에 주간 연장지를 길게 유지하기
힘들어 1년차에 2.0m까지 연장시킬 수 없다. 그러므로 새로운 계통의 품종을 하우스
시설내에 재식하여 미수익 기간을 최대한 단축시키고 하우스 공간을 최대한 활용하
여 재식 3년차부터 조기 수량을 확보할 필요가 있는 경우에 적합하다.

# 마. 수령에 따른 정지, 전정

## 1) 결과 초기 나무에 대한 정지, 전정

감귤나무는 조기 결실성이 강하다. 수령이 3~4년차에는 개화하여 결실하는 특성
이 있다. 정식 후 3년차부터는 본격적인 수확을 위한 착과를 시킬 수 있다. 그러나

나무가 어릴 때에는 착과와 함께 여름순과 가을순도 발생한다. 결실된 나무에서 여름순이 발생하면 다음해에는 전년에 발생한 여름가지에 착과시킨 후에 가지를 조정하도록 한다. 가지가 너무 많으면 솎음 전정을 하여 1~2개로 줄여준다. 그 중 1개는 주지나 아주지로 쓰고 나머지는 결과모지를 발생시키는 가지로 쓰도록 한다. 지나치게 수형과 주지, 아주지 배치에 집착할 이유는 없다. 나무가 자라면서 스스로 가지의 세력을 잡아나가도록 하면서 가짓수만 조정해 나가면 감귤나무는 수형이 잡혀나간다. 주지상에서 아주지에 대한 정지, 전정은 그림에서 보는 바와 같이 원추형으로 만들어 가는 개념을 가지고 전정을 해나가며 가지 길이의 조정은 분지된 부위의 가지 둘레의 10배가 넘지 않도록 해야 한다. 너무 길면 가지가 늘어지고 다른 가지에 방해를 주어 전체적인 수량이나 엽면적 지수에 차질이 일어나게 된다.

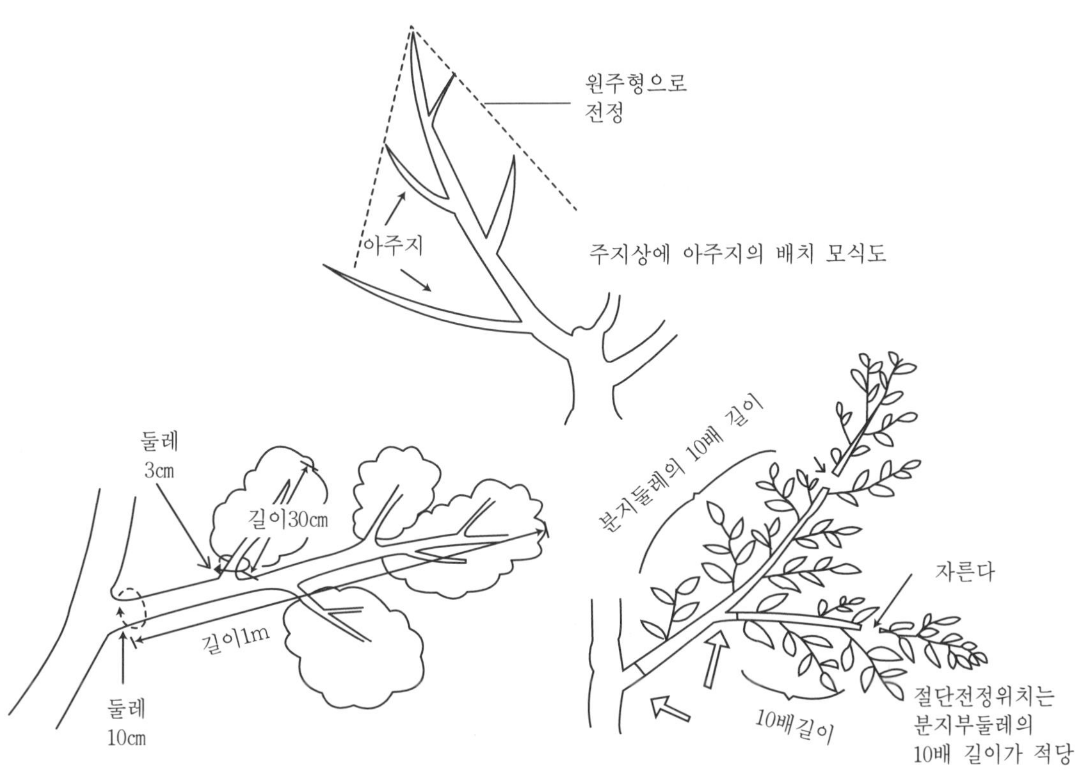


그림 5-16. 아주지 배치 모식도(상) 및 아주지의 가지길이 조정방법(하)

## 2) 결실 최성기 나무의 정지, 전정

결실 최성기에 도달된 나무에서 정상적인 전정과 과다한 착과만 예방한다면 봄순 발생과 화아 형성이 적당하게 이루어져 매년 안정된 결실을 하게 된다. 이러한 경우에는 주지와 아주지상에서 과도하게 발생하는 결과모지를 정리하여 예비지만을 설정하는 전정을 하면 된다. 그러나 일정한 방법으로 관리하더라도 해에 따라 생육과 결과상태가 다르게 나타나 해거리가 발생하게 된다. 이와 같은 해거리는 현재까지 그 원인이 정확하게 밝혀져 있지 않으나 부적절한 결실관리와 전정 등의 재배관리와 가지생장 및 꽃눈 분화에 영향을 주는 기상 등의 복합적 원인에 의해 발생되는 생리현상으로 해거리에 의해 흉년과 풍년이 반복되게 된다.

따라서 이와 같이 흉년과 풍년이 반복되는 경우는 전정시기인 봄철이 되면 재배자가 결실정도를 예측할 수 있으므로 결실이 많은 나무와 적은 나무의 전정방법을 달리함으로써 전정에 의해 해거리를 완화할 수 있다.

## 가) 풍년이 예상되는 나무의 전정

착과량이 많은 해는 수세가 약해지기 쉬우므로 착과량을 줄여 수세를 안정시키는 방향으로 전정해야 한다. 따라서 가지를 절단전정 위주로 예비지를 설정한다.

착과량이 많은 해에는 봄순에 전체적으로 개화함은 물론 주지나 아주지에서 돋아난 가지에도 개화하고 여름순에도 거의 밑에 눈까지 개화한다. 그러므로 어느 가지를 전정하더라도 남아있는 가지의 개화량에는 문제가 없기 때문에 수관을 줄이거나 솎음전정, 절단전정을 해도 무방한 것이 풍년이 예상되는 해의 전정법이다. 따라서 예비지를 많이 설정하여 당년에 신초를 많이 발생시키도록 정지, 전정을 한다. 여름순을 봄순과 경계 부위에서 절단전정하여 확실하게 예비지가 설정되도록 정지, 전정한다.

예비지 설정도 그림을 참조하여 나무 전체에서 적당하게 조절한다.

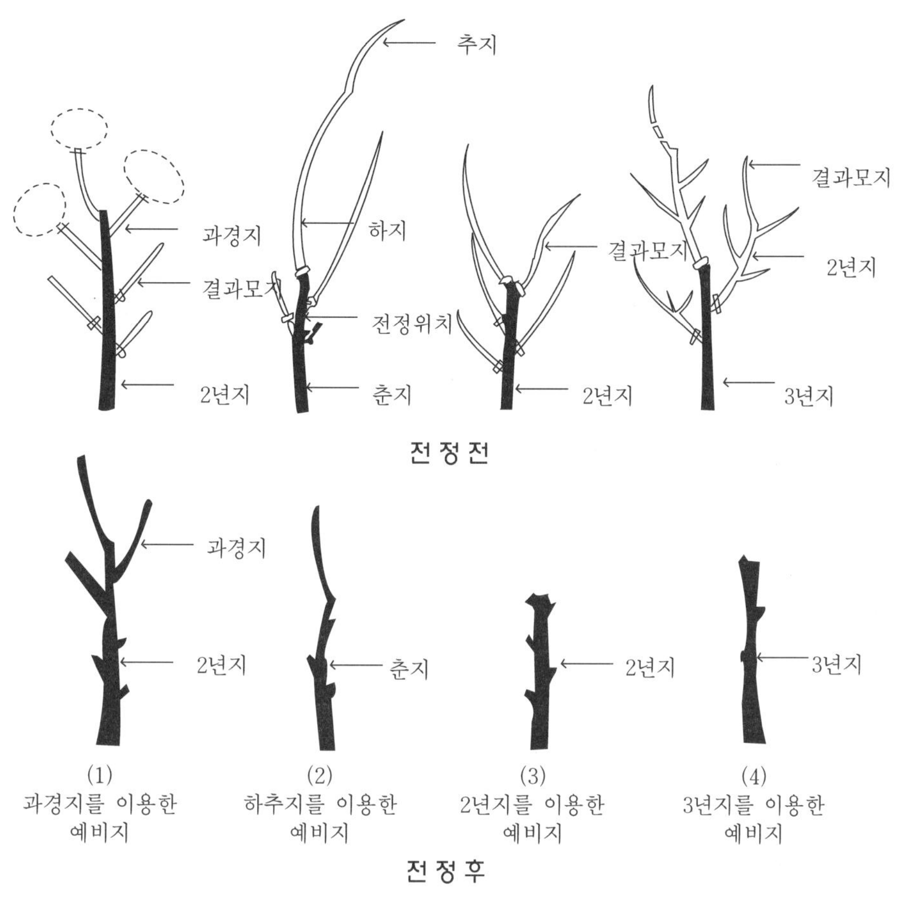


그림 5-17. 예비지 종류와 그 전정 방법

## 나) 흉년이 예상되는 나무의 전정

과경지 정리 위주로 전정하고 전정시기를 늦추며 숨음전정으로 가지를 조절한다. 흉년이 예상되는 나무는 전년도에 과다한 착과에 의해 결과모지에서 충분한 꽃의 확보가 어려우며 여름순도 많이 발생하지 않은 상태에 있다. 여름순이 돋아난 경우는 전정을 하지 말고 그대로 착과시키며 봄순이 많이 돋아난 부분에서 전정을 할 경우는 절단전정은 피하고 숨음전정을 한다. 전정시기는 가급적 늦게 하여 화아를 많이 남겨두는 전정을 한다. 과경지 전정은 그림과 같이 과경지의 상태에 따라서 정리해 두는 것을 원칙으로 하여 노동력에 따라 적당하게 조절한다. 노동력이 충분하면 세밀하게 과경지를 정리하여 나무를 항상 건강하게 유지시키면 좋지만 노동력이 부족할 경우는 과경지 정지를 줄일 수밖에 없다.

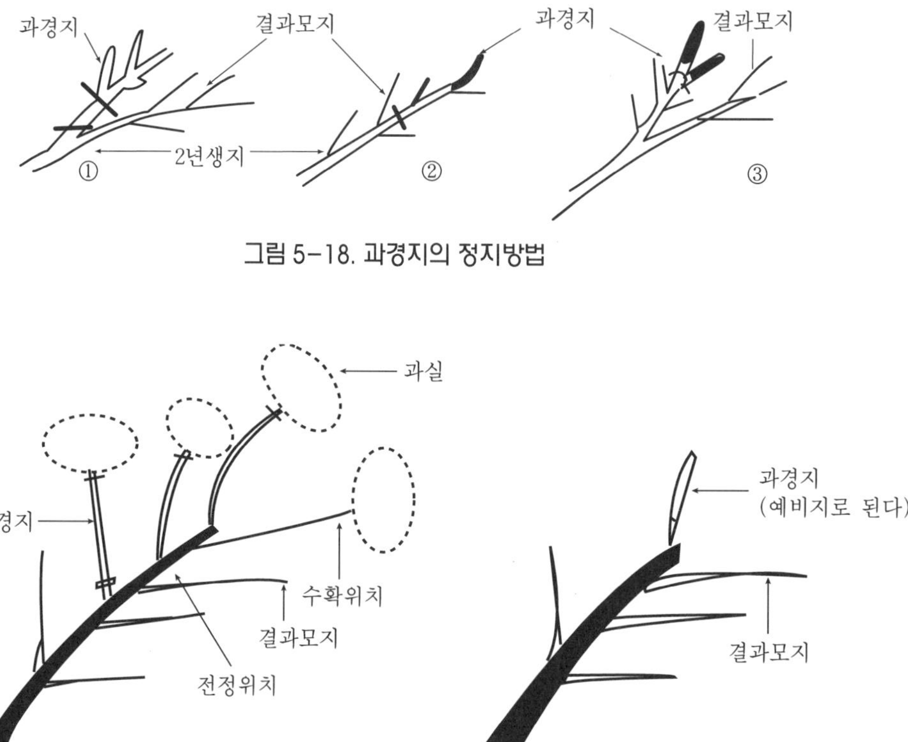



그림 5-18. 과경지의 정지방법



그림 5-19. 과경지 처리 전후의 모양

과경지 처리방법은 ① 과경지 밖에 없는 2년생 가지는 기부에서 전부 전정하고 ② 과경지 밑에 결과모지가 붙어있는 가지는 결과모지는 남기고 과경지만 제거한다. ③ 다른 결과모지가 있으면 과경지만 제거하는 전정을 한다.

흉작년에 봄순 발아수가 많으면 착과된 과실이 낙과되는 경우가 있으므로 봄순 발아량을 줄여주도록 전정함이 좋다. 즉, 눈이 많은 부위에 정지, 전정은 금물이며 가능한 한 발아 부위를 줄여 주어야 한다. 과경지는 봄순을 발아시키는 부위가 된다.

# 다) 나무세력의 강약과 전정

## (1) 수세가 강한 나무의 전정법

### (가) 전정은 가볍게

나무세력이 강한 나무에 강한 전정을 하면 나무는 도장하게 되어 신초의 신장은 좋으나 착화는 나빠지게 된다. 여름순이나 가을순을 다발시키는 것보다는 오히려 무전정편이 낫다.

### (나) 솎음(간인) 전정 위주

자름(절단)전정을 실시하면 도장지가 발생하지만 솎음전정을 위주로 하게 되면 그렇지 않게 된다. 여름, 가을 가지도 절단하지 않고 일부를 솎아내어 광을 수관 내부까지 잘 들어가도록 하여 나머지 결과모지는 최대한 이용하여 결과량을 높이는 방향에서 전정을 실시한다.

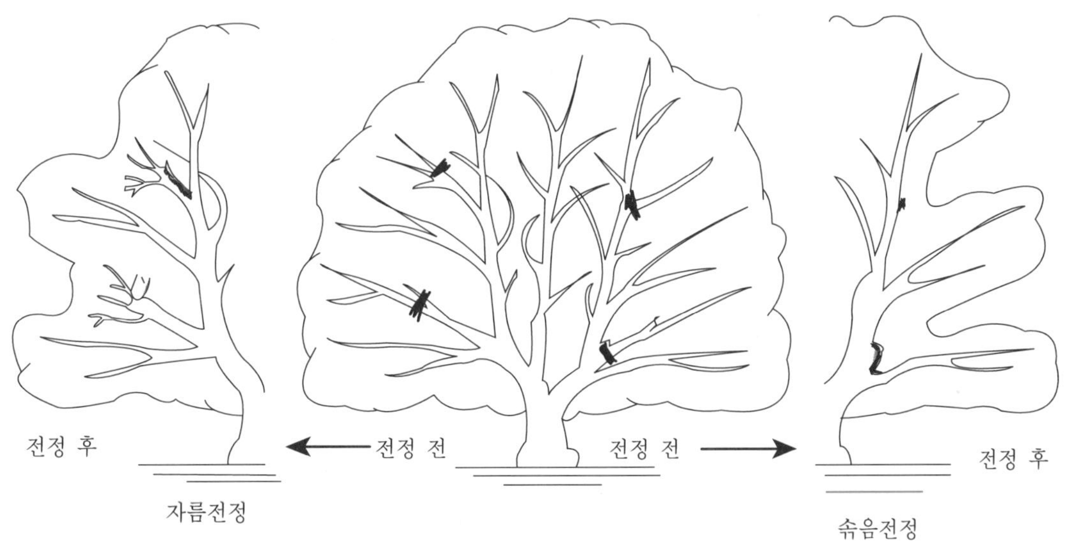


그림 5-20. 솎음전정과 자름전정요령

### (다) 주지, 부주지 간격을 넓게

수세가 강한 나무는 수관이 커지게 되는 경우에는 주지, 부주지의 배치에 공간을 갖도록 간격을 충분하게 확보해야 한다.

측지를 절단하는 데 있어서도 가볍게 한다는 생각을 가지고 전정을 실시해야 한다. 수세가 강한 나무는 결과모지에서도 신초(발육지)가 발생될 비율이 높다. 그러므로 다음해의 결과모지가 되는 예비지는 특별하게 만들지 않아도 자연적으로 확보할 수 있게 된다.

## (2) 수세가 약한 극조생 온주 전정법

### (가) 세밀전정을 해야 한다

전정의 기본은 앞에서 말한 조생온주 정지, 전정법을 그대로 적용하면 될 수 있으나 조생온주보다 수세가 약하다는 점을 생각하고 전정에 임해야 된다. 극조생 계통은 수세가 약하여 잎과 결과모지가 총생되게 발생되므로 총생된 가지를 솎아내어 충실한 결과모지를 남기도록 세밀전정이 필요하다. 예비지 확보를 위하여 절단전정과 과경지는 철저히 다듬어 충실한 새순이 발생되도록 해야 하나 이러한 작업도 녹지에서 실시해야 한다. 녹지가 아닌 노쇄된 가지를 이용하면 조생종과 같이 새순이 발생하지 않는다. 특히 극조생 온주에서는 도장지를 예비지로 활용하는 지혜가 필요하다. 또한 유목기부터 과다 착과를 시키면 나무용적 확대가 되지 않아 오히려 수량이 떨어지므로 수관확대를 충분히 한 후에 적정 착과를 시키는 노력이 필요하다.

### (나) 적과는 반드시 2~3회 실시한다

극조생 온주는 착과습성이 좋아 과다 착과 상태로 두면 소과발생이 많고 착과 부담으로 나무가 빨리 노쇄되어 관리에 어려움을 겪게 되므로 2~3회 적과를 반드시 실시하여 적정 착과를 유도해야 한다. 1차 적과는 가급적 빨리 실시하는 것이 좋고, 2차 적과는 생리낙과가 끝나는 대로 실시하고 15~20일 간격으로 2~3차 적과를 실시한다. 특히 극조생 온주는 전정만으로 착과량 조절은 불가능하므로 적과 작업은 필수요건이라는 점을 명심해야 한다.

그림 5-21. 수세가 약한 계통의 전정방법

## 라) 온주밀감의 재배형태에 따른 수형선택

제주도의 경우 온주밀감의 재배형태는 노지 재배와 하우스 재배가 있다는 것을 현황에서 설명한 바 있다. 이들 재배형태에 따른 적절한 수형을 살펴보기로 한다.

### (1) 노지 재배 수형

노지 재배에 적합한 수형은 개심자연형과 자연형 수형이 알맞다. 감귤은 해에 따라서는 착과량이 많기 때문에 주지와 아주지가 늘어지는 경우가 있다. 따라서 2본 주지의 수형인 경우는 아주지가 늘어져서 열매가 땅에 닿는 경우가 있기 때문에 개심자연형으로 주지 각도를 유지하는 것이 좋으며 변측 주간형은 나무가 높아져서 수확작업이 어려우므로 알맞지 않은 수형이다. 자연형은 전정을 적게 하는 수형이지만 주지, 아주지 수가 많으면 간인으로 솎아주는 전정을 해야 하며 다만 측지 정리나 과경지 등을 자연 상태로 두는 전정 방법이기 때문에 일부 측지는 주지, 아주지로부터 길게 뻗어 나와 내부 공간으로 빛이 들어가는 것이 차단되는 경우가 많으므로 약제 살포 시 농약이 내부에 침투가 덜 되며 통풍이 덜 되어 해충 발생도 많아지는 경우가 있으므로 큰 가지 솎음은 계속 해 주어야 한다.

### (2) 하우스 재배 수형

하우스 재배는 자외선이 많이 차단되는 재배이기 때문에 가지가 길게 자라고 그 결과 생장량에 비해서 불충실해진다. 아울러 단위면적당 수량을 높이고 하우스내 공간을 입체적으로 활용해야 하며 과실 착과 시 가지가 늘어지는 것을 방지해야 하기 때문에 개심자연형보다 1본 주지형이 적합한 것으로 조사되었다.

# 바. 부지화의 정지, 전정

부지화는 청견에 중야 3호 봉깡을 교배해서 육성된 품종으로서 탄골류에 속하는 품종이다. 신초의 자람새는 강하게 보이나 전체적으로 수세는 약하다. 따라서 경토 깊이가 온주밀감에 비해서 깊어야 수세가 충분히 유지되며 과실로의 광합성 산물 전류량이 많기 때문에 과다 착과 시에는 세근이 약해지면서 수세는 극도로 쇠약해져서 결실관리, 비배관리는 온주밀감에 비해서 세밀한 관리가 필요하다.

## 1) 부지화 유목의 정지, 전정

부지화는 타 품종에 비해서 봄철에 돋아나는 신초수가 너무 많이 발생하는 특성이 있다. 신초수가 많기 때문에 발생된 신초길이도 짧을 뿐만 아니라 가늘어지는 경향이 있다. 결과기에 들어가면 발생된 신초에 화아가 분화하여 꽃이 많이 개화되어 수세가 급격히 나빠지는 특성이 있다. 또한 부지화의 잎은 광 요구량이 많아서 내부로 광이 들어가지 못하면 가는 가지들이 고사해 버리므로 정지, 전정 시에 주의를 요한다.

유목의 신초관리는 발생된 신초수를 적심으로 줄여 주어 신초의 길이 신장을 돕도록 한다. 수형은 개심자연형을 기본으로 하여 유목 시부터 주지수를 3개로 결정해서 수관이 확대되도록 가지 고르기를 철저히 한다. 아주지 확보도 주지가 자람에 따라 형성하되 온주밀감과 같이 방임하면 가짓수가 많아져 성목이 된 후에 관리가 어려우므로 유목시기부터 정확한 수형과 수관확대에 치중하고 유엽과 착과를 하여야 하지만 주지나 아주지 선단 부위에는 착과시키지 않도록 한다.

## 2) 고접수의 신초관리

온주밀감에 부지화를 접목하여 품종갱신을 하는 경우에는 보통 두 가지 방법이 있다. 즉, 접목량을 적게 하여 중간대목의 아랫가지를 남기는 경우와 중간대목에 접목량을 많이 하여 중간대목을 높이 하여 가지를 키우는 경우가 있다. 먼저 중간대목의 아랫가지를 남기는 경우의 전정 관리를 설명하고자 한다.

[그림 5-22]에서 보는 바와 같이 접수로부터 발생한 봄가지는 상단지에 접목한 접수는 봄순을 2개로 하고 그 봄순이 8~10매로 자라면 적심한다. 적심한 봄가지로부터 발생한 여름순을 2~3본으로 정리한다. 하단지에 접목한 접수는 봄순은 1개로 하고 적심하지 않고 7월 상순까지 지주를 세우면서 생장시킨다. 7월 상중순에 30° 정도로 유인하고 봄순 상단으로 여름순을 발생시켜 엽수 확보와 수관 확대에 힘쓰고 중간대목의 아랫가지는 제거하지 않고 그대로 관리하다가 접목 3년차부터 서서히 줄여나간다.

두번째 방법은 [그림 5-23]에서 보는 바와 같이 아랫가지가 없이 접목이 되어 있으므로 접수로부터 2본씩 봄순을 발생시키고 봄순이 8~10매일 때 적심하고 그 곳에서 여름순을 2~3본 정도 발생시켜 수관확대를 조기에 달성시킨다. 여름순의 발생량이 너무 많으면 가늘어질 수 있기 때문에 그 수를 조정해 주는 것이 중요한 관리 요령이다. 접목 3년차부터는 착과되므로 착과수를 조절하고 주지, 아주지를 개심자연형에 준하여 정리하면 수형은 완성되어 간다.

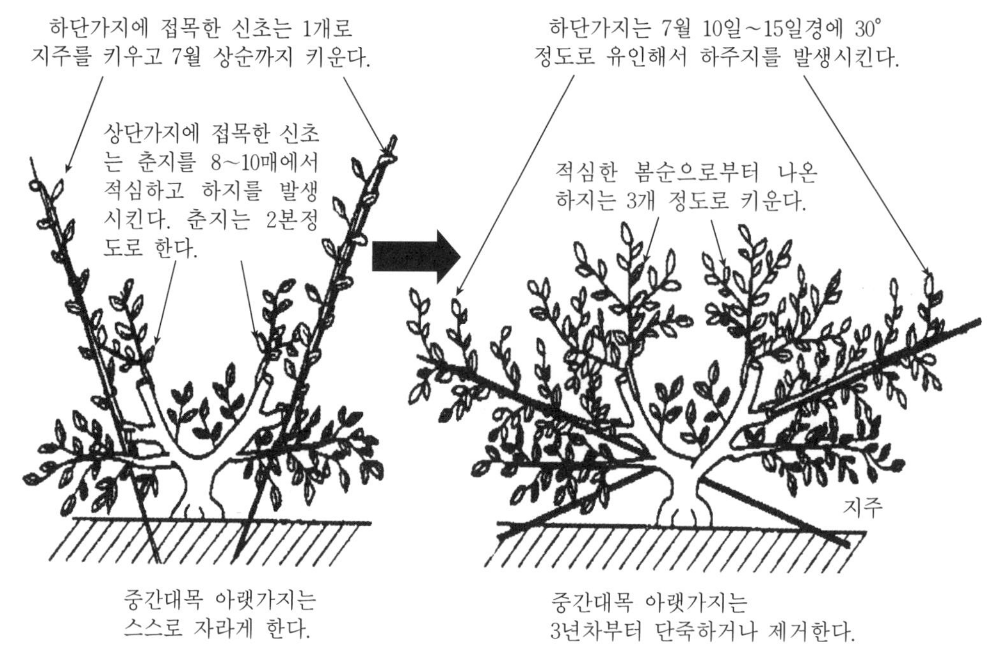


그림 5-22. 중간대목 하지를 남기고 고접한 부지화 신초관리

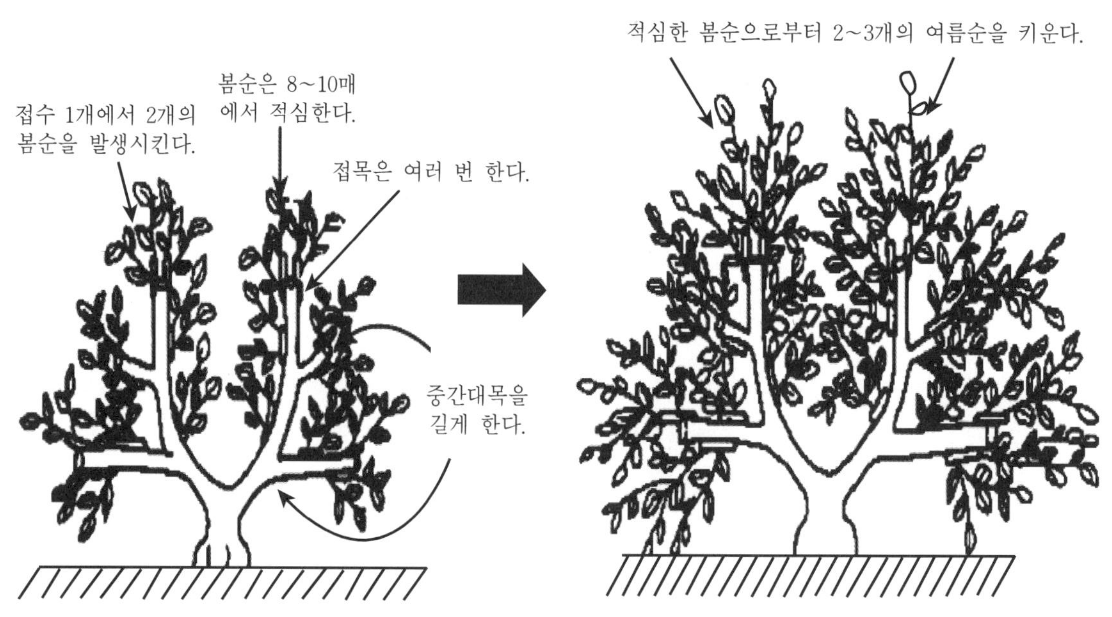


그림 5-23. 중간대목을 길게 고접한 부지화의 신초관리

## 3) 성목의 신초관리와 정지, 전정

부지화는 정지, 전정에 앞서 착과 관리가 중요하다. 착과가 과다하게 되면 수세가 약해져서 다음해에는 춘지가 많이 발생하나 짧아지며 가지는 가늘고 잎의 크기도 작아진다. 그 결과 다음해에는 짧은 결과모지에 많은 꽃이 개화되어 생리적 낙과가 많아지고, 착과도 불안정하면서 나무만 약해진다. 반면 적정 착과수는 신초수가 적어지고 길이도 길어져서 다음해에는 적당한 결과모지가 되어 안정적인 착과를 할 수 있게 된다. 그림에서 보는 바와 같이 부지화의 적정 결과 모지의 길이는 6~15㎝가 알맞음을 알 수 있다. 성목의 신초관리는 착과 관리에서부터 시작됨을 인식해야 한다. 부지화의 적정 엽과비는 수관 외부는 120~150이고 수관 내부는 1관당 200잎 정도다.

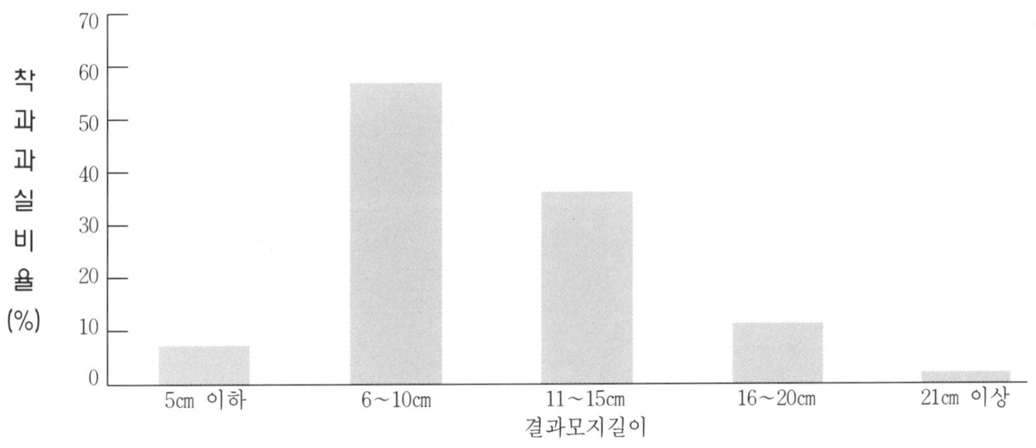



그림 5-24. 부지화의 결과모지 길이별 착과과실의 분포(熊本 1996)

## 4) 예비지의 설정과 결과모지의 확보

앞에서 언급했듯이 부지화의 수형은 개심자연형을 기본으로 한다. 3개의 주지에 6개의 아주지를 기본으로 하고 수관폭 10에 대하여 수고는 7정도로 한다. [그림 5-25]에서 보는 바와 같이 수관폭이 4m이면 수고는 2.8m 이내로 한다.

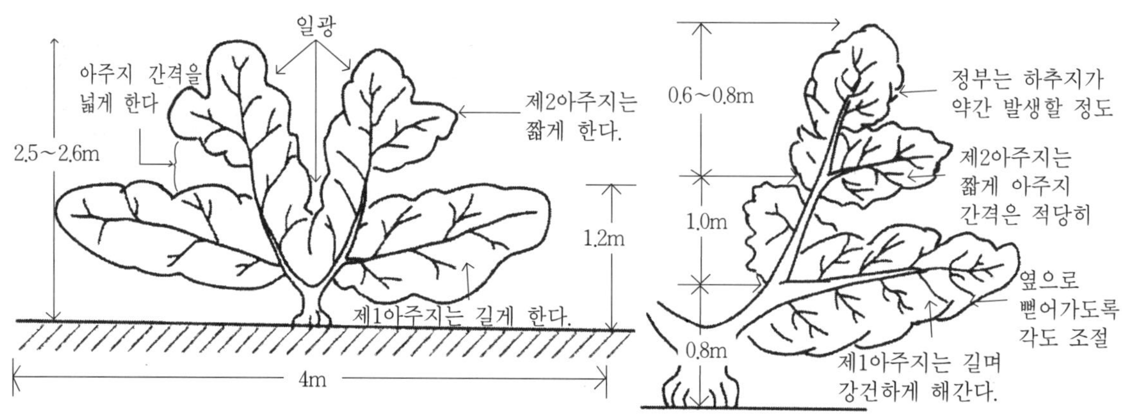



그림 5-25. 부지화의 수형크기와 주지, 아주지 배치 모형도(熊本 1996)

아주지에 부착시키는 측지는 그림에서 보는 바와 같이 가지 간격은 15㎝ 정도가 좋으며 아주지에서 너무 길게 자라면 인접가지에 광선투입이 장해가 되므로 긴 가지는 전정으로 단축시켜 주도록 한다.

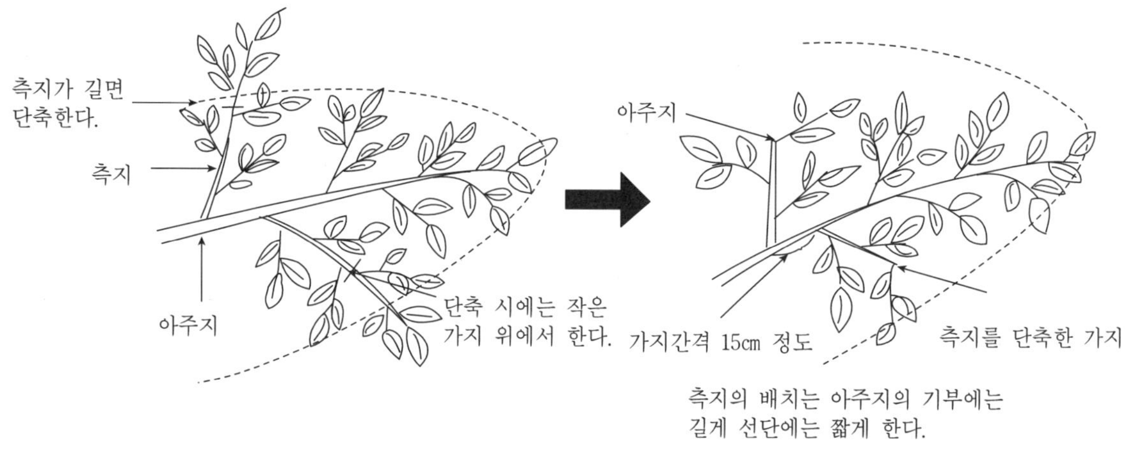



그림 5-26. 아주지에서의 측지의 정지, 전정

예비지 설정은 일반적으로 3월 전정 시에 하며 과경지나 2년생 가지를 이용하여 그림에서 보는 바와 같이 길이 15㎝ 정도로 남기고 봄순 여름순을 제거함으로써 새로운 결과 모지를 확보할 수 있다.

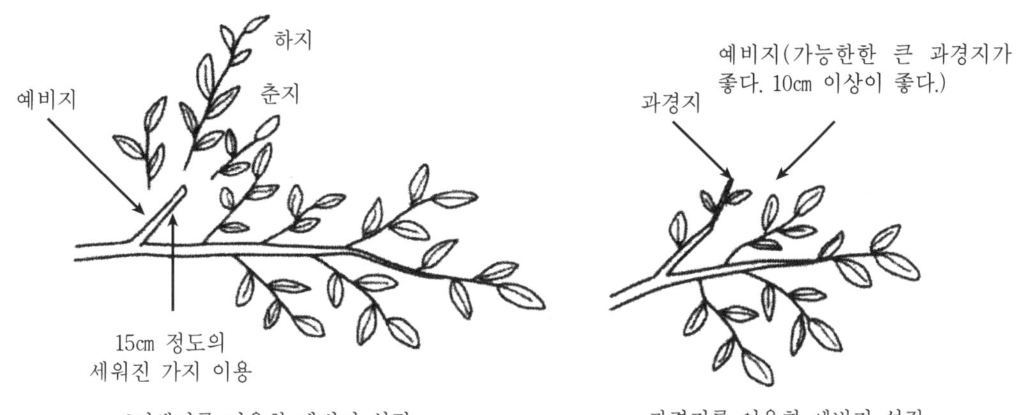



그림 5-27. 예비지 만드는 법

<표 5-5> 예비지 설정 시기와 신초발생 및 착과(熊本 1996)

| 예비지 설정일 | 설 정 방 법 | 예 비 지 | | 신 초 발생수 | 신 초 장 | | 착화수 | 유엽화 | 직화 |
|---|---|---|---|---|---|---|---|---|---|
| | | 굵 기 | 길 이 | | 길 이 | 일 수 | | | |
| 3. 25 | 2년생지 | 0.71 | 18.0 | 4.9 | 7.9 | 6.1 | 1.1 | 1.1 | 0 |
| | 과경지 | 0.58 | 13.4 | 7.3 | 7.6 | 5.4 | 1.5 | 1.5 | 0 |
| | 평 균 | 0.65 | 15.7 | 6.1 | 7.8 | 5.8 | 1.3 | 1.3 | 0 |
| 7. 6 | 2년생지 | 0.68 | 14.7 | 3.9 | 7.0 | 5.4 | 1.6 | 1.6 | 0 |
| 7. 18 | | 0.68 | 15.9 | 5.3 | 7.6 | 6.1 | 2.7 | 2.7 | 0 |
| 7. 29 | | 0.70 | 17.2 | 3.5 | 8.1 | 6.9 | 1.1 | 1.1 | 0 |
| | 평 균 | 0.69 | 15.9 | 4.2 | 7.6 | 6.1 | 1.8 | 1.8 | 0 |

　부지화는 온주밀감과 같이 전정과 착과관리를 방임하거나 게을리 하면 수세가 약해져서 회복이 불가능한 상태로 되어 원목을 갱신하지 않으면 안될 정도로 나무가 쇠약해진다. 즉, 지상부는 골격이 남아 있으나 지하부의 뿌리가 손상되어 지상부 관리만으로는 회복하기 어려운 상태에 이르게 된다.

# 6. 감나무의 정지 · 전정

## 가. 감나무의 생육특성과 정지 · 전정

정지, 전정에 있어서는 나무의 특성을 이해하고, 그 특성을 재배에 이용함으로써 매년 고품질 과실의 생산을 손쉽게 해야 한다. 정지, 전정에 관련된 나무의 특성은 다음과 같다.

### 1) 나무 특성

#### 가) 수령이 긴 교목성이다

감은 복숭아, 포도 등에 비하여 성과기에 도달하는 기간이 긴 반면에 성과기간이 길고 또한 나무가 높고, 크게 자란다. 따라서 유목기에는 도장할 수 밖에 없기 때문에 생육을 촉진시켜 수관형성을 조기에 완성시키고 그 이후에는 가지유인, 착과촉진, 시비조절 등으로 가능한 수세를 조기에 안정시켜야 한다. 한편으로 커다란 성목의 수관을 작게 만들 경우 강한 가지가 많이 발생하여 낙과, 병해충발생 등의 원인이 된다. 이러한 감나무 특성은 생력재배를 위한 저수고 재배가 쉽지 않음을 의미한다.

## 나) 정부 수세성이 강하다

결과모지로부터 발생되는 신초는 위쪽의 것일수록 강하게 자라며, 발생 각도가 좁고, 아래쪽의 것은 약하고 발생 각도가 넓으며, 그 아래쪽의 눈은 숨은눈으로 남는 등 감나무는 정부우세성이 강하다. 이러한 감나무 특성은 나무 수고가 높게 되고, 열매맺는 부위가 매년 상승되며, 나무 내부의 가지는 고사되어 열매 맺지 않는 부위가 점차 넓어지는 원인이 되기도 한다. 또한 숨은눈은 오래도록 발아 능력을 갖고 있어 묵은 큰 가지나 줄기에서도 가벼운 자극에 의해 쉽게 발아되어 도장지나 발육지가 된다. 따라서 정지, 전정 시 도장지가 발생되지 않도록 골격형성 또는 전정정도 등에 유의해야 한다. 그러나 측지 갱신이나 노목 갱신 등을 할 때 도장지나 발육지를 쉽게 이용할 수 있는 이점도 있다.

## 다) 충분한 햇빛을 필요로 한다

감나무는 사과나 배나뭇잎 등에 비하여 크고, 두꺼우며 잎자루가 탄력성이 없어 잎이 겹칠 경우 아랫잎은 햇빛 받음이 매우 불리하다. 일조량이 적으면 잎이 엷고 커지며, 동화능력이 저하되어 수량·품질에 나쁜 영향을 받기 쉽고 고사된 가지가 많이 발생하여 열매맺는 부위가 상승하여 나무 높이가 높아지는 등 재배상 문제가 많다. 수령이 길기 때문에 계획 밀식 재배 시 축벌 및 간벌을 철저히 하여 독립된 수관을 형성할 수 있도록 충분한 주간거리를 확보하는 것이 중요하다. 또한 수관 내부에까지 햇빛이 잘 들 수 있도록 나무의 골격형성, 측지상승 방지, 유인 등 가지관리를 철저히 하지 않으면 안된다.

## 라) 가지가 찢어지기 쉽다

감나무는 재질이 단단하고 탄력성이 없기 때문에 쉽게 부러진다. 또한 감나무는 수령이 길고 나무가 크기 때문에 주지, 부주지가 크고 길게 신장하게 되면 과실의 무게를 지탱하기가 어렵게 되고, 가지의 발생 각도가 좁을 때 가지가 서로 비대되면서 가지 사이의 껍질 부분이 서로 맞닿게 되어 찢어지기 쉽다. 이러한 현상은 가지 윗부분에 발생된 것일수록 강하게 신장하고 발생 각도가 좁기 때문에 주지나 부주지 또한 측지 등 나무골격을 형성할 때는 발생 각도가 넓은 가지를 선택하거나 넓게 유인하여 사용해야 한다.

## 마) 가지가 굵거나 아래로 처지기 쉽다

정부우세성이 강하여 선단부의 가지가 강하게 자라기 때문에 주지, 부주지의 선단은 길게 된다. 또한 잎이 크고 두꺼우며 더욱이 과실의 무게 때문에 가지는 굵거나 아래로 처지기 쉽다. 이렇게 가지가 굽은 부분에서는 도장지가 많이 발생되어 수형이 혼란스러워지기 쉽다.

정지, 전정에 있어서 주지와 부주지는 도중에 굽은 곳이 없이 선단부까지 곧게 신장시켜 양분과 수분 그리고 생장호르몬이 원활하게 이동될 수 있도록 해야 한다.

## 바) 유목기에는 직립하나 성목기에는 개장성이 된다

자연 방임수에서는 일반적으로 주간은 직립하나 주간에서 나오는 가지는 굴곡이 많고 선단이 아래로 처지는 경우가 많다. 다시 말해 유목기에는 정부우세성이 강하게 나타나 나무가 직립하게 되며, 어느 정도 수세가 안정되어 결실기에 들어서면 과실의 무게가 가지에 실리게 된다. 특히 감은 대부분 낙엽기까지 과실이 붙어있기 때문에 가지가 휘어지기 마련이며, 해거리 하는 해에는 가지가 직립하게 되어 이것이 반복됨으로써 일반 자연 방임수는 성목이 되면서 가지의 굴곡이 많아져 수관이 옆으로 개장되는 모양이 형성된다. 따라서 성목의 전정에서는 아래로 처진 가지를 짧게 단축시키면서 튼튼한 가지로 갱신하는 전정이 필요하다.

## 사) 세력이 비슷한 굵은 가지를 잘라내면 남아있는 가지의 세력이 약해지기 쉽다

굵은 가지를 절단하면 절단면이 넓어 유합이 어렵다. 일반적으로 굵기가 다르고 옆으로 뻗은 가지를 절단하면 유합이 쉬우나 위로 향한 가지는 유합이 어렵다. 또한 세력이 비슷한 가지가 분지된 경우 어느 한쪽을 절단하면 남은 가지가 쇠약해지거나 고사되는 경우도 볼 수 있다.

따라서 굵은 가지를 솎아내는 일이 없도록 굵어지기 전에 미리 잘라내는 것이 현명하며, 솎아낸 경우에는 도포제를 반드시 발라 절단면을 보호하는 것이 필요하다.

## 아) 지상부 절단이 나무 뿌리에 미치는 영향은 비교적 적다

많은 과수에서는 겨울전정을 강하게 했을 때 곧바로 뿌리에 장해가 발생되나 감나무에 있어서는 그 영향이 비교적 적다.

감나무의 주간을 절단했을 때 많은 신초가 발생되어 몇 년 후에는 원래의 모습대로 생육하는 것을 볼 수 있다. 이러한 이유는 감나무가 겨울에 접어들면서 이미 뿌리에 충분한 양분을 축적한 상태이며, 또한 양분의 이동시기가 다른 과수에 비해 늦기 때문인 것으로 생각된다.

지상부 절단 영향이 뿌리에 비교적 적다는 것은 강전정을 했을 때 지상부와 지하부 세력의 불균형을 크게 조장함을 의미하므로 감나무에 있어서 강전정은 매우 불합리하다. 따라서 강전정을 하는 경우가 발생하지 않도록 재식거리를 넓히거나 간벌을 과감히 하고 신초를 유인하여 결실을 촉진시켜 수세의 안정을 도모해야 한다.

## 2) 결과습성

## 가) 해거리 현상이 일어나기 쉽다

다른 과수에 비해 단위 면적당 잎의 면적이 적고, 더욱이 수확기가 늦은 관계로 해거리 현상이 일어나기 쉽다. 결실이 많은 해에는 나뭇가지가 휘어지거나 찢어지기 쉬우며, 신초 발생이나 자람이 매우 불량하여 그 해에는 강전정을 하게 되며, 지난해의 과다결실, 늦서리 피해 등으로 결실이 적은 해에는 신초 발생이나 자람이 왕성하므로 여름전정을 철저히 해 주어야 한다. 이와 같이 해거리 현상은 수세관리에 혼란을 초래하므로 적뢰, 적과를 철저히 하여 화아 분화를 촉진시키고 축벌 및 간벌을 조기에 실시하여 적정한 나무 사이의 거리를 확보해야 한다. 또한 적당한 전정과 시비가 필요하며 착화상태에 따라 결과모지 선단을 약하게 절단해 주는 방법도 있다.

## 나) 생리적 낙과가 많다

생리적 낙과는 주로 수정상태가 불량하여 종자가 없거나 작은 과실이 떨어지는 현상으로 개화 후 유과기까지의 수체 저장양분이 적은 경우, 다시 말해 지난해의 과다착과, 질소과다 및 강전정 등으로 수세의 혼란이 낙과의 원인이 되는 경우가 많다. 따라서 수분수 재식, 적과 및 적정시비는 물론 적정한 나무사이의 거리 확보 및 정지, 전정에 의해 수관 내부까지 햇빛 쪼임이 양호하게 할 필요가 있다.

## 다) 꽃눈은 발육지 선단으로부터 2~4 마디에 맺는다

감나무의 암꽃은 충실한 발육지의 끝눈과 그 아래로 2~3눈에서 자란 신초에 맺으며 암꽃을 갖는 눈수는 품종이나 가지의 자람 상태에 따라 다르다. 부유에서는 전년에 결실된 가지는 암꽃을 갖는 눈이 없는 경우가 많으나 결실된 가지에서도 충실하게 자란 가지는 끝눈과 그 아래 1~2눈으로부터 발생되는 신초에는 암꽃이 맺는다. 따라서 매년 안정된 수량 확보를 위해서는 수세를 안정시켜 결실지에도 꽃눈착생을 촉진시키고, 예비지를 확보하여 이듬해 꽃눈가지로 이용해야 한다.

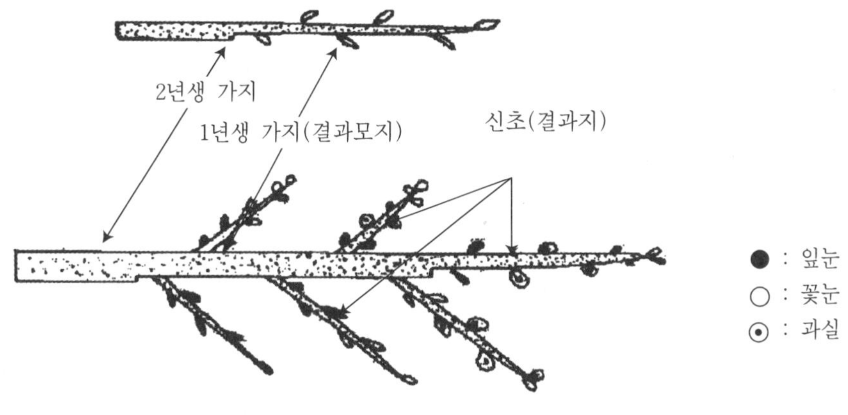


그림 6-1. 감의 결과습성

## 라) 수꽃은 약한 가지에 착생한다

수꽃은 암꽃과는 반대로 약한 신초에 맺는다. 그러므로 수분수를 전정할 때는 약전정이 이루어져야 하며 작은 가지를 많이 남겨야 한다. 그러나 가지를 많이 남겨둠으로써 햇빛 쪼임이 나빠지면 수관 내부의 잔가지가 고사되기 쉬우므로 굵어진 가지는 솎아내기를 해야 한다.

그림 6-2. 수꽃이 착생했던 흔적

# 나. 수형의 형태와 구성

감나무 특성상 정부우세성이 강하고, 햇빛 요구도가 높아 고사되는 가지 발생이 많기 때문에 자연상태의 수형은 주간이 직립하는 주간형을 이룬다. 그러나 재배특성상 수량, 품질 및 작업의 효율성을 고려한 수형이 되어야 하므로 감나무 수형은 주간을 높게 한 변칙주간형과 주간을 낮게 하고 수관 내부에 큰 공간을 갖는 개심자연형을 기본으로 한다.

개심자연형은 주지수가 3본으로 이루어지나 지력이 아주 좋은 토양에서는 2본으로 정지하여 그것을 2본 정지라 부르고 있다. 그 외에도 최근에 재배의 생력화 및 품질향상을 염두에 둔 Y자 수형, 울타리 수형 등의 특수한 수형이 있다.

개심자연형은 주지, 부주지 구성이 빠르고 정지작업도 쉬운 편이다. 수고도 비교적 낮아 재배관리가 용이한 편이나 주지와 주지 사이의 거리가 가깝거나 주간과 주지와의 간격이 좁을 때에는 주지가 찢어지거나 분지 부위의 가지 발생이 혼란스러워 열매가 맺지 않는 부위가 되기 쉽다.

변칙주간형은 주간을 몇 년 동안 길게 연장시켜 여러 개의 주지 후보지를 남기고 그 후보지 가운데 발생 각도, 발생위치 및 방향, 가지의 굵기 정도 등을 고려하여 4~5본의 주지를 선정하여 주지 상단으로부터 연차적으로 절단하여 내려오며, 최종적으로 4~5본을 남기는 형태다. 이러한 정지법은 주지발생 간격이 자기가 원하는 대로 되지 않기 때문에 자칫하면 주지간격이 넓어져 나무 높이가 높아질 가능성이 크다. 유목기 수관확대가 빠르고 수량이 많은 장점이 있으나 주지 상호간의 세력 균형이 맞지 않아 주간 절단 시기가 늦어지기 쉬우므로 정지에 유의해야 한다.

나무형태가 개장성인 품종이나 나무는 개심자연형으로, 직립성인 품종이나 나무는 변칙주간형으로 구성하는 것이 일반적이나 태풍, 과원의 경사도, 재배관리 측면 등도 고려하여 결정한다.

감나무의 나무형태 및 세력은 개체간 차이가 크기 때문에 변칙주간형으로 구성해가는 도중, 자라면서 계속 개장성을 나타내는 나무는 주간을 일찍 절단하여 개심자연형으로 한다. 또한 개심자연형 정지에서도 지력이 양호하여 직립성을 나타내는 나무는 변칙주간형으로 변경하는 등 여러 가지 나무 자람의 형태에 따라 정지한다. 다만 밀식 재배에서는 이러한 수형의 변경이 어려우므로 특별한 대책을 세워야 한다.

경사지에서는 사다리 이용 시 수고가 높으면 작업 능률의 저하는 물론 작업상의 위험성이 따르게 되므로 개심자연형으로 하는 것이 무난하다. 경사가 아주 심한 곳은 올빽 형태의 정지법이 있으나 수형구성 방법은 기본적으로 동일하다.

## 17 개심자연형

### 가) 주지형성

#### (1) 주지수

주지의 갯수는 완성됐을 때 3개가 적당하다. 이보다 갯수가 많을 경우 유목기에는 주지 간격이 넓다고 생각될지 모르나 수령이 많아짐에 따라 수관 내부가 혼잡스럽게 되어 분지 부위에서는 전혀 결실을 기대할 수 없게 된다.

수세가 강한 품종이나 비옥한 토양에서는 주지 갯수가 2개보다는 3개가 세력을 분산시켜 조기에 수세를 안정시킬 수 있다.

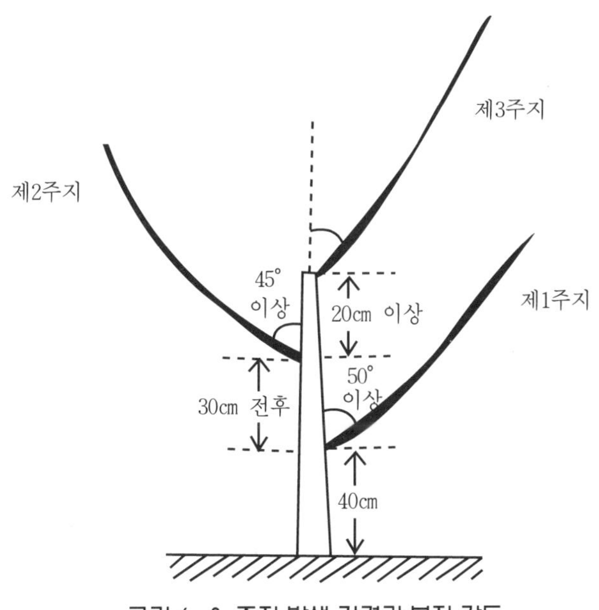


그림 6-3. 주지 발생 간격과 분지 각도

## (2) 주지 발생위치, 방향 및 분지 각도

주간으로부터 분지되는 주지 위치의 높낮이는 가지의 생장, 수세에 영향을 미치는 바 낮을 경우에는 강하고 높으면 세력이 약해진다.

제1주지의 분지 높이는 관리형태, 작업기계의 종류, 경사도, 지력 등에 따라 달라질 수 있으며, 평지에서는 보통 지면으로부터 40cm 정도가 적당하다.

큰 가지와 인접된 분지, 이른 바 바퀴살 가지는 찢어지기 쉽고 수액의 흐름도 좋지 않을 뿐 더러 수관 내부의 가지도 혼잡하게 할 뿐이다.

주간으로부터 분지되는 주지의 발생 간격은 20~30cm 이상으로 제1주지와 제2주지 간격은 30cm 전후, 제2주지와 제3주지의 간격은 20cm 이상으로 하여 아래쪽 주지 간격을 위쪽보다 더 넓게 해 주어야 햇빛 쪼임이 좋다.

3본 주지형태 구성에 있어서 주지 발생 방향은 위쪽에서 내려다 볼 때 제1주지와 제2주지, 제2주지와 제3주지 사이의 각도가 각각 120°가 되도록 주지발생 및 생장을 유도한다. 이 때 포장의 면적을 효율적으로 이용하기 위해서는 가능하면 제1주지의 방향을 동일하게 하여 배치할 필요가 있다. 또한 경사지에서는 재배관리 작업을 쉽게 하기 위하여 주지의 분지 위치를 낮게 하고, 제1주지를 경사지 아랫방향으로 신장시키면 나무를 낮게 키울 수 있을 뿐만 아니라 제3주지를 강하게 유지시킬 수 있다.

## (3) 주지의 발생 각도

감나무는 가지가 찢어지기 쉽고 수령도 길며, 10a당 재식 주수도 적어 한 가지당 많은 과실의 무게가 실리기 때문에 가지를 받침대로 받쳐주는 것이 중요하다.

분지 각도가 좁을 때 [그림 6-4]에서와 같이 가지가 비대되면서 껍질이 양쪽가지 틈새에 끼게 되어 조직이 서로 결합이 될 수 없기 때문에 가지가 더욱 비대함에 따라 그 부분이 쉽게 찢어진다.

주간으로부터 주지, 주지로부터 부주지를 형성시킨다고 볼 때 위의 사실을 충분히 고려하여 발생 각도를 넓게 하는 것이 무엇보다 중요하다. 각각의 주지 발생 각도는 주간을 수직으로 볼 때 제1주지는 50° 이상, 제2주지는 45° 이상 그리고 제3주지는

40° 이상으로 넓힌다. 결국 상부 주지보다 하부 주지를 지면쪽으로 눕혀주는 것은 아랫주지와 윗주지의 나뭇가지가 서로 겹치지 않게 함으로써 나무 전체에 햇빛 쪼임을 좋게 하기 위함이다.

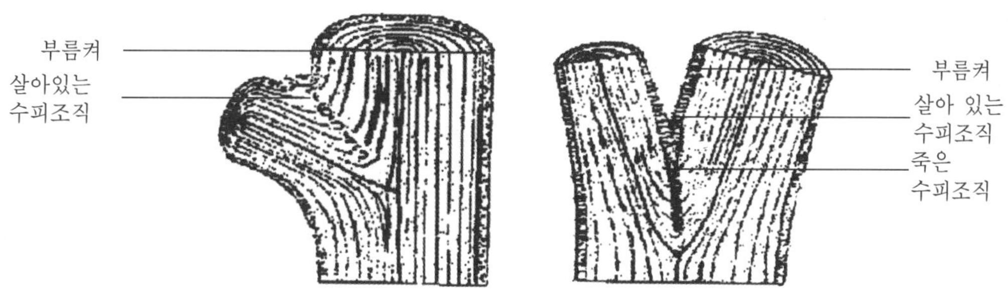


그림 6-4. 주지의 발생 각도와 조직의 강약

## (4) 주지 만들기

주지는 나무의 중요한 골격이 되므로 곧고, 굵고, 튼튼하게 형성시키기 위하여 전정, 유인, 적과 등에 유의해야 한다.

연장지의 절단은 가지의 충실한 정도에 따라 신장량의 20% 정도를 잘라낸다. 절단한 가지의 끝눈 방향은 주지의 유인 각도와 연장 방향을 고려하여 윗눈, 아랫눈 또는 옆눈을 선택하여 결정한다. 유목기에는 대나무 등 유인목을 가지에 대고 묶어 유인하고 발육지, 경쟁지 및 밀생지 등은 눈따기 작업을 하여 주지 형성을 촉진시켜야 한다. 3개의 주지 상호간 세력 정도는 제3주지가 가장 강한 상태가 좋으나 전체적인 균형이 이루어져야 한다. 따라서 약한 주지는 약간 수직으로 세우는 동시에 주지 선단을 절단하여 약간 강하게 만든다.

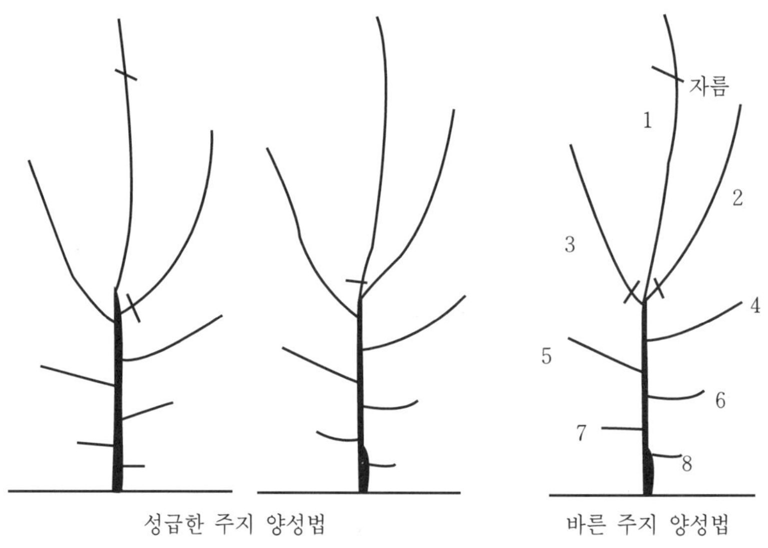


그림 6-5. 주지 만들기

## 나) 부주지 형성

### (1) 부주지 갯수

부주지 갯수가 많으면 가지가 겹치거나 나란하게 자라는 가지가 많아질 수 있어 측지 관리가 어려울 뿐만 아니라 주지 선단의 세력이 약화되기 때문에 1개의 주지에 2개의 부주지를 붙여 한 나무에 모두 6개의 부주지를 형성시켜 나무의 공간을 채운다. 그러나 재식거리가 7m 이상으로 나무를 크게 키울 경우에는 1개 주지당 3개의 부주지를 형성시키는 것이 좋다.

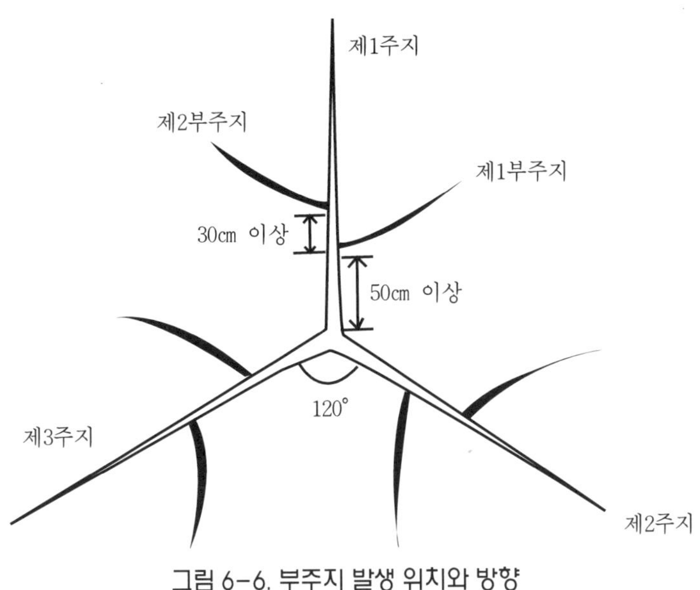


그림 6-6. 부주지 발생 위치와 방향

## (2) 부주지의 발생위치와 방향

부주지가 너무 강해져 주지를 약화시키는 일이 일어나서는 절대 안 된다. 제1부주지의 발생 위치는 주지를 약화시키지 않고, 수관 내부의 햇빛 쪼임에 지장을 주지 않는 위치로서, 주지 분지부로부터 50㎝ 이상 떨어진 곳에서 발생된 가지를 이용한다. 또한 제2부주지는 제1부주지로부터 30㎝ 이상 떨어진 곳에서 발생된 가지를 이용한다. 특히 주지의 등쪽 가까운 부분에서 발생된 가지는 세력이 강해지므로 주지 하부측면 또는 측면에서 발생된 가지를 이용한다.

부주지 방향은 인접된 주지나 다른 부주지와 중첩되지 않는 공간을 이용하기 때문에 주간을 기준으로 제1부주지는 모두 좌측에 그리고 제2부주지는 우측에 배치하면 주지상의 모든 부주지의 위치는 높이에 차이가 생기게 되어 지정된 공간을 입체적으로 이용할 수 있어 매우 유리하다.

그림 6-7. 부주지가 강해져 주지가 갈라진 상태로 주지세력이 약해짐

## (3) 부주지 연장 방법

주지와 마찬가지로 부주지도 나무의 골격이 되므로 튼튼하게 형성한다. 그러나 너무 강하면 주지를 약화시킬 수 있기 때문에 발생 위치를 고려하는 것은 물론 주지보다 1~2년 늦게 형성시킨다.

부주지 연장지의 절단은 가지의 충실도에 따라 달라질 수 있으나 1년지의 20% 정도를 잘라낸다. 잘라낸 가지의 끝눈 방향은 주지의 경우와 마찬가지이며, 특히 부주지는 밑으로 처지거나 휘어지기 쉽다는 것을 염두에 두어야 한다. 부주지는 후보지를 여러 개 선정하고, 그것을 정리하면서 주지와 부주지의 세력 정도를 보아가면서 대략 재식 후 5~6년에 완성시킨다.

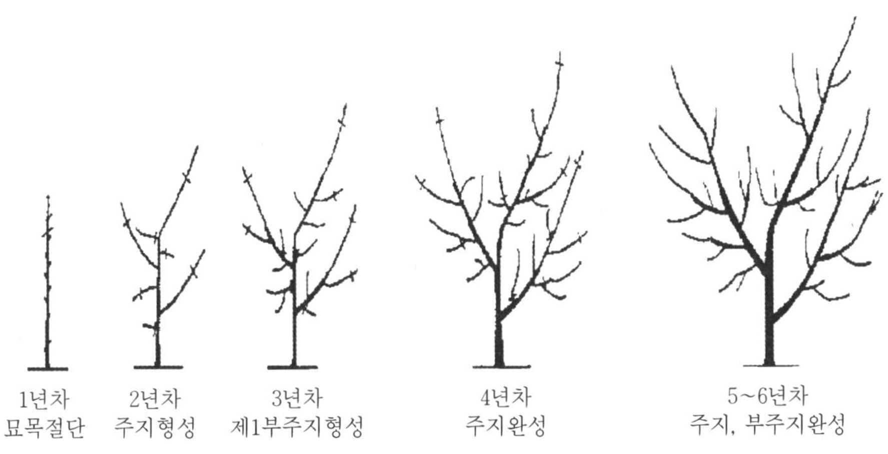



그림 6-8. 개심자연형의 수령별 주지 및 부주지 형성

## 다) 측지, 결과모지 배치와 전정방법

주간, 주지 및 부주지 골격을 만들고 여기에 결과모지를 붙이기 위한 측지를 만듬으로써 과실생산의 기반이 모두 이루어지게 된다.

측지의 세력 정도는 주지, 부주지에서 발생하는 각도에 따라 다르다. 대부분은 주지, 부주지의 하단에서 발생된 측지는 약하고, 햇빛 쪼임도 불량하여 과실 품질이 나쁠 뿐만 아니라 가지가 고사되기 쉽다. 한편으로 상단에서 발생된 측지는 세력이 강하게 되거나 도장되어 결실이 좋지 않고, 주지와 부주지를 약화시키는 경우가 많다. 따라서 주지나 부주지의 양측면에서 발생된 가지가 측지로써 적합하다. 물론 상단이나 하단 근처에서 발생된 측지도 부분적으로 이용하지만, 하단 근처의 가지는 약해지지 않도록 전정 및 결실량으로 조절하고, 약해진 측지는 가능하면 조기에 갱신한다.

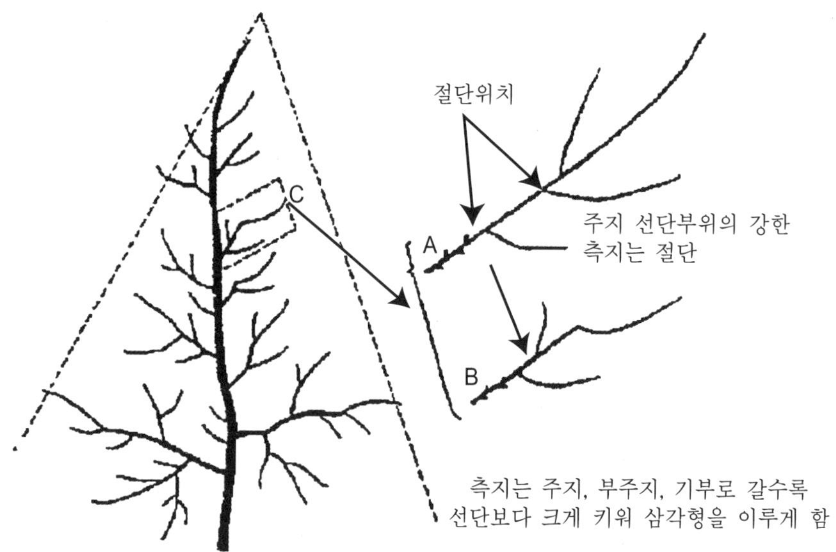


그림 6-9. 측지의 배치형태

측지는 주지나 부주지의 세력을 약화시켜서는 안되므로 주지, 부주지는 [그림 6-9]에서와 같이 가지 선단을 정점으로 하단부가 큰 삼각형 형태의 가지가 형성되도록 측지를 구성한다. 또한 주지나 부주지 선단은 생장과 측지발생 유지를 좋게 하기 위하여 각도를 약간 세우는 것이 유리하다.

측지는 햇빛 쪼임에 방해가 되지 않는 범위내에서 많이 남긴다. 다만 수형구성 과정에서의 측지는 주지, 부주지의 생장을 억제하거나 수형을 혼란스럽게 하는 경우가 많으므로 주지, 부주지 구성에 주력하고 측지는 세력이 강하지 않도록 하는 것이 무엇보다 중요하다.

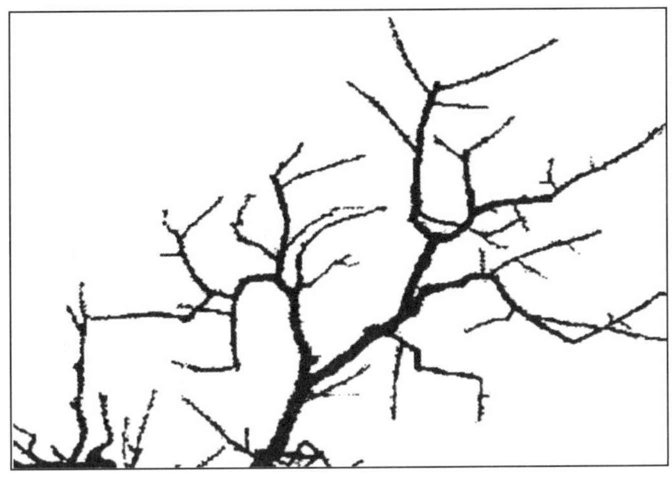

그림 6-10. 측지가 상승하여 주지 선단부가 약화된 좋지 않은 상태

## 2) 변칙 주간형

주지, 부주지 및 측지 형성은 개심자연형과 기본적으로 동일하기 때문에 여기서는 다른 점만을 기술코자 한다.

### 가) 주지, 부주지 형성

#### (1) 주지 갯수

일반적으로 4~5개로 구성된다. 그러나 토층이 깊고, 수세가 강한 품종이나 나무를 제외하고는 전정이 용이하고 작업능률이 높은 저수고화를 위하여 주지수를 4개로 하는 것이 좋다.

#### (2) 주지의 위치와 방향

개심자연형보다 주지수가 많아 햇빛쪼임이 나쁘기 때문에 [그림 6-11]에서와 같이 제2주지와 제3주지의 발생 간격이 20~30㎝로 개심자연형의 20㎝보다 넓다. 개심자연형과 같이 한꺼번에 주지를 결정하지 않고, 주지 후보지로 여러 개를 육성한 다음, 상단의 주지 후보지 발생상태와 세력의 안정양상을 보아 가면서 나무 상단으로부터 연차적으로 가지 솎음을 하여 최종적으로 4~5개의 주지를 남긴다. 그러므로 자연개심형보다는 골격 형성 연한이 5~7년으로 늦다.

재식 후 5~7년이 되면 결실량이 많아지고 따라서 수세가 안정되기 시작한다. 이때가 최종적인 주지 선정의 기회이나 수세가 강하여 계속 왕성하게 자라는 나무는 최종적인 주지 선정시기를 늦추어 주지수를 5~6개로 늘리고 그 이후 수세를 보아가면서 4~5개로 조절하는 것이 좋다.

중첩된 가지나 나란하게 자라는 가지가 없도록 제1주지와 제2주지, 제3주지와 제4주지는 각각 발생 방향을 180°로 하여, 상호 반대편에 형성되도록 한다. 즉 4개의 주지가 형성된 후 나무 위에서 내려다 보면 주지와 주지 사이는 90°가 된다.

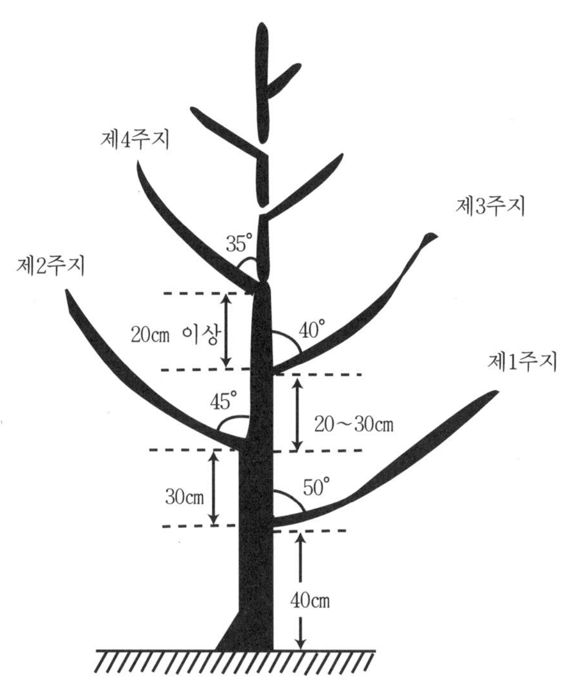


그림 6-11. 주지의 발생 간격과 분지 각도

## (3) 주지 발생 각도와 전정 방법

개심자연형과 마찬가지로, 가지가 찢어지는 것을 방지하기 위하여 발생 각도가 넓은 가지를 주지로 이용한다. 주지 발생 간격이 넓기 때문에 개심자연형보다 이상적인 각도의 가지를 선택할 수 있다. 주지 절단 방법은 개심자연형과 차이가 없으나 주지가 곧게 뻗어 나갈 수 있도록 전년도와 같은 위치의 눈을 남기고 절단한다.

## (4) 부주지 형성

부주지는 1개 주지에서 1~2개로, 한 나무에 7개 정도를 두며, 발생위치, 각도 등은 개심자연형과 마찬가지로 다룬다.

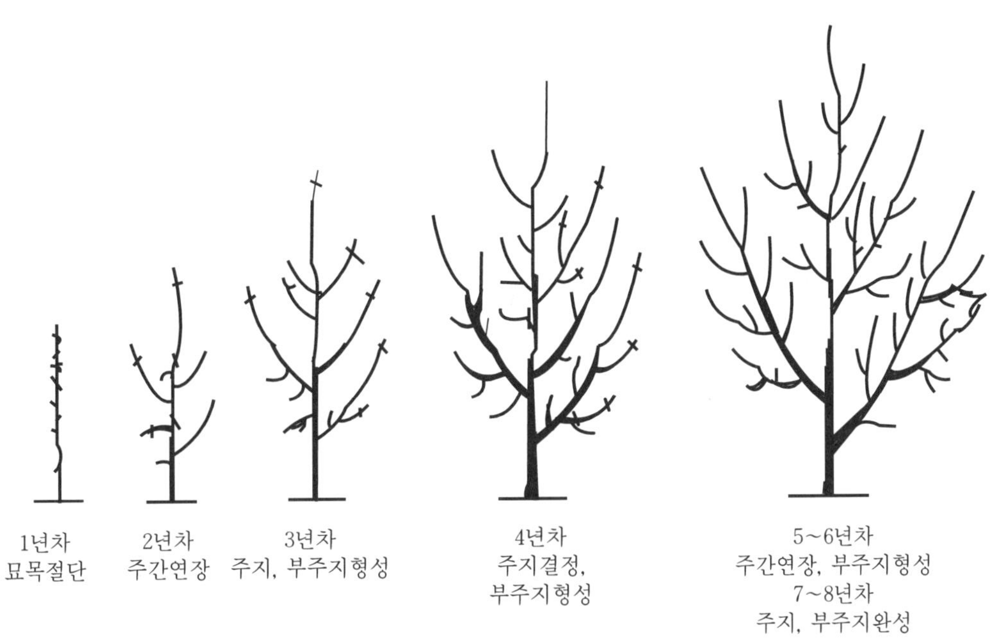



그림 6-12. 변칙주간형의 수령별 주지 및 부주지 형성

## 나) 주간 제거하기

마지막 주지 후보지가 결정되면 주간 제거를 시작해야 하며 완전히 제거하기까지는 재식 후 5~8년이 소요된다. 나무의 세력이 약하거나 수세안정이 빠른 나무부터 시작하며, 연차적으로 조금씩 주간을 낮춰 간다. 최상단의 주지세력이 주간 또는 다른 주지에 비하여 뚜렷하게 약할 때에는 주간을 잘라내어 개심자연형으로 한다.

변칙주간형에 있어서 주지 세력은 주지간 뚜렷한 차이가 있어야 하며 제1주지가 가장 강하고 제4주지가 가장 약해야 한다.

주간 제거는 강전정이 되지 않도록 계획적이고, 연차적으로 하는 것이 가장 중요하며, 주간 연장지가 최종 주지로 될 수 있다면 매우 이상적이다.

# 다. 저수고 수형 만들기

## 1) 저수고 수형의 이점

감나무는 교목성 과수이며 생육기간이 매우 길다.

'80년대 초반에는 우리 나라 감 주산지인 경남 진영지역이나 전남 장성지역에서 높은 감나무에 올라가 나무에 허리를 매고 전정하는 모습이나, 양쪽 끝에 바구니가 달린 밧줄을 이용하여 수확하는 모습을 종종 볼 수가 있었다. 이러한 재배형태에 있어서 소요되는 10a당 노력은 195시간으로 2000년 현재보다 30% 정도 더 많았다.

감나무 재배에 소요되는 노력 중에 적뢰, 적과, 수확 및 정지, 전정 등은 나무에 직접 매달려 하는 작업으로 전체 소요 노력의 70%를 차지한다. 더구나 감나무 재배 농가의 고령화, 부녀화 등으로 사다리를 이용하여 경사지에서 작업을 하는 것은 쉬운 일이 아니다.

최근 수입 과실의 급증과 함께 국내 과잉생산으로 과실 가격은 저하되고, 생산비는 지난 10년 전에 비해 2배 증가됨으로써 감 재배 농가 소득이 급격히 감소하고 있다. 이러한 현상은 사과를 비롯하여 배, 포도 등 과수 전반에 걸쳐 일어나고 있는 현상으로 경영개선을 위해서는 고품질 과실의 안정다수를 유지하고 생산비를 낮추는 것이 무엇보다도 필요하다. 특히 노동시간의 단축을 위해서는 무엇보다도 나무 높이를 낮춰 관리작업을 생력화하고, 수량증가 및 품질향상을 도모하는 것이 매우 중요하다.

### 가) 생력화에 의한 생산비 절감

감나무 재배에서는 손으로 하는 작업이 대부분으로 나무 높이가 높을 경우 사다리를 이용함으로써 작업 능률이 크게 저하되며, 경사지 과원에서는 위험성이 항상 뒤따른다.

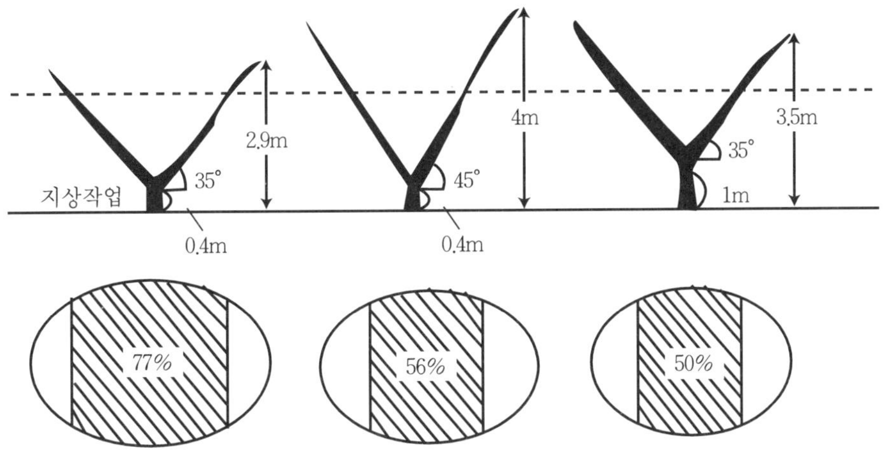


그림 6-13. 저수고화에 의한 지상 작업비율

감나무 저수고 수형의 효과는 무엇보다도 생력화에 따른 생산비 절감에 있다. 나무 높이를 6m에서 3m로 낮출 경우 수관용적은 약 70%로 작아지고 나무 하단부의 가지 발생률이 높아진다. 따라서 사다리를 이용한 과실 수확률은 54%에서 30%로 감소하고 땅 위에서의 과실 수확률은 46%에서 70%로 증가하여 나무 낮추기에 의한 수확 노력은 30% 생력화가 가능하다. 앞으로 농촌인구의 고령화에 의해 감 재배 노동력의 질적인 저하가 예상되므로 저수고화에 의한 땅에서의 작업 비율을 가능한 높여 노동시간을 단축시키는 일이 무엇보다 중요하다.

## 나) 무효용적 감소에 의한 생산성 향상

감나무의 단위면적당 수량은 의외로 적어 배나무의 절반 수준이다. 부유의 10a당 평균수량은 약 1.5톤으로 2.0톤 이상 생산하는 농가는 20% 미만으로 추정된다.

감나무의 수량 감소원인으로는 첫째, 단위면적당 엽면적이 적다. 실제로 지면 1㎡당 엽면적은 감귤이 5㎡ 전후임에 비하여 감나무는 1~2㎡이다. 둘째, 무효용적비율이 너무 높다. 감나무 재배 농가의 대부분은 주지수를 4개 이상 형성시킴으로써 수관 내부의 통광이 불량하여 신초가 고사되기 때문에 무효용적이 크다. 셋째, 착과 위치가 나무 상단 외부쪽으로 편중되어 있음으로써 전체적인 수량이 적다. 넷째, 감잎

은 크고 두껍기 때문에 나무 전체의 잎에 닿는 수광량이 적어 생태적으로 탄소동화
량이 적어 수량감소의 원인으로 판단된다.

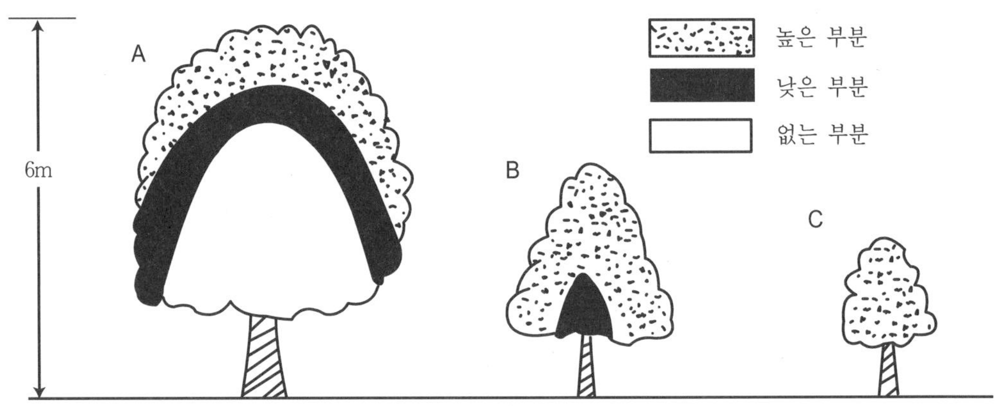


그림 6-14. 나무의 크기와 과실생산 효율성 비교

[그림 6-14]에서와 같이 종래 변칙주간형의 교목에서는 수관 외부에 측지 및 결과모
지가 많고 수관 내부는 일조 부족으로 결과모지가 부족하여 무효용적비율이 높아 생산
효율이 낮다. 그러나 저수고 재배에서 작은 나무는 무효용적비율이 낮아 수세가 안정
되고, 가지 또는 잎의 밀도가 적당하고 착과 부위는 고르게 분포되어 생산 효율이 높다.

## 다) 단위면적당 잎의 증가에 의한 대과생산

감나무가 성목이 되기까지 수관확대가 계속 이루어지고, 결과모지수, 엽수 및 착
과수가 계속 증가되며 수세안정에 따른 과실비대도 순조로워 수량이 증가한다. 그러
나 성목에 도달한 이후에는 수관확대가 정지되고, 엽수는 거의 일정하게 된다.

한편으로 주간, 주지, 부주지의 목재 부분은 점차 굵어지고 노화되어 양분의 이동
분배기능이 저하되고 양분소모가 증대됨으로써 잎의 동화기능이나 호흡기능도 저하
됨으로써 유목에 비하여 고품질의 대과 생산이 곤란하다. 따라서 저수고화 및 가지
갱신 재배에 의해서 유목상태를 유지함으로써 엽재적비(목재부피에 대한 엽수)를
높여 대과생산이 가능하다.

| 구분 | 목재부피 | 엽수 | 과실수 | 엽/목재비율 | 평균과중 | M급 이상 과실비율 |
|---|---|---|---|---|---|---|
| 11년생 | 37 $l$ | 5,782 | 232 | 156 | 200g | 55.6% |
| 40년생 | 184 | 13,205 | 692 | 72 | 168 | 20.9 |

## 2) 기존 성목의 수고 낮추기

### 가) 목표 수형

나무 높이는 지형이나 수형 등에 따라 차이가 있으나, 사다리를 이용하지 않고 땅 위에서의 작업비율을 70% 이상으로 높이기 위해서는 3m 전후로 하는 것이 좋다.

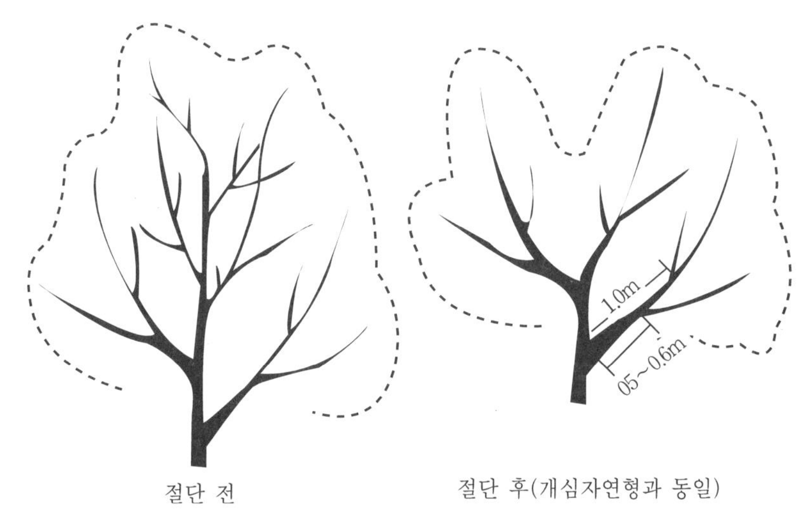


그림 6-15. 일시적 수고 낮추기

최근 낙엽과수의 정지법은 묘목재식 시기부터 정지하는 경우 배, 복숭아, 자두 등에서는 2본 주지가 주류를 이루고 있어 감나무에서도 2본 주지 수형을 정밀하게 검토하여 될 수 있으면 정지, 전정을 쉽게 하는 방향으로 나아가야 할 것으로 생각된다.

저수고 재배를 위해 성목의 수고를 낮추기 위해서는 일차적으로 주간을 절단하여 자연형은 변칙주간형으로, 변칙주간형은 개심자연형으로, 개심자연형은 2본 주지형으로 목표를 설정한다. 변칙주간형이나 개심자연형의 주지를 부주지 부분까지 잘라 내어 기존의 부주지 5~6개가 주지로 만들어지면 수고 절하에 의한 엽재적비는 높아지나 주지수가 많게 되어 여기에 부주지를 형성시키면 엽재적비는 다시 낮아지게 되어 대과생산이 불가능하게 될 뿐만 아니라, 수관 내부의 가지가 혼잡스럽게 된다. 따라서 수고 낮추기 이후의 최종 목표수형은 배상형이나 2본 주지형이 적합하고 주지수는 가능한 적게 한다. 부주지는 원칙적으로 형성시키지 않고 짧은 측지를 형성시켜 여기에 결과모지를 붙여 이용한다. 그러나 재식거리가 넓어 공간이 클 경우에는 긴 측지를 형성시키고, 여기에 짧은 측지 또는 결과모지를 조합하여 잎의 밀도를 높임으로써 수량을 확보한다.

## 나) 수고 낮추기 방법

나무 높이가 5~6m인 기존의 나무를 목표 수고 3m까지 잘라 내리는 방법은 일시적 방법과 점진적 방법이 있다.

주지나 부주지 등 굵은 가지를 절단할 때, 수체생리에 혼란을 초래하여 도장지 발생이나 신초신장 정지기의 지연, 2차 신장 등에 의해 결과모지의 충실도가 저하되고 착화부족이나 생리적 낙과가 일어나게 되어 과실생산이 불안정하게 된다. 그러므로 수고 낮추기를 할 때는 나무 수세진단을 정확하게 하여 여러 가지 대책을 마련할 필요가 있다.

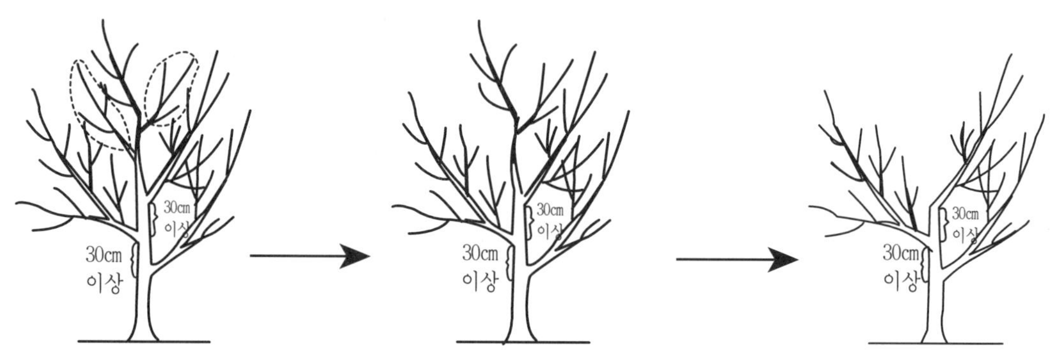


그림 6-16. 점진적 수고 낮추기

부주지가 잘 형성되어 있고, 절단하려는 위치에 굵은 가지가 있으며, 수세가 안정되어 있다고 판단되는 나무에서는 제1부주지 또는 제2부주지 바로 위까지 한 번에 잘라 내린다. 그러나 부주지가 잘 형성되어 있더라도 수세가 강하거나 지상부와 지하부의 균형이 무너진 경우, 많은 도장지 발생이 우려되는 나무에서는 한 나무당 1~2개의 주지 또는 부주지를 솎아내고, 2~3년에 걸쳐서 연차적으로 목표 수형을 구성하는 것이 좋으며 무리한 수고 낮추기는 하지 않는 것이 좋다.

잘라 내리는 위치에 적당한 부주지 또는 측지가 없는 경우에는 측지를 길고 굵게 만들어 3~4년 계획으로 수고 낮추기를 한다.

나무 하단부에 가지가 적은 밀식과원에서는 우선적으로 축벌, 간벌을 하고 남아 있는 나무의 부주지 또는 측지를 알맞게 형성시키는 일이 더욱 중요하다.

수세가 약한 나무일수록 저수고화에 대한 영향이 적고 잘라 내리기가 쉽다. 그러나 수세가 강하거나 절단 정도가 클수록 지상부와 지하부의 균형이 흐트러져 생리적 반발이 강하여 도장지 발생이 많아지므로 무리한 수고 낮추기는 피한다.

수고 낮추기에 의한 수체생리의 혼란을 최소화하기 위해서는 절단가지의 절단 부위 가까운 곳에 6월 상중순경 환상박피 처리를 실시하는 것이 좋으며, 수세가 강한 나무는 몇 해에 걸쳐 주간에 환상박피를 처리하여 수세를 약화시키거나 과다 착과된 해에 수고 낮추기를 하는 것이 좋다.

## 다) 수고 낮추기 이후의 전정

수고 낮추기에 의해 지상부와 지하부의 균형이 달라짐으로 인해 도장지 발생이 심해지므로 가지를 잘라낸 만큼 전정 정도는 약하게 하여 수세를 안정시키는 것이 중요하다. 실험결과에 의하면 3m까지 일시적 수고 낮추기를 실시한 결과 6년차 나무 용적은 30% 감소되었고, 결과모지수가 증가되었으며, 나무 하단부의 결과모지 분포율도 증가되었다. 한 그루당 엽수는 9% 증가되었고, 지상 2m까지의 엽수도 63%가 많았다. 이와 같은 엽수의 증가는 햇빛 쪼임이 많아짐으로써 유효용적이 증가되었음을 말해준다. 수량은 결과모지수의 증가와 더불어 증대되었고, 과실도 커졌으며,

당도, 착색 등 품질도 향상되었다. 이러한 시험결과는 수고 낮추기를 함으로써 햇빛 쪼임이 좋아지고 엽재적비가 증가하여 생산력이 높아졌기 때문이다. 수고 낮추기 이후의 전정 정도는 남아있는 결과모지수와 잘려나간 결과모지수를 더한 만큼, 다시 말해 수고 낮추기 이전의 결과모지수만큼을 확보할 필요가 있다. 그러나 수고 낮추기 직후는 수관 내부가 거의 비어 있는 상태로써 결과모지수가 부족하여 도장지 발생을 조장하기 때문에 될 수 있으면 전정 정도를 약하게 하고 도장지 유인 등으로 결과모지 확보에 최선을 다하여 조기에 수세를 안정시켜야 한다.

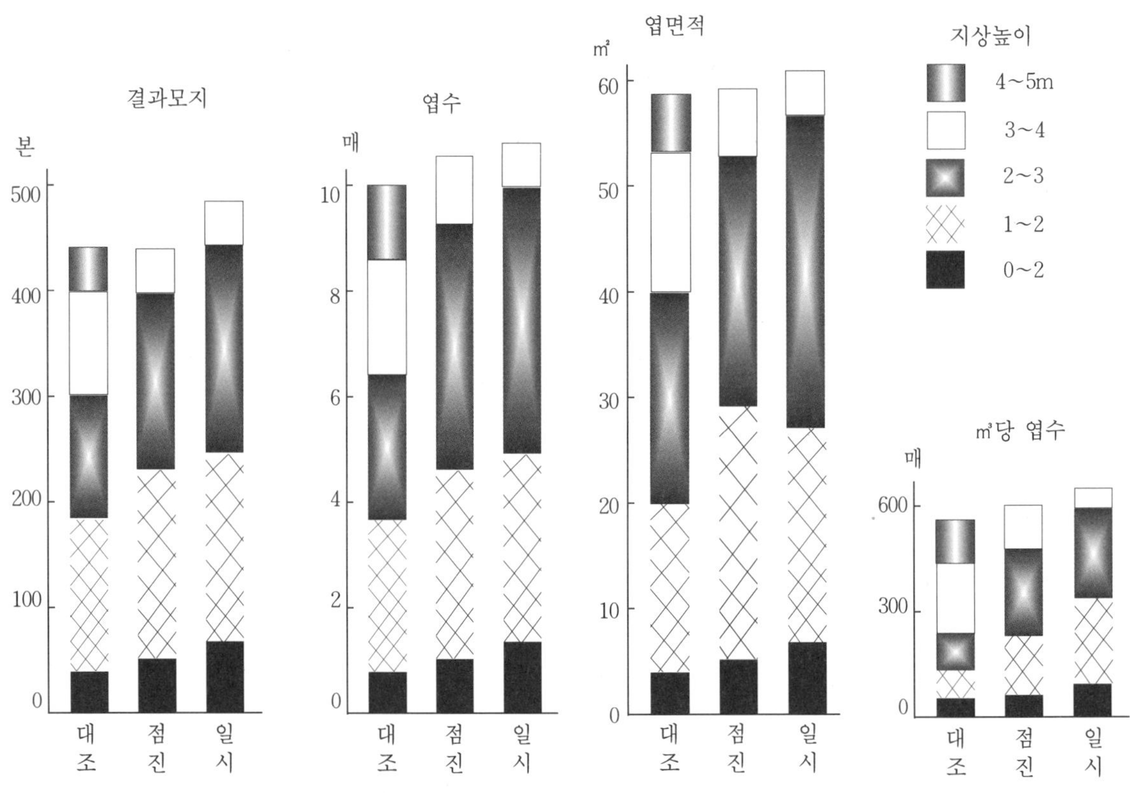


그림 6-17. 수고 낮추기 이후 가지와 잎의 수직분포

## 라) 측지 형성법

수고 낮추기를 실시한 나무는 수관 내부가 비어 있고, 결과모지수가 부족하며 수량이 적기 때문에 도장지 발생이 많고, 신초신장 정지기가 지연되며, 신초의 2차 생

장이 이루어져 충실한 결과모지의 확보가 어렵다. 그러므로 정지 전정, 신초관리, 인공수분 등을 적절히 하여 수세를 안정시키고 충실한 결과모지를 확보하여 생산성을 높일 수 있도록 유도하는 것이 중요하다.

그림 6-18. 복접(腹接)에 의한 측지 형성

그림 6-19. 유인에 의한 측지 배치

엽재적비를 높여 유목기와 같은 생산력을 유지하기 위해서는 원칙적으로 부주지는 형성하지 않고 주지를 솎아낸 부위 근처에서 발생한 발육지를 긴 측지로 육성하여 공간을 메운다. 적당한 발육지가 없으면 필요한 부위에 복접 등 고접을 실시하여 측지를 확보한다. 또한 주간을 중심으로 수관 내부에 결과모지가 부족하기 때문에 겨울전정 시 적당한 발육지를 유인하여 측지를 만들어 공간을 메운다.

주지에는 긴 측지와 짧은 결과모지를 균형있게 교호로 배치하여 열매가지 밀도를 높임으로써 결실부위층을 두껍게 한다.

측지는 3~5년 사용 후 갱신하여 나무 전체에 생산력이 높은 젊은 측지를 배치한다. 수고 낮추기를 실시한 나무는 생산효율이 낮고, 굵어진 측지나 오래 묵은 측지가 많으므로 주지에서 곧바로 발생된 발육지라도 충실하면 유인하여 측지로 만들어 생산효율성이 낮은 측지를 갱신한다.

생육기의 불필요한 가지는 눈따기, 가지솎기 등을 실시하고 발생위치가 적당한 신초는 6월 중순경부터 유인하여 충실한 결과모지를 확보한다.

## 마) 환상 톱자국 내기에 의한 착화촉진

수고 낮추기를 실시한 나무는 도장지 발생이 많고 착화 부족이나 생리적 낙과가 많아져 일시적으로 생산성이 불안정하게 된다. 기본적으로는 정지, 전정이나 신초관리 개선에 의해서 충실한 결과모지를 확보해야 하지만 수고 낮추기 직후, 지상부와 지하부의 세력 균형을 조절하여 착화를 촉진시키기 위한 응급 대책으로 주간박피 처리를 한다.

환상박피 처리는 착화를 촉진하는 효과가 높으나 수세쇠약이 심한데 비해 환상 톱자국 내기는 화아착생 효과가 높으면서도 환상박피에 비해 수세가 심하게 약화되지 않아 효과적이다.

<표 6-2> 환상박피, 환상 톱자국 처리가 착화에 미치는 영향

| 구 분 | 결과모지직경<br>(mm) | 정아크기<br>(종/횡) | 착화모지율<br>(%) | 모지당착화수<br>(개) |
|---|---|---|---|---|
| 환상박피처리 | 6.7 | 6.1/4.2 | 98.7 | 7.3 |
| 환상톱자국처리 | 6.7 | 5.8/4.2 | 97.8 | 8.7 |
| 무 처 리 | 6.4 | 5.4/4.1 | 46.8 | 1.5 |

송본조생부유의 착화불량한 나무를 이용하여 6월 14일 환상박피 등 처리를 한 결과 다음해 착화모지율은 무처리가 46.8%인데 비하여 환상 톱자국 내기는 97.8%였고, 모지당 착화수도 8.7개로 가장 많아 착화촉진 방법으로써 매우 효과가 높았다.

환상의 톱자국 내기는 전정톱을 이용하여 6월 중순경 목질부 직전까지 형성층을 고리모양으로 둥글게 썰어 톱자국을 내며, 수세가 강하거나 결실량이 적을 경우 약 10cm간격을 두고 2개의 원형 고리가 형성되도록 하는 것이 좋다.

## 바) 병해충 방제

수고 낮추기로 인하여 생긴 굵은 가지의 절단 부위에는 톱신페스트 등 도포제를 발라 주어 절단 부위의 유합을 촉진하고 보호해야 한다. 또한 복숭아 명나방, 배 명나

방 및 감 꼭지나방 등의 발생에 주의해야 한다. 이들 해충은 신초 기부나 가지 사이를 가해하기 때문에 힘들여 만들어 놓은 측지나 결과모지를 못쓰게 하는 경우가 대단히 많다. 방제법은 겨울철 껍질 긁어내기를 철저히 하고 약제방제를 한다. 다른 해충과 동시방제도 가능하나, 본 해충방제를 목표로 침투성 살충제를 신초기부와 가지 사이에 흠뻑 살포한다. 또한 도장지가 많이 발생하면 햇빛 쪼임과 바람이 잘 통하지 않아 비가 잦은 해에는 탄저병이 많이 발생되어 결과모지 확보에 큰 지장을 초래하므로 생육초기부터 탄저병 방제에 힘쓴다.

## 3) 저수고 계획 밀식 재배

지금까지의 감나무 정지법은 수형구성에 많은 시간이 소요되고, 또한 나무가 크기 때문에 정지, 전정에 중점적으로 매달려야 한다. 그리고 주지, 부주지 등 골격지가 많아 수령이 증가함에 따라 목재 부분이 비대하게 됨으로써 저장양분이 탈취되고, 양분의 이동이 원활치 못해 과실생산으로의 양분 분배가 적음으로써 유목기의 생산능력을 유지하지 못한다. 더구나 무효용적 비율이 높아져 생산 효율성의 악화로 수량성이 낮고 수고 낮추기에도 한계가 있으며, 작업 소요 노력이 현저히 증가한다. 그러므로 앞으로의 감나무 재배는 첫째, 수형은 가능하면 단순한 콤팩트형으로 해야 하며 둘째, 주지, 부주지 등의 골격지수는 최소화하여 엽재적비를 높여 유목기의 생산력을 유지해야 한다. 셋째, 열매가 맺지 않는 무효용적을 없애고 가지, 잎 밀도를 높이며, 햇빛 쪼임이 좋은 엽수를 확보함으로써 결과층을 두껍게 형성시키는 등 기존 수형의 문제점을 해결하여 수량의 증가와 품질향상 및 생산비 절감을 하지 않으면 안된다.

## 가) 묘목의 선택

저수고 계획 밀식 재배 시 묘목선택이 매우 중요한 바 송본조생의 1년생 묘목을 지상부 생육정도에 따라 대묘, 중간묘, 작은묘로 나누고 이것들을 재식 후 생육상태와 수량 및 품질에 미치는 영향을 조사하였다.

신초신장은 대묘가 가장 왕성하였고, 31㎝ 이상의 신초비율도 가장 많았다. 한편 작은 묘목은 15~30㎝의 중간 신초와 6~14㎝의 짧은 신초가 많아 생육이 억제되는 경향을 나타내었다.

재식 6년차 나무높이 및 용적은 대묘, 중간묘, 작은묘 순으로 컸고, 7년차 이후에는 중간묘와 작은묘 사이에는 큰 차이가 없었다. 나무용적은 대묘에 비해 중간묘는 70%, 작은묘는 65%전후로 왜화 효과를 나타내었다.

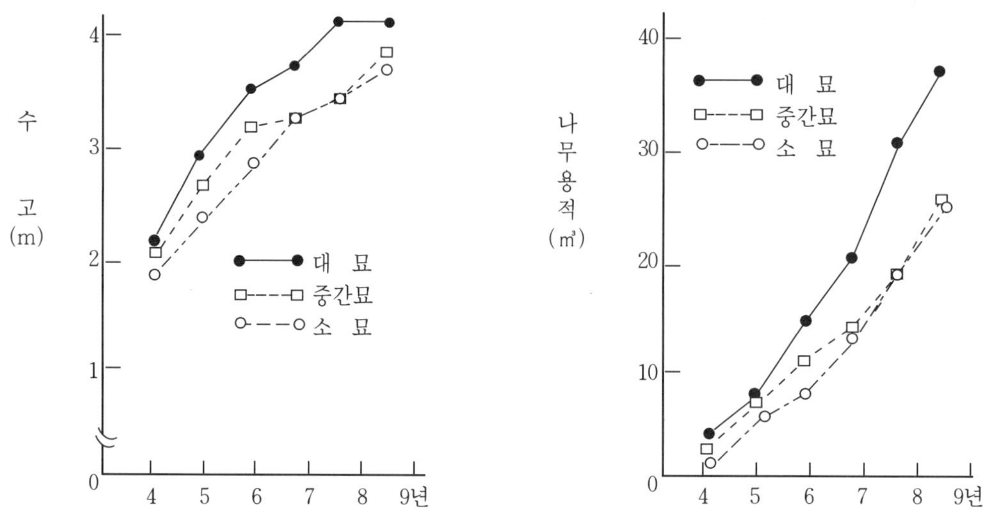


그림 6-20. 묘목 크기와 정식 후의 나무크기 변화

재식 9년차 수량은 대묘, 중간묘, 작은묘 순으로 많았으나, 8년차까지는 중간묘가 대묘와 거의 비슷하였다. 그러나 한 나무당 수량은 나무용적 1㎥단위로 나누어 환산하면 7년차 이후부터는 대묘보다 중간묘의 수량이 많음을 알 수 있다.

과실비대 및 착색은 작은묘가 가장 양호하고 그 다음은 중간묘, 대묘는 좋지 않았다. 과실의 비대가 양호했던 작은묘는 꼭지들림 현상이 많은 경향을 보였다.

수관확대, 수량 및 품질 등을 종합하여 판단할 때 대묘에 비해 70%의 수관확대량을 보인 중간묘가 저수고 밀식 재배 묘목으로 가장 적합하였다. 이러한 결과는 재식 후 9년까지의 성적으로써, 성목이 될 때까지 조사가 이루어져 최종적인 결론이 필요하나, 밀식 저수고 수형에 이용 가능성이 매우 높다고 판단된다.

## 나) 정지, 전정과 재식밀도

우리 나라에서는 서촌조생 품종을 이용하여 10a당 33~132주의 밀식 재배 시험을 한 바 있으며, 일본에서도 10a당 56~119주의 저수고 밀식 재배 시험을 실시한 바 있다.수형은 변칙 주간형으로 실시하였으며, 대부분 나무 선단까지 결실시키고 선단이 쇠약해지면 다른 발육지를 이용하여 갱신시키고, 인접된 나무와 가지가 겹칠 때에는 가지를 축소 갱신하여 수관 확대를 최대한 억제하는 전정법을 이용하였다. 이러한 시험결과를 요약하면 다음과 같다. 초기 수량은 10a당 재식주수에 크게 좌우되어, 100주 전후로 밀식했을 때 4~5년차에서는 1톤, 6~7년차는 2.5톤 이상의 과실을 수확하였다.

저수고 계획 밀식 재배에서는 초기 수량을 높이고 수고를 억제함으로써 간경비대 억제효과가 뚜렷하였다.

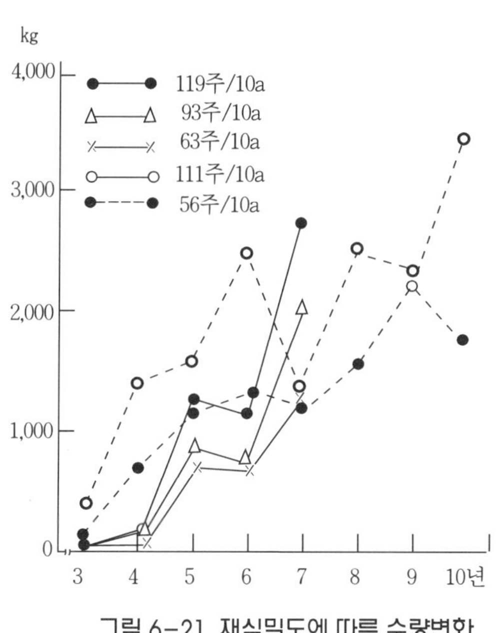


그림 6-21. 재식밀도에 따른 수량변화

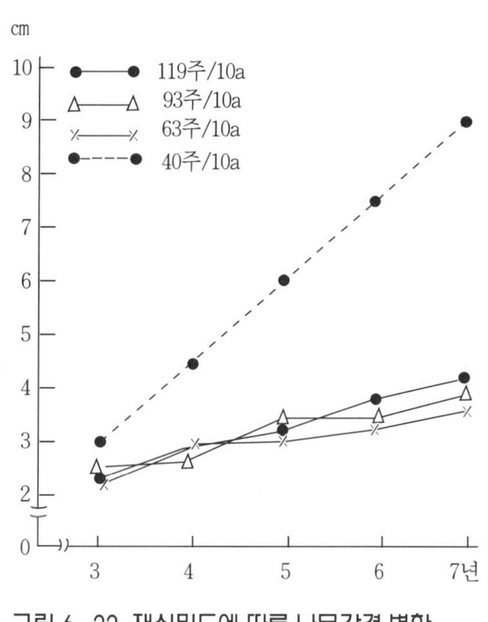


그림 6-22. 재식밀도에 따른 나무간경 변화

## 다) 저수고 밀식 재배 요점

첫  째, 충실한 중간묘를 선정하여 재식하고, 영양 생장을 억제하여 과실생산으로
의 양분을 유도한다.

둘  째, 10a당 50~60주를 재식한다.

셋  째, 수고 2.5m전후, 나무폭은 3~4m의 작은 나무로 구성하여 햇빛 쪼임을 개
선하여 무효용적을 없앤다.

넷  째, 주지, 부주지는 형성시키지 않고, 측지는 3년마다 갱신하여 재목 부분의
비대를 억제하여 유목기의 생산력을 계속 유지시킨다.

다섯째, 4~5년까지 수형구성을 완료하고, 인공수분 등으로 조기 결실시켜 조기수
량을 높임으로써 수관 확대를 억제한다.

여섯째, 강전정의 피해를 감소시키기 위하여 눈따기, 유인, 신초 솎아내기 등의 생
육기 신초관리에 중점을 두어 충실한 결과모지를 확보하고, 겨울전정을최
소화한다. 그러나 위와 같은 재배요점은 비옥한 토양이 뒷받침되어야 한
다는 점을 잊어서는 안되며, 이러한 감나무의 저수고 밀식 방법은 왜화성
대목이 개발되어 있지 않으나 도전해 볼 여지가 충분히 있다고 생각한다.

## 4) 새로운 수형의 도입

## 가) 수형구성

2본 주지 형태의 Y자 수형은 재식거리 6×2m, 수고 2.5m로 재식주수는 10a당 83
주를 목표로 하나 과원의 경사도, 작업기계의 편의성 등에 따라 조절한다.

재식당년 지상 0.5~1m에서 2본의 주지를 분지시켜 주지 사이의 분지 각도를 120°
로 하여 지주에 유인시킨다. 주지 사이의 각도는 재식거리가 좁을 때는 90°, 넓을 때
는 120°가 적당하나 재식거리가 넓고 주지 길이가 긴 경우 90°는 측지갱신이 약간
어렵다.

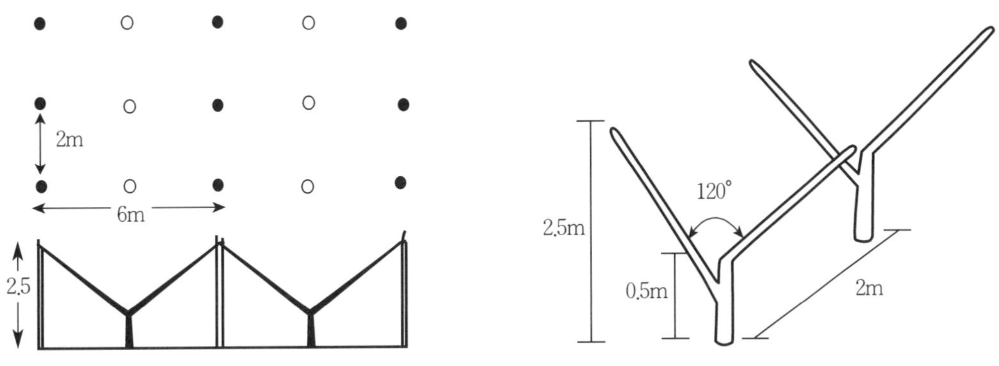

그림 6-23. Y자 2본 주지 수형 구성

  주지의 자람이 약한 경우에는 6월 하순까지 유인시켜 어느 정도 조직이 굳어진 다음에 수직으로 세워 생육을 촉진시킨 후 2~3년차 유인하는 방법도 있다. 이 때 제2주지는 제1주지 하단 10㎝ 부위의 가지를 이용한다.

  1년차 전정에서 제1주지는 50cm, 제2주지는 30cm 정도에서 자른다. 2년차부터는 결과모지를 확보하기 위해서 1년차와 같은 방법으로 절단정전을 실시한다. 4~5년차 전정은 주지 선단이 2.5m 이상을 넘지 않도록 모든 재배관리 기술을 이용하여 조절한다.

  결과모지는 주지 좌우에 유인 배치하며, 내부의 강한 가지는 솎아내거나 철저히 유인하여 결과모지화함으로써 수관 하부에까지 결실시키는 것이 무엇보다 중요하다. 주지로부터 발생된 결과모지는 3~4년간 이용 후 그 부근의 주지에서 발생한 가지로 대체한다.

  울타리식 수형은 높이 2m 지주에 아래위로 각각 2본의 주지를 배치하고 결과모지는 지상으로부터 50cm간격으로 설치된 철선에 유인한다. 재식거리는 열간 4m, 주간 거리는 3m, 4m, 5m 형태로 재배환경 또는 품종에 따라 조절한다.

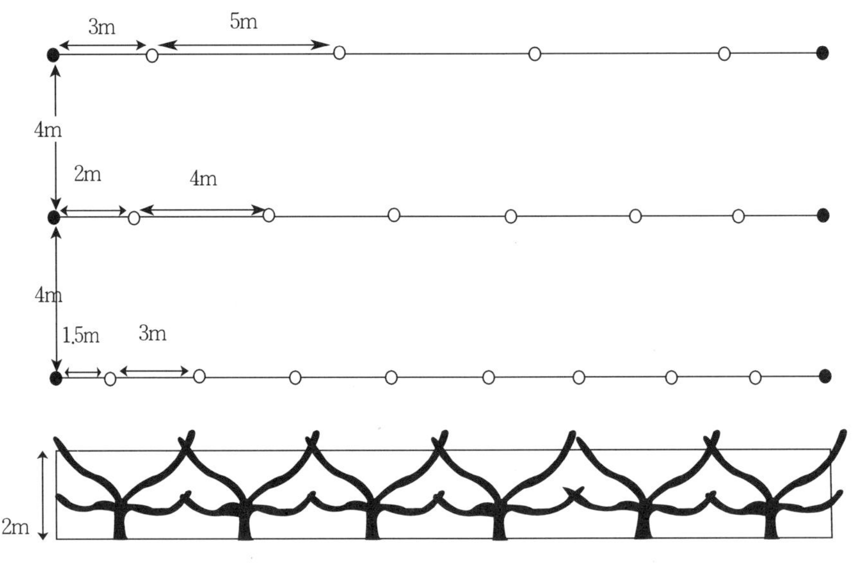

그림 6-24. 울타리식 수형 구성

　방추형은 사과 밀식 재배의 표준 수형으로 나무 하단부에는 주간에 짧은 영구주지를 배치하고 중간 부위에는 측지를 형성시켜 3~4년마다 갱신하며, 상단부는 짧은 측지 또는 결과모지를 주간에 직접 배치시키는 수형으로 축소된 주간형이라고 할 수 있다.

　조기에 수세를 안정시키기 위하여 목표 수고에 도달한 이후 수세가 안정될 때까지 주간은 세력이 약한 2~3번째 가지로 매년 대체해 준다. 그리고 주간상의 측지는 수평에 가깝게 유인하여 아래쪽은 넓고 위쪽으로 올라갈수록 좁아지는 원추형이 된다.

　일반적으로 재식거리는 3×2.5m, 수고는 2.5~3m로써 재식 후 6~7년 이후부터 측지갱신 등으로 수관을 최소로 유지하고 그 재식거리 유지가 도저히 불가능할 때에는 간벌을 하는 형태가 바람직할 것으로 판단된다(사과편 참조).

　감나무에서 방추형은 기본적으로 왜화성 대목을 이용해야 하지만 현재는 개발된 왜화성 대목이 없다. 따라서 재배적 방법, 다시 말해 생육초기 주간에 많은 가지를 발생시켜 세력을 분산시키고, 가지를 수평으로 유인하여 화아 분화를 촉진함으로써 조기에 결실시켜 수세를 약화 또는 안정시켜야 한다. 그러므로 전정 및 신초유인 방법 외에 토양물리성 개선, 질소시비량 조절, 인공수분 등 조기에 나무 세력을 안정시킬 수 있는 모든 재배적 방법을 모색하여야 한다. 이러한 방법이 실패할 경우, 6~7년차부터는 밀식장해 현상이 나타나기 시작하므로 측지갱신을 시작으로 최종, 간벌을 실시한다.

## 나) 2본주지 및 울타리 수형의 재배 효과

### (1) 목재 부분과 신초의 비율

13년생 부유의 2년생지 이상 목재무게 및 주간은 2본 주지 수형이 가장 적었고 기존의 변칙주간형 수형이 가장 많았다. 또한 나무를 구성하는 신초 비율은 2본 주지, 울타리수형, 변칙주간형 순으로 높았다.

### (2) 과실 수량과 품질

단위 수관점유 면적당 수량은 수형간 차이가 없으나, 단위 엽면적당 수량은 2본 주지 및 울타리식 수형이 기존의 변칙주간형보다 50% 많았다.

수확과실의 크기 분포는 2본 주지 수형에서는 220g 이상 과실이 80%였고, 울타리식 수형에서는 70%, 변칙주간형은 44%로 2본 주지 또는 울타리식 수형 형태가 생산력이 높고 과실 품질도 향상되었다.

<표 6-3> 정지법에 의한 과실 생산력의 차이

| 구분 | 단위 수관점유 면적당 수량 | 단위 엽면적당 수량 |
|---|---|---|
| 2본 주지형 | 2.47 kg/㎡ | 1.15 kg/㎡ |
| 울타리식 수형 | 2.50 | 1.23 |
| 변칙주간형(63주/10a) | 2.34 | 0.79 |
| 변칙주간형(119주/10a) | 2.89 | 0.80 |

### (3) 수광량과 엽면적 지수

2본 주지 및 울타리식 수형의 엽면적 지수는 2.0이고 나무 하단 부위까지 30%의 광 투과율을 보였다. 한편 감나무에서 착화에 필요한 최소한의 수광량은 30%, 착화에 유효한 엽면적 지수는 1.9로써, 수관전체를 유효 엽면적 지수인 1.9로 만들기 위해서는 수관점유 면적 1㎡당 총결과모지 길이가 186㎝가 되어야 하고 이는 겨울전정 시 20~30㎝의 결과모지를 7~8개를 남길 수 있어야 함을 의미한다.

감나무는 유효 엽면적 지수가 감귤이 5에 비해 1.9로써 과수 가운데 가장 적은 편에 속한 과종으로 생산력이 극히 낮기 때문에 단순한 수형구성이 유리할 것으로 판단된다.

2본 주지 수형은 부주지가 없으므로 수형이 단순하여 작업능률이 높고, 대과 생산율이 높아 품질이 매우 우수하므로 앞으로 농가에서 적용 가능한 저수고 정지법으로 생각된다.

## 다) 2본 주지 저수고 수형의 가능성

지주를 이용하는 2본 주지 수형에 있어서 해결해야 할 사항은 다음과 같다.

첫째, 7년생의 수량이 1.5톤으로써 초기 수량이 적고 또한 주지형성율이 70%로서 주지 형성을 완료하기까지는 장기간이 소요된다.

둘째, 감에 있어서 10a당 목표 수량은 2~2.5톤으로 2.5톤 이상의 생산은 매우 어렵다. 지주를 이용한 측지, 결과모지를 유인하여 엽면적 지수를 높일지라도 유효 엽면적 지수 1.9 이상이 되면 착화 부족현상이 나타나 생산이 불안정해질 것으로 생각된다. 그러므로 지주를 이용한 재배에서 10a당 2.5톤 이상으로 수량을 올린다는 것은 어렵고, 지주를 설치한 비용을 감안하면 경영상 손익을 검토해 볼 필요가 있다.

앞으로 감나무 저수고 재배에 있어서는 정지, 전정을 단순화하고, 생산성을 높여야 하기 때문에 주지수는 2본 주지가 적당하리라고 판단된다.

과원을 조성할 때부터 2본 주지 수형으로 구성할 경우에는 재식거리를 3×6m로 하고, 초기 수량을 높이기 위하여 재식주수를 두 배로 늘려 계획적인 밀식 재배를 해야 한다. 이 때 부주지 형성은 생략하고 주간에 직접 측지 또는 결과모지를 배치하고, 측지는 3~4년마다 갱신하여 신초관리를 적절히 충실한 결과모지 확보에 중점적으로 노력할 필요가 있다.

# 라. 성목의 전정

## 1) 전정 시기와 목적

겨울전정은 건전한 잎이 기온의 저하로 낙엽이 질 때부터 발아 전까지 실시하는 것을 말한다. 낙엽 전에 전정을 하게 되면 잎이나 가지에 있는 수체내 저장양분이 완전히 뿌리에 이동되지 않은 상태이기 때문에 축적되는 저장양분이 감소되어, 이듬해 봄에 발아가 부진하고 애써서 분화되었던 화아가 퇴화되는 원인이 된다. 또한 이듬해 수액이 이동하는 시기에 전정을 하게 될 때, 남아있는 눈에 많은 양분과 수분의 공급으로 생육이 진전되어 늦서리 피해가 발생하는 경우가 있다.

동해가 우려되는 지역에서는 동해를 방지하기 위하여 가장 추운 시기가 지난 후 전정하기도 한다.

여름전정은 신초의 발아 직후부터 눈따기를 시작으로 신초가 굳어지기 전까지 실시한다. 특히 큰 가지가 잘린 주위에서는 숨은눈이 계속해서 발아, 생장하여 바람과 햇빛을 차단함으로써 화아 분화가 불량하고, 약제 살포 시 약액이 고루 부착되지 않아 병해충 발생이 많아진다. 그러므로 불필요한 눈이나 신초는 제거할 필요가 있다. 그러나 하기전정은 일반적으로 엽면적을 감소시켜 나무의 생장에 불리한 영향을 미치기 때문에 동계전정의 보조에 그쳐야 한다.

## 2) 전정 순서와 주의할 점

### 가) 전정 순서

나무의 자연성을 살려 무리하지 않는 전정을 실시하는 것이 좋다. 과수원 전체를 관찰하여 나무와 나무 사이의 공간을 보아 바람과 햇볕 쪼임이 충분하다고 판단되면 한 그루 한 그루 나무를 대상으로 전정작업에 들어가도 괜찮으나 인접된 나무와 서로 겹치는 상태가 된다면 축벌이나 간벌작업이 우선 되어야 한다.

축벌하는 나무는 남길 나무(영구수)의 가지와 서로 닿지 않을 정도까지 주지, 부주지를 잘라 단축시키되 반드시 부주지나 측지가 있는 위치를 절단한다. 축벌된 나무는 전체적으로 결과모지를 많이 남기고, 그 외에 단근이나 환상박피, 시비량 줄임 및 인공수분 등으로 수세를 안정시키고 결실을 촉진시키도록 해야 한다.

나무의 상태는 지난해 재배 관리 결과를 나타내는 것으로 도장지의 발생량과 부위, 가지길이, 가지의 발생 밀도, 가지의 충실도 등을 잘 관찰하여 전정의 기본 방침을 정하고 작업에 착수해야 한다. 예를 들면 주지, 부주지, 측지 및 결과모지 등이 너무 많으면 나무 내부의 가지나 하단부의 가지가 고사되는 현상이 나타나게 되는 바 이것은 햇빛 쪼임이 부족하여 발생되므로 나무 내부에 태양광선이 잘 비치도록 가지를 솎아낼 필요가 있다.

전정은 큰 가지로부터 시작하여 작은 가지에서 끝내기를 한다. 각각의 나무를 볼 때 주지수가 5~6개이면 나무 내부의 햇빛 쪼임이 불량하고, 결과모지가 충실치 못할 뿐만 아니라 결과부위가 나무 표면층에만 형성되어 수량이 적은 과원이기 쉽다. 이러한 나무는 제일 먼저 주지를 솎아낸 후 측지나 결과모지 전정을 실시한다. 이 경우 남은 가지는 수세가 강하게 되어 생리적 낙과로 결실이 불안정하게 되므로 약전정을 실시한다.

## 나) 가지절단 방법과 반응

가지절단 방법에는 솎음전정, 절단전정 및 갱신전정이 있다.

솎음전정은 가지 기부로부터 잘라내는 방법으로 가지가 너무 많을 때, 혹은 동일한 굵기의 경쟁지를 잘라내는 전정 방법이다.

절단전정은 가지의 일부만을 중간에서 1/2~1/3절단하는 것으로 결과모지에서는 부적합한 가지, 혹은 수형을 구성하는 시기의 유목전정 등에서 이용하는 방법이다.

갱신전정은 2년 이상 경과된 묵은 가지를 신초 발생 위치에서 절단하는 방법으로 병해충이나 재해를 입은 가지, 부주지가 부러진 경우, 또한 가지가 오래되어 결실되지 않을 때, 수형이 흐트러진 경우에 실시하는 방법이다.

절단전정은 솎음전정보다 착과량이 적게 되어 신초 1개당 신장량이 크기 때문에 수관확대를 필요로 하는 유목수형 구성 시 주로 이용한다. 다만 계획 밀식 재배인 경우에는 유목기 수세가 강하여 영양 생장이 왕성하고 꽃눈 착생이 불량하며, 또한 가지 끝에 꽃눈이 붙기 때문에 약하게 솎음전정을 하여 초기 수량을 높일 필요가 있다.

나무의 나이가 많아짐에 따라 수세가 안정 또는 쇠약하게 되고 생식 생장이 왕성하게 이루어지는 가지는 절단전정을 해도 좋다. 일반적으로 한 나무에서 절단전정과 솎음전정이 적당히 조화를 이루어 생식 생장이 왕성한 나무는 절단전정을 위주로 하고, 영양 생장이 왕성한 나무는 솎음전정을 위주로 하여 결실과 신초생육을 균형 있게 조절할 필요가 있다.

강전정된 나무로부터 발생되는 신초는 길이가 길고 발생 신초수가 적기 때문에 한 나무당 잎수는 적다. 전정을 한 나무는 전정하지 않은 나무에 비해 나무의 비대가 적기 때문에 유목기에는 약전정을 할 필요가 있다.

## 다) 절단 위치와 부위 처리

전정 후 가지의 절단 위치와 부위를 보면 여러 형태가 있다. 특히 큰 가지 절단면은 유합조직이 형성되기도 전에 건조, 잡균 등의 침입으로 고사되어 움푹 들어가며, 그 부위를 중심으로 동고병이 발생되기도 한다.

가지를 절단할 때에는 가지의 굵기, 방향, 위치 등을 고려하여 절단면의 조직이 잘 유합되도록 해야 한다. 절단면의 유합은 형성층으로부터 시작되기 때문에 곧게 수직으로 자란 큰 가지를 수평으로 자르게 되면 중심부에 물이 고이게 되어 고사 원인이 된다. 그러므로 이러한 가지는 비스듬히 절단하며, 다만 수직으로 곧게 자란 가지이외의 큰 가지는 절단면이 최소가 되도록 자른다. 또한 부주지나 측지를 잘라 갱신하는 경우에는 반드시 측지나 발육지가 있는 위치에서 절단해야 한다.

1년생지 절단도 큰 가지를 절단하는 방법과 큰 차이가 없으나 가지가 작기 때문에 자른 위치에서 가장 가까운 눈은 건조에 의해 발아가 불량하거나 발아 후 신초신장이 좋지 않으므로 절단방법에 유의한다.

절단면은 클수록 유합상태가 좋지 않으므로 절단면의 직경이 2cm 이상이 될 경우에는 절단 직후 톱신엠페스트, 발코트 등으로 도포해 준다.

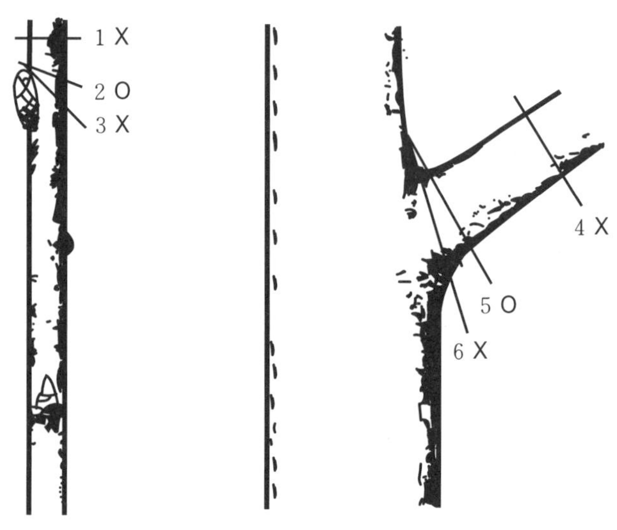

그림 6-25. 가지 자르는 방법

# 3) 전정의 실제

## 가) 주지 및 부주지 배치

감나무 성목에서 주지, 부주지의 배치가 이상적으로 된 나무도 있지만 대부분 주지, 부주지의 숫자가 너무 많아 혼란스럽고 가지 사이가 너무 좁아 이상적인 수형으로 만들기가 어려운 과원이 많다.

주지, 부주지 숫자가 많고 그 가지 사이가 좁은 나무의 결실 부위는 나무 내부에는 거의 없고 외부에 형성되어 있어 수량이 매우 적다. 따라서 한 나무당 주지수는 3개, 부주지수는 6개 정도가 되도록 정지하고 주지보다 강한 부주지는 잘라 낸다.

주지나 부주지를 솎아내는 방법은 한 해에 주지수를 3개로 만드는 방법과 몇 년에 걸쳐 연차적으로 만드는 방법이 있다. 한 해에 주지를 3개로 만들 때, 그 해의 수량은 크게 감소되나 3년이 지나면 회복된다. 그 이후에는 나무 내부에도 결과모지가 형성되어 결실이 됨으로써 증수효과를 가져온다. 그러나 부주지까지 잘라낼 때는 강전정이 되고 낙과현상이 일어나기 쉽기 때문에 연차적으로 부주지수를 줄여 나가는 일이 중요하다.

연차적으로 주지를 잘라낼 경우에는 1년에 1~2개 정도로 하고, 이와 함께 부주지도 솎아내는 방법은 수량 감소는 적으나 목표 수형을 완성하기까지 여러 해가 소요된다.

## 나) 측지 전정

측지는 기본적으로 부주지에 착생시킨다. 그러나 주지수가 적거나 부주지 간격이 넓을 때는 주지에 직접 착생시켜 수관내 공간을 효율적으로 이용하여 결실되는 유효용적을 확보하도록 노력해야 한다.

주지에서 부주지를 솎아내고 부주지 유인이 완료된 후, 굵고 크거나 임시로 이용했던 측지에 대하여 전정에 착수한다.

측지로부터 또 다른 측지가 갈라져 나왔거나, 결과 부위가 측지로부터 너무 멀리 있는 측지는 이용 효율이 낮기 때문에 그러한 측지를 잘라내면 결과모지 전정이 아주 쉬워진다.

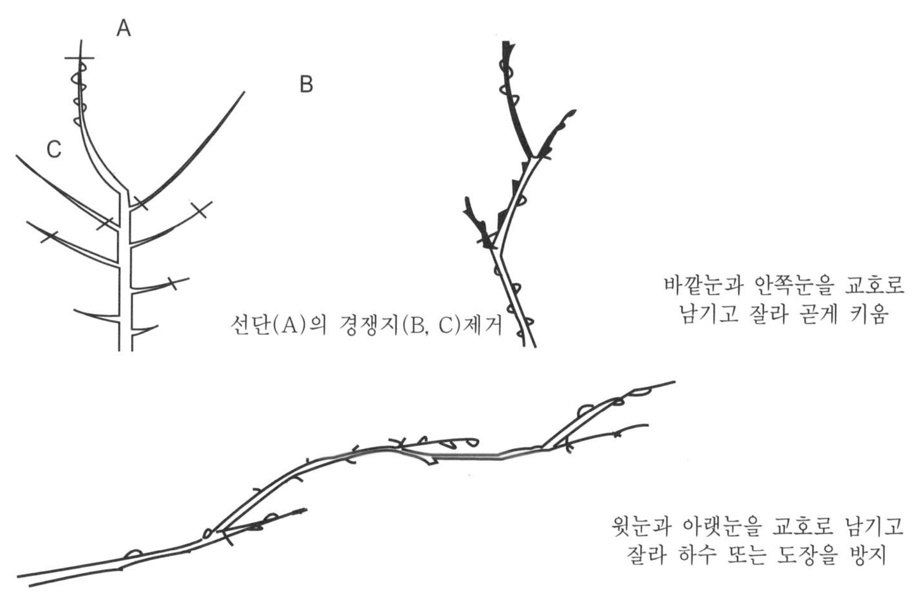



그림 6-26. 가지 선단의 전정 방법

결과모지가 착생하는 측지는 여러 해가 지나거나 발생 부위가 좋지 않을 때 굽어지거나 밑으로 처지게 된다. 이렇게 되었을 때 수체내 양분의 흐름이 나빠지고 수세의 균형이 깨지게 되어 과실의 품질이 급격히 저하되므로 5년 이상된 측지는 발육지를 이용하여 갱신한다. 또한 측지에 세력이 강한 경쟁지가 발생하면 가지가 둘로 나뉘어 어느 쪽이 측지인지 알 수 없는 경우가 발생하므로 이러한 경쟁지는 잘라낸다.

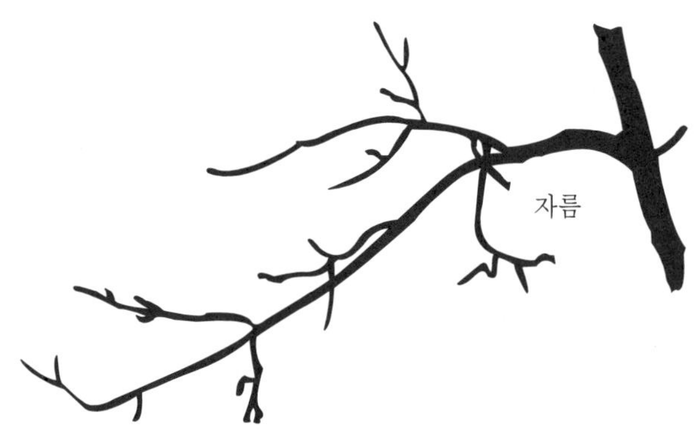

그림 6-27. 측지 갱신 방법

## 다) 결과모지 전정

결과모지는 대부분 측지상에 형성시킨다. 그러나 주지나 부주지 간격이 넓을 때는 주지나 부주지에도 착생시켜 유효용적을 가능한 크게 하는 전정작업이다.

### (1) 결과습성과 결과모지 다루기

감의 결과습성은 결과모지형으로 이른 봄 새로 자란 가지에 결실한다. 따라서 결과모지 선단부로부터 자라는 신초에 꽃이 많이 착생되고 기부쪽의 신초일수록 꽃이 적거나 없다. 그러므로 결과모지의 절단전정은 예비지를 만들 경우, 화아가 너무 많아 적뢰, 적과의 생력화를 목적으로 착과수를 제한하는 경우를 제외하고는 실시하지 않는다.

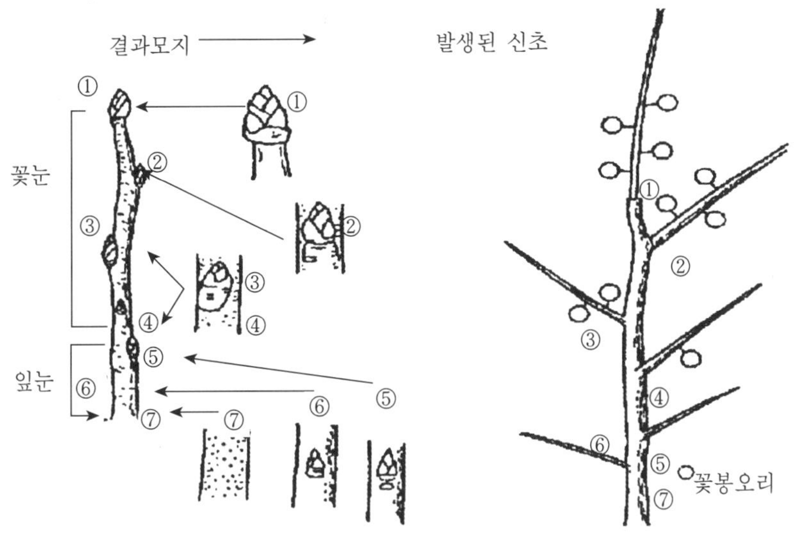


그림 6-28. 결과모지 상태와 결과지의 발생

## (2) 목표 수량과 결과모지 수

감의 수량은 결과모지의 충실도와 결과모지 수에 의해 결정된다.

10a당 수량은 재식주수×1주당 착과수로 결정되며 착과수는 나무당 결과모지수에 의해 결정되므로 필요한 만큼의 결과모지를 확보해야 한다. 결과모지당 2개의 과실을 결실시킬 경우 1주당 결과모지수는 [표 6-4]와 같다.

<표 6-4> 전정 시 목표수량에 필요한 결과모지 수(부유)

| 재식거리<br>(m) | 10a당<br>재식주수 | 1주당<br>착과수 | 1주지당<br>착과수 | 1주지당<br>결과모지수 |
|---|---|---|---|---|
| 4.0×4.0 | 63 | 191 | 64 | 32 |
| 5.0×5.0 | 40 | 300 | 100 | 50 |
| 5.5×5.5 | 33 | 364 | 121 | 61 |
| 6.0×6.0 | 28 | 429 | 140 | 70 |
| 7.0×7.0 | 21 | 571 | 190 | 95 |

※ 목표수량 : 12,000개×230g ＝ 2.76톤/10a
※ 주 지 수 : 3본, 결과모지당 2개 착과

수량은 1개 평균 과중×착과수로 결정되나 품종에 따라 평균 과중이 다르다. 예를 들면 서촌조생은 200g, 부유는 230g, 갑주백목(대봉)은 250g 정도다. 그러나 평균과중은 엽과비에 따라 달라지며 엽과비는 20~30매 정도이나 나무 나이 및 생육상태에 따라 달라 15년생 정도까지는 17~20매 정도이면 평균 과중에 도달할 수 있다.

### (3) 결과모지 선정방법

전정할 때 결과모지의 좋고 나쁨을 구별하여 전정여부를 결정하는 것은 쉬운 일이 아니다. 좋은 결과모지는 각각의 눈이 크고 뚜렷한데 비해, 가지가 굵고 광택이 없으며, 눈이 둥글지 않고 가지에 작은 털들이 있고, 꽃눈이 없는 가지는 결과모지로서 좋지 않다.

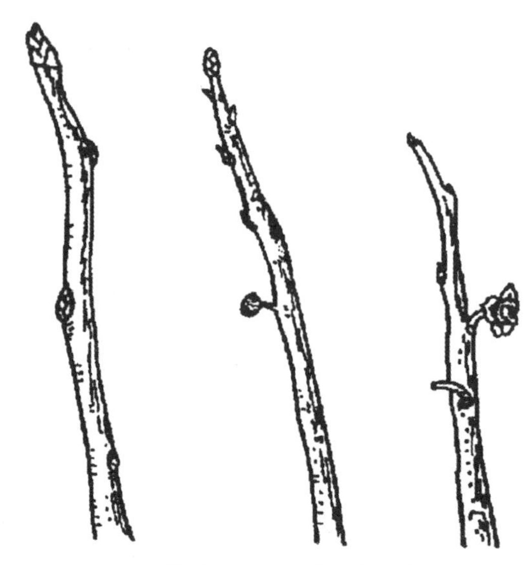

그림 6-29. 결과모지 상태

### (4) 예비지 이용

예비지를 남기거나 만드는 것은 2가지 목적이 있다.

첫째, 주지나 부주지를 만들 때 기상재해 또는 병해충 발생 및 유인작업 등으로 손실될 우려가 있으므로 주지 및 부주지 후보지로서 예비지를 이용한다.

둘째, 감나무는 착과량을 조절하지 않으면 해거리 현상이 발생되기 쉽다. 따라서 꽃눈수를 제한하기 위해서 결과모지의 1/2~1/3 정도를 강하게 잘라내면 꽃눈이 제거되어 결실이 되지 않으므로 충실한 발육지가 만들어져 좋은 결과모지가 된다. 이와 같이 절단전정을 하여 충실한 결과모지를 형성하기 위해 예비지를 만든다.

수량 및 착과수의 목표를 정하고 전정을 할 때는 좋은 결과모지 확보가 제일 중요하지만, 가지가 복잡한 나무나 과다 착과된 나무에서는 좋은 결과모지가 없기 때문에 수량 및 착과수에 대한 목표를 설정할 수가 없다. 그러므로 예비지 전정은 전년도에 미리 실시해야 하며 또한, 계속해서 잘 달리는 나무는 매년 부분적으로 절단전정을 하여 예비지 발생을 촉진시켜야 한다.

## 4) 착과량과 전정

감은 다른 과실과는 달리 나무에 달려 있는 기간이 매우 길 뿐만 아니라 방치한 나무는 다음해 저장양분의 부족으로 화아 분화가 안되어 해거리 현상이 발생되기 쉽다.

### 가) 지난해와 올해의 전정

해거리가 발생한 나무는 농장주 본인이 직접 전정을 하지 않는 경우 지난해 감나무를 전정한 전정사가 신임을 받지 못하고 원망을 듣는 경우가 종종 있다. 이러한 경우 최고의 전정사가 전정을 하든 초보자가 전정을 하든 본래 화아 분화가 안되었거나 불충실한 나무는 결실량이 적게 마련이고, 올해는 그 나무를 누가 전정하더라도 내년에는 결실이 양호해지게 된다.

### (1) 지난해의 전정

과다착과되었던 해는 누가 전정을 하더라도 결실이 적기 때문에 이러한 해에는 수형개선을 하는 것이 좋다. 주지나 부주지 수가 너무 많은 경우 이것들을 솎아내어 주지나 부주지 간격을 넓게 한다. 그러나 수형이 이상적으로 갖추어져 있는 가지는 절단하지 않도록 한다. 특별히 이러한 해의 전정은 절단전정을 해서는 안되며 숨음전정을 위주로 하되 가지를 많이 남겨야 한다.

### (2) 올해의 전정

그 이듬해인 올해 나온 가지는 충실한 결과모지가 많기 때문에 누가 전정을 하더라도 결실이 양호하다. 올해의 전정은 다소 숨은눈이 발생될 정도의 강한 전정이 좋다. 또한 꽃눈이 많기 때문에 수형 개선을 위하여 큰 가지를 잘라내도 꽃눈 확보는 가능하다. 특히 올해에는 남기는 신초의 30~40%를 절단전정하여 예비지를 만들어 해거리 현상을 예방하도록 한다. 그러나 전정만 가지고는 해거리 방지는 완전하지 않기 때문에 인위적인 착과 조절을 하지 않으면 안 된다.

## 나) 결실불량한 나무의 전정

결실이 불량한 나무는 2가지 형태가 있다. 그것은 매년 결실이 불량한 나무와 해거리 현상으로 결실이 불량한 해의 나무를 말한다. 여기에서는 매년 결실이 불량한 경우에 대하여 언급코자 하는 바, 이 경우에도 꽃눈 분화가 불량한 형태와 꽃눈이 분화되어 개화까지는 이루어지나 낙과가 심한 2가지 형태가 있다.

### (1) 꽃눈 부족에 따른 결실불량

수관 내부의 일조부족으로 결과모지가 충실치 못하여 꽃눈이 생기지 않는다. 이러한 나무는 수관 내부에까지 햇빛 쪼임을 좋게 하기 위하여 간벌을 하거나 주지를 솎아내어 주지 사이의 간격을 넓혀야 한다.

밀식된 과원에서는 강전정에 의해 영양 생장이 왕성하여 도장지 등 가지만 무성하고 꽃눈 착생이 불량하기 때문에 간벌 및 주지 솎아내기를 하고 약전정을 하여 생식 생장이 이루어지도록 유도할 필요가 있다.

나무세력이 강하여 꽃눈이 생기지 않는 경우에는 전정만으로 수세 조절이 불가능하므로 시비량을 줄이고 가지를 수평에 가깝게 유인하며, 인공수분을 1~2년 동안만이라도 실시하고, 환상박피 등을 통하여 영양 생장과 생식 생장의 균형을 유지시키지 않으면 안된다.

### (2) 낙과에 의한 결실불량

꽃눈이 생겨 개화는 되었으나 병해충 발생이 없음에도 불구하고 낙과 현상이 발생되는 바 이것을 생리적 낙과라고 말한다. 이러한 나무는 과원 관리가 방치상태어서 수세가 극히 약하거나, 수분수가 없는 경우, 배수가 불량하여 토양의 물리성이 극히 악화된 경우 등이 그 원인이 될 수 있다. 이와 같은 나무에서는 전정보다는 다른 재배관리를 개선하지 않으면 안된다.

예를 들면 장마철의 배수대책을 세우고 퇴비사용과 심경을 통하여 토양의 물리성을 개선하며, 수분수를 재식하거나 인공수분을 실시하여야 한다.

## 5) 여름전정

여름전정은 신초발생이 많을 때 그것을 정리하여 수관 내부에 햇빛과 바람을 잘 통하게 함으로써 충실한 가지와 잎을 만들고 병해충 발생을 감소시키기 위한 작업이다. 이러한 여름전정을 함으로써 적뢰, 적과작업을 용이하게 하고 약제방제 시 약액이 수관 내부에까지 고르게 부착하게 하며, 꽃눈 형성과 발달을 도와 고품질과 생산을 가능케 한다.

여름전정 방법에는 눈따기, 도장지 제거, 2차 생장지 제거, 가지 비틀기 및 유인 등이 있다.

## 가) 눈따기

주지의 분지점, 주지의 굽은 부분 및 큰 가지를 절단한 부위에서는 숨은눈이 발생하여 그것을 그대로 방치했을 때 많은 가지가 밀생하여 햇빛 쪼임이 좋은 부분은 결과모지가 될 수도 있으나, 그늘진 곳에 있는 도장지는 이용가치가 적으므로 수직으로 자란 도장지는 모두 제거하고 옆으로 자란 가지를 2~3개 남기는 것이 좋다.

절단 부위가 넓은 경우에는 절단 부위 주위에 3~5㎝마다 가지 1개씩을 두어 절단 부위의 유합을 촉진시켜 그 이듬해 필요한 가지만 남기고 제거하면 된다.

눈따기 시기는 보통 4월 상순 발아기에 하는 것이 양분소모가 적어 유리하나 숨은눈의 발생은 장기간에 걸쳐 일어나므로 발아기 및 신초가 5~10㎝ 자랐을 때 손으로 제거하는 것이 작업이 용이하다. 그러나 눈따기 시기를 놓치게 되면 커다란 도장지가 되는 경우가 많은데, 이 때는 전정가위를 가지고 제거하며 이러한 작업은 적어도 5월 상순 이전에 끝마쳐야 한다. 이보다 늦게 가지를 제거하면 새 가지의 재생장을 유발하여 화아 분화, 착과 및 과실 품질에 나쁜 영향을 미칠 수 있다.

<표 6-5> 도장지 전정이 수체 및 과실 품질에 미치는 영향(송본조생부유)

| 처 리 | 평 균 과 중 | 수 확 과 율 | 총 신초수 | 2차지 발생율 | 도장지 발생율 | 익 년 착화지율 |
|---|---|---|---|---|---|---|
| 6월 하순 | 237g | 76.0% | 213개 | 12.2% | 11.7 g | 68.2% |
| 7월 중순 | 243 | 72.6 | 244 | 7.8 | 17.0 | 74.6 |
| 8월 중하순 | 228 | 87.6 | 232 | 5.6 | 8.2 | 69.6 |
| 9월 하순 | 227 | 75.5 | 238 | 4.2 | 5.5 | 62.6 |
| 동기전정 | 217 | 85.1 | 254 | 12.2 | 18.5 | 60.8 |

## 나) 가지 비틀기

재식 후 3~7년, 정상적인 결실이 이루어져 수세안정이 이루어지기 전의 유목기에는 가지의 세력이 아주 강하다. 특히 정부우세성이 강한 감나무에서는 가지 선단에 세력이 비슷한 2~3개의 가지가 경합되는 경우가 있는데 이러한 가지를 잘라낼 경우 남아 있는 가지의 세력이 강하게 되어 수형구성에 어려움이 있다. 이런 경우 가지 비틀기를 통하여 선단부 가지의 세력을 억제하면 하단부의 가지 생장을 촉진하게 되어 나무 전체의 균형을 유지시킬 수 있다. 또한 눈따기 적기를 놓쳐 크게 자란 가지를 제거할 때 나머지 도장지의 재생장을 유발할 염려가 있을 경우에는 가지 비틀기를 하는 것이 좋다.

가지 비틀기 시기는 신초가 어느 정도 경화된 6월 상순 이후로 엽지 가위를 이용하거나 양손을 이용하여 한 손으로는 가지 기부를 잡고 다른 한 손으로는 천천히 가지를 비틀어 내린다.

## 다) 유인

유목기 수형구성에 있어서 유인은 필수적인 작업이다. 유목기의 전정은 약전정을 해야 하며, 특히 저수고 밀식 재배에서는 조기에 결실을 시켜야 하고, 측지의 굵어짐과 강전정을 피하기 위해서는 적극적으로 가지 유인작업을 실시해야 한다.

가지 유인작업은 나무생육에 큰 자극을 주지 않기 때문에 연중 실시해도 큰 무리가 없으나, 수형구성을 위한 유인작업은 나무의 생육을 촉진시키기 위해서 6월 이후에 실시하는 것이 좋다.

## 라) 2차 생장지 제거

밀식 상태에서의 강전정 또는 질소질 비료를 과다 사용했을 경우, 결실이 불량하거나 비가 자주 오는 해에는 대부분 6월 하순부터 2차 생장을 시작하고 심한 경우 7월에 3차 생장을 하기도 한다.

7월 중하순부터 화아 분화가 이루어져야 함에도 불구하고 신초의 계속적인 자람으로 화아형성이 이루어지지 못하거나 화아발육이 불충실하여 이듬해 착화 및 착과 상태가 불량해진다. 이러한 경우, 근본적으로는 간벌을 하거나 시비량을 조절할 필요가 있으나 심한 경우가 아니고는 여름전정으로 2차지 제거를 시도해 볼 필요가 있다. 2차 생장지 제거시기가 너무 빠르면 절단 부위에서 또다시 2차 생장지가 발생되며 너무 늦을 경우에는 처리효과가 없게 된다.

2차 생장지의 제거 시기는 신초 생장이 멈추는 시기가 기준이 되며, 7월 상중순이 적합하다. 그러나 세력이 강하여 계속 자라는 가지는 제거 시기를 늦춰 8월 중하순에 실시한다.

2차 생장지 제거 방법은 2차 생장지의 기부 1~2cm를 남기고 자른다.

## 6ㅣ 갱신전정

나무 나이가 많아짐에 따라 나무 높이가 높아지고, 결실 부위가 주지나 부주지로부터 멀어지며, 굵고 커진 가지는 양분 소모가 많아지고 양분의 이동이 불량하여 과실품질이 점차 저하된다. 이와 같은 나무는 갱신전정이 필요하며 갱신전정을 할 때는 필수적으로 4~5년 이상 묵은 측지 부근에서 숨은눈을 발생시켜 측지를 갱신할 가지를 미리 준비하여야 한다. 따라서 수관내 주지 및 부주지에 수령이 각각 다른 측지를 형성시켜 계획적이고 연차적으로 측지의 갱신이 가능하도록 하지 않으면 안된다.

감나무는 다른 과수와는 달리 숨은눈, 부정아 등 휴면아가 있어 정상적인 눈이 없더라도 신초 발생이 가능하므로 측지갱신이 용이하다. 그러나 측지갱신에 이용할 가지를 만들기 위해서는 여름전정 시 투광에 방해되는 가지를 잘라내지 않으면 안된다. 노목에서는 측지갱신에 쓸 수 있는 새로운 가지가 발생하지 않는 경우도 있으므로 주지나 부주지를 튼튼하게 하여 측지 후보지의 신초를 발생하게 하거나 수세 회복을 위하여 토양개량도 필요하다.

## 7ㅣ 품종 특성과 전정

품종이 다르더라도 전정의 기본은 동일하지만 수령이나 수세의 강약에 따라 전정의 강약을 조절하여 영양 생장과 생식 생장과의 균형을 유지하지 않으면 안된다.

그러므로 품종에 따라서 나무의 특성이 조금씩 다르기 때문에 전정 시 가지의 남기는 방법을 가감할 필요가 있다.

부유는 여러 지역에서 오래 전부터 재배되어 왔기 때문에 다른 품종을 부유 품종에 비교하는 것이 좋을 것 같다. 부유 품종의 신초발생 밀도는 중간으로 굵고 길며, 나무세력은 약간 강하고 나무의 모양은 다소 개장성이다. 따라서 부유에 비하여 가지 발생이 많고 긴 품종인 경우는 전정 시 가짓수를 적게 남긴다. 또한 가지 발생이 적고 신장량이 짧은 품종에서는 많이 남길 필요가 있다. 그러나 토양의 비옥도나 시비량에 의해서도 신장 정도가 달라지기 때문에 비배관리에 관해서도 충분히 고려하여 품종에 맞는 전정이 되어야 한다. 특히 이두 품종은 다른 품종보다 수관 내부의 가지가 고사되기 쉽기 때문에 남기는 가짓수를 적게 하여 가지가 고사되는 것을 방지해야 한다. 이것이 부유보다도 수량을 높일 수 없는 원인이 되기도 한다. 또한 수량을 높이기 위하여 가지를 많이 남길 때 오염과의 발생원인이 되므로 부유보다도 가짓수를 적게 남기는 것이 고품질과 생산의 지름길이다.

개장성 품종은 눈의 방향을 잘 보아 전정할 필요가 있다. 개장성 품종의 경우 수관 내부를 향하고 있는 눈을 남기고 절단하면 가지가 수직에 가깝게 자라므로 직립성으로 되기 쉬우나 바깥쪽의 눈을 남기고 절단하면 점점 더 개장되어 나무가 아래로 처진다. 그러나 정지법이나 주지, 부주지 형성 등 기본적인 꼴은 품종에 의해 달라질 필요는 없다.

**<표 6-6> 주요 품종의 나무형태 및 가지 특성**

| 품 종 명 | 가 지 | | | 수 세 | 수 자 |
|---|---|---|---|---|---|
| | 발생빈도 | 굵기 | 길이 | | |
| 부 유 | 중 | 굵음 | 길음 | 약간 강 | 개장 |
| 서 촌 조 생 | 중 | 가늠 | 극히 짧음 | 약간 약 | 중간 |
| 이 두 | 소 | 약간 굵음 | 짧음 | 약간 약 | 개장 |
| 송본조생부유 | 약간 소 | 약간 굵음 | 약간 짧음 | 중 | 약간 직립 |
| 전 천 차 랑 | 중 | 중 | 짧음 | 약간 강 | 중간 |
| 평 핵 무 | 중 | 아주 굵음 | 약간 짧음 | 강 | 중간 |
| 갑 주 백 목 | 소 | 굵음 | 아주 길음 | 강 | 직립 |

# *8) 간벌*

## *가) 밀식 장해와 간벌 효과*

### (1) 수량성

정식 후 수관확대와 더불어 수량이 증가하여 인접된 나무와 가지가 서로 겹치기 시작할 때 최고의 수량성을 나타낸다. 그러나 이러한 상태가 되었을 때는 나무 상호간에 햇빛을 가로막게 되고, 이것을 그대로 방치하면 꽃눈형성 및 충실도가 불량해

짐으로써 수량 및 품질은 점차 저하되기 시작한다. 이 때 간벌작업을 실시하여 과원
의 일조 조건을 개선 유지함으로써 남아있는 나무의 생산성을 저하시키지 않고 수
량 유지가 가능하다.

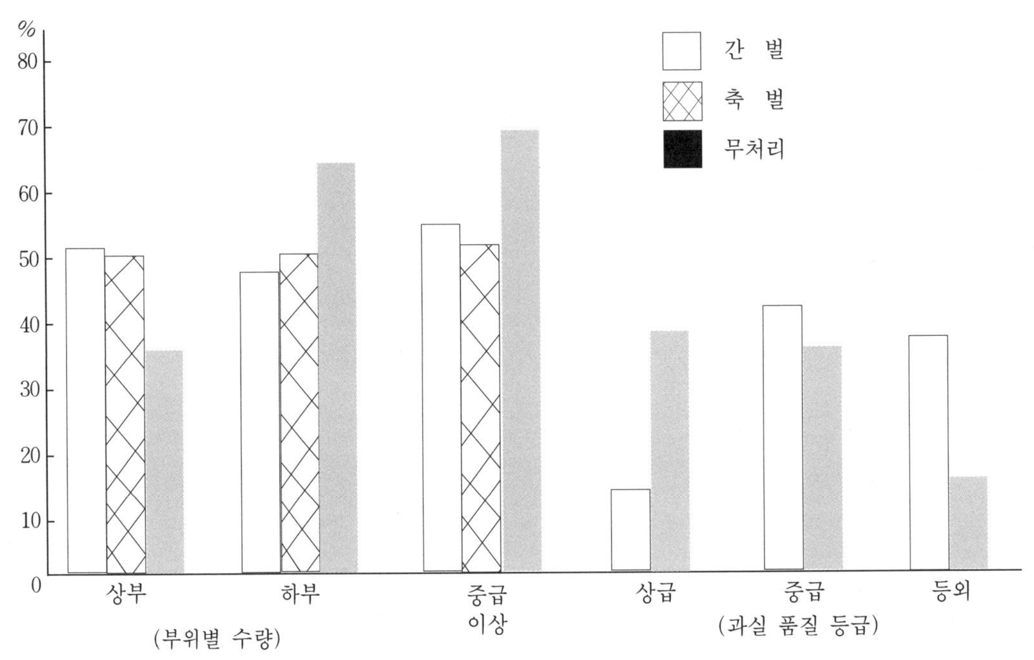



그림 6-30. 축벌 및 간벌 후 나무의 부위별 수량과 품질

밀식된 상태를 그대로 유지하려고 할 때 수관 하부에는 햇빛 쪼임이 부족해서 가
지가 고사되거나 결실이 되지 않아 이러한 상태가 계속되면 결과 부위는 나무 바깥
쪽에 수평으로 형성되며, 주지나 부주지가 인접된 나무와 겹치게 되어 결국 강전정
이 이루어지기 쉽다. 그 결과 결과지는 길고 가늘게 자라 충실치 못하므로 짧은 것
은 화아 분화가 되지 않을 뿐만 아니라, 일조가 부족하여 결실된 과실은 낙과가 많
아진다.

<표 6-7> 재식주수와 수량 및 품질과의 관계  (주/10a)

| 구분 | 28주 | 56주 | 111주 |
| --- | --- | --- | --- |
| 수관점유율(%) | 37.7 | 88.4 | 128.8 |
| 착과부위조도(Lux) | 10,000 | 11,000 | 9,000 |
| 생리낙과율(%) | 30.7 | 35.6 | 39.5 |
| 수량(kg/10a) | 972 | 1,880 | 2,842 |
| 평균과중(g) | 233 | 334 | 222 |
| 당　도(도) | 14.9 | 14.8 | 14.6 |
| 10월 말까지 수확률(%) | 74.6 | 63.2 | 42.8 |
| 꼭지들림과율(%) | 7.9 | 8.8 | 6.6 |
| 오염과율(%) | 7.2 | 7.7 | 10.1 |
| 수확시간(시간/1만 개) | 29.3 | 25.3 | 31.7 |
| 전정량(kg/10a) | 113 | 235 | 493 |

## (2) 품질

햇빛 쪼임이 부족할 때 과실 착색이 불량하게 되고 수확기가 지연되며, 오염과 발생이 많아져 과실품질이 저하된다. 특히 탄저병 발생이 심하여 수량이 감소될 뿐만 아니라 품질이 극도로 저하되어 상품화율이 크게 감소된다.

## (3) 작업의 용이성

위에서 언급된 바 밀식 상태가 여러 해 계속 되어온 과원은 결과 부위가 나무 상단부에 형성되며 극단적인 경우에는 수관 측면이 완전히 고사되어 과원에 들어서면 주변이 훤하게 잘 보인다. 이러한 과원은 적뢰, 적과나 수확작업은 대부분 사다리가 필요하게 되어 작업능률은 크게 저하된다.

## 나) 간벌의 실제

## (1) 간벌시기

이미 밀식 피해가 나타나는 과원에서는 즉시 간벌에 착수하지 않으면 안된다. 최근에 개원하는 10a당 66주(5×3m)에서 100주(3×3m)까지 재식하는, 소위 간벌을 전제로 하는 계획밀식이 늘고 있다.

보통 재식 후 10년안에 간벌을 필요로 하는데 수관 점유율이 120% 정도 될 때 수량이 가장 많다.

나무의 폭이 재식거리의 1.2~1.3배 정도라면 작업능률성이나 일조 조건 모두 괜찮을 것으로 판단되며, 구체적으로는 가지의 최선단 부분이 1.0~1.5m 정도 교차되는 상태다.

수량면에서 보면 이런 상태까지는 계속적으로 증가세를 보이나 실제로는 이 시기가 간벌착수 적기이며, 과원에 직접 들어가 보면 가지가 서로 중첩되는 것을 부분적으로 인식할 수 있다. 또한 이 시기는 부주지 선단의 가지가 계속 신장하기 때문에 간벌을 했을 때 남아있는 나무의 수관 확대가 빠르다.

## (2) 간벌수의 결정

간벌 적기를 놓친 과원에서는 재식 시 계획한 대로의 간벌 방식을 따를 수는 없게 되어 생산력이 높은 나무를 남기는 동시에 간벌 후 수형개조가 쉬운 나무를 남기게 된다. 이런 경우, 남겨진 나무의 배열이 다소 불규칙하게 되어도 어쩔 수 없다.

계획밀식에 의한 적기 간벌인 경우에는 예정된 간벌계획에 따라 작업을 실시한다. 정방형 혹은 장방형 재식에서는 대각선 방향으로 간벌한다. 따라서 나무를 정식할 때 간벌할 나무는 미리 결정하는 것이 좋다.

## (3) 간벌과 축벌

간벌은 솎아낼 나무를 일시에 잘라내는 것을 말하며, 간벌할 나무를 미리 작게 축소시키는 것을 축벌이라 한다.

과원이 밀식 장해 현상이 나타난다 하더라도 전체 과원이 동시에 나타나는 것이 아니기 때문에 일반적으로는 그 정도가 심한 부분부터 축벌하여 최후에 간벌하는 것이 일시적인 수량 감소가 적고 작업이 쉽다.

축벌에 있어서는 주지나 부주지의 중간 부위를 절단하는 것이 아니고, 어디까지나 큰 가지의 분지 부분에서 절단하거나, 주지 단위로 하는 것이 좋다. 또한 남은 가지는 약전정을 하고 탄저병 발생을 예방하기 위하여 절단 부위에서 발생하는 부정아를 눈따기 해 준다.

축벌과 간벌하는 나무나 가지는 가지의 잎이 무성한 시기에 미리 관찰하여 두었다가 절단 부위에 6월 상순경 환상박피 처리하는 것도 한 가지 방법이다.

환상박피는 다소 넓게 하더라도 과실발육에는 큰 영향이 없으며 처리한 해에는 수량이 높아진다.

수확이 끝난 직후 축벌과 간벌을 실시하며, 정지·전정에 들어가기 전까지 과원 전체의 축벌과 간벌을 완료해야 한다.

계획밀식 과원의 경우 축벌과 간벌 후 계속하여 수관을 확대해 간다. 이 때 옆으로 수관을 확대하며 나무 높이가 높아지는 것은 적극 억제한다. 그렇게 하지 않으면 수관 내부에 쓸데없는 공간이 많이 남게 된다.

너무 밀식된 과원에서는 간벌 후 남아있는 나무의 수관을 확대하기 위하여는 다소 굵은 가지라도 유인하여 수형을 개조하고 약전정을 실시한다.

성급한 수관확대를 위하여 시비량을 늘리는 것은 수세안정에 역효과를 가져오게 된다.

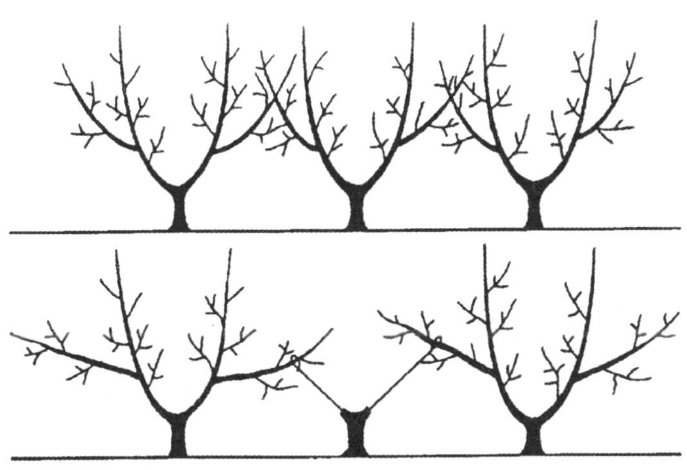

그림 6-31. 간벌 후 수형 개선

# 7. 참다래(kiwifruit)나무의 정지 · 전정

## 가. 참다래나무의 특성

### 1) 자웅이주(雌雄異株)

참다래는 자웅이주로서 암품종의 꽃은 자방은 충실하나 발아 능력이 없는 화분을 가지고 있는 반면 수품종의 꽃은 발아력이 높은 화분은 갖고 있으나 자방과 주두, 화주가 퇴화되어 있어 암품종만이 결실할 수 있다. 이와 같이 참다래는 자웅이주이지만 형태학적으로는 양자 모두 완전화(完全花)이다.

### 2) 덩굴성(蔓性)

참다래는 포도와 같은 덩굴성이지만 포도와 같은 덩굴손이 없어 가늘고 길게 신장하는 가지 자체가 덕의 철사나 옆가지 등을 감으면서 생장한다.

그러므로 가지 관리에 많은 노력이 필요하다.

<표 7-1> 결과지의 길이와 성상(性狀)

| 가지의 길이(㎝) | 자기전정지율(%) | 부초발생지율(%) | 회선지율(回旋枝率) |
|---|---|---|---|
| 0 ∼ 50 | 100.0 | 0.0 | 0.0 |
| 50 ∼ 100 | 76.9 | 19.2 | 0.0 |
| 100 ∼ 150 | 66.7 | 20.0 | 13.3 |
| 150 ∼ 200 | 63.6 | 18.2 | 63.6 |
| 200 ∼ | 0.0 | 62.5 | 62.5 |

참다래는 음아(陰芽, 숨은눈)가 발생하기 쉬운 특징을 가지고 있어 수령 10년생의 성목에서도 주간이나 주지에서 돌발지가 발생하고, 또 방치해두면 10m 이상까지 신장하는 것도 있다. 측지의 기부에서 강한 돌발지가 발생하면 그 부위에서부터 선단부까지는 가지의 세력이 극히 쇠약해지는 쇠퇴지 현상(負枝現象, 주간이나 부주지, 혹은 측지의 숨은눈에서 강한 돌발지가 발생하면 이 가지에 의해 기존에 있는 가지의 세력이 약해지게 되는 현상)이 발생되는데 이런 현상은 다른 과수에서는 볼 수 없는 생장 특성이다.

## 3) 가지의 형태와 생리, 기능

### 가) 형태

어린 가지의 표피는 다세포로 된 모용(털)으로 덮여 있다. 또 목질화된 가지 표면은 납질상 물질을 보이며 잎과 같이 이들의 밀도(密度)나 양(量)은 종(種), 품종(品種)을 구별하는 중요한 형질이 된다. 가지 중심의 수(隨)부분은 비어 있으며, 수(隨)는 유세포 조직으로 이루어져 있는데, 이들의 세포는 타닌(tannin)을 함유하고 있다. 줄기(莖)는 지령이 많아지면 수(隨)가 없어지고, 오래된 목질부는 조직 중에 소공(小

孔)이 많이 보이며 연륜(年輪, 나무의 나이테)은 불명확하게 된다.

　겨울눈(冬芽)의 형태는 다른 낙엽과수와 달라 엽액 기부에 대부분 파묻혀 있고, 눈의 상부는 약간 벌어져 갈색의 모용으로 덮혀 있다. 1m 이상으로 자라는 가지는 왼쪽으로 감기는 성질을 갖고 있다.

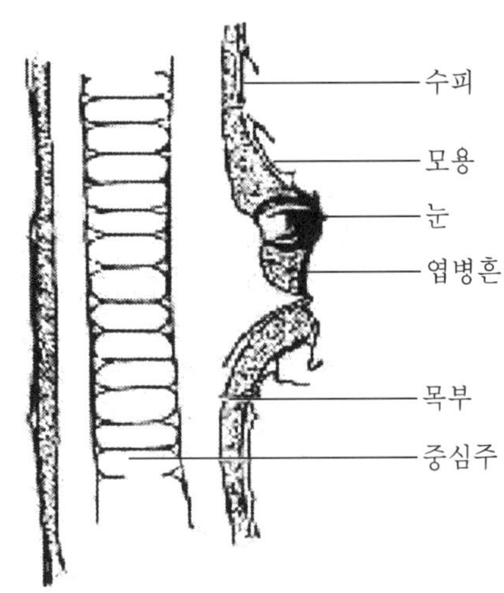


그림 7-1. 가지와 겨울눈의 단면도

## 나) 생리, 기능

　가지의 분류는 화아 착생의 유무를 기준으로 결과지와 발육지(돌발지)로 나눈다. 결과지는 주로 전년의 결과모지상에서 발육한 가지로 꽃봉오리를 착생하는 가지다. 발육지(돌발지)는 숨은눈(潛芽)에서 발육하는 꽃봉오리를 착생하지 않은 가지다.

　결과습성은 전년의 신초가 결과모지로 되는데 결과모지에서 맹아(萌芽)된 신초(결과지) 기부 3~8마디 부근에 꽃봉오리를 착생한다.

　전년에 과실이 달렸던 자리에는 생장점이 없고 발아하지 않는다. 결과모지의 발아율은 가지의 충실 정도나 절단의 강약에 따라 다르나 50~80%이고 밑쪽(下側)의 눈은 휴면하여 발아하지 않는 것도 많다.

　가지의 수액 유동속도는 빠르며 그 속도는 1~2m/시간으로 보고되고 있다.

| 호 칭 | 화아유무 | 발생부위 | 특 징 |
|---|---|---|---|
| 발육지 | 무 | 미착생과나무 또는 잠아 | - |
| 도장지 | 무 | 상 동(上同) | 4m 이상 길게 자라는 가지는 부초를 발생한다 |
| 세약지 | 유 | 매년 결과하고 있는 가지위(枝上), 수관내의 약한 부분 | 3~5년으로 노화 고사(老化枯死) |
| 결과지 | 유 | 1~2년생의 발육지위(發育枝上), 또는 도장지(徒長枝)의 상~중부 | 길이에 따라 도장성 결과지, 장과지, 중과지, 단과지, 단축단과지로 분류 |

# 나. 결과습성과 생장특성

## 1) 화아분화와 결과습성

신초는 5월 하순부터 6월 상순까지 대단히 왕성하게 자라고 그 후, 절간은 서서히 짧아져 5월 중하순이 되면 신초의 선단부가 감기기 시작하면서 생장은 완만하게 된다. 한편 5월 상중순에 발생한 도장지도 6월 중하순부터 감기기 시작한다. 수세가 약한 나무에서는 이 시기에 생장이 거의 정지하여 자기적심(自己摘心 : 생장을 자기 스스로 멈추는 현상)을 하게 된다.

화아는 조기에 건전한 잎을 충분히 확보하여 수광(受光)상태를 좋게 하고 또한 가지가 도장하지 않아 탄수화물의 소모가 계속되지 않는 조건에서 충실하게 분화된다.

참다래의 화아분화는 뉴질랜드와 일본에서의 연구 결과에 의하면 7월경부터 화기의 원기가 형성되며 그 후 겨울 중에 그 수(數)가 증가하면서 비대하나 형태적 분화가 인정되는 것은 3월 중순경부터다. 그리고 개화기인 5월 중순경까지 단기간에 꽃받침(花片)과 화변(花弁), 자웅예(雌雄蘂) 등의 화기(花器)를 급속히 형성하여 완료하고 5월 중~하순에 개화하여 결실하게 된다.

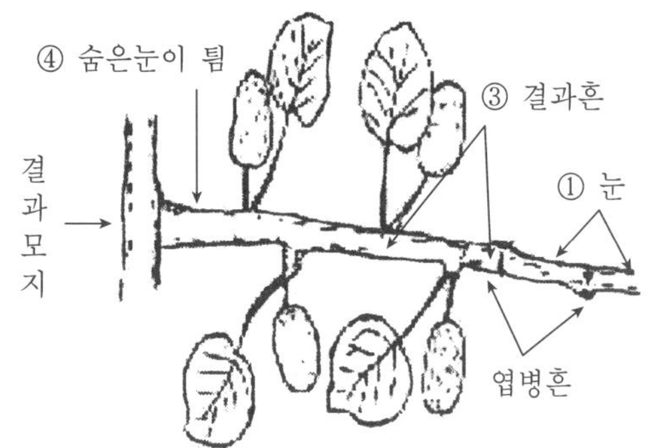


그림 7-2. 결과지의 성상(性狀)

헤이워드(Hayward) 품종의 경우 형태적으로 분화가 인정되는 것은 발아 약 10일 전이고 발아기 무렵 화변이 형성되고 그 10일 후에 웅예가 형성된다. 자예의 형성은 개화 전 약 1개월, 주두와 배주는 개화 전 20일경에 관찰 가능하다. 측화아(側花芽)의 분화발달의 유형(Pattern)은 정화아(頂花芽)의 분화보다 늦어 정화아의 자방형성기가 일차 측화아의 화변형성기에 해당된다.

한편 대상과(帶狀果)는 화아발달의 이상, 즉 정화아(頂花芽)와 측화아(側花芽)의 유착(癒着)이 원인으로 생각된다.

참다래의 화아(花芽)는 신초의 엽액(葉腋)에 착생하고 화아는 포도나 감처럼 잎과 가지, 꽃을 포함한 혼합아(混合芽)로 되어 있고 신초의 엽병(葉柄) 부분에 화뢰를 착생한다.

결실된 신초를 결과지라 하고 결과지를 붙인 2년생의 가지를 결과모지라 한다. 결과지에 착생하는 꽃봉오리의 위치나 수는 품종에 따라 차이가 있으며, 영양상태가 불량한 나무의 경우 신초상에는 전혀 꽃봉오리가 착생되지 않는다. 특히 전년의 초가을(8~10월)에 태풍 등에 의해 낙엽이 심하게 되었을 때에는 꽃의 착생이 나쁘고 늦서리 피해(晩霜害)를 강하게 받으면 신초가 동결사(凍結死)하며, 가볍게 피해를 받아도 신초의 기부 1~2 꽃봉오리만 착생하게 된다.

또 지난해 8~11월 사이에 건조에 의한 낙엽과 덕 밑이 어둡게 되어 낙엽을 일으킨 신초가 결과모지로 된 경우에는 착화(着花)가 불량하게 된다.

분화된 화아(花芽)를 포함한 생장점 즉 새로운 눈(新芽)은 다음해 봄철에 발아(發芽)와 전엽(展葉), 출뢰(出蕾), 개화(開花)에 이르기까지 충실한 발육을 계속하며, 특히 화뢰(花蕾)가 나온 후는 하루하루 경과함에 따라 급속한 생장을 하여 개화하게 되는 것이다.

꽃봉오리의 착생 위치는 신초의 기부에서 3~8마디에 착생하고 충실한 신초의 액아(腋芽)에는 신초의 기부 3마디부터 연속적으로 4~5개의 꽃봉오리가 착생하며, 겨울철 온도가 높을수록 꽃의 착생이 많은 경향을 보인다. 그러나 참다래는 한 번 엽액에 꽃봉오리를 붙인 쪽에는 생장점은 없고 신초도 나오지 않으므로 겨울전정 때는 금년에 착과한 최종 마디에서부터 위쪽의 눈들을 몇 개 남기고 절단전정을 행한다.

또한 참다래는 결과부위(結果部位)가 해마다 위쪽으로 올라가기 때문에 솎음전정과 절단전정을 병행하면서 민둥하게 올라간 가지를 발육지나 장과지로 갱신해 줄 필요가 있다. 참다래는 3년생 이상의 나무가 결실기로 들어가면 2번지(2番枝)와 부초(副梢)에서도 잘 착생한다.

헤이워드(Hayward) 품종의 경우 결과모지에서 발아한 신초수는 마디수에 대해서 60% 전후가 발아하고 밑눈(下芽)보다 옆눈(橫芽)이나 위쪽눈(上芽)의 발아율이 높다.

보통 1엽액(葉腋)당 1과경(果梗)을 발생시켜 과경선단에 한 개의 과실을 붙이지만, 꽃눈의 분화가 좋을 경우에는 과경 중앙부에서 양측으로 측화(側花)을 붙이는 것도 있다. 이는 유목 때보다는 성목이 될수록 많고 꽃눈의 분화가 이루어지는 시기에 기상조건이 좋으면 측화의 발생이 더 많아지게 된다. 이러한 측화는 조기에 제거하면 영양의 소모를 적게 하여 다른 꽃의 발달을 양호하게 한다. 한편 엽액(葉腋)에 과경을 붙인 부분에서는 생장점이 없고 또한 당연히 이 부분에서는 발아하지 않는다. 즉, 전년에 결실되었던 자리(結果痕)에서는 새로운 눈은 나오지 않는다. 따라서 결과흔의 기부에 있는 눈은 보통 휴면아(休眠芽)가 되기 때문에 발아하지 않으며, 가끔 발아하는 것도 있으나 거의 꽃눈을 기대할 수가 없다.

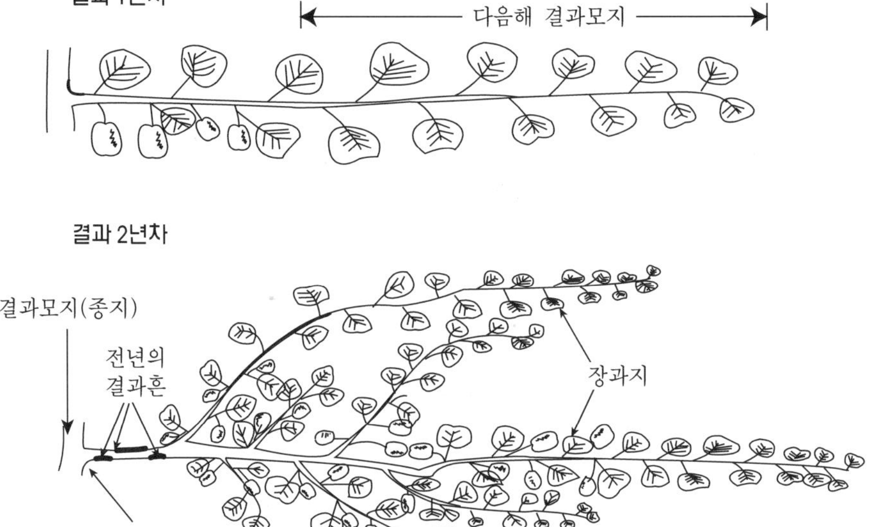


그림 7-3. 참다래의 결과습성(結果習性)

# 27 쇠퇴지(負枝) 현상

복숭아나 포도에서도 쇠퇴지 현상을 보이나 참다래나무는 이들 과종에 비해 심한 쇠퇴지 현상을 보인다. 쇠퇴지 현상이란 먼저 나온 상위(上位)의 가지보다 늦게 나온 하위(下位)쪽의 가지가 왕성하게 신장하여 하위의 가지가 상부의 가지를 약하게 (가늘게) 만드는 현상이다.

실제 재배상에서는 가장 먼저 나온 제1주지가 늦게 나온 제2주지에 세력을 뺏겨 늦게 나온 제2주지만으로 수관면적을 확대하고 제1주지의 면적을 예상량만큼 확보할 수 없어서 수량 저하를 초래하게 된다. 또한 수세가 떨어지고 쇠약해져서 왕성한 발아세를 유지할 수 없게 되어 수량 및 품질 저하 등으로 이어지게 된다.

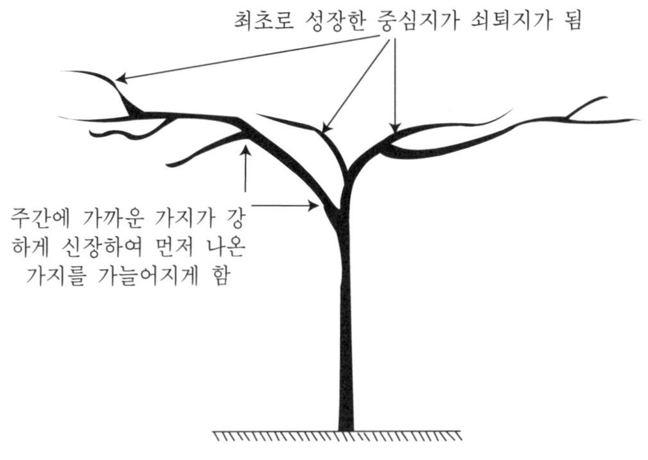


그림 7-4. 참다래나무의 쇠퇴지 현상

쇠퇴지의 발생은 참다래나무의 특성의 하나이지만 일반적으로 강한 발육지나 도장지를 남길 경우 이 현상이 나타나기 쉽고, 수세가 약한 경우나 관리가 불충분한 나무, 질소 과다 및 뿌리 장해에 의한 영양 상태가 불량한 나무 등에서도 심하게 발생한다. 특히, 주지의 연장을 꾀할 경우 잘 발생되는데 이 때 세력이 약해진 가지는 제거하고 강한 가지로 조기에 갱신한다.

## 3) 가지의 생장

가지의 생장은 S자 모양으로 생장한다.

발아는 3월 하순부터 4월 상순에 시작하는데 꽃눈(花芽)을 착생하지 않는 가지나 숨은눈에서 발생한 도장지는 발아가 늦다. 40~50cm로 자란 가지는 5월 중순경에는 신장을 정지한다.

한편 1m를 넘는 긴 가지는 그 후에도 생장을 계속하여 6~7월에 가서야 생장이 완만하게 된다.

돌발지(突發枝)와 같이 세력이 극히 강한 가지는 8월 이후까지도 다수의 부초를 발생하면서 신장한다.

감나무에서 보이는 것처럼 정아(頂芽)에서의 2차 생장, 3차 생장과 같은 신장의 주기적 반복은 보이지 않으며, 늦게까지 신장하는 가지는 엽액(葉腋)에서부터 1차 부초와 2차 부초가 계속해서 발아된다.


## 다. 정지, 전정의 필요성과 수형 종류

### 1) 정지, 전정의 필요성

참다래나무를 전정하지 않은 방임 상태로 재배하면 유목기인 2~3년까지는 수관 확대가 급속히 진행되기 때문에 결실기에 도달하는 기간은 단축되어 초기의 수량도 급속히 증가한다. 그러나 방임 상태에서 급속히 자란 나무는 수령이 거듭됨에 따라 주간부를 중심으로 굵은 가지가 많이 발생하여 서로 뒤엉키게 되기 때문에 복잡하게 된다. 이 때문에 주간 가까이에서 발생하는 신초는 도장적으로 신장하며 주간에서 멀리 떨어진 수관의 바깥쪽에서 발생하는 신초는 현저히 약하게 되는 경우도 있어 과실의 착과 상태나 품질이 떨어지게 된다.

서로 뒤엉켜 복잡하게 발생한 가지는 적심과 유인 등 가지관리와 수분(授粉), 과실솎음 등 품질관리뿐만 아니라 병해충방제 등을 어렵게 한다.

이와 같은 상태에서 2~3년만 경과하면 과실도 작아지고 병충해뿐만 아니라 고사하는 가지도 많아져 해거리(隔年結果)의 원인이 된다.

따라서 상품가치가 높은 양질의 과실을 매년 계속해서 생산하려면 포도, 감, 복숭아 등과 같이 참다래나무도 가지를 균형있게 배치할 수 있도록 정지, 전정을 하여야 한다.

참다래의 수형은 여러 가지 형태의 수형이 이용되고 있으나 바람의 피해가 없고 과실 크기가 고르고 고품질의 과실을 생산하면서 병충해 피해가 적고 수확노력 등을 고려하여 현재는 평덕식이 일반화되고 있다. 그러나 평덕식은 덕의 시설비가 과다하게 소요되는 단점이 있으나 우리 나라에서는 바람의 피해를 많이 받는 남부 도서 해안 지방에서 주로 재배되기 때문에 참다래 재배는 평덕식 재배를 기본으로 하고 있다.

# 2) 수형의 종류

## 가) 평덕식

참다래는 쇠퇴지 현상이 심하여 수형을 균형있게 유지하는 것이 매우 어렵다. 따라서 쇠퇴지 현상을 일으키지 않도록 하기 위해서는 가능한 범위에서 주지수를 적게 하고 수관 바깥쪽에 발생한 가지를 결실층이 없는 기부쪽으로 유인하여 이용하면서 굵은 가지를 가지런하게 배치하지 않으면 안된다. 한편 쇠퇴지 현상은 한 나무당 수관면적이 30㎡ 이상 확대되어 1본의 주지 길이가 길어질 때 쉽게 발생하게 된다. 이와 같은 현상을 줄이기 위해 주지수를 4~6본으로 증가시키게 되면 주지와 주지 간에 경합이 일어나 쇠퇴지 현상을 더 조장하게 되어 수형을 균형있게 유지하는 것이 더 어려워지게 된다. 따라서 주지수를 2~4본으로 제한해야 하는데 평지에서는 2본 주지의 일문자 정지, 경사지에서는 일문자 정지를 변형한 V자형 2본 주지 정지법이 적당할 것으로 생각된다. 주지는 기부에서 선단까지 가능한 한 굵고 곧으면서 강한 세력으로 유지하도록 형성시킨다.

부주지는 지나치게 크지 않도록 하고 60cm 정도의 간격으로 좌우교호로 배치한다. 부주지는 처음에는 한 나무당 10본 정도로 발생시키다가 수령이 경과함에 따라 8본 정도로 감소시킨다. 한편 상위의 부주지를 기부에서 잘라낸 부주지 위치로 되돌린 되돌림가지를 이용하여 공간을 채워 가지의 세력을 균형있게 만든다.

측지는 1부주지당 3~4본을 배치하고 각각 절단하거나 돌발지를 이용하여 3~4년 전후로 갱신하면서 젊고 목부의 비율을 작게 유지시킨다. 또한 측지당 3~4본의 결과모지를 발생시켜 배치한다.

덕의 구조는 포도 덕과 같은 모양으로 하는 것이 좋으나 덕의 강도면에 있어서는 참다래는 10a당 2.5~3.0톤 가까운 수량을 생산하고, 가지와 잎의 밀도도 포도보다도 상당히 높아 그 무게가 수 톤에 달하므로 포도보다 강하게 하는 것이 좋다. 또한 가지와 잎에 빗물이 부착되면 다시 수 톤의 추가 하중을 받게 될 뿐만 아니라 수확기가 11월이므로 우리 나라에서는 태풍의 시기를 경과해야 하기 때문에 이와 같은 하중이나 풍압에 견딜 수 있는 강도가 높은 덕을 만들어 둘 필요가 있다.

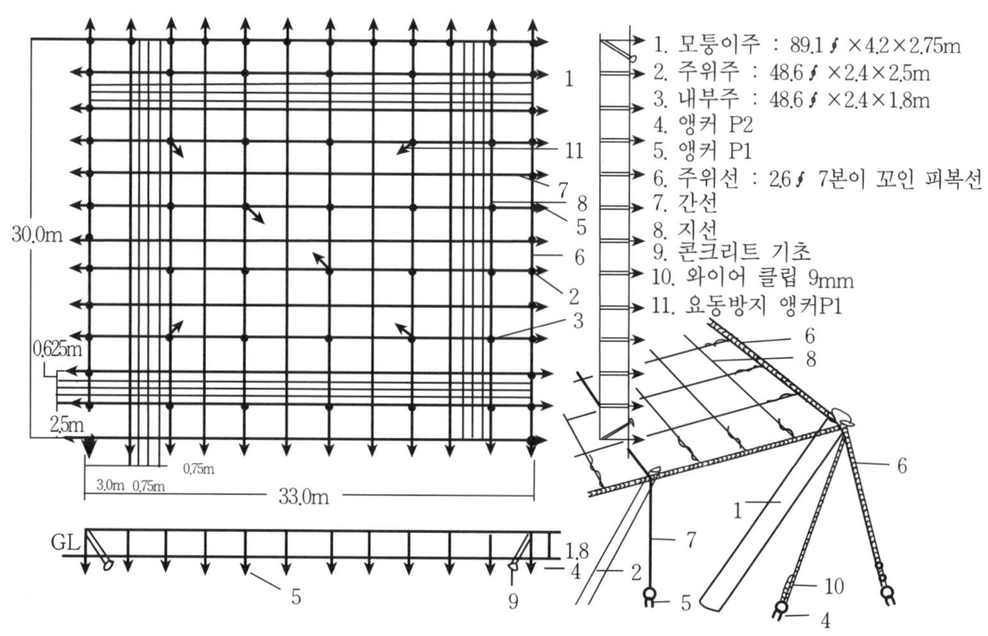



그림 7-5. 참다래 덕의 평면도

기둥과 간선(幹線)의 간격은 재식거리와 관련시켜 2.5m와 3.0m로 하고 집약적인 관리를 하는 것을 전제로 그 사이에 지선(支線)을 5~6본 종횡으로 가설한다.

선을 반강선(半鋼線)이나 피복반강선(被覆半鋼線)으로 사용하면 덕의 강도도 높일 수 있고 철사가 부식되어 나오는 녹(綠)에 의한 과실의 과면(果面)오염을 방지할 수 있다.

<표 7-3> 참다래 과원(30×33m) 평덕설치 기본 소요자재(10a당)

| 자 재 명 | 규 격 | 수 량 | 비 고 |
|---|---|---|---|
| 파 이 프 | 89.1 ø ×2.75m 아연도금 | 4 | 모퉁이지주(우주)용 |
|  | 48.6 ø ×2.5m 아연도금 | 42 | 주위주용 |
|  | 34 ø ×2.0m 아연도금 | 110 | 중주용 |
| 와야크립 | 3/8 (9.0mm) | 24 | 모퉁이지주용 |
|  | 5/16 (8.0mm) | 168 | 주위주용 |
| U 볼 트 | 50A용 | 156 | 모퉁이지주용 4, 주위주 42, 중주 110 |
| 덤 박 클 | 16mm | 8 | 모퉁이지주용 |
| 닻 | 콘크리트 구조 및 헌 타이어 | 50 | 모퉁이지주 8, 주위주 42 |
| 콘클좌대 | 50×50×15cm | 4 | 모퉁이지주용 |
|  | 40×40×15cm | 152 | 주위주 42, 중주 110 |
| 코팅철선 | #8 코팅철선 | 210m | 주위선 및 공선 |
|  | #10 코팅철선 | 1,200m | 간선(幹線) 및 공선 |
|  | #12 코팅철선 | 3,400m | 소장선(小張線) |

## 나) 뉴질랜드에서의 일문자형 평덕식

뉴질랜드의 참다래 수형은 포도재배법에서 착안하여 울타리형으로 재배하였으나 1970년경부터 집약성이 높은 T-Bar 방식을 고안하여 사용하였고 다시 T-Bar에서 한 층 더 집약성이 높은 일문자형 평덕 재배에로 개선 발전하였다.

T-Bar 수형은 구조적으로 평덕식으로 용이하게 변경할 수 있다. 따라서 재식할 때 T-Bar 방식으로 시작하고, 나무가 생장함에 따라 일문자형 평덕 방식으로 변형하는 것이 현재의 일반적인 추세다.

각 수형의 특징을 살펴보면 [표 7-4]와 같다.

| 구 분 | 평 덕 식 | T-Bar식 | 울타리식 |
|---|---|---|---|
| 시 설 비 | 높 음 | 저 렴 | 저렴(약 1/3) |
| 재배관리 | | 용 이 | 전정, 재배관리가 번잡함 |
| 시설강도 | 약 함 | 강 함 | 강 함 |
| 풍 해 | 적 음 | 많음(찰과상과) | 가장 약함(가지절단, 찰과상) |
| 수 량 | 많 음 | 적 음 | 적 음 |

[표 7-4]에서 보는 바와 같이 평덕식이 시설강도가 약한 것으로 분류되어 있으나 이것은 우리 나라 포도 평덕식의 구조와 달리 대단히 간소화된 것으로 남북 방향에만 철선이 뻗어 있고 그 대각 방향은 목재에 의해 대각선으로 연결되어 있다. 이와 같은 구조는 우리 나라처럼 태풍이 많은 지역에서는 견딜 수가 없어 위험하다. 따라서 주위에 보조선(控線)과 종횡으로 가선(架線)을 넣어 역학적으로 덕 전체가 서로 균등하게 힘을 받도록 되어 있는 우리 나라 포도재배의 평덕식과 비교하면 뉴질랜드에서 말하는 평덕은 강도면에서 약해 바람이 많은 지역에서는 문제가 될 수 있다.

한편 뉴질랜드에서 이용되고 있는 평덕 재배에서의 수형은 주간에서 덕 위쪽으로 2본의 주지를 분지시킨 일문자형으로 정지하는 방식인데 주지의 길이는 각각 3m로 하고 1주지당 대개 50cm 간격으로 측지를 교호(交互)로 발생시킨다. 그리고 측지는 2~3년마다 갱신하면서 재배하는 방법인데 부주지를 붙이지 않는 것이 특징이다.

이와 같이 부주지를 형성시키지 않으면 토층이 깊고 비옥한 토양에서는 측지의 세력 조절과 수형 유지가 어려워지기 때문에 매년 강전정을 반복하는 결과로 이어져 가지는 발아기에서부터 낙엽기에 도달할 때까지 생육기간 중에는 신장이 멈추지 않고 영양 생장을 계속하는 상태가 되기 쉽다.

따라서 여름전정을 하지 않으면 즉시 과번무가 되어 결과지의 일조 부족을 초래하여 과실 품질의 저하와 다음해의 꽃눈 착생불량 등의 문제가 되풀이될 수 있으므로 우리 나라와 같이 생육기 고온다습한 기후 상태에서는 과번무의 우려가 있어 보다 수세조절이 용이한 주지, 부주지, 결과지 형태의 수형을 형성시켜 세력을 분산시키는 것이 좋을 것으로 판단되며, 부주지를 형성시키지 않는 뉴질랜드의 일문자형 평덕식은 우리 나라에서는 알맞지 않을 것으로 판단된다.

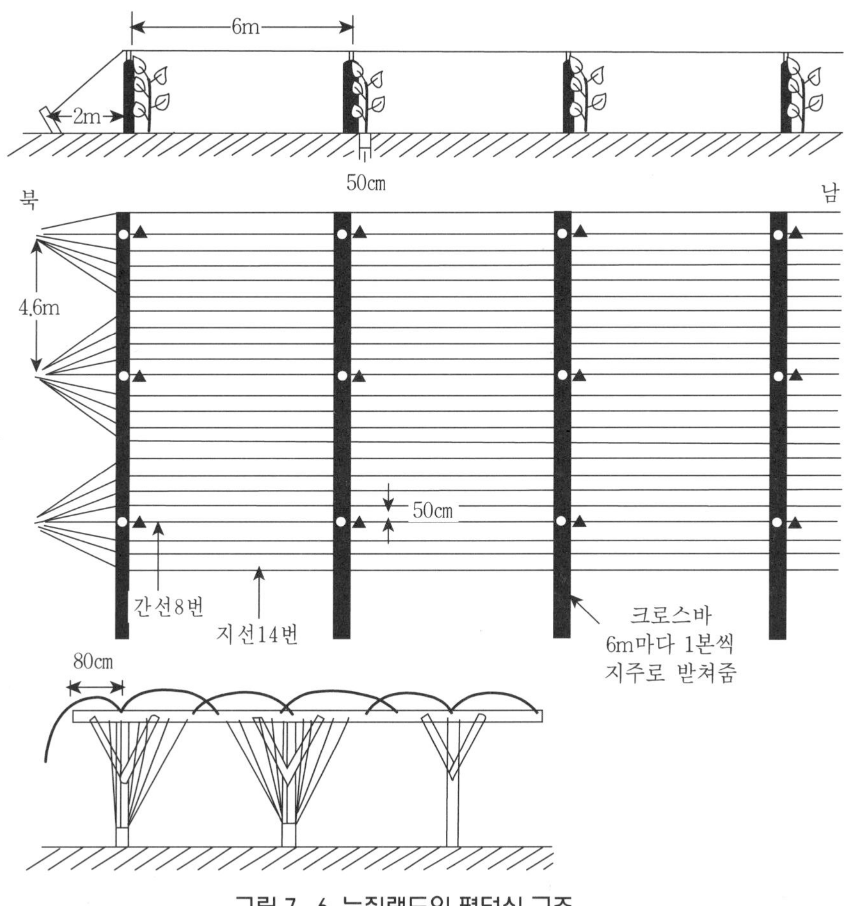


그림 7-6. 뉴질랜드의 평덕식 구조

## 다) T-Bar식

T-Bar식은 뉴질랜드에서 사용하고 있는 울타리 모양의 수형을 개량하여 발전시킨 것으로 평덕 재배로 바뀌는 과정에서 이용되었던 수형이다.

재배관리는 비교적 용이하며 수량은 평덕보다는 적으나 울타리식에 비하면 다소 많다. 그러나 측지가 T-Bar에서는 축 늘어진 상태로 결실된다. 따라서 과실이 균일하지 않고 바람에 의해 상처과나 낙과가 많이 발생하므로 우리 나라에서와 같이 바람이 많은 지역에서는 적합하지 않은 수형이다. 또 울타리식 수형과 같이 밑으로 늘어진 가지 때문에 과원내 나무 열간의 작업 행동이 제한되는 등의 문제가 있어 경제적인 재배에서는 불리하다.

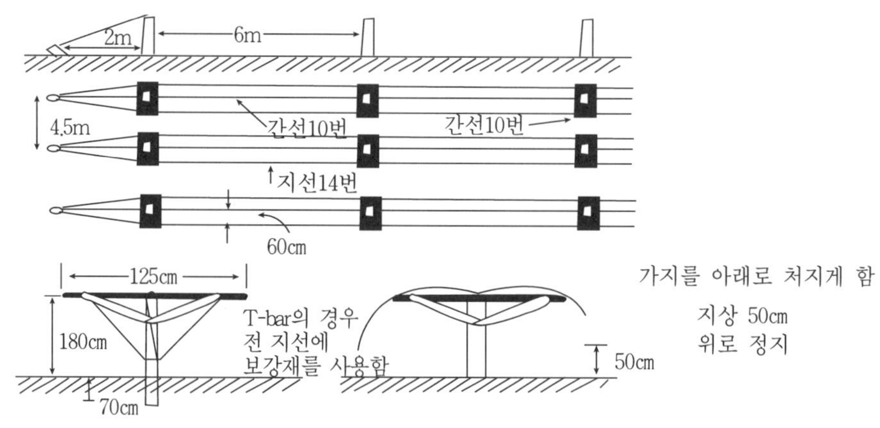



그림 7-7. T-bar 구조와 가지배치

Y자형

T자형

## 라) 울타리식(펜스, fence) 수형

울타리식 수형은 뉴질랜드에서 처음 참다래를 재배할 당시에 이용하였던 수형이다. 180cm 높이의 펜스에 1본의 철사를 팽팽하게 당긴 싱글 와이어 펜스(single wire fence)나 그 밑쪽에 2~3본의 철사를 팽팽하게 당긴 펜스가 사용된다. 펜스의 최상단에 설치된 철사에 일문자로 주지를 연장시켜 그 곳에서 밑쪽을 향하여 측지를 유인,

혹은 밑으로 늘어지게 하여 결실시키는 방법인데 여름철 관리도 힘들고 수량이 적고 품질도 나쁠 뿐만 아니라 바람의 피해도 받기 쉬워 현지에서도 경제적인 수형으로 거의 사용하지 않고 있다.

만약 이 방법을 이용하려면 가정원예에서 사용하는 것이 좋고 또한 한정된 면적에 사용하는 것이 적당할 것으로 생각된다.

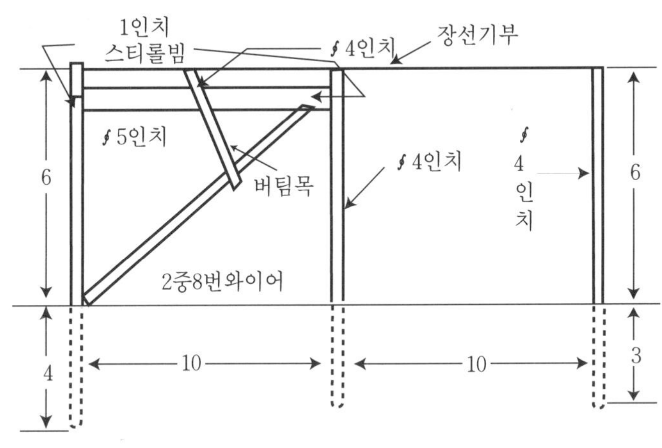


그림 7-8. 싱글 펜스형 구조

## 마) 개량 맨손식 수형

개량 맨손(manson)식은 미국의 맨손(Manson)씨가 고안한 맨손식을 일본의 澤登씨가 개량하여 입체적인 덕으로 만든 것으로 햇빛을 유용하게 이용할 수 있고 단위 면적당 수량과 품질을 향상시킬 목적으로 고안한 수형이다. 이 수형은 주간 1본, 주지 2본의 일문자 정지로서 주지에서 좌우교호로 측지를 내고 측지를 입체적으로 긴 덕에 올려 그 선단을 밑으로 늘어지게 하면서 결과지를 발생시켜 결실하게 하는 방법이다.

즉, 예비지를 이용함으로써 측지를 자주 갱신하면서 재배하는 방법으로 구조상 풍압을 받기 쉽기 때문에 덕 구조가 상당히 튼튼하게 될 수 있도록 해야 한다. 나무 열간의 작업 행동은 덕 구조뿐만 아니라 가지가 늘어져 있기 때문에 곤란하다. 한편 주간부와 주지가 가까워지기 때문에 주지 선단부에서 발생하는 각각의 가지 세력의 균형을 유지하기 어려운 것은 뉴질랜드의 평덕식과 유사하다.

개량 맨손식 수형은 햇빛을 유용하게 이용할 수 있고, 강한 예비지를 확보하기 쉬우며 결과지가 안정되기 쉽고, 작업하기가 쉬우며, 풍해에 강하다는 이점이 있다.

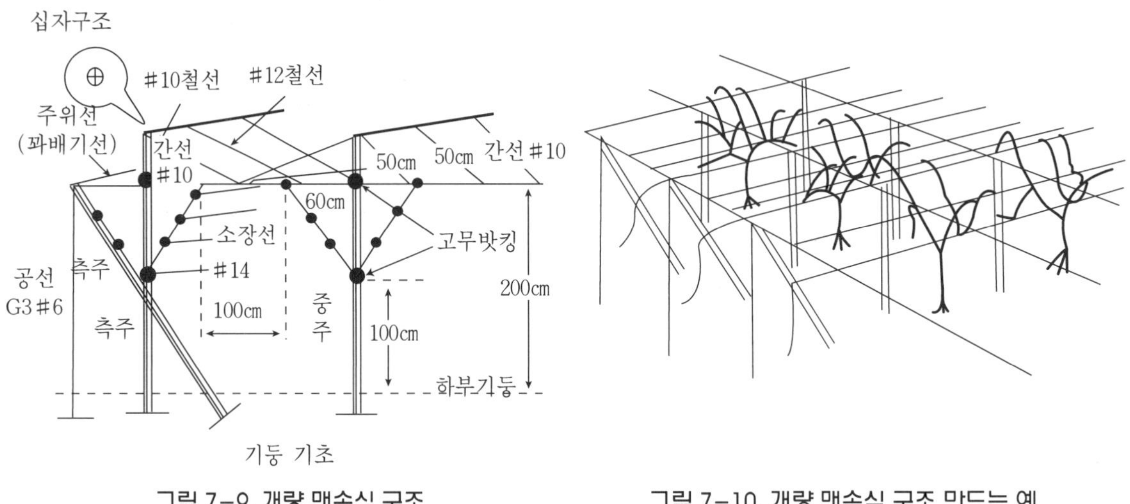


그림 7-9. 개량 맨손식 구조      그림 7-10. 개량 맨손식 구조 만드는 예

## 빠) 아취형

파이프하우스의 틀(테두리)을 이용하여 만드는 방법인데 아취형으로 되어 있기 때문에 낮은 부분은 허리를 구부려서, 높은 부분은 사다리를 이용하여 작업을 하여야 하는 작업능률상 문제가 있고, 내풍성이 약해 강풍을 받으면 파손되기 쉽다.

# 라. 평덕식 일문자 수형구성 방법

## 1) 재식 1년차

재식한 해의 정지, 전정은 여름의 생육기에 유인, 눈따기, 적심 등의 기술을 충분히 활용하지 않으면 동기전정만으로는 수형 만들기가 곤란하고 또한 전정량도 많게 된다.

　재식 후 전정은 선단부의 약간 가늘게 자란 앞쪽의 충실한 마디에서 강하게 절단하면 가지가 7월 하순~8월 중순경까지 신장하는데, 1년생 묘목으로 생육이 좋은 나무는 1년동안 제1주지와 제2주지가 6m까지도 신장한다. 만약 제2주지가 약할 경우는 분지 부분까지 절단하여 다시 강한 주지가 나오게 하는 편이 좋다. 또 가지의 신장이 나쁘고 덕 위에 가까스로 올라간 가지는 덕 밑 30㎝의 곳에서 강하게 절단하여 둔다. 긴 주지에서 부초가 발생하고 있는 경우는 가능한 한 제거하는 쪽이 좋다. 남기면 쇠퇴지(負枝)의 원인이 되고 주지 선단을 약하게 하여 주지가 연장하는데 시간이 걸린다. 남길 경우에는 주지보다 굵어질 수 있는 부초라든지 약하게 될 부초는 잘라주고 중간 정도의 것을 주지에 교호로 2~3본 정도 남긴다.

　겨울전정을 할 때에 잘라내는 전정량은 연간 생장량의 1/2 정도로 하고 주지의 연장에 중점을 둔다. 생장이 극히 쇠약해서 덕 위에서 1m 전후 밖에 생장하지 않은 나무는 과감하게 지상부 40~50cm 높이에서 충실한 부위의 눈을 남기고 절단하면 다음해에 신장이 좋아져서 튼튼한 주지를 만들 수 있고, 수관 구성에도 유리하다.

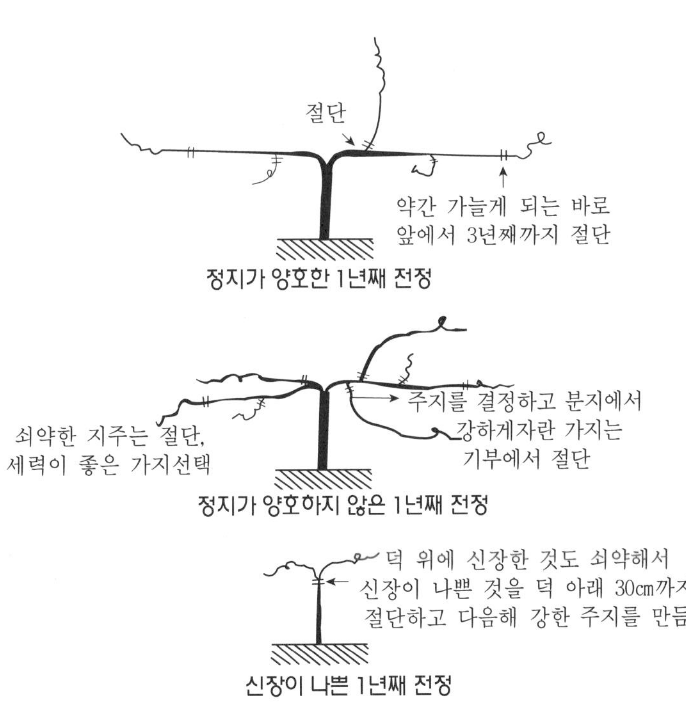



그림 7-11. 재식 1년차 겨울전정

# 2) 재식 2년차

2년생에서는 주지의 양측에 지네발처럼 가지가 발생하게 되므로 충실한 긴 가지를 주지 한쪽에 50~60㎝ 간격으로 남기고 양측의 가지가 가위처럼 되지 않도록 좌우교호로 남긴다. 측지의 절단은 가지의 강약에 따라서 조절하되 선단부의 가늘어지는 바로 앞을 약간 강하게 절단하여 둔다. 측지의 장과지를 강하게 1/2 정도로 절단하면 강한 신초가 많이 발생하고 강전정이 되어 결실층도 적게 된다. 특히 주간분지점에서 30㎝ 이내에서 발생한 도장성이 강한 가지는 수형을 흐트러지게 하므로 조기에 가지를 잘라준다.

또한 결과모지는 약간 길게 하여 한 나무당 10본 정도가 남도록 전정한다. 제1주지와 제2주지의 세력의 균형은 6:4 정도로 유지시킨다.

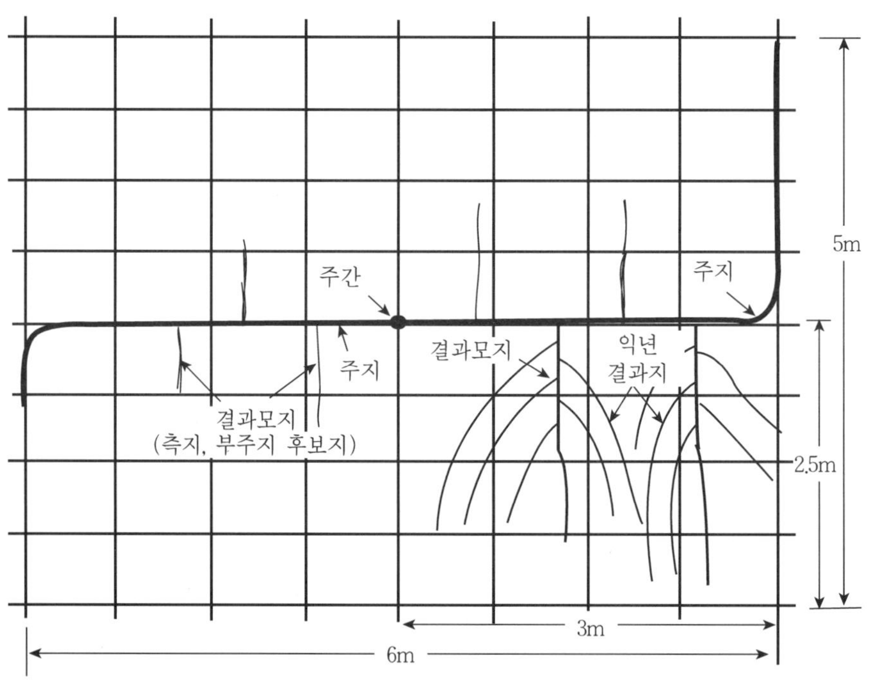


그림 7-12. 재식 2년차 가지배치 모습

# 37 재식 3년차

3년생이 되어 생육이 좋은 나무는 주지가 확립되고 측지에 결과모지가 형성되기도 한다.

그러나 주지의 신장이 불량한 나무는 주지의 연장지에서 발생하고 있는 강한 발육지로 갱신하여 될 수 있는 한 빨리 주지를 형성시켜 수관을 확대해 가는 것이 유목기 수형구성 시 가장 중요한 일이다.

일반적인 나무에서 재식 3년차는 주지 형성기이므로 부주지 설정은 서둘지 않는 쪽이 좋고, 주지나 측지의 기부 가까이에서 발생하고 있는 충실한 장과지를 절단하거나 갱신하여 주지의 확립을 도모할 필요가 있다.

만약 장과지가 없을 경우에는 측지 중에서 약간 긴 장과지까지 절단하고 그 사이에 중과지를 2~4본을 남겨 선단을 절단하여 둔다.

일반적으로 측지상에는 도장지나 장과지를 많이 남겨두는 경향이 있으나 측지상에는 발육지 또는 장과지를 1본만 남기도록 한다. 한편 각각의 주지의 제1부주지는 3년까지 결실을 시키지 않고 마지막으로 잘라내는 것을 전제로 순서에 따라 현재 제2부주지를 되돌림가지로 하여 이용하도록 배려하여 둔다.

이 때부터 결과모지를 1나무당 20본 가까이 증가시켜 본격적인 결실기에 들어가도록 만든다.

이 때는 가지가 많아지게 되므로 주지, 부주지, 측지 순으로 가지의 굵기가 형성되도록 가지수, 눈수를 조절하여 세력을 균등하게 만들어야 한다. 겨울전정 시 잘라낼 가지는 잘린자리(切口)가 크게 되지 않도록 철선 등으로 묶어두면 절단면이 작게 되어 유합조직이 빨리 아물게 된다.

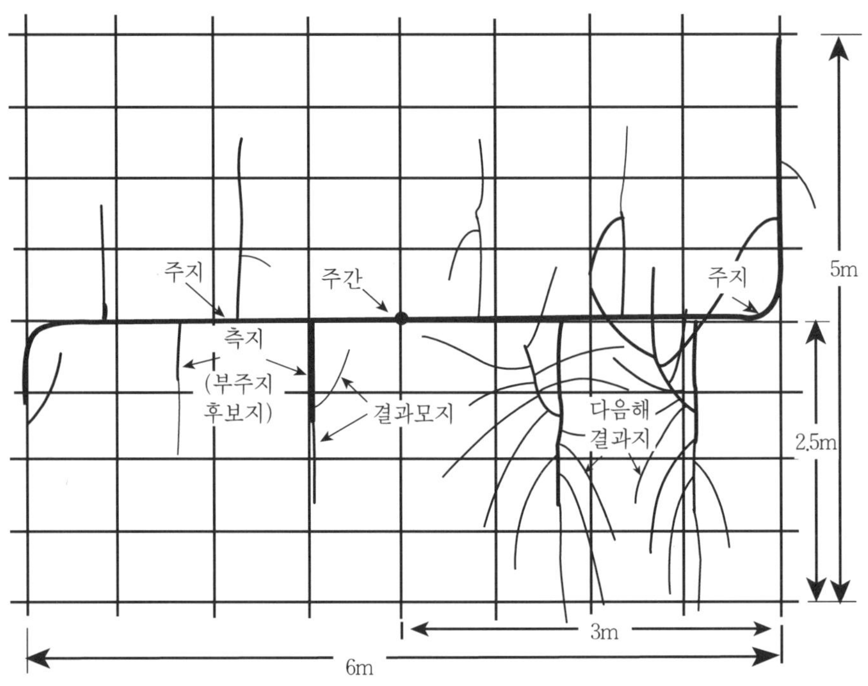


그림 7-13. 재식 3년차 가지 배치

## 4) 재식 4년차

4년차가 되면 주지, 부주지는 전부 완성되므로 결과모지를 1나무당 40본 가까이 증가시켜 결실량을 확보하도록 한다. 잘라내는 가지는 기부 가까이에서 잘라내어 절구의 상처가 충분히 아물 수 있도록 도포제를 발라 보호한다. 다음해부터 측지의 갱신이 이루어지기 때문에 미리 여름철 가지관리를 충분히 하여 둔다.

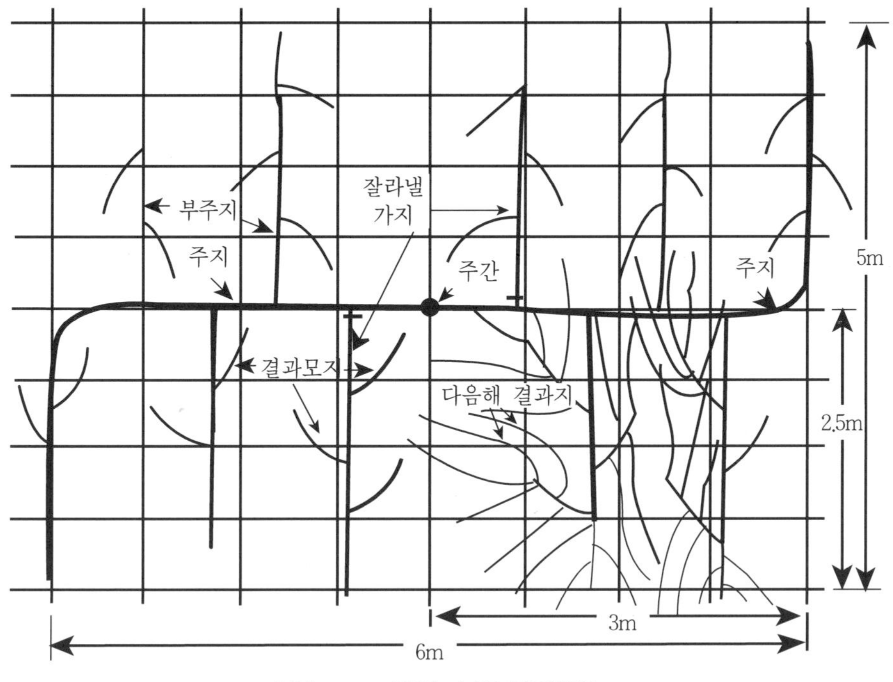



그림 7-14. 재식 4년차 가지배치

## 5) 성목의 전정

정지, 전정의 목적은 그 품종 고유의 특성을 고려하면서 재배관리의 제반작업이 편리하도록 수형을 만들면서 햇빛이 수관 내부까지 잘 들어가게 하여 매년 품질이 좋은 과실을 생산하도록 하는 데 있다.

참다래의 정지, 전정의 목표는 수세를 조절하고 가지의 골격을 만들어 균형있게 배치하는 것이라고 할 수 있다.

참다래는 결과습성과 나무의 생육특성에서 보면 수령이 경과함에 따라 결과층이 기부쪽에서 위쪽으로 상승되는 현상과 가지가 모여 발생하거나 쇠퇴지 현상 발생으로 수형구성과 유지가 다른 과수에 비해 어렵다.

주지 사이가 넓은 과원에서는 부주지를 빨리 고정화시키면 결과층이 기부에서 위쪽으로 올라가는 현상이 초래되므로 이러한 현상이 일어나지 않도록 빨리 충실한 장과지나 발육지로 갱신하여 둘 필요가 있다. 갱신하기 위해서는 봄철 일찍이 발생한 장과지나 발육지를 가지비틀기나 1m 전후에서 적심하여 충실한 결과모지로 완성시켜 두는 것이 필요하다. 그러나 장과지를 많이 남기면 덕 밑이 어둡게 되므로 측지당 1본을 1m 간격 정도에 장과지를 남기도록 적심 등 여름관리를 철저히 하여 두는 것이 대단히 중요하다.

참다래는 일반적으로 강한 수세를 갖도록 하는 것이 좋은 결실로 이어지게 된다. 그리고 최근 많이 발생하고 있는 꽃썩음병도 수세와 관련이 있는 것으로 보고되어 있으므로 충실한 결과모지를 만드는 것이 저장성이 있는 고품질과의 생산은 물론 꽃썩음병의 발생을 적게 또는 억제시킬 수 있기 때문에 전정에 있어서 충실한 중과 지와 장과지를 이용하면서 측지의 갱신을 도모해 주는 것이 중요하다.

또한 성목에서는 여름전정이 불충분하면 겨울전정에 많은 시간이 소요되고 수형 유지가 어려울 뿐만 아니라 일조부족 등에 의해 품질이 좋은 과실을 생산할 수 없고 다음해의 충실한 결과모지도 만들 수가 없게 된다.

따라서 평덕식 1문자 수형을 기본으로 하여 주지, 부주지, 측지 취급방법을 기술하면 다음과 같다.

**<표 7-5> 성목에 있어서 1㎡당 목표**

| 구 분 | 수 량 | 구 분 | 수 량 |
|---|---|---|---|
| 결과모지수 | 2.5본 | 결과지당과실수 | 3개 |
| 결과지수 | 10본 | 목표과실수 | 25〜30개 |
| 엽수 | 126〜157본 | 목 표 수 량(10a) | 2.5〜3톤 |

## 가) 주지의 취급

참다래의 특성상 수형은 가능한 한 단순하게 하여야 하기 때문에 평덕에서는 2본 주지의 일문자 정지가 일반적이다.

또한 경사지에서는 등고선에 주간(株間)을 넓혀 U형 또는 V형(그림 7-16)으로 하 지만 완경사지에서는 상하의 일문자 정지(一文字 整枝)로 하고 경사가 약간 급한 곳에서는 위쪽으로 1본 주지 정지(1本 主枝 整枝)로 하는 것이 적당하다. 그러나 경사지에서 주지를 아래쪽으로 하면 과실 비대가 나빠지고 꽃썩음병의 발생이 많은 경향을 보이고 있다.

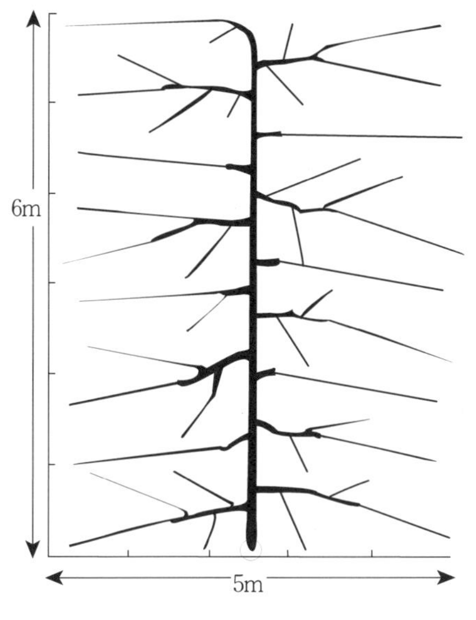

그림 7-15. 경사지 1본 주지 정지 모식도

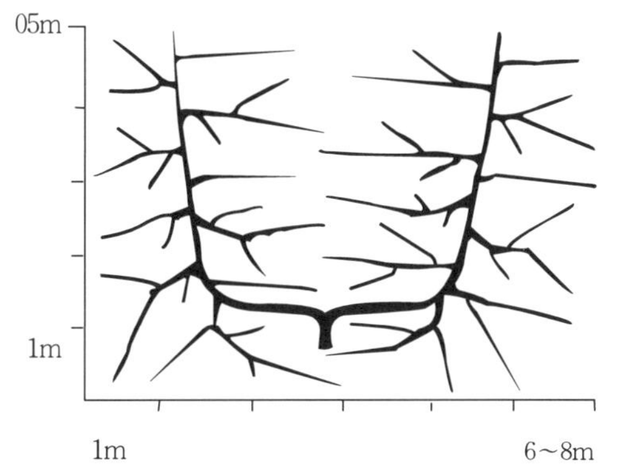

그림 7-16. 경사지 2본 주지 정지 모식도

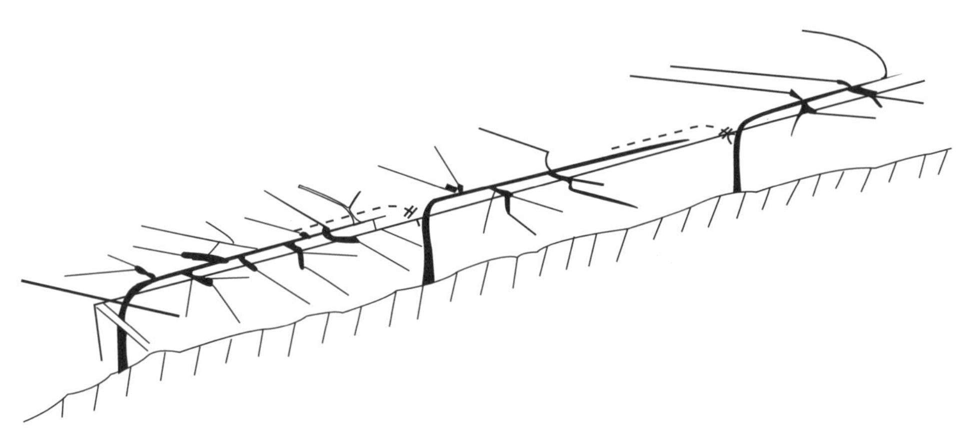

그림 7-17. 경사지의 주지 배치

## 나) 부주지의 취급

주지의 간격이 넓을 경우 나무 사이를 채우기 위해서도 주지 1본당 부주지 3~4본이 필요하다. 부주지에는 측지와 결과모지를 함께 하여 붙인다.

그러나 현재와 같은 4~5m의 주지 간격에서는 부주지를 붙일 경우 가지가 복잡해지므로 측지를 형성시켜 이용하여 갱신하고 결과모지의 충실을 도모하면서 키워 나



7. 참다래나무의 정지·전정

간다. 부주지가 고정화되면 결실부위가 위쪽으로 올라가거나 속이 비기 때문에 결과 부위 상승이나 쇠퇴지 현상이 일어나기 전에 될 수 있는 한 장과지를 이용하고 갱신하는데 장과지가 없을 경우에는 충실한 발육지 등을 절단하고 또 갱신을 행하여 수형을 확립시킨다. 절단이나 갱신할 경우, 가지의 절단면이 부패되지 않도록 최대한 기부 가까이까지 절단하고 밀랍이나 톱신페이스트 등의 도포제를 발라준다.

경사지에서는 측지를 위쪽 방향으로 남기면 결과모지나 새가지가 도장적으로 왕성하게 신장하기 때문에 수평 이하로 유인하여 두어야 한다.

## 다) 측지의 취급

측지는 주지에서 나오므로 지나치게 커지지는 않는다. 측지의 수가 많고, 크게 되면 이미 만들어진 주지를 가늘게 하는 쇠퇴지 현상을 일으킨다. 또 통풍이나 광의 투사가 나쁘게 되어 낙엽과 과실연부병, 꽃썩음병의 발생은 물론 과실비대 불량 및 품질 저하를 초래하게 되므로 지나치게 커진 측지나 교차된 가지는 솎음과 갱신을 병행하여 수형의 난립을 막는다.

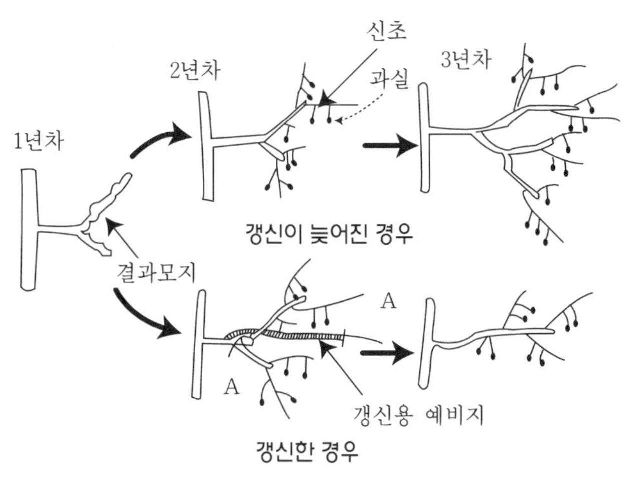


그림 7-18. 측지갱신의 예

한편 측지의 갱신 시기는 같은 측지를 장기간 계속해서 사용하면 기부쪽에서부터 결실층이 위쪽으로 올라가게 되고, 약한 결과지만 발생하게 되므로 3~4년만 이용하고 주지나 측지 기부 가까이에서 발생하는 장과지나 발육지를 이용하여 갱신한다. 그리고 주로 중, 단과지를 결과모지로 한 측지에서는 갱신기간을 다소 길게 하여도 좋다.

측지 간격은 1~1.2m 정도로 하고 측지에는 충실한 중과지나 장과지를 3~4본 정도 남기고 측지가 길지 않도록 절단과 솎음전정을 실시하여 가지를 젊게 만들어 준다.

또한 결과모지 선단부쪽이 어둡게 되기 쉬우므로 선단부도 30~40cm 정도 비워 햇빛이 들어갈 수 있는 통로를 적당히 만들어 주는 것도 필요하다. 주지보다 일어서 발생한 측지나 결과모지는 조기에 기부에서 제거하고 측면의 가지를 이용하여 갱신한다. 예비지로 이용할 수 있는 돌발지는 충실한 가지라면 대부분 이용이 가능하나, 기부 직경이 2cm를 초과한 도장성인 가지는 발아율이 낮고, 또 세력이 중용인 결과지가 발생하기가 어려우므로 이용하지 않는 것이 좋다.

<표 7-6> 측지의 갱신시기에 따른 결과모지의 발아 및 결실률

| 구 분 | 결과지 발아율(%) | 단과지율 (%) | 발육지율 (%) | 결실률 (%) | 수 확 과 | |
|---|---|---|---|---|---|---|
| | | | | | 과수(개) | 과중(g) |
| 1년생 | 67.2 | 21.0 | 79.0 | 35.7 | 7 | 532.0 |
| 2년생 | 57.4 | 29.0 | 71.0 | 90.9 | 11 | 858.6 |
| 3년생 | 57.4 | 71.0 | 29.0 | 73.9 | 8 | 651.9 |

※ 1년생 결과모지 : 당년에 자라 화아분화된 발육지
※ 2년생 결과모지 : 2년생 가지에서 발생된 결과지가 결과모지로 된 가지
※ 3년생 결과모지 : 2년생 가지에서 발생된 결과지가 결과모지로 된 가지

# 마. 참다래의 겨울전정과 여름전정

## 1) 겨울전정 (冬季剪定)

### 가) 결과모지의 선정

결과모지로 알맞은 가지는 충실한 큰 눈(芽)을 갖고 있으면서 세력이 중간 정도

이고 봄에 나온 가지인데 전년에 결실된 결과지라도 생장이 좋은 가지는 결과모지로서 충분히 이용할 수 있고, 또 이용해야 한다.

참다래는 결과모지의 좋고 나쁨, 즉 충실도에 따라서 신초의 생육과 착화수, 과실의 크기, 품질 등에 차이가 있다.

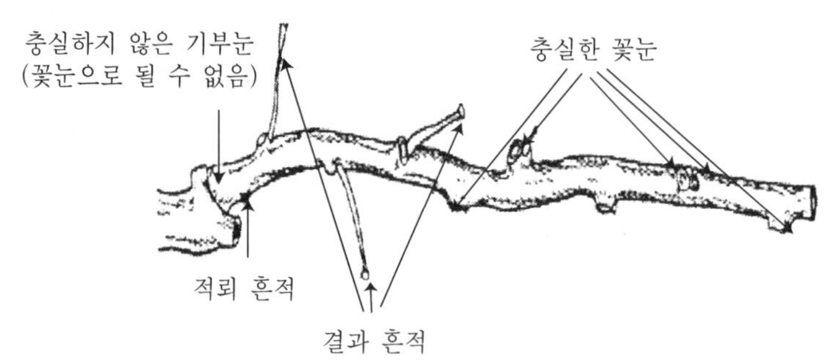


그림 7-19. 결과모지 예

<표 7-7> 수관내에 있어서 과실품질의 변동의 크기와 관련요인

| 가지의 길이 | 항 목 | 1과중(g) | | 당도(Brix) | | 산(酸)mg/10㎖ | |
|---|---|---|---|---|---|---|---|
| | | 평균(g) | 변동계수 | 평균 | 변동계수 | 평균 | 변동계수 |
| 결과지의 길이 | 1~49cm | 96.8 | 10.0 | 14.0 | 5.1 | 118 | 10.7 |
| | 50~99cm | 103.4 | 15.6 | 14.3 | 3.3 | 122 | 8.3 |
| | 100~199cm | 102.7 | 13.0 | 14.2 | 4.5 | 121 | 8.7 |
| | 200cm 이상 | 106.3 | 8.3 | 14.2 | 4.7 | 116 | 8.5 |
| 결과지기부(제3절간)의 굵기 | 굵음(직경 8mm 이상) | 104.7 | 11.4 | 14.3 | 4.1 | 120 | 9.2 |
| | 가늠(직경 8mm 이하) | 96.9 | 9.6 | 14.1 | 5.2 | 120 | 10.1 |
| 주간에서 착과부위까지의 거리 | 2m 이내 | 97.2 | 6.7 | 14.3 | 3.4 | 120 | 9.4 |
| | 2m 이상 | 103.5 | 12.0 | 14.1 | 5.1 | 120 | 9.5 |
| 수확시의 결과지의 착과율 | 48% 이하 | 94.5 | 12.4 | 13.6 | 9.1 | 112 | 11.6 |
| | 59% 이상 | 102.6 | 10.8 | 14.2 | 3.7 | 121 | 9.0 |
| 전 체 | | 101.5 | 11.3 | 14.2 | 4.6 | 120 | 9.7 |

즉 강하고 충실한 결과모지는 대과를 생산한다. 따라서 강하고 충실한 결과모지의 조건은 5월 중순에서 6월 하순까지 자란 자기적심된 가지로서 가지나 잎이 햇빛을

충분히 받은 세력이 중간 정도이고 마디 사이가 약간 짧으며 껍질의 색깔이 회갈색을 띠고 액화(腋花)의 크기가 크고 봄(4월)에 발아된 가지다.

일반적으로는 신초가 햇빛을 잘 받아 선단까지 눈이 크면서 기부굵기가 1.2~1.5cm이고 길이는 70~150cm로 자기적심이 된 가지가 결과모지로 좋다. 또 갱신지로 사용할 가지는 전년에 결실된 강한 결과지나 결실되지 않은 가지중 충실하고 강한 장과지나 발육지를 결과모지로 이용하는 것이 좋다.

또 주지, 부주지, 측지 등에서 나온 부정아(不定芽)는 도장성인 가지로 자라므로 조기(5~6월)에 가지비틀기(捻枝)나 적심, 유인을 실시하여 생육을 억제시키면 좋은 갱신지로 이용할 수가 있다. 도장지를 결과모지로 이용할 때는 지나치게 굵은 도장지는 꽃썩음병의 발생이 많은 경향이 있으므로 조기에 잘라내고 중간 정도인 도장지를 결과모지로 이용하는 것이 좋다.

한편 생장이 매우 나쁜 단과지나 가늘고 쇠약한 중과지, 충실하지 못한 발육지, 수피(樹皮)의 색깔이 녹색이나 붉은 색을 띠고 가지에 긴 털이 많이 붙어 있는 연약한 가지, 늦게 자라 마디 사이가 길고 나무 줄기 속이 크고 눈이 부풀어 오르지 않은 여름에서 가을에 걸쳐 발생한 가지, 가지가 서로 중첩되어 햇빛 쪼임이 나쁜 그늘에서 자란 가지, 태풍 등 바람에 의해 조기에 낙엽된 가지는 결과모지로는 좋지 않다. 따라서 이러한 가지는 거의 대부분 결과모지로 사용하지 않는 것이 좋다. 특히 헤이워드(Hayward) 품종은 꽃눈분화가 약간 불량하므로 우량한 결과모지를 선정하여야 한다.

## 나) 결과모지의 길이

결과모지의 길이는 눈수로 결정하는데, 일반적으로 5~9마디 정도의 눈을 이용한다. 전년에 결과지로 사용했던 가지를 이용할 때는 전년 결과지 마디수의 1.5~2.0배의 마디수를 남기고 절단하는 것이 결실되었던 눈(結果痕)보다 바로 뒤쪽의 눈부터 꽃눈이 좋다고 보고되어 있다.

결과모지를 지나치게 길게 남겨서 사용하면 휴면아(休眠芽)가 깨어나지 않아 결과모지의 기부 가까이에 있는 눈의 생장이 나쁘게 되어 결실 부위가 위쪽으로 올라가기 때문에 정지, 전정이 어렵게 된다.

또 어린나무로 수관 확대 중에 있는 나무는 수세가 왕성하기 때문에 강한 가지를 이용하게 되는데 그 눈수도 20마디 정도를 남겨 이용한다. 이 경우에 주의할 것은 주지와 부주지간의 세력균형을 생각하여 그 위치에 맞는 크기의 결과모지를 남겨야 한다. 다시 말하면 주지와 부주지 등의 골격을 손상하지 않는 범위내에서 눈을 남기는 것이 가장 중요하다.

참다래는 기부의 눈은 충실하지 못해서 발아하기 어렵기 때문에 포도처럼 단초전정을 할 수 없다. 반대로 결과모지의 길이를 길게 하면 결과지는 혼잡해져 엽수 증가에 따른 광 환경 불량으로 결과지가 어두운 곳에서 생장하게 되기 때문에 다음해의 충실한 결과모지가 되기 어렵다.

<표 7-8> 결과모지의 길이와 절단 및 결과모지의 목표(Hayward)

| 모지길이(㎝) | 전정강도의 목표<br>(착과절위의 눈수) | 남길 결과지수의<br>목표(본) | 비 고 |
|---|---|---|---|
| 20 ~ 40 | 1 ~ 2 | ~ 1 | |
| 40 ~ 60 | 2 ~ 3 | 1 ~ 2 | 양호한 결과지가 얻어짐 |
| 60 ~ 85 | 3 ~ 4 | 2 ~ 3 | 결과지의 적심에 주의 |
| 85 ~ 150 | 5 ~ 7 | 3 ~ 4 | 결과지의 적심에 주의 |
| 150 ~ 250 | 8 ~ 11 | 4 ~ 5 | |
| 250 ~ | 11 ~ | 5 ~ | |

## 다) 결과모지의 밀도

강전정을 계속해서 되풀이하면 나무는 영양생장만 왕성하게 되어 늦게까지 신장을 계속하기 때문에 꽃눈의 불충실로 수량과 품질이 떨어진다. 또 약전정을 하면 결실과다로 인해 과실은 작은 과실이 되고 품질도 크게 떨어질 뿐만 아니라 단과지만 발생하여 해거리(격년결과)를 초래하게 된다.

전정은 강약 어느 한쪽으로 치우쳐서는 안 된다. 꽃썩음병의 발생이 많은 과원에서는 전정을 다소 약하게 하고 가지를 많이 남기는 경우가 있다. 그러나 많은 가지를 남기면 신초가 많이 발생하게 되어 결실과다뿐 아니라 덕 밑이 어둡게 되어 과실의 비대불량과 당도의 저하, 과육색(녹색)이 엷어진다. 또 낙엽과 꽃썩음병, 과실 연부병 등을 일으키는 원인이 되기도 한다. 따라서 결과모지를 적당한 양으로 남겨 햇빛 쪼임을 좋게 하는 것이 고품질의 대과를 생산하는 기본이 된다. 그러므로 전정은 너무 강해도 안되고 너무 약해도 좋지 않으므로 덕 밑의 밝기가 엽면적 지수로 했을 때 2.0~2.5 정도의 밝기를 유지할 수 있도록 하는 전정이 필요하다. 따라서 전년도의 전정 방법이나 덕 밑의 밝기가 적정했느냐를 다시 한 번 생각해 보아야 한다. 그리고 가지와 잎이 왕성하게 자라는 8월 이후라도 도장지가 많이 나오는데, 이 때는 시비량(질소)을 줄이거나, 간벌 등을 하여 나무의 세력을 분산시켜야 한다. 일반적으로 10a당 수량은 2.5~3.0톤 정도이므로 이 목표를 달성할 수 있는 방법으로 계획을 세워 전정할 때에 미리 결과모지의 양을 확보할 수 있도록 해야 한다. 결과모지 밀도는 1㎡당 90~100cm인 가지는 2본, 60~70cm인 가지는 3본 정도(2~3본)로 남기고 남긴 결과모지 중에서 발아해서 과실이 달릴 수 있는 결과지는 1㎡당 9~11본 정도가 되어야 하고 결과지 1본당 평균 3과(2~4과) 정도가 착과되도록 하는데, 이 때 착과수는 1㎡당 30과 정도가 되게 한다. 결과모지 간격은 긴 장과지나 발육지는 50cm, 중·장과지는 40cm간격으로 교호로 배치한다.

## 라) 결과모지의 강약(强弱)과 전정

결과모지의 강약과 발생하는 결과지의 세력은 밀접한 관계가 있다. 또한 결과지의 세력과 과실품질, 특히 크기간에는 밀접한 관계가 있으므로 여름전정을 할 때 잎 20매 이상을 남길 수 있도록 다소 길게 적심을 한다. 따라서 결과모지에서 상당히 크고 긴 결과지가 발생하지 않으면 큰 과실을 생산할 수 없다.

결과모지는 강하고 충실한 모지가 좋고 중과지뿐만 아니라 장과지의 선단까지 눈이 크고 충실한 모지로 된 것이 좋다. 이러한 모지에서는 좋은 결과지가 발생한다.

참다래는 나무의 어떤 부분에서 발생한 가지라 할지라도 세력이 강하게 되므로 그것을 균등하게 배치시키기 위해서는 결과모지의 세력을 강하고 가지런하게 하지 않으면 안 된다. 평덕 재배에서 세력을 갖춘 균등한 가지를 배치하는 유일한 방법은 뿌리에서 결과 부위까지의 거리를 모두 같도록 하는 것이다. 그 때문에 부주지를 사용하여 가지를 되돌려 공간을 메우는 정지, 즉 되돌림가지(返枝)의 이용이 전정의 요점이다. 뉴질랜드에서는 왕성한 돌발지를 예비지로 사용하고 다음해 모지로 사용하고 있으며 일본에서도 이것을 본받아 부주지를 사용하지 않는 정지법에서는 세력이 좋은 예비지를 만들어 사용하는 경향이 있다. 그리고 부주지를 만들어 되돌림 가지로 이용하여 강하고 가지런한 결과지를 만들면 이 결과지는 모두 다음해 훌륭한 모지가 된다. 한편 어설프게 예비지를 만드는 것보다도 절단과 솎음전정을 하고 또 전년에도 결실한 가지를 사용하는 편이 이상적이다. 따라서 지나치게 많은 예비지를 남기지 말고 가능한한 매년 4~5%의 측지갱신에 돌발지를 이용하는 것이 가장 좋다.

단과지를 모지로 사용하면 결과지가 약하게 나와 과실도 작고 신초의 신장도 쇠약하기 때문에 우선 제거한다. 단과지라도 그 주위에 가지가 없어 다음해에 이용할 예비지가 필요할 때는 충실한 단과지를 선택하여 기부쪽으로 2마디만 남기고 절단하면 좋은 발육지가 나오므로 다음해 모지로 사용할 수 있다.

중과지나 장과지는 자기적심을 한 충실한 신초를 결과모지로 선택하여 선단의 절단은 약간 가늘어지는 부분보다 앞당겨 절단하여 둔다. 이 때 절단할 눈은 아랫눈을 남기고 잘라준다.

부주지나 측지를 갱신할 때 굵고 긴 도장적인 가지를 이용해서 갱신하면 쇠약하고 연약한 가지가 많이 발생하여 2~4년째가 되면 기부쪽에서부터 선단쪽으로 모지의 착생이 상승하게 되므로 한해라도 빨리 충실한 긴 장과지나 발육지를 선택하여 갱신한다. 절단은 기부 눈이나 중간 눈의 발아를 촉진하기 위해 덕 밑쪽으로 위치한 눈을 남기고 잘라준다.

또 측지상의 결과모지는 좌우교호로 배치하고 쇠퇴지를 발생시킬 수 있는 굵은 도장적인 모지는 남기지 말고 제거하고 충실한 결과모지 2~3본 정도만 남기면서 가지를 균일하게 배치시킨다.

　결과모지의 자르는 방법은 지난해 결실한 결과흔(結果痕)에는 눈이 착생하지 않으므로 결과흔보다 뒤쪽의 눈부터 세어 단과지는 2마디, 중과지는 5~7마디, 장과지중 1m전후인 긴 가지는 8~12마디, 1m 이상인 긴 장과지나 발육지는 18~22마디 정도에서 절단한다. 이것은 하나의 목표이므로 결과모지의 길이와 충실도에 따라서 다르게 하여야 한다. 이 때 결과모지의 눈은 밑으로 위치한 것은 봄이 되어도 발아하지 않을 뿐만 아니라 발아하여도 가늘고 짧은 가지가 되기 때문에 밑에 있는 눈을 제외하고 좌우 옆쪽눈과 위쪽눈을 남기는 것이 좋으며, 결과모지의 길이나 충실도의 표준으로써 그림과 같이 결과지 선단이 가늘게 된 부위보다 앞쪽의 약간 강한 부위의 눈을 남기고 잘라주는 것이 좋다.

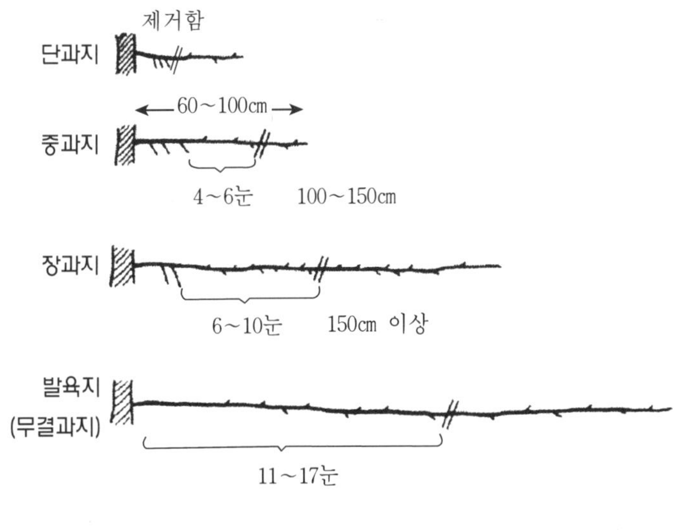



그림 7-20. 결과모지의 절단 방법

　한편 주지 가까이에 있는 굵은 가지를 절단할 경우에는 길게 남기면 절단면이 썩어 들어가 지고병(枝枯病)의 원인이 되기 때문에 최대한 기부 가까운 부분에서 절단하고 도포제를 발라주어 유합조직을 촉진시켜 주어야 한다.

<표 7-9> 참다래 나무에 적합한 나무 상태

| 구 분 | 내 용 |
| --- | --- |
| 덕의 밝기 | 엽면적 지수 2.8 전후, 상대조도는 7월 하순 5% 정도<br>덕 밑에 풀이 자랄 수 있을 정도 |
| 낙엽율 | 수확기까지 신초기부의 발생잎이 남음<br>전체적으로 5% 이하가 좋다 |
| 전정 후의 눈수 | 1㎡당 10〜15눈, 3〜5눈의 결과모지가 2〜3본 |
| 결과모지의 발아율 | 75% 이상 |
| 평균신초장 | 100cm 정도 |
| 평균엽면적 | 1매당 150㎠, 엽폭은 14〜15cm |
| 신초신장정지기 | 80% 결과모지가 6월 상순에 자기적심(전정)<br>돌발지는 7월 중순까지 신장정지 |
| 결과량 | 엽과비 6정도, 1㎡당 25〜30과 |
| 평균과실중 | 90g 이상 |
| 평균과실당도 | 헤이워드 품종 15Brix 이상 |

## 마) 방임수의 전정

오래된 과원이나 전정을 하지 않은 방임상태에 가까운 나무나 수나무에서는 주지가 바퀴살 가지 모양으로 가지가 많이 발생하여 이들 가지가 서로 겹쳐져서 덕이 어둡게 된 과원들을 많이 볼 수 있다.

이러한 나무는 2~3년에 걸쳐 가지를 정리한다. 우선 주간에서 5~6본 정도 나와 있는 주지는 일시에 잘라내지 말고 2~3년에 걸쳐 2~4본으로 감소시켜 둔다.

방임수 전정은 우선 남길 주지를 2~4본으로 결정하고 불필요한 주지는 분지부에서 잘라낸다. 한편 잘라낸 자리에 공간이 생기는데 그 부분은 남긴 주지와 부주지에서 나온 굵고 충실한 발육지나 장과지를 이용하여 가지를 배치시킨다. 그리고 다음 해는 결과모지가 없이 결과부위가 위쪽 방향으로 올라간 부주지나 측지를 절단 및 숨음전정을 하는 한편 장과지로 갱신한다.

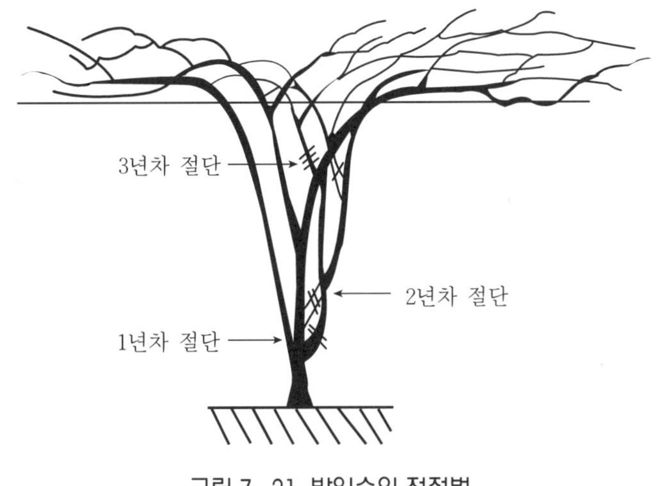



그림 7-21. 방임수의 전정법

## 빠) 수나무의 정지, 전정

현재 재배농가에서는 대부분 인공수분을 실시하고 있으므로 이미 재식되어 있는 수나무는 암나무로 갱신할 수 있도록 1/2 정도 고접하면 더 많은 수량을 올릴 수가 있어 경영측면에서 유리하다. 새로 과수원을 조성할 때는 전체를 암나무로 심는 것이 좋다. 그리고 수분용의 수나무는 텃밭(울타리나 밭둑 같은 곳)과 집 가까운 따뜻한 곳에 심고 과원내에는 2본 정도 심어 두면 그 농가에서 필요로 하는 화분량은 충분히 확보할 수 있다.

수나무의 정지, 전정은 암나무처럼 일정한 수관확대는 필요없고 수꽃을 많이 채취할 수 있는 정지 방법이 필요하나 수나무는 신초의 신장이 약하고 단과지에 꽃을 많이 착화시키므로 개화 후는 단과지가 발생한 측지를 잘라두면 중과지나 장과지 발육지 등이 발생한다. 이것들을 다음해의 모지로 이용하기 위해서는 가지 비틀기나 유인, 적심 등의 여름관리를 실시한다. 그러나 개화한 후 수나무는 암나무처럼 과실로 갈 양분을 소비하기 때문에 이 양분은 대부분 도장지의 발생을 조장하는 데 이용되어 결국은 수형을 흐트러지게 하는 원인이 된다. 따라서 불필요한 도장지는 발생 즉시 잘라주는 것이 좋다. 전정에 있어서는 충실한 장과지나 발육지가 있을 경우에는 단과지가 붙은 측지는 제거하지만 발육지가 지나치게 적을 경우에는 단과지가

붙은 측지를 약간만 잘라내어 준다. 수형은 균형이 잡힌 일문자 주지로 하고 각각에
측지나 결과모지를 20~30cm간격으로 배치하고 가지 끝을 약간 강하게 절단하여 둔다.

## 사) 간벌(間伐)과 축벌(縮伐)

토심이 깊고 비옥한 곳에서는 나무가 왕성하게 자라기 때문에 신초가 많이 발생
하여 과번무상태로 된다. 또 수관의 확대와 밀식으로 인해 덕이 어두워진 과원에서는
간벌을 실시하여 수세를 떨어뜨리는 것이 중요하다.

그리고 논을 밭으로 전환하여 과원을 조성한 곳이나 토심이 비교적 얕은 곳에서는
현재의 나무상태에서 절단이나 충실한 발육지만을 이용하여 갱신한다.

간벌 방법으로서는 열간 전체를 간벌하기도 하는데 이보다는 열간을 따라 1주씩
건너 뛰어 간벌하는 것이 좋고, 만약 6×5m로 재식된 포장이라면 12×5m가 되게 간
벌하면 수관을 쉽게 채울 수가 있어 유리하다.

또한 영구수 1열은 그대로 두고 그 다음 열간을 전부 간벌하는 방법도 있다.

한편 간벌은 일시(한 번)에 하는 것보다는 영구수의 주지를 계속 연장시키고 간
벌수는 연차적으로 축소(축벌)시키는 방법이 좋다.

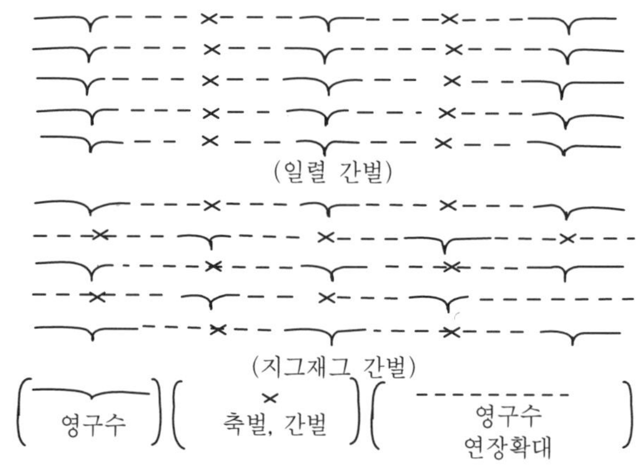


그림 7-22. 간벌 방법

## 아) 전정시기

참다래의 낙엽기는 다른 과수에 비해 약간 늦은 12월 상순~하순경이다. 참다래나무는 근압(根壓)이 높고 수액의 유동이 빨라 2월 중순에 전정을 하면 수액이 밖으로 흘러나와 나무의 세력을 약하게 한다. 한편 낙엽 후 2주 정도 지나야 탄수화물의 전류가 완료되므로 12월 중순부터 1월 하순까지가 참다래의 전정적기이며 늦어도 2월 상순까지는 완료하여야 한다. 따라서 2월 중순까지 가지의 잘린 면이 굳어지게 하여 유합시켜 두지 않으면 수액이 흘러나오게 되어 발아세(發芽勢)를 약하게 한다.

그리고 전정지나 고사지, 과경지(果梗枝) 등은 참다래에 문제가 되고 있는 과실연부병의 감염원이 되고 있다.

<표 7-10> 고사지에 의한 과실 연부병 발생

| 처    리 | | 조사과수 | 발병율(%) | 발병도 |
|---|---|---|---|---|
| 고사지를 덕 밑 25cm 높이에서 매달아둠 | 봉지를 씌우지 않음 | 83 | 85.5 | 60.7 |
| 고사지를 덕 위 30cm 높이에서 매달아둠 | 봉지를 씌움 | 84 | 100 | 98.8 |

전정 후는 빨리 가지를 모으고 또 과경지를 잘라 과원 밖에서 소각한다. 과원내에 묻어두면 백문우병이 뿌리에 발생하므로 과원내에 두지 않는 것이 좋다.

## 2) 여름전정

참다래는 맹아(萌芽)에서부터 낙엽까지 신초를 관리하여야 하는 어려운 점이 있다. 여름전정의 목표는 수형의 확립뿐만 아니라 과실생산의 안정과 고품질 과실의 생산을 도모하기 위함이다. 따라서 여름전정은 과실의 품질과 저장력뿐만 아니라 나무 세력이나 충실도에 영향을 주는 중요한 관리에 속한다.

# 가) 슈목의 신초관리

## (1) 1년생의 신초관리

1년생묘는 30~50cm에서 절단하며 그 중에서 잘 신장한 신초 2본을 선택하고 나머지 신초는 조기에 제거(눈따기)한다. 남긴 2본 중 20cm 정도 신장했을 때 왕성하게 자라는 신초 1본(주간이 됨)만 선택하여 3m 정도의 대나무 지주를 세워 유인하고 바람에 의해 절단되지 않도록 결속한다. 한편 나머지 남겨진 1본의 신초는 기부에서 제거한다.

1본으로 된 신초는 지주를 따라 감으면서 왕성하게 신장하므로 수시로 감기 전에 대나무 지주쪽으로 유인하여 구부러지지 않게 곧게 덕면 위까지 키운다.

덕면까지 자란 가지는 덕 위(덕의 높이 180cm) 1m 이상 자란 시점에서 신초를 덕 위쪽으로 구부려서 제1주지 후보지로 형성한다.

이 때 주지선단을 30cm 정도 덕 위로 올려서 4m 이상 긴 지주를 세워서 유인하면 양호하게 신장한다. 제1주지 후보를 덕면 위에 유인하면 15일 후경에 덕 밑 30~40cm 부근에서 부초가 발생하는데 이것을 반대 방향으로 지주를 세워서 제1주지와 같은 방법으로 제2주지를 형성시킨다. 이 때 지주를 세우지 않고 덕면쪽을 가지가 뻗어가게 두면 주지 선단의 신장이 쇠약(衰弱)해지고 주간의 분지부 가까이에서 부초가 발생하기 때문에 주지 형성이 늦어진다.

한편 제2주지로 될 부초가 당년에 발생하지 않을 경우, 그리고 1년차에 제1, 제2주지를 각각 3m 이상 신장시키기 위해서는 다음과 같은 방법으로 행하면 쉽게 만들 수 있다.

앞에서 기술한 바와 같이 1본의 신초가 덕 위쪽으로 70cm 이상 신장하고 덕 밑 30~40cm 부분의 신초 잎의 크기가 성엽 크기로 되었을 때 그 성엽이 된 부분의 마디에서 절단한다. 그 후 15일 후에 선단잎과 다음 마디에서 나온 부초에 각각 4m 정도의 대나무를 세워 60도 각도로 신초를 유인하고 양쪽 주지를 3m 정도로 신장시킨다.

한편 그림과 같이 똑바로 곧게 신초가 자랄 수 있도록 지주를 세우고 신초가 1.5~2.0m 정도 신장하면 지주를 타고 서로 감기지 않도록 덕면으로 내린 다음 지주를 비켜 세워 재차 신초를 30cm 높이에서 대나무에 유인하여 신초의 신장을 도모한다.

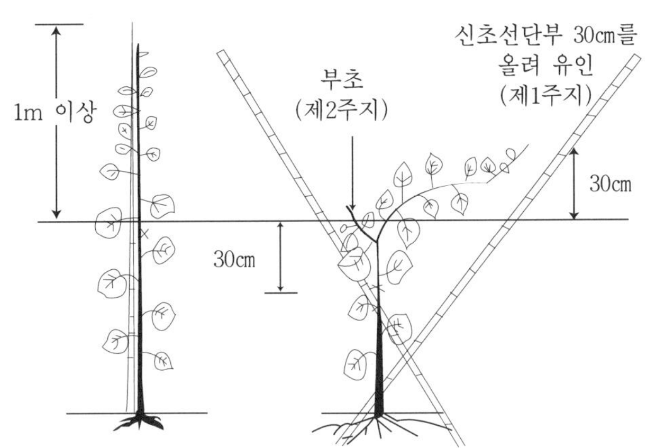



그림 7-23. 1년생 수형 만드는 법(예 1)

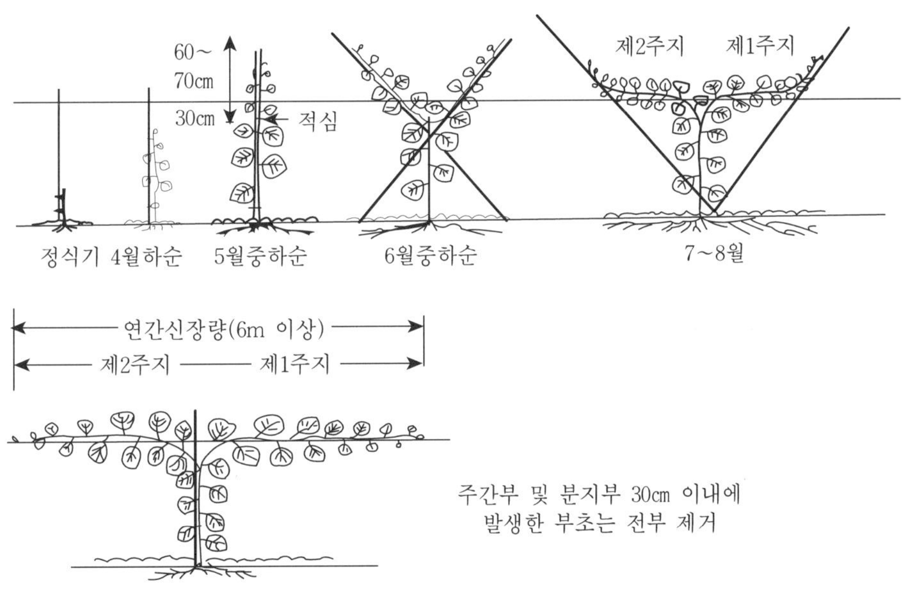



그림 7-24. 정식 1년차의 주간과 주지 만드는 법(예 2)

이와 같이 지주를 세워 주지를 똑바로 신장시키면 부초가 발생하지 않아 용이하게 주지 후보지를 길게 신장시킬 수가 있다.

재식 1년차에 신초생장이 덕 위로 자라지 못하게 되면 주지연장은 몇 년씩 걸려

야만 완성된다. 따라서 1년차에 주지를 완성시키기 위해서는 좋은 묘목을 심어 적절히 관리하여야 한다.

## (2) 2년생의 신초관리

2년생이 되면 주간부에서 주지 선단까지 신초가 발생하게 되므로 덕 밑의 주간부나 주지 분지부의 양측 30cm이내의 신초는 조기에 제거한다. 그리고 덕 위쪽의 일문자 주지에서 발생하는 신초는 다음해의 측지나 결과모지가 되므로 밑으로 처지는 가지 이외는 주지에 대해서 직각으로 배치하고 철사 등에 신초가 감기지 않도록 유인하여 측지의 신장과 수관확대를 도모한다.

만약 위쪽으로 일어서 자라는 신초는 가지비틀기를 하여 유인한다.

6월경에 주지의 중앙에서 선단부의 신장이 약하고 멈추게 된 경우에는 적심을 하여 재차 발아를 촉진시켜 1~2m 정도까지 신장시키면 다음해의 결과층이 많게 된다. 그리고 주지 선단의 신장이 나쁠 경우는 측지를 적심하지 말고 주지의 신장을 도모하는 것이 가장 중요하다. 주지 선단의 한쪽이 3m 이상으로 신장하지 않을 경우에는 대나무를 세우고 그 대나무를 따라 유인시켜 신장을 촉진한다. 만약 주지 선단이 약할 때는 바로 밑에 강한 신초가 있으면 대치시켜 주지 연장지로 삼아 신장을 도모한다.

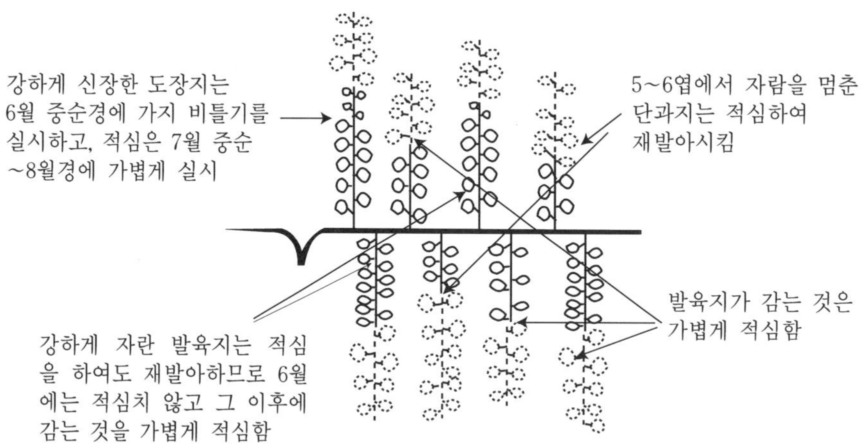


그림 7-25. 2년생 나무의 6월 중~하순경의 여름가지 관리
(점선은 그 후 신장한 가지의 상태를 표시)

2년생에서 과실이 결실한 경우에는 분지부 가까이에 있는 강한 신초만 몇 개 결실시키고 왕성하게 신장하는 가지와 잎을 충실하게 하도록 하는 것이 좋으며 그 외의 것들은 전부 적과하여 신초의 신장을 도모하는 것이 바람직하다.

### (3) 3년생의 신초관리

3년째가 되면 일문자 정지가 어느 정도 갖추어진다. 그리고 신초에는 대부분 과실이 달리고 첫 결실의 기쁨을 볼 수 있다(1년차에 2본의 주지가 왕성되었을 때만 가능함).

겨울전정을 할 때는 결과모지 간격을 50~60cm로 배치하면 수관의 공간도 확보할 수 있고 지나치게 신초관리를 하지 않아도 덕 밑의 밝기를 유지할 수가 있다. 그리고 모지수가 많을 때에는 눈따기를 하여 결과지를 조절하여 주어야 한다. 먼저 제1회째의 눈따기는 꽃봉오리가 보일 때쯤(4월 중순경) 위쪽으로 나온 눈이나, 밑으로 나온 눈을 주체로 하고 또 장과지의 기부쪽에서 자라는 눈을 남기고 선단쪽에서·나오는 눈 1~2개를 눈따기하여 신초의 신장을 균일하게 하여 준다.

따라서 제1회째에 남기는 눈수(결과지수)는 1㎡당 12~15본 정도로 남기는데 적정 눈수보다 20~30% 많이 남기도록 한다. 5월 상순부터 신초는 전체적으로 왕성하게 자라므로 다소 일어서서 신장하는 신초는 가지비틀기도 하고 또 직립된 가지의 기부를 왼손으로 받쳐잡고 오른손으로 조금씩 앞으로 나아가면서 눌려주면 다시 일어서지 않는다. 이런 방법을 이용하여 수평으로 유인한다. 이 때는 우리 나라에서도 계절풍이 불어오기 때문에 바람에 의해 절손되는 가지를 보충하기 위해 목표하는 결과지수보다 다소 많이 남기는 것이 수량확보에 유리하다.

제2회째의 눈따기는 만개직후부터 20일경까지로 1㎡당 10~12본 정도 남기고 눈따기를 행한다. 또 주지나 측지의 기부에서 나온 발육지와 장과지는 다음해의 결과모지나 측지의 갱신지(매년 남길 필요는 없음)로 이용할 것 이외는 전정가위로 기부에서 제거하고, 모지로 이용할 경우에는 가지비틀기나 적심을 행하여 충실한 결과모지가 되도록 만들어 두어야 한다. 특히 도장적인 가지로 털이 붉은 색이고 굵게 신장하는 가지는 쇠퇴지 현상의 원인이 되기 때문에 조기에 제거하여야 한다.

## ⑷ 4년생의 신초관리

3년째의 연장이라고 생각하고 가지를 취급하는 것이 좋으나 이 수령이 되면 수관이 상당히 넓어져서 성목과 같은 크기의 나무가 상당히 있게 된다. 따라서 수관 내부에는 가지와 신초가 많게 되므로 눈따기(가지솎기)나 적심을 3년생과 같은 방법으로 행하지 않으면 덕 밑이 어두워지고 결실과다와 낙엽이 많아져서 과실의 품질이 떨어지게 된다. 4년생이라도 수관확대가 빠른 나무는 뒤에 언급할 성목기의 관리와 같은 방법으로 하여야 한다.

## ⑸ 유목기의 신초관리상 주의할 점

⑺ 1년차는 긴 지주를 세워 유인하는 데 노력하고 신초의 선단을 위로 향하도록 유인하여 생장을 좋게 한다. 선단을 수평보다 밑으로 처지게 하면 자람이 정지하게 되고, 덕에서 수평으로 자라게 하면 주간 가까이의 분지부에서 강한 부초가 발생되기 때문에 수형이 흐트러지고 주지 형성 늦어지게 된다.

⑷ 주지 선단이 쇠약해질 경우에는 강하게 적심을 하여 재차 신장을 도모하거나 밑부분 가까이에서 강하게 자라는 신초로 갱신하여 주지 세력을 유지시킨다.

⑸ 신초의 등숙(登熟)을 좋게 하기 위해 질소의 과잉을 피한다. 1~2년생은 신초가 왕성하게 자라므로 질소가 많으면 마디가 길어지고 등숙이 불량하며 맹아가 균일하지 않게 된다. 한편 겨울철의 저온에 의해 주간 20~30cm 부위에서 동해를 받기 쉽고 심하면 고사하는 경우도 있다. 토양별로는 홍적토(洪積土)와 제주도와 같은 화산회토 등에서 그 피해가 심하게 발생한다.

⑹ 1~2년생은 5~6월 상순 및 7~8월의 생육기에 토양이 건조하게 되면 신초의 자람이 나쁘고 덕의 철사에 신초가 심하게 감기게 되므로 과습하지 않을 정도로 적절한 관수를 실시하여 신초신장을 도모해야 한다.

## ⑹ 성목기의 신초관리

결실기에 들어가면 과다한 결과지에 의해 결실과다나 햇볕 쪼임이 나쁘게 되고 병해충의 발생 등을 많게 하여 품질이 나빠지게 된다. 참다래의 생산과 소비의 확대를 도모하고 생산의 안정과 저장성이 있는 맛이 좋은 과실을 생산하기 위해서는 수관 내부에 햇빛을 좋게 할 수 있는 여름철 관리가 가장 중요하다. 그러기 위해서는 신초수, 적심시기 및 정도, 가지비틀기, 유인, 엽면적 및 수량 등을 합리적으로 조절하지 않으면 안 된다. 이러한 작업들은 나무의 발육 상태를 충분히 관찰하면서 실시 할 필요가 있다.

성목에 있어서 안정된 나무는 매년 새로 나오는 눈(萌芽)이 균일하게 신장하고 결과지와 화아가 충실하여 과실비대도 양호하게 된다. 이러한 나무는 6월이 되면 신초신장이 완만하게 되어 단과지나 중과지는 자기적심이 되고 장과지도 가볍게 적심을 하면 생장이 멈춘다. 이와 같은 상태가 되면 가지와 잎이 충실하고 과실비대도 좋고 당도 등 품질을 갖춘 과실을 생산할 수 있으며 병충해도 적게 발생될 뿐만 아니라 이와 같은 충실한 나무는 신초관리도 쉬워진다.

그러나 질소 또는 관수를 지나치게 하는 과원, 결과모지가 제대로 갖추어지지 않아 수세가 강해 신초의 신장이 왕성하고, 6월에 접어들면서부터 신초 신장이 완만하게 보이기는 하지만 그 후 대부분 가지는 자기적심을 하는 것도 적고 선단이 재신장을 시작해 신초는 혼잡을 초래할 뿐만 아니라 다시 자란 가지들이 서로 감기게 되므로 덕 밑을 더욱 어둡게 만들어 일조부족 현상으로 낙엽이 많아지게 되어 충실한 결과모지를 확보할 수 없게 된다. 이와 같은 발육형은 가지와 잎이 혼잡해지기 쉽고 적심을 하여도 2차 생장을 초래하여 과실비대가 나빠지고 과실의 품질저하와 저장성도 불량하게 된다.

특히 밀식으로 나무세력이 왕성할 경우나 여름철 관리가 충분하지 못한 경우 이러한 현상이 심해지므로 간벌, 질소 시용 및 관수 감소, 유인, 적심 등의 신초관리를 통하여 수세안정을 꾀한다.

## 나) 눈솎기(눈따기)와 가지솎기(가지따기)

눈솎기(새 가지가 5~10cm 정도 신장했을 때)는 가능한 한 빠를수록 효과가 크다. 참다래는 늦서리와 봄철의 바람(5월 상순의 계절풍) 및 꽃썩음병 등의 피해를 많이 받으므로 결과모지수를 약간 많게 남긴다. 한편 눈솎기나 가지솎기는 참다래에서 가장 중요한 작업중의 하나다.

## (1) 1년생 눈솎기(재식 시)

재식 시 묘목은 40~50cm에서 절단해서 심는다. 이 때 각 마디에서 가지가 발생하므로 눈이 10cm 정도 신장했을 때 강하게 자라는 신초 2본만 남기고 다른 눈은 전부 따버린다. 남긴 2본 중 잘 자란 신초 1본만 20cm 정도 신장했을 때 3m 이상의 대나무 지주를 세워 유인하고 바람에 부러지지 않도록 묶어준다. 다른 1본의 신초는 조기에 제거하여 남은 가지의 생장을 좋게 한다.

## (2) 2년생의 눈솎기

2년생이 되면 주간에서 선단까지 눈(가지)이 발생한다. 덕 밑의 주간에서 발생한 신초나 주간 분지의 양측 30cm 이내의 신초는 빨리 눈(가지)솎기를 하여 준다. 일문자 주지에서 발생하는 위쪽으로 자라는 눈과 약하게 밑쪽으로 자라는 가지를 솎아주고 다른 것은 전부 남겨 주지에서 직각이 되게 유인해 준다.

## (3) 결실기의 눈솎기와 가지솎기

결실기에 들어간 나무에 약전정을 하게 되면 모지수가 많아 발아수도 많게 되어 덕이 어두워지는 원인이 된다. 따라서 신초의 충실불량이나 과실비대도 나쁘게 되므로 알맞은 신초관리가 무엇보다 중요하다.

과실비대를 촉진하는 요점은 가지와 잎에 햇볕을 잘 받도록 하여 충실한 신초(다음해의 양호한 결과모지)와 적정한 착과량에 의한 안정된 나무세력을 확보하는 데 있다. 또한 발아에서부터 개화기까지의 신초신장이나 꽃봉오리의 발육은 전년도의 저장양분에 의하여 공급되어지고 있다. 따라서 저장양분을 소모하지 않도록 조기에 불필요한 가지는 눈솎기를 하고 강하게 신장하는 신초는 적심을 하여 저장양분의 헛된 소모를 줄이면 개화기의 세포수 증가나 세포비대가 좋아져 고품질 과실생산의 기본이 되므로 생육초기 눈솎기는 품질향상을 위한 중요한 재배관리에 속한다.

제1회째의 눈솎기는 결과모지의 선단눈이 5~8cm 정도 자라고, 꽃봉오리가 보이기 시작하는 4월 상순에서부터 중순경에 잠아(숨은눈)에서 나오는 눈, 약하게 자라는 눈(가지), 위쪽으로 자라는 눈, 착과하지 않은 가지를 대상으로 눈솎기를 하되 발생이 많을 경우는 좋은 신초라도 필요한 것만 남기고 솎아준다. 또 장과지를 모지로 이용할 경우에는 대부분 장과지는 선단눈이 강하게 나오므로 그 중 선단쪽의 1~2눈 정도만 솎아주어 남겨진 신초의 신장을 균일하게 해 준다.

주지나 부주지의 기부 가까이에서 나온 발육지나 숨은눈에서 나온 가지는 갱신지로 이용할 것만 남기고 나머지 가지는 다 잘라 준다. 신초가 굳어진 것은 손으로 눈솎기를 하면 눈 부분이 움푹 패어져 상처가 생기므로 이 때는 전정가위로 기부 가까이에서 잘라낸다. 제1회 때 남기는 눈수(새가지)는 1㎡당 12~15본 정도로 남겨 둔다.

지형에 따라 늦서리 피해나 계절풍을 받는 곳은 기본 눈수보다 20~30% 정도 많이 남기고 기상 재해의 위험이 없는 곳은 적정량을 남기고 조기에 눈솎기를 한다.

제2회째는 개화 직후부터 6월 중순경, 유인과 결속을 하면서 신초가 많아 복잡한 곳은 가지솎기를 하고 또 양호하게 신장하고 있는 신초는 적심을 하여 적정한 신초수를 확보하고 생장을 조절한다.

결실기에 들어가면 일반적으로 전정이 약하게 되는 경향이 많기 때문에 신초수가 많아 덕 밑을 어둡게 만드는 원인이 되기도 한다. 따라서 신초수를 기본수(1㎡당 12~15본)만큼 줄여주지 않으면 그 후 여름철 관리가 대단히 복잡해지고 광 환경 불량으로 낙엽이나 과실의 비대 불량, 당도 저하, 병해충 발생이 많고, 특히 저장성이 없는 과실을 생산하게 된다. 따라서 잘라내는 신초는 우선 전정할 때 많이 남긴 모지나 서로 겹쳐진 가지 중에서 위쪽으로 자라는 가지, 꽃썩음병의 피해를 받은 가지, 과실이 적게 달린 결과지, 쇠약한 단과지, 선단쪽에서 강하게 자란 신초 등을 제거한다. 또 주지, 부주지, 측지의 기부 가까이에서 나오고 있는 발육지나 도장지 등은 부주지, 측지 또는 결과모지의 갱신지로 이용할 것만 남기고 제거한다. 남길 경우는 결실된 긴 장과지나 충실한 발육지를 선택하고 굵은 도장지는 제거한다.

한편 도장지나 발육지 중 모용(毛茸, 털)이 길고 많은 것이나 붉은 색을 띠고 있는 굵은 신초는 수(髓, 나무줄기 속 부분)의 심(心)이 크기 때문에 이러한 신초는 조기에 기부 가까이에서 잘라주고 필요한 경우에는 재발아한 신초를 가지비틀기 하여 충실한 모지를 만들어 이용한다.

남기는 정도는 신초의 길이나 잎수에 따라 다르지만 1㎡당 신초가 1m 이상 길게 자라는 가지는 9~12본 정도로 남기면 좋다. 눈솎기나 가지솎기는 전정가위를 사용해서 최대한 기부쪽에서 제거하는 것이 좋다.

또한 6월 이후 부정아에서 발생한 도장성 가지는 조기에 제거하고 7월 이후 2차적으로 신장한 도장성 신초도 가지솎기를 한다. 한편 적심하여 발생한 부초는 2~3마디에서 재차 적심을 하여 주면 덕 밑을 밝게 유지할 수가 있게 된다. 이와 같이 여름철 관리는 6월 상순부터 중순까지, 7월 상순에서 중순까지, 8~9월에 3회 정도 덕 밑이 어둡게 되기 전에 눈솎기나 가지솎기 작업을 실시한다.

## 다) 가지 비틀기(捻枝)

신초는 4월 하순부터 5월에 걸쳐 급속히 신장하고 잎도 성엽화(成葉化)되는데 이렇게 되면 바람의 힘을 받게 된다. 이 시기는 계절풍이 심하게 부는 시기이므로 신초가 심하게 부러지기 쉬워 생각보다 큰 피해를 받게 된다. 따라서 직립으로 자라는 가지나 강하게 자라는 가지, 도장지 등은 바람으로 절손되기 쉽고 또 가지가 직립되어 굳어지면 활 모양으로 유인되기 때문에 수형이 흐트러지게 되므로 이러한 신초는 조기에 가지솎기를 하고 비스듬하게 신장하는 도장적인 신초는 필요하면 덕에 유인하여 사용한다.

<표 7-11> 시기별 도장지 가지 비틀기의 적기

| 처리시기<br>(월.일) | 총신초수<br>(개) | 결과지수<br>(개) | 결과지율<br>(%) | 최초 결과지<br>발생위치(마디) | 착과량<br>(개/줄기) |
|---|---|---|---|---|---|
| 5. 27 | 9.7 | 8.0 | 82.5 | 3 | 25 |
| 6. 27 | 9.9 | 8.0 | 80.8 | 3 | 24 |
| 7. 27 | 7.6 | 6.6 | 86.8 | 4 | 24 |
| 8. 15 | 5.6 | 3.1 | 55.4 | 3 | 7 |

※ 처리대상가지 : 줄기굵기 1.0~1.5㎝인 도장지

가지 비틀기의 시기는 5월 상순에서부터 중순경까지로 강하게 신장하는 장과지나 발육지, 직립지로 자랄 기미를 보이는 신초 등이 대상이 되며, 60~70cm 정도의 길이로 신장했을 때 신초 기부에서 3~4마디의 부위에서 마디와 마디를 양손으로 잡고 '탁' 하는 소리가 나도록 비틀어서 덕면에 유인한다. 손으로 비틀기를 하는 시기는 짧아서 5월 상순부터 개화 전까지이고, 개화 후는 신초가 굳어져 손으로는 어렵기 때문에 접도를 이용하여 마디 사이를 세로로 상처를 내어서 비틀기를 하면 쉽게 할 수 있다.

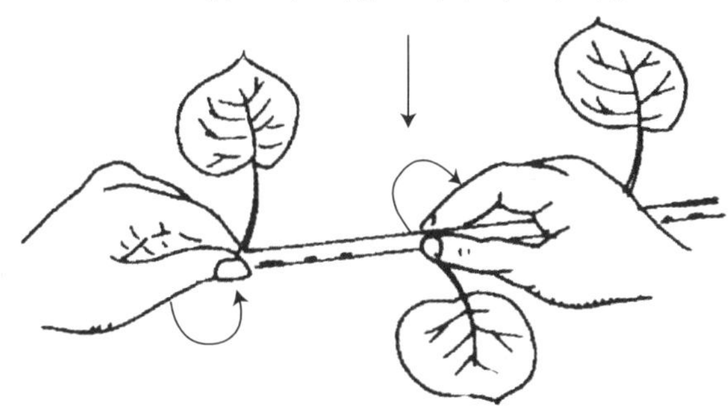



그림 7-26. 가지 비틀기 방법

또 신초가 신장하는 단계에 따라서 발육지나 도장지의 발생이 적은 곳에서는 7월 말까지 발생하는 가지라 하더라도 결과모지나 측지로 이용할 수 있으므로 가지 비틀기나 적심을 하여 사용하는 것이 좋다. 비틀기는 단지 신초를 덕에 유인하는 것뿐만 아니라 강한 신초의 생장을 억제하는 효과가 크므로 왕성하게 자라는 신초는 비틀기를 하여 두는 것이 좋다.

### 라) 신초수(新梢數)

매년 나무세력과 덕의 밝기를 유지시켜 충실한 결과지를 만들고 아울러 대과이면서 품질이 좋고 저장성이 있는 과실을 생산하기 위해서는 적정한 신초수를 확보하는 것이 가장 중요하다. 남길 신초수는 신초의 길이, 잎수, 덕의 밝기 등이 고려되어야 한다. 따라서 신초의 세력이나 착과 정도, 덕 밑의 밝기를 나타내는 엽면적 지수와 상대 일사량에서 산출해 보면 적정 엽면적 지수는 2~2.5, 상대 일사량은 10~15% 정도가 된다.

산출방법은 엽면적 지수는 지표면 1㎡내에 차지하고 있는 엽면적이므로 엽면적 지수 2.5는 1㎡에 대한 2.5배의 엽면적이다. 신초 1m 길이의 엽면적은 0.24㎡ 정도이므로 2.5÷0.24㎡ = 10.4, 즉 1㎡당 1m길이의 신초가 10.4본이 된다.

같은 방법으로 2m길이의 신초라고 하면 1㎡에 5.2본, 50cm길이의 신초라면 20.8본 정도로 계산이 된다. 이와 같이 신초의 길이나 엽면적으로 보았을 때 1㎡당 9~12본 정도의 신초(결과지)를 확보하는 것이 적당할 것으로 생각된다.

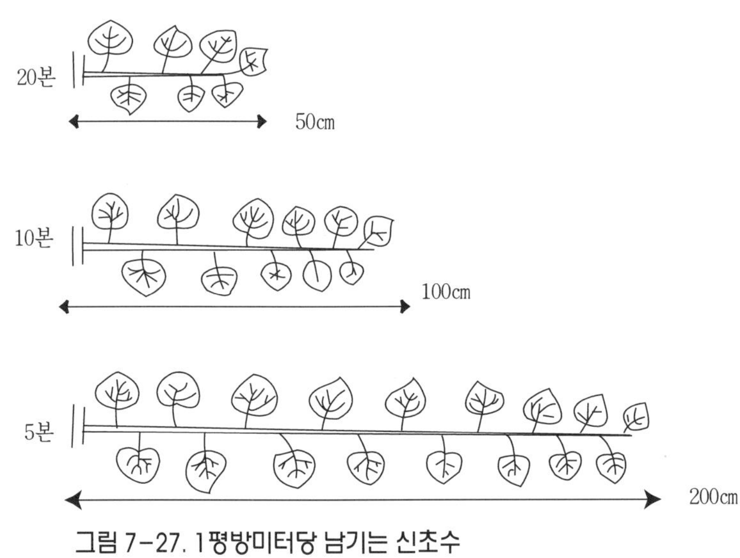


그림 7-27. 1평방미터당 남기는 신초수

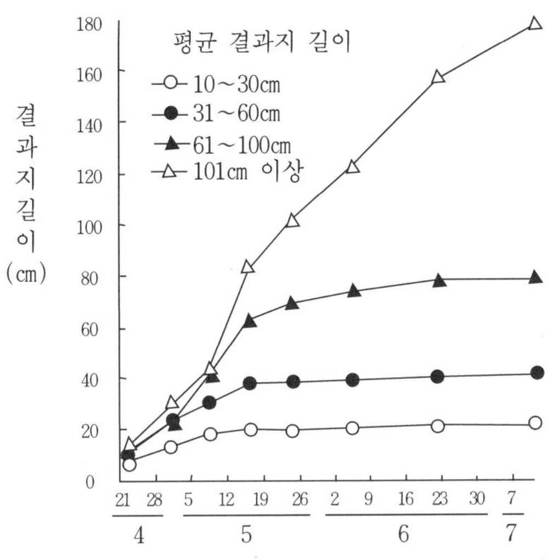


그림 7-28. 참다래 결과지의 시기별 길이 변화

<표 7-12> 적정한 엽면적 지수에 대응한 가짓수 추정(LAI=2.85로 가정)

| 평 균 신초길이 | 본수 (본/10a) | 가지길이별 본수(본/10a) | | | | | |
|---|---|---|---|---|---|---|---|
| | | 0~50cm | 51~100cm | 101~150cm | 151~200cm | 200~300cm | 300cm 이상 |
| 60 | 14,000 | 7,400 | 4,000 | 1,200 | 300 | 400 | 0 |
| 90 | 12,000 | 5,200 | 3,500 | 1,500 | 600 | 700 | 500 |
| 120 | 10,000 | 2,600 | 2,800 | 1,500 | 1,900 | 400 | 800 |
| 150 | 85,000 | 1,500 | 2,500 | 1,500 | 1,800 | 500 | 1,000 |

## 마) 신초의 유인

신초의 유인은 수세의 조절, 가지의 방향에 따라 수광태세를 좋게 하고 광합성능률을 높이는 것이 목표다.

## (1) 유인 시기

유인 시기가 빠르면 가지가 기부에서 부러지기 쉽고 늦어지면 신초가 굳어져 활 모양으로 유인되므로 적기를 놓치지 않도록 한다.

제1회째의 유인은 개화 전인 5월에 강하게 자라는 신초부터 한다. 이 때는 꽃에 햇볕 쪼임을 좋게 하는 것이 목적이다.

제2회째는 개화 후 6월 상순부터 중순경, 가지솎기나 가지비틀기를 하면서 남길 가지를 대상으로 유인한다. 그 후부터는 신초가 신장함에 따라(7~8월) 수시로 유인한다.

## (2) 유인 방법

참다래는 5월에 들어가면 장과지나 발육지가 왕성하게 신장하고 강한 계절풍의 영향으로 이들 신초가 부러지기 쉬우므로 강하게 신장하는 신초는 60~70cm 정도로 신장했을 때부터 신초 기부를 비틀기하여 유인하면 가지가 부러지는 것을 방지할 수 있다.

한편 6월이 되면 신초의 대부분은 덕면으로 눕기 때문에 신초가 많을 경우에는 서로 중첩되어 덕면을 어둡게 만든다. 따라서 많은 부분은 가지솎기를 하고 위쪽으로 선 가지들은 잘라내거나 가지 비틀기를 하여 신초가 서로 교차되거나 중첩되지 않도록 하여 적정한 덕의 밝기를 유지할 수 있게 유인한다.

유인은 위쪽으로 일어서는 가지나 바람 등에 의해 피해를 받아 부러질 염려가 있는 가지, 부분적으로 겹쳐지는 가지(교차지) 등을 대상으로 유인한다. 따라서 위쪽으로 일어서는 가지는 30~40cm 정도 자라고 있을 때 가지의 기부쪽을 손으로 가지를 눌러 주면서 자연스럽게 유인한다.

## 빠) 적심(순지르기)

적심은 왕성한 신초의 생장을 일시적으로 억제시켜 신초의 충실을 도모하고 생장 억제에 의해 덕을 밝게 하고 병해충의 발생을 적게 하여 과실의 품질향상을 꾀하는 데 있다. 그러나 적심의 시기와 정도가 잘못된 경우에는 엽수 부족을 초래하게 되며, 특히 강하게 적심을 반복하면 엽면적이 감소하고 부초를 발생시키기 때문에 양분소모에 따른 과실 비대가 불량해지고 당도를 떨어뜨려 품질 저하를 초래하게 된다. 또 지나치게 강하게 적심하면 적심된 부분의 부초가 계속 발생하므로 재차 적심을 하게 된다. 이러한 작업이 계속해서 반복되면 여름철 관리에 많은 노력을 요하게 된다.

성목이 되면 나무와 나무 사이가 혼잡해지고 신초가 많아지고 신초의 신장도 좋아져서 덕을 어둡게 만든다. 따라서 나무의 세력을 조절하여 강하게 자라는 신초의 충실을 도모하고 덕면에 햇볕이 충분하게 들어갈 수 있도록 하기 위해서는 생장을 조절할 수 있는 적심이나 불필요한 신초의 제거가 필요하게 된다.

**<표 7-13> 여름전정의 효과**

| 구　분 | 무처리 | 1회 적심<br>(8월 상순) | 2~3회 적심<br>(6중, 7중, 8중) | 수시 적심 |
|---|---|---|---|---|
| 상대조도율(%) | 1.7 | 2.6 | 5.4 | 3.1 |
| 10a당 수량(kg) | 1,357.8 | 1,632.8 | 1,820.0 | 1,596.4 |
| 상품과율 | 81.0 | 84.0 | 89.0 | 92.0 |

※ 공시품종 : Hayward(9년생)
※ 적심방법 : 1m 이상 긴 가지를 기부에서 7~8마디 남기고 적심
※ 수시 적심 : 50㎝ 정도 신초에서 수시로 적심

　그러나 보다 중요한 것은 적심에 의존하는 것보다 밀식원의 간벌, 시비의 개선(감비), 비배관리, 전정 등에 의해 나무의 세력을 안정시키는 것이 중요한데, 이와 같이 재배관리에 의해 안정된 나무는 단과지나 중과지가 6월 상순~중순까지 신초 자체가 자기적심(自己摘心)이 되는 율이 높고, 2차 생장이 적은 생육특성을 보인다.

　그러나 세력이 강한 경우는 적심으로써 일시 생장이 중단되어 양분들이 남겨진 가지와 잎으로 이동되기 때문에 가지와 잎이 충실해질 뿐만 아니라 과실비대와 품질향상을 도모할 수 있게 된다. 적심 방법은 장과지 중에서 신장이 완만하여 가지 끝이 약하게 감기 시작하는 신초에 대해서는 가늘게 감기는 부분에서 가볍게 적심하고 또 감기지 않고 신장을 계속하는 신초는 선단에 있는 잎이 펴지지 않는 부분을 가볍게 적심하거나 생장점만 따준다.

　결과모지나 측지의 갱신지로 남길 발육지는 7월 중순 이후 건조기에 들어가면 신장이 약간 완만하게 되면서 가지의 선단쪽이 감기기 시작한다. 이런 발육지는 감기는 시점에서 가볍게 적심을 하여 가지와 잎의 충실을 도모한다. 한편, 덕을 밝게 할 목적으로 신초를 강하게 적심을 하면 다시 부초가 발생한다. 이 경우 부초를 다시

적심을 해 두어도 세력이 좋으면 2차로 부초가 발생하게 되어 가을까지 계속해서 적심을 되풀이하게 된다. 적심은 가능한 한 신초가 1m 정도 자라고 있을 때 생장점만 따주는 방법으로 실시한다.

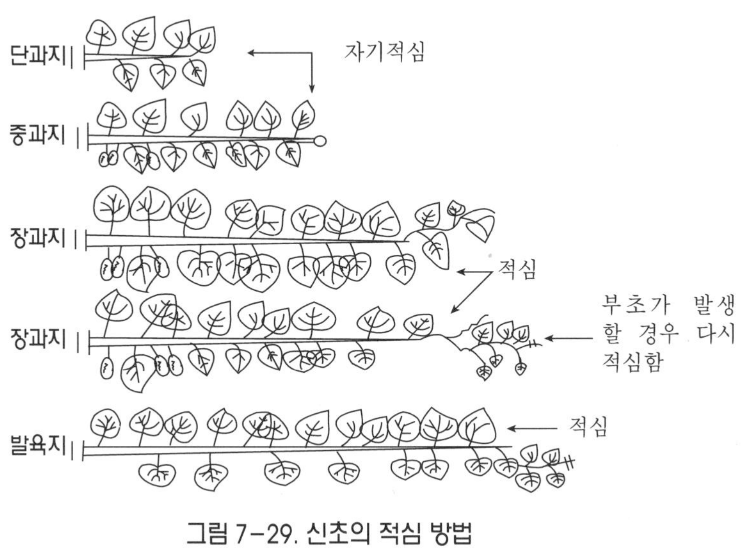



그림 7-29. 신초의 적심 방법

강하게 적심을 하지 않는데도 덕이 어둡고 신초수가 많을 경우에는 우선 신초수를 1㎡당 10~12본 정도가 되도록 가지를 남기고 솎아준다.

특히 비료를 많이 준다든지 물을 자주 또한 많이 주는 것을 피하고 밀식원에서는 간벌을 행하고 또한 강전정뿐만 아니라 지나치게 강한 적심을 하지 않도록 주의하면서 햇볕 쪼임을 좋게 하여 나무세력을 충실하게 유지하는 것이 가장 중요하다. 한편 신초의 세력에 따라 다르기는 하지만 봄에 나오는 결과지의 신장을 억제시키려면 에세폰(Ethephon)200~400ppm 정도를 4월 하순에서 5월 상순경에 결과지 선단의 생장점에 살포하면 신초자람이 정지되고 그 후 부초도 발생하지 않는다.

## 사) 적정한 덕의 밝기(엽면적 지수)

참다래의 소비도 양에서 질의 시대로 변화되었다. 저장력이 좋고 대과이면서 맛이 좋은 과실을 생산하는 것은 과실 1개당 엽면적과 덕 밑의 밝기가 얼마만큼 확보되

어 있는가에 따라 결정된다

[표 7-14]에서 보는 바와 같이 덕 밑을 밝게 할 경우 낙엽율이 감소되어 과실비대 뿐만 아니라 당도도 좋고 저장성과 신초의 등숙도 양호해진다.

특히 동화량의 부족은 등숙불량, 꽃눈의 착생이 불량해지는 원인이 되기도 한다.


### <표 7-14> 덕면관리와 과실품질과의 관계

① 생육상황

| 덕 밑의 명 암 | L·A·I | | 상대조도 | | 광투과 면적율 | 낙엽율 (6월22일~ 9월10일) | 1평방m당 결실수 | 엽과비 | 1과 평균중 | 1평방m당 수 량 |
|---|---|---|---|---|---|---|---|---|---|---|
| | 최대 시 | 9월10일 | 청명 시 | 운천 시 | | | | | | |
| | | | % | % | % | % | | | g | kg |
| 명암 | 2.50 | 2.28 | 14.2 | 21.1 | 12.5 | 8.9 | 25.0 | 5.8 | 112 | 2.90 |
| | 5.01 | 3.13 | 4.2 | 7.3 | 5.5 | 33.2 | 28.0 | 6.5 | 106 | 2.97 |

② 과실의 품질

| 구 분 | 과실경도 | | 당도 (Brix) | 구연산 (g/100ml) | pH | 과피색 | 과육색(色差計) | | |
|---|---|---|---|---|---|---|---|---|---|
| | 과육(kg) | 과심(kg) | | | | | L | a | b |
| 수확 직후 [명 | 2.95 | 2.90 | 7.03 | 2.35 | 3.12 | 3.0 | 49.1 | -7.7 | 16.3 |
| 암 | 2.89 | 2.85 | 7.37 | 2.05 | 3.23 | 2.5 | 49.1 | -7.5 | 15.7 |
| 후숙 후 [명 | 0.91 | 0.24 | 14.6 | 0.39 | 3.88 | 2.8 | 33.1 | -4.7 | 10.2 |
| 암 | 0.72 | 0.10 | 13.7 | 0.55 | 3.92 | 2.4 | 33.5 | -4.2 | 9.5 |
| 저 장 2개월후 [명 | 2.03 | 1.16 | 13.8 | 1.01 | 3.42 | 3.4 | 38.4 | -5.5 | 12.2 |
| 암 | 1.82 | 0.85 | 13.7 | 1.03 | 3.53 | 2.1 | 37.7 | -4.7 | 10.5 |

※ (주) 과피색 1(담)~5(농갈)


### <표 7-15> 밝기와 가지의 눈상태

| 구 분 | 고사아율 (%) | 휴면아율 (%) | 엽아율 (%) | 화아율 (%) | 착과 가능아율(%) |
|---|---|---|---|---|---|
| 양광아(陽光芽) | 4.5 | 15.0 | 1.9 | 78.6 | 5.5 |
| 일음아(日陰芽) | 32.5 | 26.3 | 6.7 | 34.5 | 4.2 |

따라서 덕의 밝기(상대조도)를 유지하기 위해 얼마 정도의 잎(엽면적 지수)을 확보하는 것이 좋은가를 판단하는 방법은 덕 밑 지표면에 신문을 깔아 놓고 신문을 읽을 수 있는 밝기의 광도가 알맞은 것으로 알려져 있다.

엽면적은 덕 밑의 광량과도 관계가 있어 덕 밑의 상대조도가 2~4 이하가 되면 광합성 속도가 떨어져 낙엽이 급격히 많아진다. 이것을 엽면적 지수(LAI)로 환산했을 때 지수 3 이상이 되면 낙엽이 많아지게 된다.

한편 과실 한 개의 무게(1과중)는 엽면적 지수가 최적상태에서 높아질수록 광 환경 불량으로 과실의 비대가 나빠지게 되며, 특히 엽면적 지수(LAI)가 3.5 이상이 되면 수량도 감소하는 것으로 알려져 있다.

따라서 덕 밑의 밝기는 엽면적 지수로서 2.0~2.5 정도가 가장 좋으며 대조 일사량(對照日射量)으로는 10~15%의 밝기가 가장 좋으며, 덕 밑의 밝기를 유지하기 위해서는 신초를 적정량으로 확보하여야 한다. 적정량의 신초수는 1㎡당 몇 개로 하느냐에서 결정되는데 대체로 1m 길이로 자란 가지를 기준으로 했을 때 9~12본 정도가 알맞다.

그러나 엽면적 지수가 낮게 되어 덕 밑이 지나치게 밝게 되면 토심이 얕은 곳에서는 건조해를 쉽게 받으며 잎이 마르게 되거나, 일소과를 발생시키는 경우가 있으므로 적정한 엽면적을 확보할 필요가 있다. 덕 밑의 적정한 밝기란 적정한 양(1㎡당 9~12본)의 신초를 확보하고 2차 생장이나 부초발생, 강한 도장지 등이 발생하지 않을 정도의 나무 수세를 갖도록 하여야 한다. 계속해서 자라는 결과지나 강한 신초가 덕에 설치된 철사를 감을 경우는 가볍게 적심을 해야 한다. 이렇게 적심을 해야 하는 강한 신초보다는 7월 하순까지 신초 선단의 자기적심으로 자연스럽게 멈추게 하는 신초 관리가 바람직하다.

한편 덕 밑이 어둡게 되는 것은 약전정으로 결과모지나 결과지를 많이 남길 경우, 또는 밀식원, 다비, 다관수에 의해 나무세력이 왕성하여 도장지나 2차 생장이 계속해서 발생할 경우이므로 적절한 전정과 간벌, 비배관리를 통하여 안정된 수세를 유지하고 여름철 신초유인, 가지솎기, 적심 등에 의해 수관내 광 환경을 관리해야 한다.

| 엽면적 지수 | 일총생산량 * | 일과잉생산량 * |
|---|---|---|
| 1.00 | 198.73 | 174.73 |
| 2.00 | 303.49 | 255.49 |
| 2.85 ** | 338.65 | 270.25 |
| 3.00 | 341.93 | 269.93 |
| 4.00 | 352.99 | 256.99 |

※ * $mgCO_2$/토지d㎡ · day, ** Fopt

일반적으로 덕 밝기의 표준은 엽면적 지수로 환산하면 2.0~2.5이며, 이 때 엽면적 지수 1이라고 하면 1매의 엽면적은 160㎠ 정도(엽폭 16cm 정도)이고, 1㎡당의 엽면적은 1만㎠이므로 1㎡당 잎수는 63매 정도다.

따라서 엽면적 지수 2~2.5라고 하는 것은 1㎡당 엽면적 지수가 2인 경우는 126매, 지수가 2.5인 경우에서는 157매의 잎수가 된다. 1개당 100g 이상의 과실을 만들기 위해서는 건전한 잎의 경우는 1과당 5~6매의 잎이 필요하다. 따라서 1㎡당 26~30개의 과실을 착과시키면 된다.

## 아) 절단(cut)전정

덕 밑을 밝게 하는 방법으로 절단전정을 이용한다. 최근 꽃썩음병의 발생에 의해 한 개의 결과지당 착과수가 적어지고 있다. 한편 덕 밑을 밝게 하기 위해 1㎡당 결과지를 9~12본만 남겨야 하기 때문에 10a당 수량은 더욱더 감소하게 된다. 따라서 단보(10a)당 목표수량(2.5~3.0t)을 유지하면서 잎수를 1과당 5~6매를 확보할 수 있는 방법이 절단전정이다. 한편 이 절단전정을 많이 행하게 되면 엽수가 부족해서 품질의 저하를 초래하기 때문에 충분히 검토 후 실시해야 한다.

절단전정 방법은 결과지의 마지막 과실이 달린 바로 윗부분을 잘라주는 방법인데 이렇게 하면 부초는 발생하지 않으나 엽수 확보가 문제가 된다. 따라서 충분한 잎을 확보하기 위해서는 절단한 결과지의 마지막 과실에서부터 위쪽(선단)으로 1~2마디 눈만 더 남기고 잘라둔다. 절단하는 결과지는 단과지, 중과지는 절단하지 말고 결과모지 선단에서 강하게 신장하는 장과지(다음해 겨울전정 시 기부에서 절단해야 할 가지)와 다음해에 결과모지로 사용하지 않을 가지, 위쪽으로 일어선 가지 등을 대상으로 절단한다. 절단한 결과지는 단과지 상태로 되기 때문에 엽과비에 맞도록 우선 기부쪽의 편평과(扁平果), 기형과 등을 적과한다. 따라서 절단된 결과지의 과실은 크기나 과육의 녹색, 당도 등은 정상적으로 생육하는 결과지의 과실보다 그다지 차이를 보이지 않는다. 절단전정의 시기는 처음에는 개화전 인 5월 상순경 꽃봉오리 상태에서 절단하는데 이 때 절단하면 신초가 자라는 데 필요한 양분의 소모를 줄여 개화와 초기 과실발육을 좋게 할 수 있다. 그러나 전년도 나무 상태가 양호하여 저장양분이 충분할 때는 6월 하순~7월에 걸쳐 실시하는 여름전정과 함께 하면 과실발육이 충분히 이루어진 다음에 실시하기 때문에 더 효과적이라고 생각된다.

## 자) 예비지 확보

참다래의 결과습성은 결실된 결과흔(結果痕)에서는 눈이 형성되지 않고 과실도 달리지 않으므로 결실층이 자연적으로 위쪽으로 올라가는 결과부위 상승현상이 나타나게 된다.

따라서 결과층이 올라가면 주지나 부주지, 측지에서 숨은눈(잠아)이 발아된다. 2~4년생의 부주지나 측지를 대상으로 기부 가까이에서 발생하는 장과지나 발육지 등으로 갱신하는데 갱신지로 이용할 예비지는 기부 가까이에서 발생하는 장과지나 발육지를 이용하는 경우가 많다. 이들의 신초는 가지가 위쪽로 서서 자라기 때문에 어릴 때부터 가지가 발생한 기부쪽을 왼손의 엄지손가락으로 가지 밑을 받쳐주고 나머지 4개의 손가락은 가지 기부를 감싸잡고 또 오른손의 엄지손가락은 역시 가지 밑을 받치면서 나머지 손가락을 앞으로 서서히 나가면서 가볍게 눌러준다. 이렇게 하면 눌러준 부분이 다시 일어서지 않아 충실한 장과지나 발육지를 갱신지로 육성할 수 있어 효과적이다.

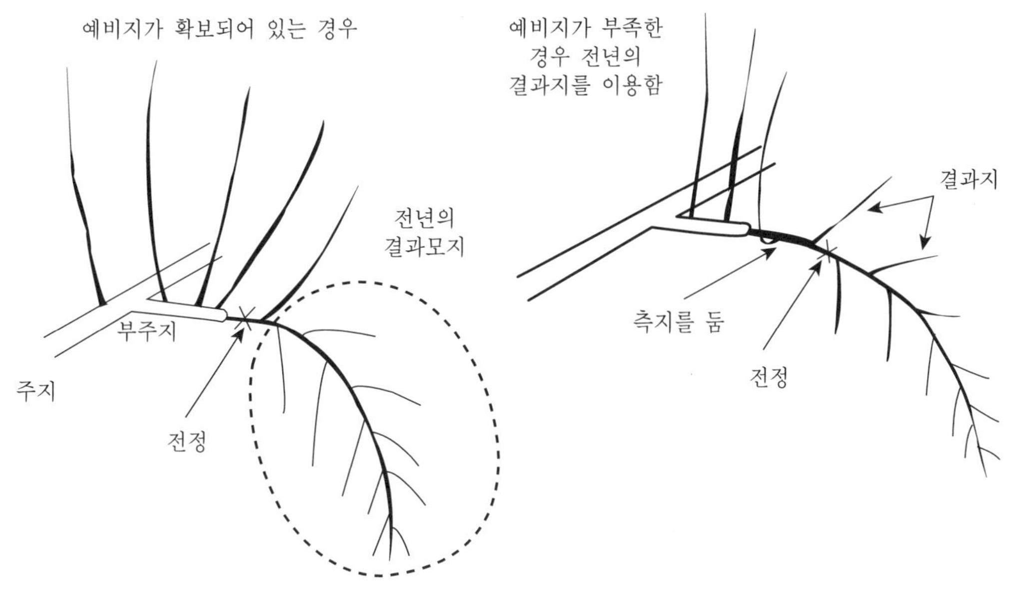



그림 7-30. 겨울전정 시 예비지 확보 방법

일반적으로 왕성하게 자라는 도장지는 결과모지로서는 좋지 못하므로 조기에 최대한 기부 가까이에서 잘라 준다. 그리고 그 위치에 갱신지가 필요할 때는 도장지라도 약 1m 정도 신장했을 때 위에서 설명한 방법으로 유인한 다음 적심하여 두었다가 이용하면 좋다. 또한 6월에서부터 7월에 걸쳐 발생하는 도장지는 기부 2~3눈을 남기고 절단하면 2개 정도의 신초가 발생하는데 이것은 60㎝ 정도에서 가볍게 적심해 두면 결과모지로 이용할 수 있는 훌륭한 예비지가 될 수 있다.

그러나 예비지를 많이 남겨 두면 덕 밑을 어두워지게 만드는 원인이 되므로 갱신할 때에는 필요한 지 없는 지를 생각해서 필요 이상으로 많이 남기지 않는다. 갱신지로 이용할 경우에는 될 수 있는 한 결실된 가지 중에서도 충실한 장과지를 이용하는 것이 좋다.

## 차) 수나무의 여름 관리

수나무는 꽃을 채취한 후는 여름철에 암나무처럼 충분히 관리하는 농가가 거의 없는 실정이다. 가지와 잎이 무성하고 도장지가 많이 발생하여 옆에 있는 암나무까지 덮어버리는 경우가 많고, 또 밑에 있는 가지는 낙엽이 될 때도 많다. 이러한 수나무는 다음해는 건전한 화분과 발아율이 높은 꽃을 생산할 수 없게 된다. 최근 농가에서 인공수분을 실시하고 있지만 수정이 제대로 이루어지지 않는다든지 과실비대가 나쁜 농가들을 많이 볼 수 있는데 이러한 현상들은 꽃의 질이 문제가 있기 때문이라고 생각되므로 앞으로 검토해 보아야 할 것이다. 수나무도 암나무와 같이 햇볕을 잘 들어오게 하여 충실한 꽃이 착생할 수 있는 결과모지(수나무에서는 結花母枝)를 만들어 건전한 꽃이 피게끔 하여 수정 능력을 높혀 줄 필요가 있다.

수나무의 수형은 기본적으로는 암나무와 동일한 일문자 정지로 하는 것이 일반적이다. 여름철 관리는 5월 하순부터 위쪽으로 일어서는 가지는 덕에 최대한 가깝게 밑으로 유인하여 두고 수분용의 꽃을 채취한 후인 6월 상순경부터 7월 상중순과 8~9월에 가지가 과번무되지 않도록 가지솎기나 적심 등을 실시하여 덕을 관리하여야 한다. 이 때 도장지는 무조건 잘라준다. 특히 부주지나 측지가 가지가 없이 민둥하게 되고 있는 나무는 옆쪽이나 위쪽에 있는 신초를 유인하고 적심을 행하여 암나무를 덮는 일이 없도록 한다. 수나무의 덕 밑 밝기는 암나무와 같이 광의 투과율(대조일사량)로서 12~15%, 엽면적 지수는 2.0~2.5 정도가 될 수 있도록 가지를 배치하여 준다. 덕 밑이 어둡게 되면 우선적으로 도장지와 위쪽으로 자라는 신초 등을 제거한다. 발육지나 장과지는 수직으로 신장하는 경우가 많기 때문에 가볍게 적심을 한 후 수평으로 유인하여 두었다가 약한 단과지가 많은 측지나 기부쪽에 가지가 없는 부주지의 갱신지로 이용할 때 쓸 수 있도록 유인하여 둔다. 한편 발육지가 많으면 필요한 가지만 남기고 제거하고, 남긴 단과지나 중과지는 유인을 철저히 하여 덕에 햇볕이 충분히 들어갈 수 있도록 한다.

# 8. 자두 · 매실 · 살구나무의 정지 · 전정

## 가. 자두

### 1) 결과습성

자두나무의 화아는 전년생 가지의 액아에 복아로 착생되는데, 화아만이 달리는 경우도 있다. 그러나 정아는 항상 엽아다. 1개의 화아에 3개의 꽃이 피는데 이것이 동양계 자두(일본계 자두)의 특징이다. 결과지에는 장과지, 중과지, 단과지 및 화속상 단과지가 있다. 장과지, 중과지, 단과지에는 복아의 착생이 많은데, 다음해에 단과지 또는 화속상 단과지의 각 엽액에 단아로 되어 있는 화아가 밀생하고 기부와 정아에는 엽아가 생겨 이것이 해마다 조금씩 자라 복잡한 모양이 된다. 장과지에 결실한 과실은 낙과가 쉬우나, 15cm 이하의 단과지나 화속상 단과지에 결실한 것은 잘 자란다.

그러나 이런 결과지는 4~5년 지나면 노쇠하게 되므로 항상 갱신해서 새로운 단과
지의 발생을 도모하도록 해야 한다.

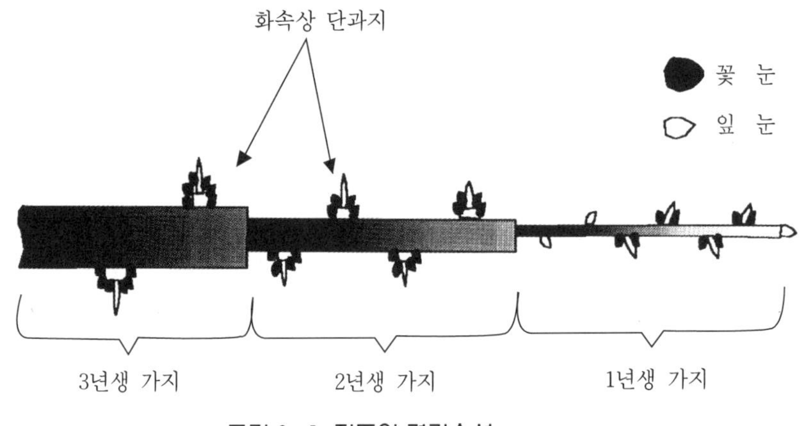



그림 8-1. 자두의 결과습성

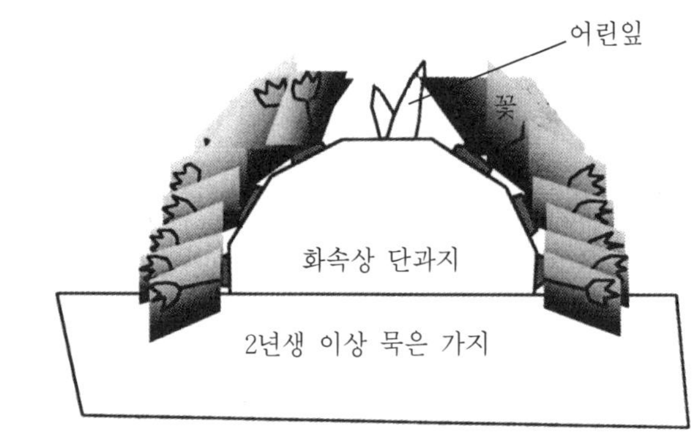



그림 8-2. 자두나무의 화속상 단과지

## 2) 정지법

자두나무는 화아의 착생이 쉽고 결과 부위의 상승이 적기 때문에 반주간형, 배상
형, 개심자연형 및 울타리식 수형 등을 모두 이용할 수 있는데, 가장 널리 이용되고
있는 것은 개심자연형이다.

개심자연형은 주간에 20cm 내외의 간격으로 3개의 주지를 키워가는데, 1년째에는
이들 주지의 세력을 균일하게 하기 위하여 60~90cm의 길이에서 절단한다. 제2년 이

후에는 절단을 약하게 하면서 주지를 곧게 연장시키고, 각 주지에 2개의 부주지를 키워, 이들 주지 및 부주지 위에 적당한 거리로 측지를 발생시켜 결과지를 착생시킨다. 대개 유목은 직립성이 강하므로 적당히 유인, 개장시켜 결실을 촉진시켜 준다.

## 3) 개심자연형 수형의 골격형성법

### 가) 주지

#### (1) 주지수

주지수는 3개가 적당하나 경우에 따라서는 2개(비옥지) 또는 4개(척박지)로 하는 수도 있다. 주지수가 많으면 각 주지의 부담이 줄어들어 주지가 찢어지거나 처지는 일이 적으나, 수관내의 결실부가 좁아지고 주지 상호간의 균형을 유지하기가 어려워진다. 반대로 주지수가 적으면 수관내의 결실부가 넓어지고 일조, 통풍이 좋아지며 여러 작업을 하기에도 편리하나, 가지가 처져 내리든지 찢어지기 쉽다. 대체로, 비옥한 땅에서는 주지수를 적게 하고, 척박한 땅에서는 주지수를 다소 많게 하는 것이 좋다.

#### (2) 주지의 분지 각도

주지의 주간에 대한 분지 각도가 좁을수록 주지가 위로 서게 되어 생장이 왕성하나, 분지 각도가 좁을수록 분지점이 약하여 찢어지기 쉽다. 분지 각도를 너무 넓게 하면 분지점은 강하게 되나 주지가 연장됨에 따라 아래로 처져 나무를 입체화할 수 없다. 따라서 분지 각도만 넓게 하고 발생 각도를 좁혀서 주지를 서게 한다. 성목이 되었을 때 제1주지는 분지 각도 60°에 발생 각도 30°, 제2주지는 분지 각도 50°에 발생 각도 25°, 제3주지는 분지 각도 30°에 발생 각도 20° 정도로 하는 것이 좋다.

#### (3) 주지의 발생위치와 간격

일반적으로 지상 25~30cm 정도 사이를 두는 것이 공간을 입체적으로 이용하는 데 유리하다.

## (4) 주지의 세력

주지의 세력은 모두 균등하여야 하는데, 자두나무는 복숭아나무와 같이 아래 주지가 우세하기 쉬우므로 3개의 주지에 대하여 같은 취급을 하면 제3주지의 세력이 가장 약하여 주지간의 균형을 유지하기 어렵다. 그러므로 제3주지를 위로 서게 하고 결실을 제한시키면서 제1주지를 약화시키도록 하여 성과기에 각 주지가 균등한 세력이 되도록 한다.

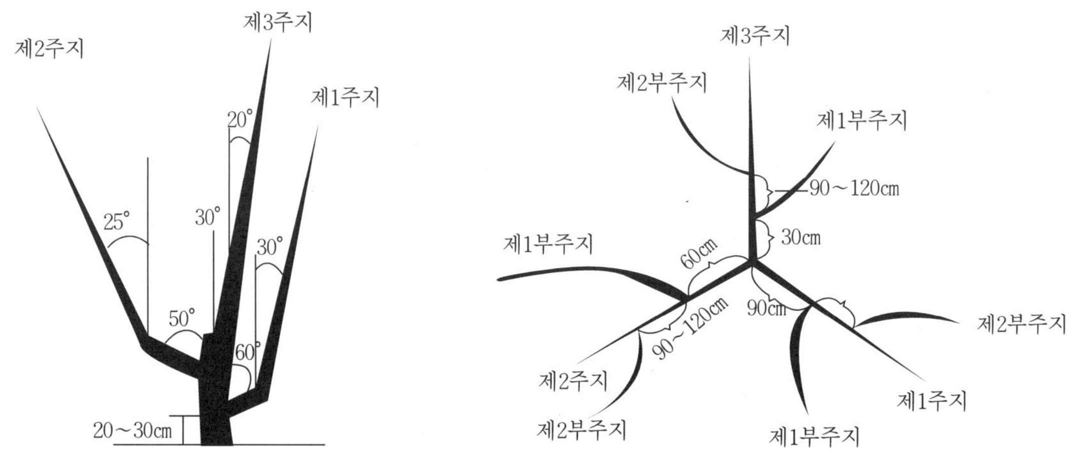


그림 8-3. 자두나무 개심자연형 모식도

## 나) 부주지

### (1) 부주지의 수와 배치

부주지의 수는 3개의 주지일 경우에는 주지 1개에 2~3개, 2개의 주지일 경우에는 주지 1개에 3~4개가 알맞다. 이들 부주지를 배치할 때에는 같은 순위의 부주지는 각 주지에서 같은 편으로 배치하고, 인접하는 부주지는 평행으로 곧게 연장하여 서로 맞닿지 않도록 한다.

## (2) 부주지의 발생 위치

부주지의 발생 위치는 지력에 따라서 조절해야 하는데, 제1부주지는 지상 75~90cm 위치에 발생하게 하고, 제3주지에 제일 먼저 부주지를 만들어 하위 주지로 갈수록 늦게 부주지를 형성시킨다. 만약 하위의 주지에 부주지를 먼저 붙이면 그 주지의 세력이 더욱 강해지기 쉽다.

제1주지의 제1부주지는 주간에서 다소 멀게 하고 제3주지에는 다소 가깝게 하는 것이 좋다. 일반적으로 제1주지에는 주지의 분지점에서부터 90cm 정도의 위치에 발생하게 하고, 제2주지에는 60cm, 제3주지에서는 30cm 정도의 위치에서 발생하게 한다. 부주지와 부주지 사이는 수직으로 90~120cm 위치에 있게 한다.

## (3) 부주지의 세력

부주지는 주지보다 세력이 약해야 한다. 만약 주지의 윗면에서 나오는 가지를 부주지로 이용하면 처음에는 주지보다 약하나 점차 세력이 강해져 주지를 억누르게 되므로 주지의 옆이나 아래에 붙은 가지를 이용하는 것이 가장 좋다. 또한 부주지의 형성 시기가 너무 빠르면 주지보다 강해지기 쉬우므로 2~3주지에는 3년째에 그리고 제2주지와 제1주지에는 4년째에 제1부주지를 선정하고, 제2부주지는 제1부주지를 결정한 1~2년 후에 선정하도록 한다.

# 다) 측지

측지는 주지 및 부주지에 착생하여 결과지를 착생시킨다. 부주지 기부의 측지는 비교적 넓은 간격으로 큰 결과지군을 붙이고, 선단부로 갈수록 짧고 작게 하여 주지나 부주지를 중심으로 삼각형이 되게 한다. 측지는 해가 갈수록 장대해지고 결과 부위도 상승하게 되므로 어느 정도의 표준 크기가 유지되도록 알맞게 갱신하여야 한다.

측지는 수직으로도 충분히 간격을 두며, 서로 햇빛을 방해하지 않도록 입체적으로 잘 배치해야 한다.

# 4) 전정의 실제

## 가) 유목

　유목의 전정은 정지(골격형성)에 주안을 두고 하여야 한다. 유목일 때에는 가지의 발생이 많고 더욱 강세한 발육지가 많이 나오게 되므로 강전정을 하게 되는데, 이렇게 강전정을 하게 되면 점점 더 생장을 자극하여 단과지의 형성이 불량하게 된다. 특히 산타로사나 비유티같은 품종은 이런 경향이 현저하다. 따라서 주지, 부주지 등 장차 골격이 될 가지 이외에는 심한 절단을 하지 말고 주지나 골격지의 연장에 저해되는 가지를 솎아주는 정도로 한다. 그러나 가지의 발생이 적은 솔담은 골격지 이 외의 가지도 약하게 절단하여 새 가지의 발생을 도와주어야 한다. 주지나 부주지를 절단해 주면 가지 끝의 눈에서 강세한 2~3가지가 나오므로 이 때에는 1~2신초는 적심 또는 신초 비틀기를 하여 세력을 조절해 주어야 한다.

### (1) 정식 1년째(묘목을 심은 해)

　1년생 묘목을 재식하면 지상 60~90cm 정도에서 잘라 주간으로 한다. 부초가 발생한 묘목일 때에는 부초의 기부에 엽아 1~2개를 남기고 자른다. 발아하여 새 순이 10cm 정도 자라면 앞의 기본 문제에서 설명한 대로 3개의 주지를 고르고, 지주를 세워 유인하며 나머지는 기부에서 자른다. 주지의 분지 각도는 넓게 하고, 7~8년 후에는 주지가 많이 처지게 되므로 이것을 예상하여 주지의 끝을 비스듬히 서게 한다.

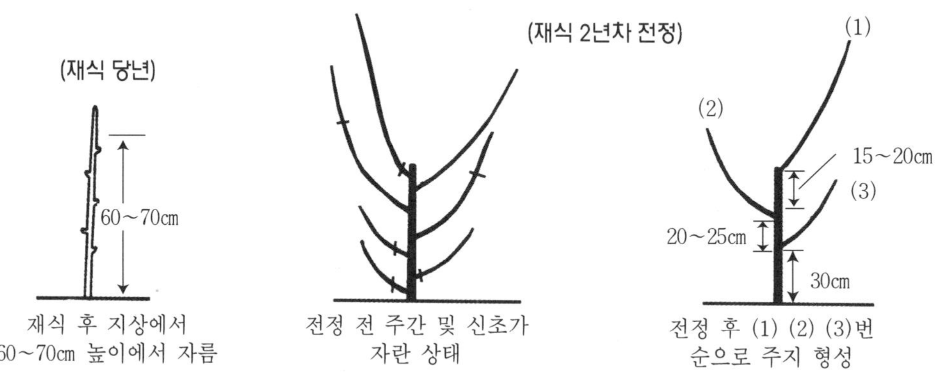


그림 8-4. 자두나무 개심자연형의 수형구성법(1)

## (2) 정식 2년째

겨울철 전정 때에 3개의 주지를 선단부 1/3~1/4 정도에서 잘라 곧게 연장한다. 바깥쪽으로 있는 눈 상단에서 자르며 부초는 햇빛의 투사가 잘 되도록 적당한 간격을 두고 솎아내며, 주지 안쪽의 가지(내향지)는 기부에서 자르고, 남긴 가지는 선단부만 약간 자르거나 그냥 둔다. 나무의 위쪽 부분은 가지를 짧게, 아래쪽 부분은 길게 남겨 햇빛의 투사가 좋게 주지 연장에는 부초를 길게 남기지 말고 엽아에서 자른다. 주지 연장지 밑의 1~2개의 새 가지는 세력이 강하여 주지 연장지를 약화시키므로 발생 초기에 기부에서 잘라버린다. 여름철에 새 가지가 많이 발생하여 밀생하기 쉬우므로 불필요한 가지는 솎아주고, 특히 주지 내부에 세력이 강한 가지가 발생할 때에는 일찍 솎아 버린다.

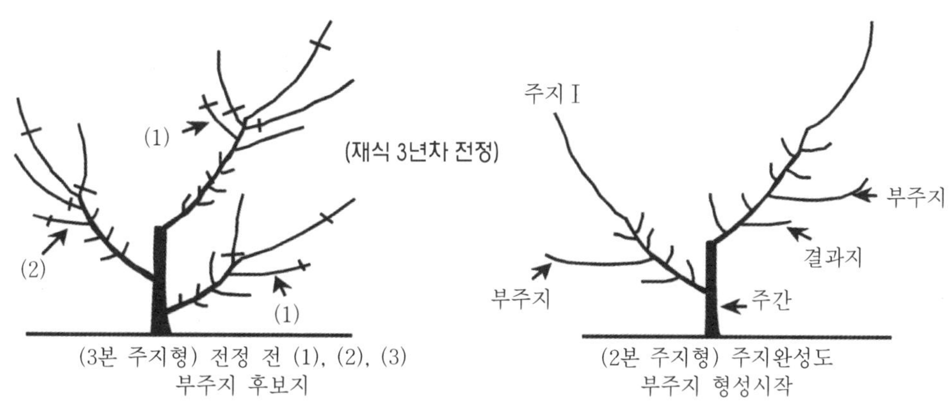


그림 8-5. 자두나무 개심자연형의 수형구성법(2)

## (3) 정식 3년째

겨울철 전정은 지난해에 준하여 실시하면 되는데, 가지는 적당한 간격으로 솎으며 주지의 선단부에 있는 부초는 기부의 엽아 위에서 잘라버리는 것이 좋다.

재식 3년째에는 여름철에 모든 가지에서 새 가지의 발생이 왕성하여 잎의 수가 많게 되므로 밀생하여 통광, 통풍이 나쁘지 않도록 적당히 솎아 주어야 한다. 주지 위에는 햇빛이 직사하지 않도록 안쪽에 작은 가지를 두어 일소를 막는다. 이 때가

되면 결실하기 시작하지만, 주지의 선단부는 적뢰, 적화를 하여 결실을 제한하도록
한다. 여름철에 수관 내부에 도장지 등 불필요한 가지가 발생하였을 때에는 발생 초
기에 잘라 버린다.

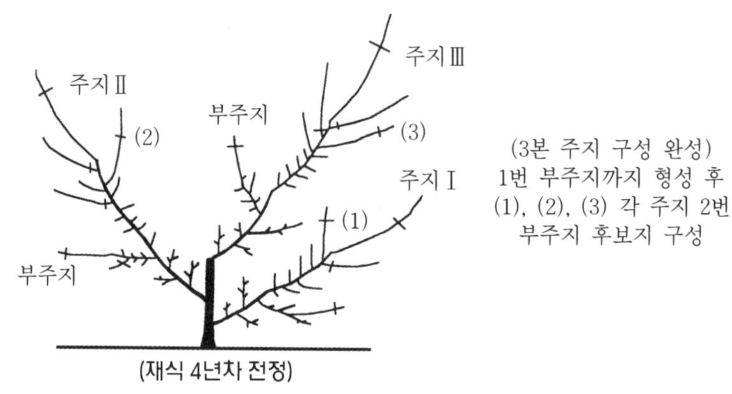



그림 8-6. 자두나무 개심자연형의 수형구성방법(3)

## (4) 정식 4년째

겨울철에 주지의 연장과 측지의 배치는 지난해에 준하며, 제3주지에는 분지점에서
30cm 되는 곳에 제1부주지를 옆 아래측으로 발생한 측지 중에서 전정한다. 이 때 너
무 강한 측지를 부주지로 선정할 필요는 없고, 오히려 세력이 중정도인 측지를 부주
지로 하는 것이 주지와 부주지 사이에 세력의 차이가 생겨 좋다.

주지, 부주지에 측지가 착생하게 되는데, 주지나 부주지 밑에 있는 측지는 그늘이
지기 때문에 좋지 못하고 등쪽에 있는 측지도 다른 가지를 그늘지게 하므로 기부에
서 솎아내고, 옆으로 비스듬히 발생한 것을 적당한 간격을 두고 남겨 측지로 이용한
다. 측지의 간격은 넓게 하며 남긴 것은 선단부를 약간 자른다. 측지가 장과지일 때
에는 선단부를 어느 정도 자르고, 중과지, 단과지일 때는 그대로 둔다. 이 때가 되면
어느 정도 결실하나 과다하게 결실되지 않도록 한다. 여름철에도 항상 돌보아 도장
지나 불필요한 가지가 발생하였을 때는 발생초기에 기부에서 잘라 버리거나, 어느
정도 자란 후에 밑을 비틀어 가지의 세력을 약화시킨다.

## (5) 정식 5년째

이 때에도 겨울철 전정은 지난해에 준하면 되는데, 측지를 잘못 다루면 결실부가 상승하므로 주의해야 한다. 제1주지에는 분지점에서 약 90cm, 제2주지에는 약 60cm 에서 제1부주지를 붙이며, 제3주지는 반대 방향으로 90~120cm 간격을 두고 옆 아래측 방향으로 발생한 측지 중에서 제2부주지를 선정한다. 이 때가 되면 상당히 결실되나 주지와 부주지의 선단부에는 결실시키지 않는 것이 좋다.

여름철 전정을 할 때에는 불필요한 곳에서 발생한 가지는 일찍 솎아주며 특히 자 두는 햇빛의 투사가 양호해야 하므로 밀생한 가지는 반드시 솎아 내어 수관의 내부가 통광, 통풍이 잘 되도록 하여야 한다.

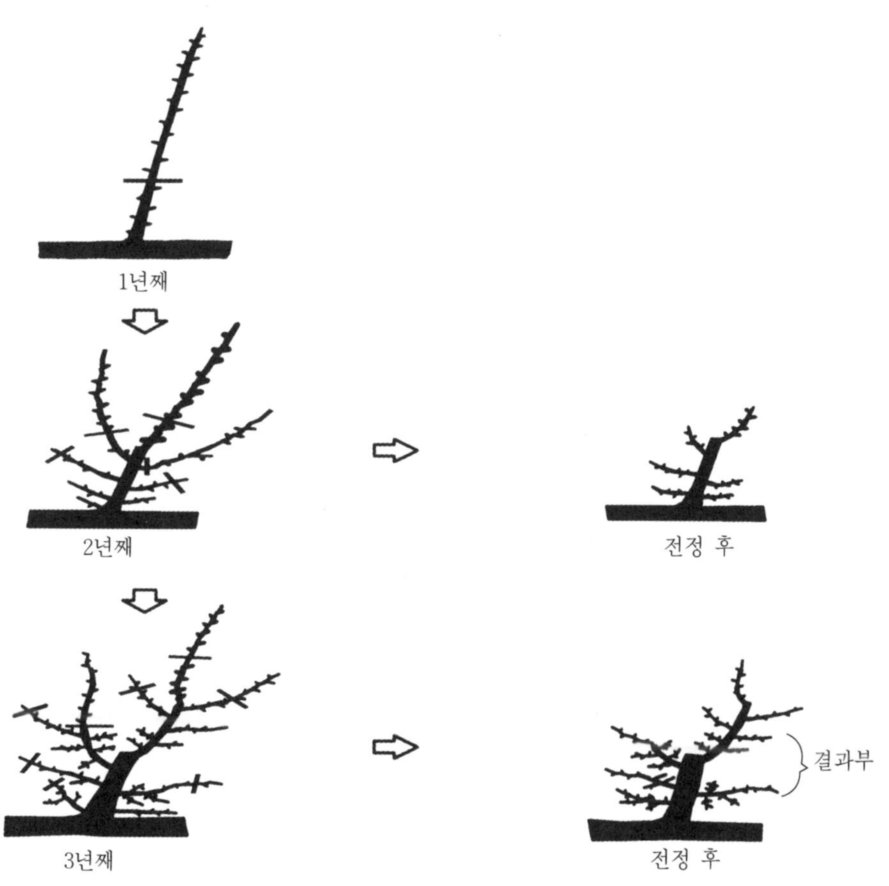


그림 8-7. 자두나무의 연차별 부주지 전정요령

## ⑹ 정식 6년째 이후

이 때가 되면 수형이 확립되므로 수관을 확대해야 된다. 겨울철 전정을 할 때에는 주지, 부주지의 연장지를 지금까지보다 약간 짧게 잘라서 계속하여 강한 새 가지가 발생하도록 한다. 이 때 주지, 부주지가 아래로 처질 염려가 있으며 바깥눈에서 자르지 말고 안쪽눈을 두고 자른다. 제1주지와 제2주지에 제2부주지와 제3부주지를 각각 1~1.2m 간격을 두고 선정한다.

측지는 주지, 부주지 위의 선단부에서 기부까지 좌우에 교호로 배치하며, 아래쪽의 측지, 결과지에도 햇빛이 잘 들도록 항상 그 크기와 간격에 주의하여야 한다. 이 때가 되면 주지, 부주지의 선단부에는 항상 위로 서 있게 하여 아래로 처지지 않도록 주의해야 한다.

이제까지 살펴본 것은 개심자연형의 3개 주지에 대한 정지, 전정의 요령이지만, 2개 또는 4개 주지의 정지, 전정은 3개 주지의 개심자연형에 준하여 다소 가감하면 된다.

## 5) 생장 습성별 전정 방법

자두는 품종별 생장 습성이 다르기 때문에 전정 방법도 약간 달라진다. 즉, 수자가 ① 직립하기 쉬운 품종, ② 개장하기 쉬운 품종, ③ 중간 형태가 있으며 신초 발생 형태에 따라 ① 가는 신초를 많이 착생시키는 품종, ② 몇몇 신초가 굵게 발생하는 품종, ③ 중간 형태 등으로 분류해 볼 수 있다. 결실의 주체는 단과지 또는 화속상 단과지이지만 결실 후 화속상 단과지를 형성하는 품종과 그렇지 못하는 품종이 있다. 이러한 특성을 감안하여 크게 나누어 보면 ① 대석조생형, ② 솔담형(수박자두, 피자두) 및 포모사형(후무사), ③ 산타로사형(홍자두) 및 ④ 비유티형으로 대별되며 전정 방법도 달라진다.

## 가) 대석조생형

솔담형에 비해 신초 발생수는 많지만 산타로사형보다는 적다. 절단 시 선단 2~3눈이 강하고 굵게 신초가 발생하지만 그 외 신초는 중·단과지가 된다. 유목기에 특히 굵고 강한 신초가 발생하지만 솔담형보다도 화아의 착생이 적어 초기 결실년령이 늦다. 직립하기 쉬워 거목이 되기 쉽다. 가지는 솔담이나 산타로사보다 단단해서 굵은 가지를 유인할 때 부러지거나 찢어지기 쉽다. 성목이 되면 신초 발생수가 적게 되며 연약한 가지가 되기 쉽다. 일단 힘이 약해진 가지는 강한 절단전정을 하여도 강한 가지가 발생되지 않는다. 또는 부위에 따라 엽아를 갖지 않는 위치가 있으므로 강한 절단전정 시 세심한 주의가 필요하다.

## (1) 유목전정

골격형성에 주안점을 두어 전정을 실시하는 시기다. 도장성을 가진 신초 발생이 많기 때문에 강전정이 되기 쉬우며 그 결과, 생장을 자극하여 단과지 형성 불량 및 화아착생도 나쁘게 된다. 또한 결실하여도 도중에 생리낙과가 유발되기 때문에 너무 강전정이 되지 않도록 주의를 요한다. 따라서 절단전정보다 솎음전정을 중심으로 하여 주지 및 부주지 후보지만 약간 강하게 절단전정을 하면 된다.

## (2) 성목전정

결실기에 접어들면서부터는 측지 및 결과지를 중심으로 행하게 되며 이 시기에는 단과지 착생이 양호하며 약간 일어선 가지에도 과실을 착생시키면 신초 신장이 둔화된다. 성목기에 들어서서도 직립성이 강하기 때문에 가능한 개장시킬 수 있도록 측지 전정에 신경을 기울여야 하며, 절단 및 솎음 전정 시 절단상구가 가능한 한 작게 되도록 절단하여야 하며 절단상구가 큰 경우에는 필히 톱신 페이스트를 발라 건조 및 상처 보호에 만전을 기해야 한다.

그림 8-8. 대석조생 품종의 가지발생

## 나) 솔담 및 포모사형

신초발생이 적고 굵기 때문에 절단전정을 가미하지 않으면 화속상 다과지 발생이
많고 초기 결실년령이 빠르고 조기 풍산성 및 개장성이기 때문에 쇠약한 나무가 되기
쉬우므로 나무가 어릴 때에는 전체적으로 강하게 절단전정을 하여 나무를 일으켜
세우는데, 주안점을 두어야 한다.

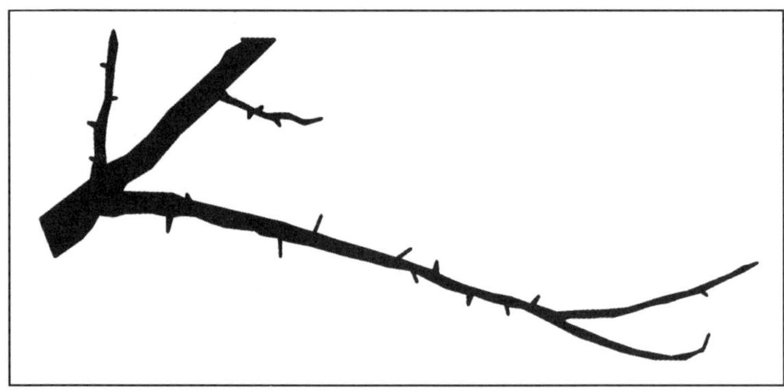

그림 8-9. 포모사형 품종의 가지발생

특히, 유목기에도 결실량이 많아 신초 선단부의 1~2눈만이 강하게 신장하고 기타 신초는 약하게 되면 급격한 수세저하를 초래한다. 결실의 주체는 화속상 단과지이지만 건전한 결과지 확보를 위해 절단전정을 많이 가미한다고 생각하면 된다. 또한 굵은 가지를 자르더라도 타품종과 달리 고사하거나 하는 부작용이 없으므로 약간 강전정을 시도하여야 한다.

## 다) 산타로사형

가지의 어느 부위에서나 신초발생이 좋은 품종으로서 화아착생은 포모사와 대석조생의 중간 정도다. 초기 결실기는 솔담보다 늦으며 유목기에는 직립한 신초 발생이 많고 강하며 직립 수형이 되기 쉬우며 나무가 느리게 자라는 습성을 가지고 있다. 따라서 성목이 되면 솎음전정과 유인을 주체로 나무를 개장시키도록 노력하여야 하며 굵은 가지를 자르면 나무가 고사하는 경우가 있으므로 주의를 요한다. 결실의 주체는 단과지로서 수세가 강하면 화아수가 적을 뿐만 아니라 생리적 낙과가 많으므로 수세조절에 주의하여야 한다.

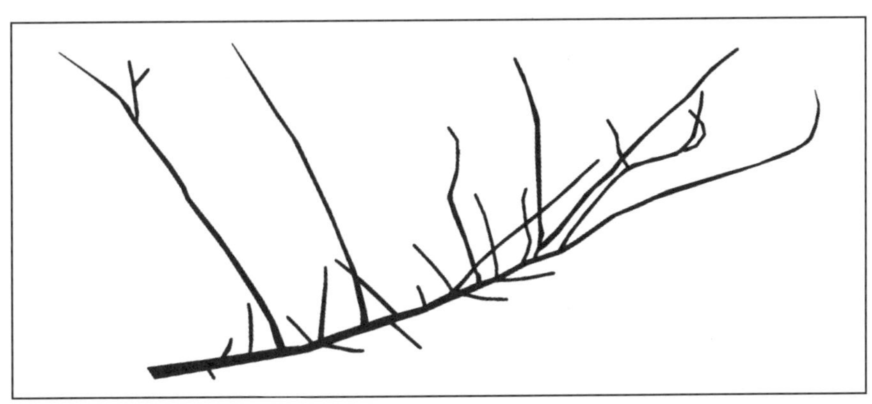

그림 8-10. 산타로사형 품종의 가지발생

## 라) 비슈티형

이 품종형이 비유티만이 속하는 고유의 타입으로서 자가결실성이 강하기 때문에 풍산성으로 수세 저하가 심하다. 유목기에는 가지 발생이 많지만 결실량이 증가함과 아울러 쉽게 수세 저하를 가져오며 가지가 찢어지거나 부러지기 쉬운 특성을 가졌기 때문에 결실량 조절에 힘을 기울여야 한다. 또한 유목기에는 강한 절단전정을 하여 수세 유지에 힘쓸 것이나 우리 나라에서는 재식면적이 작아 그다지 문제되는 품종은 아니다.

## 6) 생육기 신초 생장모습과 수세

신초 생장은 수체의 영양상태, 전정의 강약, 비배관리 등에 따라 다르지만 수세의 강약과 신초 발생 및 신장, 엽색 등의 관찰에 의해 수세의 적정성 여부판단이 가능하다. 일반적으로 신초 발생이 많고 생장이 왕성하면 수세가 강하고 반대로 신초 발생이 적고 쇠약한 경우는 수세가 약하다고 표현한다. 이러한 판단 시 낙엽기에는 쉽게 판단되는 바 첫서리가 내리면 낙엽되기 시작하여 된서리가 내린 후에는 일제히 낙엽되는 나무는 수세가 정상적이다. 그러나 된서리가 내려도 신초 선단 5~6매의 잎이 낙엽되지 않으면 수세가 강하다고 표현하며 이듬해 1월에 접어들어서도 신초 선단 1~2매의 잎이 그대로 붙어 있는 경우가 있는데 그러한 나무는 수세가 극히 강하다고 표현할 수 있으나 반대로 첫서리가 오기 전 낙엽이 완료된 나무는 수세가 극히 약하다고 말할 수 있다.

자두나무에서 수세가 너무 강하면 단과지(화속상 단과지 포함) 착생이 적음과 동시에 신초 생장이 왕성한 발육지가 많게 되면서 화아 분화량이 적고 충실도가 떨어져 이듬해 생산량에 영향을 미치게 되며 반대로 수세가 약한 경우 발생한 신초는 가늘고 화속성 및 단과지화 되어 빈약한 가지만 발생시켜 꽃눈착생량은 많으나 불완전화 발생율이 높아 이 또한 생산량에 영향을 미치게 된다. 따라서 수세가 강하거나 약한 상태의 모습을 확실히 머리에 그려둠으로써 적정 수세관리가 되리라 믿는다.

## 가) 수세가 강한 상태

도장지는 유목기에 많이 보이는 현상으로 강전정이나 질소과다 등에 의해 발생하기 쉽다. 일반적으로 주지나 부주지의 선단부 근처 발생 신초는 생장이 왕성하며 부초도 발생된다. 또는 측지나 굵은 가지 등의 굽은 부위 또는 주간에서의 부정아 등에서 발생한 신초를 방치할 경우 도장지화 된다. 이러한 신초는 굵고 길며 마디는 길어지고 잎 크기도 대엽화 된다.

산타로사, 태양 등과 같이 신초발생이 많아 밀생하기 쉬운 품종은 장과지가 많고 중과지, 단과지는 극히 적어지며 화아착생량도 적어지게 되며 초기 결과수령도 늦어지게 된다.

솔담, 대석중생 등 신초발생량이 적은 품종은 선단부 발생 신초만이 왕성하게 되어 그 외 가지는 빈약한 화속상 단과지화 되어 착생한 화아는 충실도가 떨어지고 빈약해져 화경이 짧은 기형화 발생이 많다. 이러한 가지는 이듬해 고사하게 되어 결실 부위는 상승하게 된다.

대석조생 및 비유티 등 중간 형태의 품종은 굵은 장과지와 가늘고 빈약한 단과지 발생이 많아 우량한 과실생산이 좋은 중과지 발생이 적어진다. 전체적으로 보아 수세가 강한 나무의 엽색은 약간 진하며 세력이 약한 나무는 황색기가 보인다.

## 나) 수세가 약한 상태

모든 품종이 수세가 약하게 되면 신초의 생장량은 적고 가는 가지가 많게 되어 아래로 처지게 된다. 화아 착생량은 많게 되지만 개화 시 꽃의 크기가 작아지고 화기(암술, 수술, 자방 등)도 작아지거나 일부분이 없는 불완전화를 발생시키나 잎의 모습은 품종에 따라 다소 다르다.

전반적으로 안쪽으로 말리게 되며 엽색은 황색기를 나타내나 대석조생 및 포모사는 단풍색(적황색)을 나타내기도 한다.

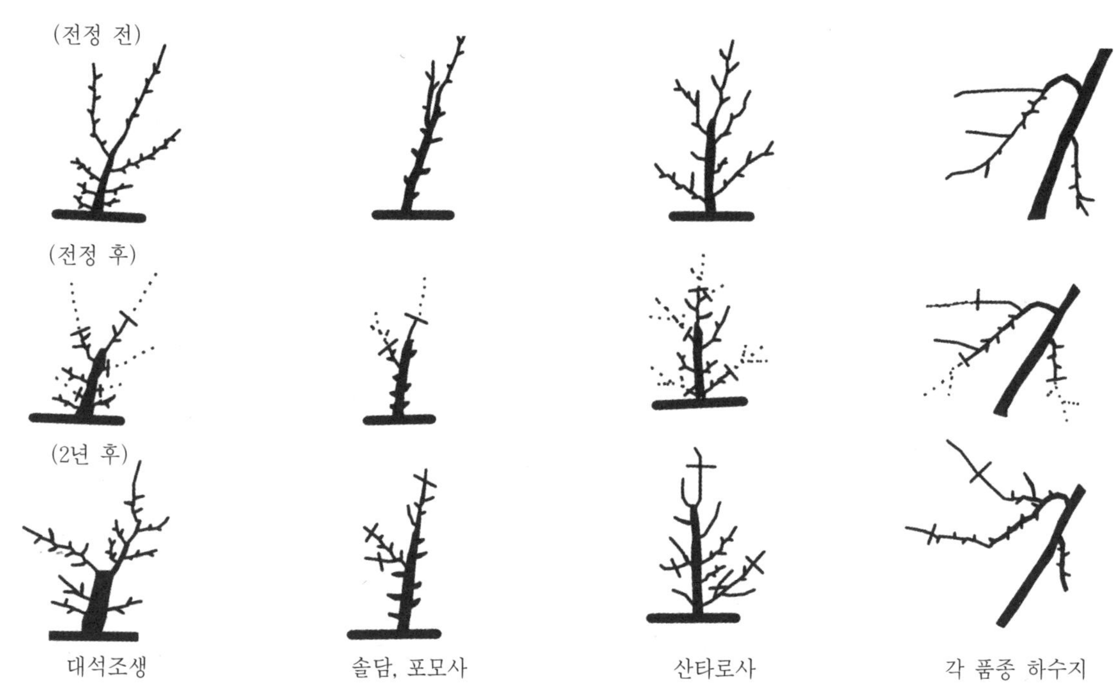


그림 8-11. 품종별 생장 습성 및 측지전정 비교(절단위치)

<표 8-1> 신초 발생 상태와 품종 구분

| 신초발생상태 | 대표품종 | 유사품종 |
|---|---|---|
| 가지 정부에서 하부까지<br>신초 발생이 용이한 품종 | 산타로사<br>태　　양 | 조생산타로사, 레이트솔담(세력이 강할 때)<br>메들리 |
| 가지 정부 2～3눈만 신초 발생<br>하나 기부는 발생치 않는 품종 | 솔　　담 | 포모사, 대석중생, 켈시<br>레이트솔담(세력이 약할 때) |
| 중간형태 | 대석조생 | 비유티 |

# 나. 매실

## 1) 매실나무의 생육특성

매실나무의 전정을 위해 우선 매실나무의 생육 특성에 대하여 알아야 한다.

매실나무의 특성은 다음과 같다.

첫 째, 정부우세성이 강하여 윗부분에서 세력이 왕성한 새 가지가 발생하기 쉬우며 밑부분의 잔 가지가 말라죽기 쉽다.

둘　째, 새 가지의 발생이 많고 새 가지는 왕성하게 자란다.

셋　째, 햇볕을 잘 받지 못한 그늘진 가지는 말라죽기 쉽다.

넷　째, 1번 주지 등 밑가지의 세력이 강해지고 2~3번 영구지가 약해지기 쉽다.

다섯째, 가지의 굽는 부분에서 강한 도장지(徒長枝)가 발생하기 쉽다.

여섯째, 숨은눈은 오래토록 발아력을 잃지 않으므로 갱신전정(更新剪定)이 쉽다.

결과습성은 복숭아, 살구처럼 새 가지의 잎겨드랑이에 홑눈 또는 겹눈으로 이루어진다. 꽃눈 분화는 7월 하순부터 8월 상순에 분화하여 이듬해 이른 봄에 개화한다. 홑꽃눈과 겹꽃눈은 짧은 가지와 중간 가지에 많이 붙고 꽃눈과 잎눈의 혼합복아는 중과지와 세력이 강한 장과지에 형성된다. 세력이 극히 쇠약한 단과지에는 꽃눈만이 붙어 끝눈만 잎눈이 되며 가장 질이 좋은 과실이 열린다. 세력이 강한 장과지와 발육지는 꽃눈이 적고 주로 잎눈이 많으며 꽃눈이 있어 개화 결실되어도 일찍 낙과되므로 좋은 결과지가 될 수 없다. 따라서 매실의 수량증가를 위해서는 긴 중장과지보다 짧은 단과지 형성에 착안해야 한다.

<표 8-2> 결과지의 길이별 과실의 크기 및 수확과수　　　　　(郡馬園試, 1977~79)

| 결과지의 길　이 | 백가하 | | 앵　숙 | | 남　고 | | 매　향 | | 갑주최소 | |
|---|---|---|---|---|---|---|---|---|---|---|
| | 수확률 | 과 중 | 수확률 | 과 중 | 수확률 | 과 중 | 수확률 | 과 중 | 수확률 | 과 중 |
| | % | g | % | g | % | g | % | g | % | g |
| 10cm 이하 | 7.7 | 23.6 | 41.8 | 20.1 | 18.8 | 16.5 | 26.5 | 18.5 | 35.0 | 3.6 |
| 10~30cm | 6.9 | 24.0 | 45.5 | 15.7 | 19.6 | 16.1 | 32.2 | 18.9 | 36.4 | 3.7 |
| 30cm 이상 | 7.7 | 23.1 | 43.5 | 16.4 | 14.3 | 16.0 | 27.0 | 14.1 | 41.3 | 3.6 |

## 2) 정지 방법

정지는 나무꼴을 만드는 작업이다. 매실나무의 기본적인 나무꼴은 주간형(主幹形) 또는 변칙주간형(變則主幹形)과 개심자연형(開心自然形)이 있다. 나무꼴은 품종과 입지조건에 따라 달리할 수 있는데, 대개 매실은 개장성이 있으므로 복숭아와 마찬가지로 개심자연형으로 가꾸어 나가는 것이 작업상 편리하다.

## 가) 개심자연형

개심자연형은 [그림 8-12]에서 보는 바와 같이 3본의 영구주지를 형성시키고 이 위에 2~3본의 부주지를 형성시키는 것으로 이 수형의 착안점은 1번 주지를 지상부 30~40cm에 착생시키고 다시 2번 주지를 15~20cm에 착생시킨 후 3번 주지를 2번 주지 15~20cm 위에 착생시켜 가지가 가까이 겹치지 않아 성목기에 찢어지는 것을 방지해 주는 것이다.

1번 주지의 방향은 남쪽에 붙이는 것이 알맞으며 각 주지의 분지 각도는 [그림 8-12]에서와 같이 각각 110~120°를 유지하여 과원의 평면을 고르게 활용해야 한다.

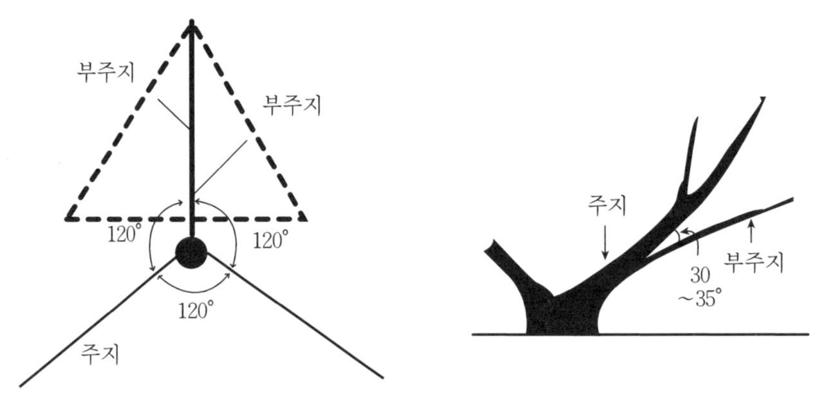

그림 8-12. 주지, 부주지의 배치

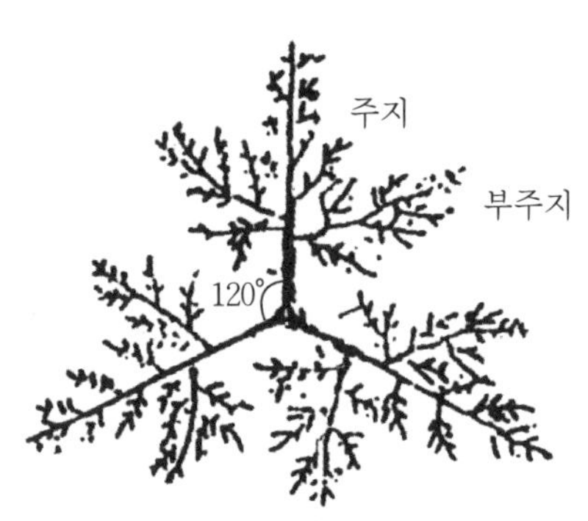

그림 8-13. 개심자연형모형

그림 8-14. 주지의 평면 착생도

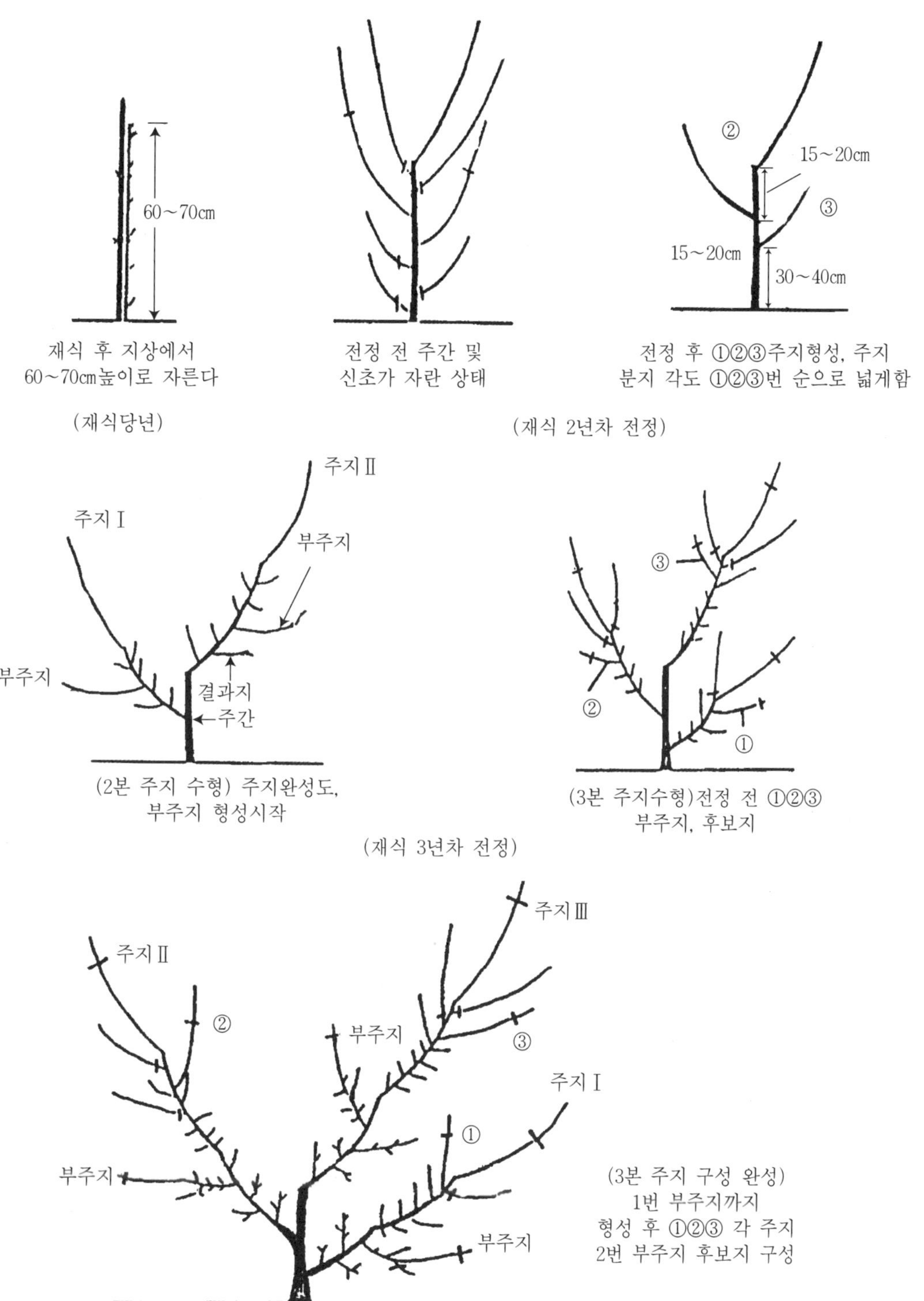


그림 8-15. 개심자연형의 연차별 구성방법

수형 구성을 위한 연차별 가지 고르기는 [그림 8-15]를 참고하여 4~5년만에 수형을 완성하는 것이 알맞으며 임시지를 알맞게 붙여 조기결실을 유도시킴과 동시에 건전한 수세 유지에 노력해야 한다.

## 나) 변칙주간형

이 수형은 주지와 부주지의 형성 방법은 개심자연형과 크게 다르지 않으나 주지 수를 4~5본 착생시키고 주간 끝부분을 제거하지 않고 계속 유지하며 수세를 안정시키는 방법이다. 이 수형은 세력이 강한 품종(풍후, 백가하, 고성 등)이나 넓게 심어 거목으로 키울 때 많이 쓰여진다.

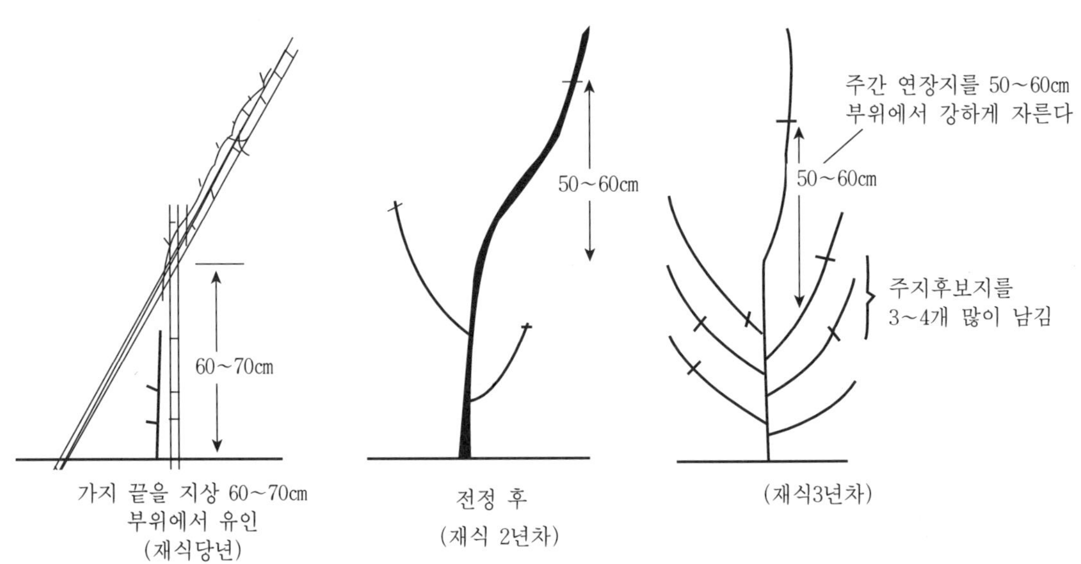

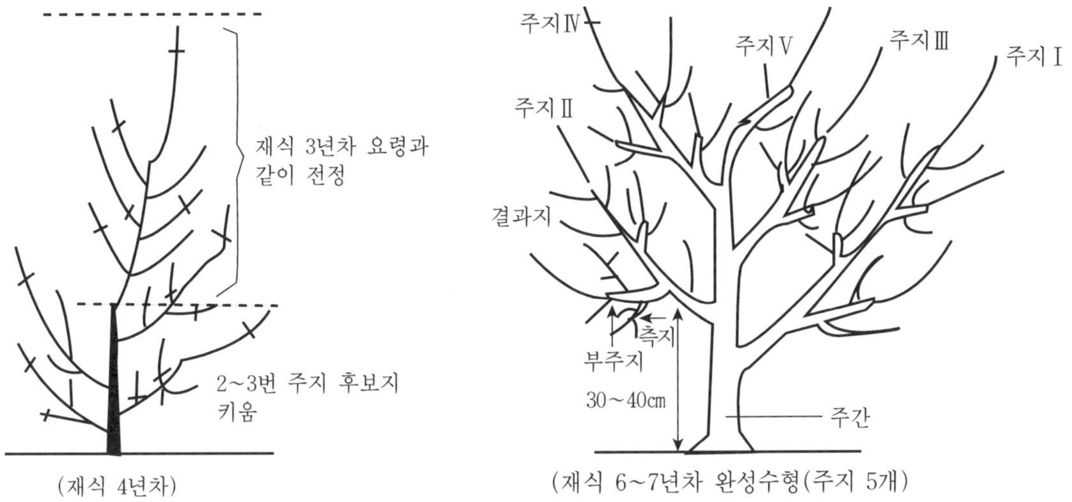


그림 8-16. 변칙주간형의 연차별 구성방법

개심자연형과 다른 점은 초기부터 주지 후보지를 결정하지 않고 여러 개의 후보지를 양성해 두었다가 상단부의 주지 후보지 발생 상태를 보아 가면서 주지수가 결정되면 주지가 될 수 없는 불필요한 후보지를 공간을 보아가며 순차적으로 기부에서부터 솎아 없애고 6~7년째에 주지수를 5개 정도로 확정짓는 방법이다.

변칙주간형은 나무키가 높게 위로 자라기 때문에 도장지의 발생이 적고 어린 나무 때부터 수세가 안정되며 곁가지와 결과지 수가 많아서 초기 수량은 많으나 나무키가 너무 높기 때문에 관리상 문제점이 있다.

이와 같이 매실나무 꼴에는 두 가지가 있으나 방법의 선택은 품종, 토양조건, 과원 입지조건(경사지, 평지 등)에 따라 알맞은 방법을 선택해야 한다.

## 3) 전정 기술

매실나무의 전정은 수령에 따라 달라져야 하는데 이를 요약하면 [표 8-3]과 같다.

## 가) 주지와 부주지 형성

수세가 좋은 1~2년생 묘목을 심으면 60~70cm에서 잘라서 많은 새 가지를 발생시켜 주지 후보지를 양성시켜 간다. 그러나 약한 묘목을 심었을 때는 더 짧게 잘라 1~2년 후부터 주지 후보지를 선정해야 한다.

　제1번 주지는 지면으로부터 30~40cm 높이의 가지 중에서 선정하고 제2번 주지는 1번 주지보다 20cm 높고 120도 방향의 가지 중에서 결정하거나 주간을 직접 3번 주지로 유인하기도 한다.

**<표 8-3> 전정의 목표와 방법**

| 구　분 | 어린나무(4년째) | 5~10년생 | 성　목 | 노　목 |
|---|---|---|---|---|
| 전정목표 | ○ 주지, 부주지 형성<br>○ 수관확대<br>○ 결과지 확보 | ○ 수관확대<br>○ 수량증가 | ○ 측지갱신<br>○ 수량유지 | ○ 측지갱신<br>○ 수량유지 |
| 전정의 강도 | 약 | 조금 약 | 중 | 강 |
| 전정방법 | ○ 유　인<br>○ 숙음전정 | ○ 숙음전정<br>○ 자름전정 | ○ 자름(측지)<br>○ 숙음(측지)<br>○ 유인(측지) | ○ 자　름 |

　매실은 기지우세성(基枝優勢性)이 다른 과수보다 강하여 지면에 가까운 제1번 주지는 세력이 중간 이하의 약한 가지 중에서 선택하고 제2번 주지는 보다 강한 가지에서 제3번 주지는 더욱 강한 가지를 후보지로 만들어야 한다. 각 주지의 발육 각도는 1번 주지는 50°이상으로 눕게 유인하여 세력을 줄이고 2번 주지는 45°, 3번 주지는 30~40°로 약간 곧게 자란 가지를 택한다. 주지의 방향은 지형에 따라 다르나 평지인 경우는 1번 주지를 남쪽으로 신장시켜 나무 전체가 햇빛을 잘 받을 수 있게 하고 경사지 재배의 경우는 주지의 분지(分枝) 위치를 낮게 하여 1번 주지를 경사의 낮은 편에 형성시키면 나무가 낮게 되고 3번 주지의 세력을 강하게 할 수 있다. 부주지는 각 주지마다 2~3개씩을 배치하게 되는데 심은 지 3년째부터 1번 부주지부터 매년 1개씩 형성시켜 간다.

　부주지의 위치는 각 주지의 기부로부터 서로 어긋진 방향에 50, 80, 150cm 높이에 각기 제1, 제2, 제3부주지를 배치한다. 제1부주지가 기부 가까이 배치되면 주지의 세력이 약해지기 쉽고 수관 내부가 혼잡하여 주지와 부주지의 구별이 안되어 햇볕 쪼임이 불량해진다.

한편, 각 주지와 부주지는 상당량의 무게를 갖게 되므로 충분한 각도를 유지시킴은 물론 선단부를 1/2~1/3씩 매년 잘라 굵고 곧게 신장시켜 수관을 확대시키며 밑으로 처지는 일이 없도록 한다.

## 나) 측지(곁가지)의 배치와 갱신

곁가지는 주지와 주지 사이, 부주지 사이의 공간을 메우는 부주지보다 작은 가지이며 결과지를 붙이는 가지다. 이같은 곁가지가 많아야 결실량을 증가시킬 수 있지만 그 수가 지나치게 많으면 일조와 통풍이 불량하여 내부의 잔 가지가 쇠약해져 수량이 감소된다. 한편 세력이 왕성한 곁가지가 있으면 주지 또는 부주지 등과 구별이 어렵고 수형이 그르쳐지며 결실부가 적고 결과 부위가 수관 밖으로만 형성되어 나무의 크기에 비해 수량은 극히 적다.

그러므로 주지 또는 부주지에서 웃자란 세력이 강한 곁가지는 잘라 없애거나 짧게 잘라 새로운 약한 곁가지를 만들어간다. 오래된 늙은 곁가지는 길고 늘어져 빈약한 결과지를 착생하고 혼잡하기만 하므로 짧게 잘라 주지와 부주지 가까이 고루 배치되도록 조치한다. 오래된 곁가지에 착생한 결과지는 결실이 불량하고 낙과가 심하며 과실 비대도 좋지 않으므로 3~4년된 곁가지는 없애고 새로운 곁가지를 만들도록 한다.

## 다) 결과지(結果枝)의 형성

결과지는 단과지, 중과지, 장과지로 구분할 수 있으나 결과습성에서 언급한 바와 같이 매실의 수량을 결정하는 것은 결과지 중에서도 가지 길이가 짧은 단과지의 수가 결정적 역할을 한다. 단과지는 길이가 짧은 대신 선단부 눈만이 잎눈으로 자라고 나머지 눈은 전부가 꽃눈이며 결실률이 높고 과실도 굵다. 그러나 세력이 좋은 중과지와 장과지는 가지의 길이에 비해 꽃눈수가 적고 개화가 고르지 않으며 낙과율이 높고 과실비대도 불량하므로 수량 확보를 위해서는 단과지 수를 많게 하는 전정 방법이 이루어져야 한다. 단과지는 전부가 꽃눈이기 때문에 한 번 결과지를 이용하면 세력이 약해져 꽃눈 형성이 불량하므로 장과지와 발육지를 이용하여 계속 새로운 단과지를 형성시켜야 한다. 장과지와 발육지 선단 끝눈은 잎눈으로 되어 있는 것은 단과지와 같으나 아랫눈들은 잎눈과 꽃눈을 함께 갖는 겹눈이기 때문에 선단부를 자르면 선단부(先端部)에서 몇 개의 세력 좋은 발육지만 나올 뿐 단과지는 거의 형성되지 않는다. 그래서 매실의 전정 방법은 단과지를 형성시키는 전정이 되어야 하므로 자름전정보다 완전한 솎음전정이 주로 이루어져야 한다.

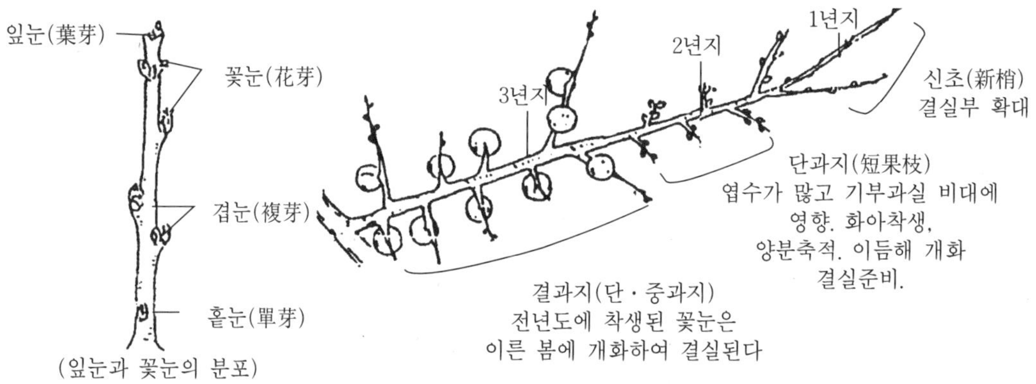


그림 8-17. 매실나무 가지의 꽃눈과 잎눈 착생 및 결과 모형

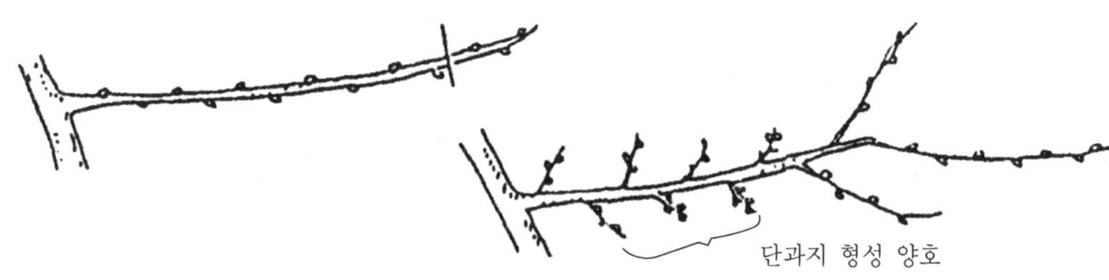


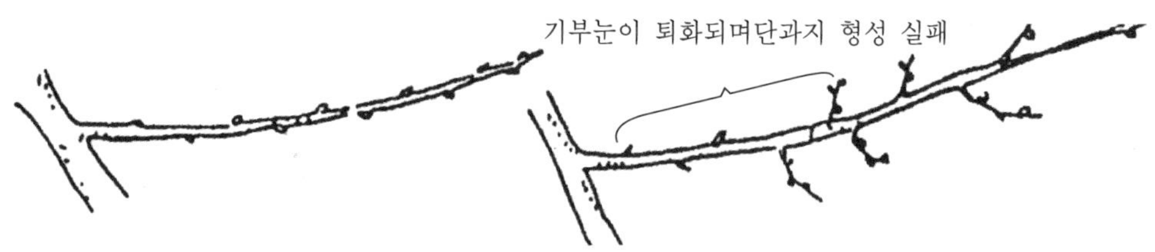

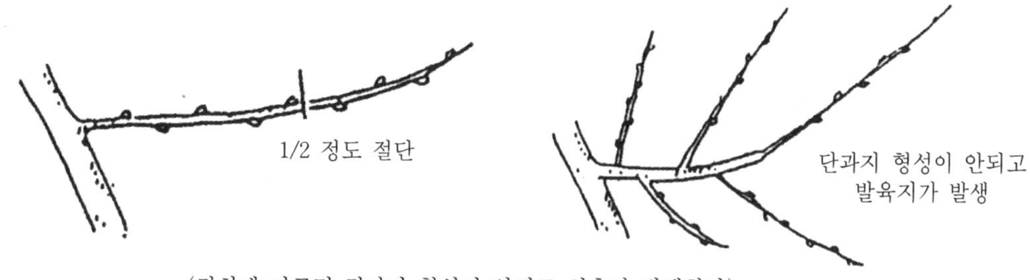



(강하게 자르면 결과지 형성이 안되고 신초가 발생한다)

그림 8-18. 신초의 자르는 정도에 따른 가지발생 모형

<표 8-4> 결과지의 종류와 성질

| 결과지 길이 | 저장양분 | | 개화기 | 완전화 | 결실률 | 생리적낙과 | 과실크기 |
|---|---|---|---|---|---|---|---|
| 단과지(15cm 이하) | 많 음 | | 빠름, 균일, 짧음 | 많 음 | 높 음 | 적 음 | 큼 |
| 중과지(15cm 정도) | 중 | | - | 많 음 | 높 음 | - | - |
| 장과지(30cm 이상) | 적 음 | | 늦음, 길다, 불균일 | 적 음 | 낮 음 | 많 음 | 작 음 |

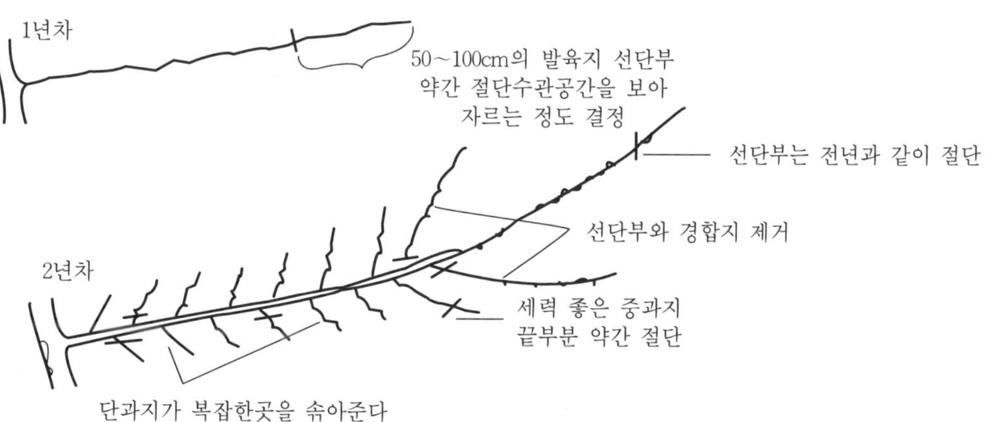

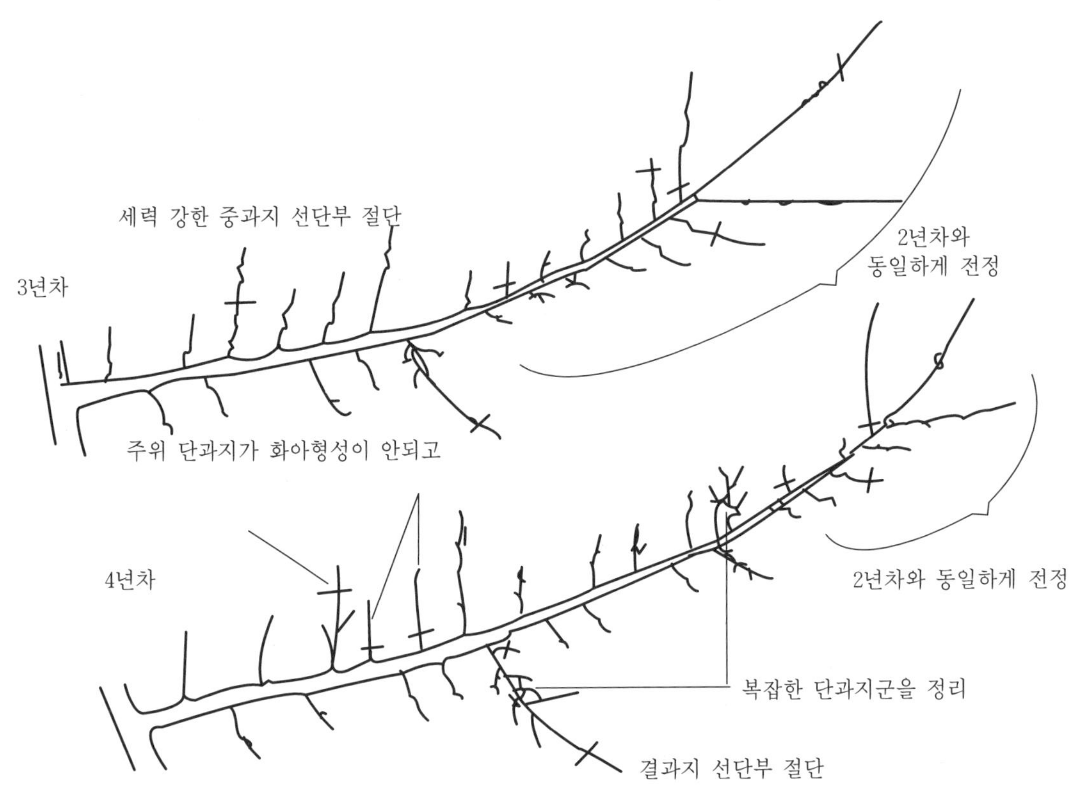


그림 8-19. 연차별 결과지 형성방법

## 라) 수세가 강한 나무의 전정

나무의 자람새가 강하고 결실이 불량한 큰 나무와 어린 나무는 힘센 도장지와 발육지의 발생이 많은 것이 특징이다. 이러한 나무를 강전정하면 다시 새로운 강한 가지만 발생하고 결과지의 발생은 거의 없으므로 큰 가지를 솎아주는 것 외의 전정은 하지 않는 것이 바람직하다. 이런 나무는 될 수 있는 한 전정량을 적게 하고 눈수를 많이 남기도록 해야 한다. 그러나 윗부분에 발생한 강한 큰 가지는 밑부분에서 잘라 없애고 수관 내부까지 햇빛이 잘 들도록 해 주어야 한다.

## 마) 늙은 나무와 수세가 약한 방임수(放任樹)의 전정

늙은 나무와 방임수는 주지와 부주지가 많고 곁가지가 크고 길게 늘어져 서로 구별하기 어렵고 햇빛이 수관 내부까지 스며들지 못하여 결과지가 말라 죽고 수관 외부에만 결실부가 집중하여 나무 크기에 비해서 수량이 극히 적은 것이 특징이다.

이러한 나무는 주지와 부주지를 분명히 구별할 수 있도록 기부에서 솎아 자르고 길게 처진 곁가지는 짧게 잘라 나무 골격을 정리한 후 가급적 많은 새 가지를 발생시킨 후 연차별로 나무꼴을 정리하여 결과지를 형성시킨다.

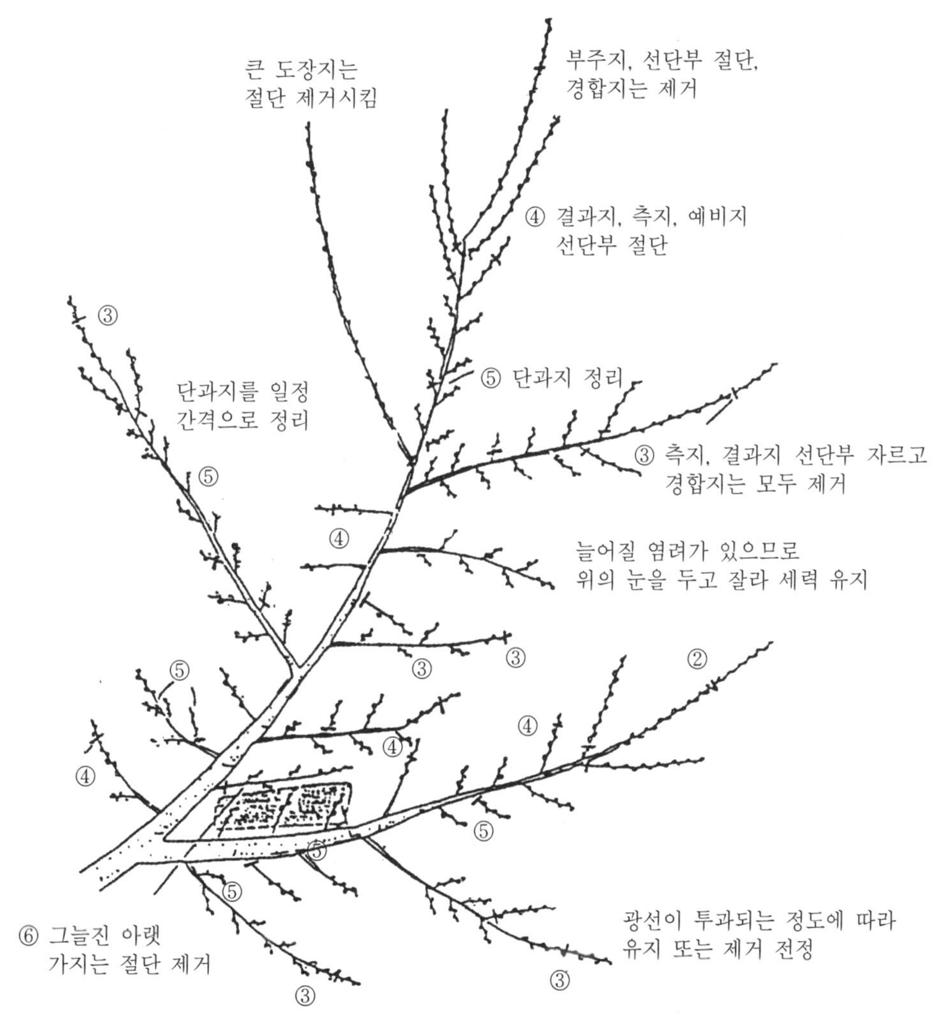


그림 8-20. 부주지 전체의 전정 방법

# 다. 살구

## 1/ 결과습성

정지와 전정 작업은 가지간의 생장은 물론 결실량을 조절하면서 수체내의 통광(通光), 통풍(通風)을 좋게 해 주어 꽃눈의 착생을 좋게 하고 품질을 높이며 병충해 방제는 물론 제반작업도 손쉽게 하기 위해서 실시한다. 따라서 그 나무의 결과습성이나 나무의 생장 특성을 무시한 전정은 의미가 없다.

살구나무 가지에 붙은 꽃눈의 위치와 과실의 착생상태를 결과습성이라고 하는데 이는 과수 종류나 품종에 따라 다르기 때문에 전정 작업에 임하기 앞서 그 특성을 잘 파악해 두어야 한다.

살구나무는 매실, 자두 등과 같이 신초의 잎겨드랑이에 꽃눈이 붙는다. 대부분 겹눈상태로 2~3개의 꽃눈과 잎눈이 함께 있어 끝의 잎눈이 해마다 조금씩 자라 나오면서 단과지가 된다(그림 8-21).

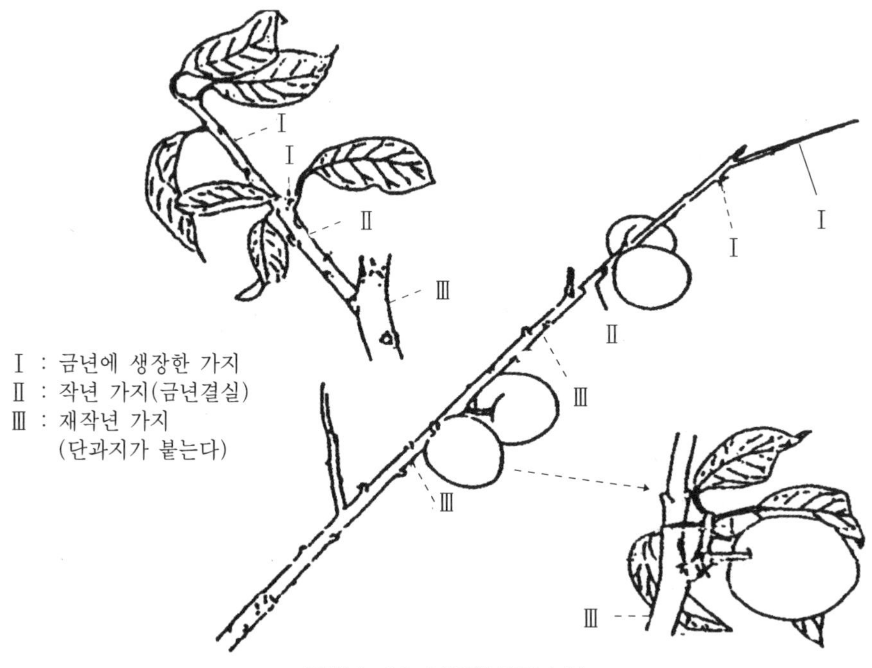



그림 8-21. 살구의 결과습성

당초 잎눈으로부터 길게 자라 나온 신초의 잎겨드랑이는 이와 같은 단과지들로만 채워져 유목시기에는 마치 가시모양을 한 방망이처럼 보일 때도 있다.

결과지는 그 길이에 따라 장과지(30cm 이상), 중과지(10~30cm), 단과지로 구별되는데 복숭아에 비해 마디가 짧다.

장·중과지에도 결실하지만 살구는 단과지와 화속상 단과지가 결실의 주체가 되므로 결실지로서 중요하다. 이들 가지는 보통 끝눈이 잎눈이므로 계속 조금씩 자라 다음해에도 같은 모양의 단과지를 형성하면서 1~2년 혹은 4~5년 후에는 그 세력이 약화되면서 고사되는 경우가 많은데 그 정도는 품종에 따라 차이가 있다. 그러나, 살구는 숨은눈의 수명이 길고 부정아도 많이 발생하기 때문에 고사 부분을 새 가지로 바꿔나갈 수 있다.

## 2) 살구나무의 생장 특성

### 가) 세력이 강하고 크게 자란다

살구는 매실보다 직립성이 강하고 크게 자라 3~4m 높이에 달하기 쉽다. 특히, 유목 시에는 수세가 왕성하여 수관확대가 빠르며 결실연령에 달하는 것도 빠르다.

늦서리에 대한 저항성도 약하므로 착과부족에 따른 수관확대가 더욱 쉬워 거목으로 되기 쉽다.

### 나) 정부 수세현상(頂部優勢現象)이 변하기 쉽다

살구는 끝눈에서 자란 가지가 하부의 눈에서 자란 가지보다 세력이 강한 것이 일반적인 현상으로 이를 정부우세현상이라고 하지만 점차, 이러한 현상이 아래쪽 가지에 나타나 상부의 원가지보다 강해져 굵게 되기 쉽다.

### 다) 부초(副梢 : 2番枝)의 발생은 복숭아보다 적다

잎눈이 신장해 가지가 강하게 나오더라도 부초 발생이 적고, 단과지 발생이 많아짐에 따라 곁가지가 부족하게 되는 경우가 많다.

## 라) 단과지의 끝눈이 꽃눈으로 되기 쉽다

살구에 있어서 단과지의 끝이 잎눈으로 되고 끝눈 아래의 겨드랑이 눈은 꽃눈이 되는 것이 정상적이나 때에 따라서 혹은 품종에 따라서 끝눈까지 모두 꽃눈으로 구성된 단과지가 되는 것이 많다. 이러한 현상은 신사대실, 평화 품종에 많고 광도대실, 심사랑(甚四郎)에서는 적다. 끝눈까지 꽃눈인 이러한 꽃덩이 가지는 결국 결실한 후 잎눈이 없으므로 말라죽어 앙상한 긴 가지로만 남아 일소(日燒)를 쉽게 받는 원인도 된다. 그러므로, 품종에 따라서 이러한 특성을 잘 관찰하면서 전정에 임하여 결실 부위가 적어지지 않도록 새로운 가지를 받아내야 한다.

## 마) 전정 부위의 큰 상처는 잘 아물지 않는다

살구도 복숭아나무와 같이 상처가 잘 아물지 않으므로 유목 때부터 목표한 수형(樹形)으로 나무를 키워 나가도록 하는 것이 좋다.

## 바) 나무자세는 개장성(開張性)이며 뿌리는 천근성(淺根性)이다

일본계통의 살구는 유럽계보다 직립성이 강한 편이나 결실기에 들어서서는 아래로 처지면서 점차 개장하므로 개심자연형(開心自然形)으로 나무를 키워나가는 것이 손쉽다. 일반적으로 개장성인 과수의 뿌리는 천근성으로 뿌리가 땅 속으로 깊이 들어가지 않고 산소공급이 많은 겉흙 가까이 분포하며, 내습성도 약한 편이다.

## 3) 나무의 세력과 전정의 강약(强弱)

잘라내는 양이 많은 것을 강전정이라 하고, 적은 것을 약전정이라 하는데 전정을 강하게 하면 인접한 곳의 눈에서 나온 가지의 세력은 왕성하게 되지만 나무 전체를 생각할 때에는 강전정할수록 잎면적이 적어지기 때문에 총생장량이 떨어지게 되고, 수명도 단축된다. 나무가 나이를 먹어감에 따라 점차 생장에 대한 전정의 영향은 적게 나타나나 늙은 나무나 세력이 약해진 나무는 적당한 전정을 해 주므로 오히려 나무의 생장을 촉진시킨다. 그와 같은 이유는 늙은 나무일수록 광합성을 할 수 있는 잎이 나무 전체 중에 차지하는 비율이 적어지기 때문에 전정에 의해서 광합성을 하지 못하는 부분이 많이 제거되므로 이 부분의 호흡에 의한 양분소모량이 상대적으로 줄게 되고 겹쳐진 가지가 줄어들므로 나머지 잎과 새로 자란 가지의 잎은 충분한 광합성을 할 수 있게 되기 때문이다. 일반적으로 수세가 강한 가지는 약하게 전정하고 쇠약한 가지는 강하게 전정한다.

지나친 강전정은 화아형성을 나쁘게 하고 도장지의 발생도 많게 한다. 그러나, 너무 약한 전정은 자칫하면 화아형성을 나쁘게 하고 도장지의 발생도 많게 한다. 유목기에 수세가 쇠약하게 되는 원인은 대개 뿌리가 장해를 받은 경우가 많으나, 성목기의 수세 쇠약은 강전정에 의한 폐해나 나무줄기의 병해 또는 뿌리의 장해에 의한 경우이므로 전정의 강약은 수세 조절상 매우 중요하다.

<표 8-5> 전정의 정도가 간주(幹周)비대에 미치는 영향  (단위 : cm)

| 과수종류 | 강전정 | 중 | 약전정 |
| --- | --- | --- | --- |
| 복숭아 | 12.0 | 16.9 | 19.4 |
| 살 구 | 11.7 | 12.6 | 15.3 |
| 양앵두 | 10.0 | 11.2 | 12.3 |
| 자 두 | 6.3 | 10.4 | 11.3 |
| 배 | 8.7 | 9.1 | 9.7 |
| 평 균 | 9.7 | 12.1 | 13.6 |

## 4) 목표 수형(樹形)

① 복숭아나무와 같이 개심자연형으로 키운다. 주지수는 2~3본으로 하고, 제1주지는 지상 40~50cm 위의 주간에 붙이며 다음 주지는 그 곳으로부터 20cm 정도 간격으로 붙이면 된다. 각 주지에 부주지수는 2~3개로 하며 그 간격은 60~90cm 정도로 주지(원가지) 위에 붙인다.

② 나무 높이는 작업능률을 감안해 조절할 수 있으나, 보통 4m 정도까지 유지시킬 수 있다.

③ 결과지 전정에 있어서 장과지의 경우는 굵고 왕성하게 자란 가지나 골격지의 뒷면에 나온 가지는 없애나, 다른 장과지는 선단을 1/3 정도 절단한다. 중과지나, 단과지는 밀생한 곳은 솎아내지만 끝은 절단하지 않는다.

## 5) 살구 전정의 실제

### 가) 전정의 요점

살구는 품종에 따라 직립성이 강한 것, 중간 것 그리고 개장성인 것이 있다. 따라서 이러한 특성을 잘 관찰하면서 전정에 임하도록 해야 한다. 직립성이 강한 품종은 신초 신장이 계속되기 쉬워 늦게까지 2차 신장하는 경우가 많으므로 여름철 새순 비틀기와 적심을 해 주고, 하계절단에 의한 가지의 생장방향을 전환토록 해 주며 강전정을 피한다. 개장성이 강한 품종은 가지가 가늘고 길기 때문에 늘어지기 쉬우므로 강전정을 하는 것이 좋다.

그러나 대부분 살구는 유목기에는 세력이 강하고 성목이 되어감에 따라 세력이 급히 떨어지므로 강전정과 약전정을 수세에 따라 적절히 이행하도록 해야 한다.

### 나) 전정 방법

#### (1) 1년생의 겨울전정

① 주간(主幹 : 원줄기) :재식 당시 지상 약 70~90cm에서 절단한다. 주간이 가는 경우는 짧게 절단해야 세력지를 받을 수 있으며, 너무 짧게 절단하면, 주지 발생 부위가 낮아져 작업이 불편해진다. 직립성이 강한 품종은 높게 전정하면 측지 발생이 적고 직사광선에 주간부가 일소를 받기 쉽다.

② 부초(副梢 : 2번지) : 전년에 신장한 강한 부초는 기부에 두 눈을 남기고 절단해 버린다.

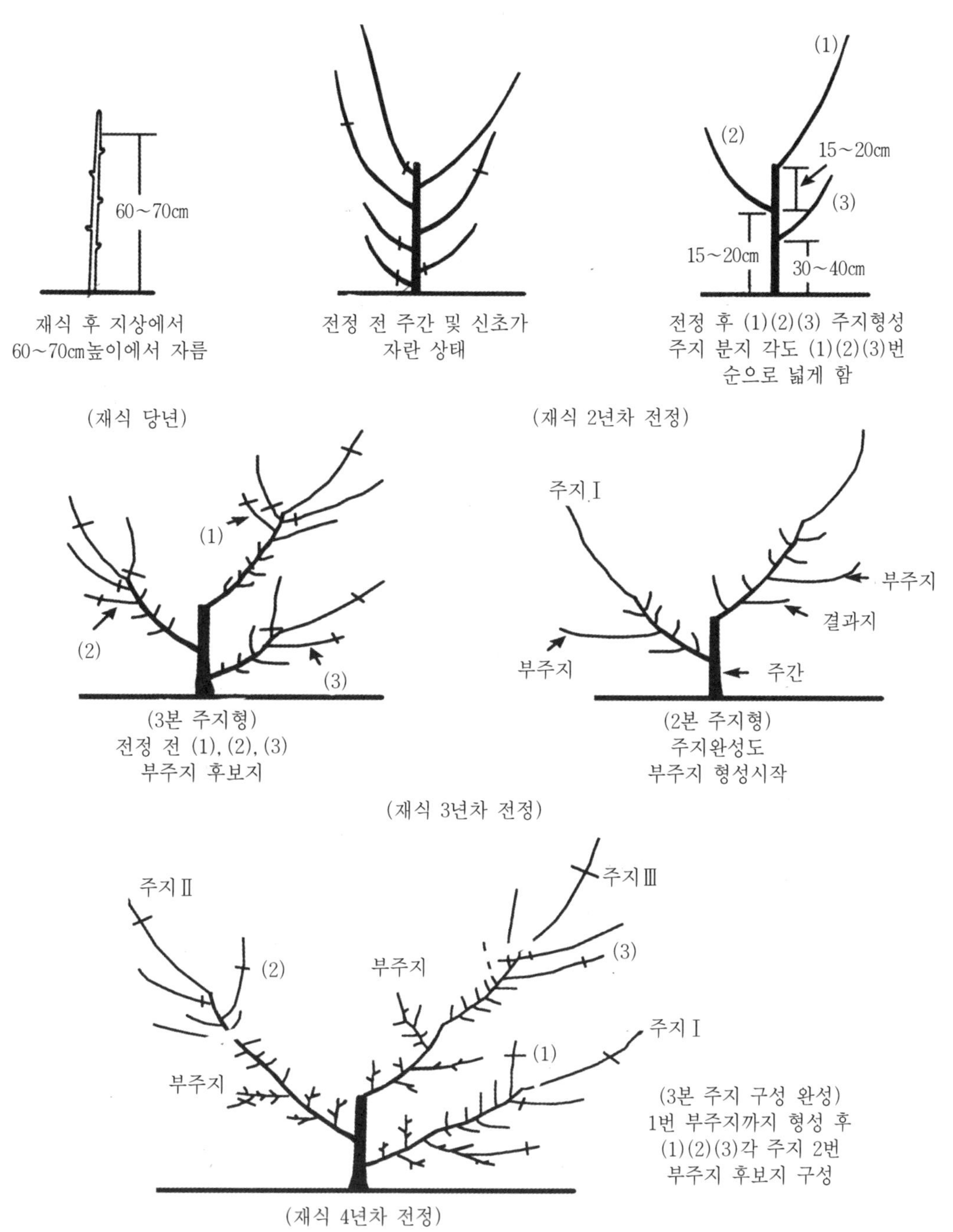


그림 8-22. 살구나무의 전정 방법(개심자연형)

## (2) 2년생의 여름전정

① 선단 신초 : 주간 연장지 신초는 아래 위치에서 경쟁이 되는 신초는 5월 하순부터 새순 비틀기의 대상이 된다. 새순 비틀기는 신초기부가 경화되기 전에 실시하면 신초 기부로부터 5~10cm 사이를 양손으로 비틀어 줌으로써 신초 기부가 부분적으로 박피되어 신장을 정지시킬 수 있다. 신초 기부가 경화된 것은 경화가 덜 된 더 위쪽 부분에서 비틀기 작업을 해 준다.

## (3) 2년생의 겨울전정

① 선단가지 : 주간 연장지는 2/3 정도를 남기고 전정하면 길이가 보통 40~60cm 정도를 남기게 된다. 전정 시에는 키울 방향의 밖의 눈을 남기는 것이 좋다.

② 하부가지 : 선단가지와 경쟁이 되는 가지는 솎음전정을 하고 남기는 가지는 선단가지보다 더 짧게 전정하며 세력이 약한 가지는 그대로 두는 것이 좋다.

## (4) 3년생의 여름전정

① 재식 2년차에는 뿌리 신장이 좋아지므로 수세가 강해진다. 이 때부터는 여름전정과 적심에 의해 부초의 발생을 촉진시키면서 수관확대를 꾀한다.

② 연장지 : 주간 연장지는 신초가 40cm 이상 자라는 6월 상중순에 대략 40cm 정도 남기고 적심함으로써 선단부가 2~3개의 부초가 자라 나오도록 한다. 만일 적심하지 않는다면 2m 이상 되도록 측지가 발생되지 않은 채 커간다. 이러한 가지를 겨울철 전정 때 잘라내면 강전정이 되기 쉽다. 선단 신초 아래의 신초도 선단부보다 낮은 위치에서 적심하며, 짧은 신초는 그대로 둔다.

③ 측지의 신초 : 제1주지 후보지를 포함한 측지도 연장지와 같이 적심하며 항상 주간 연장지(결국 제3주지가 되는 가지)보다 낮은 위치에서 적심하게 된다.

④ 측지의 신장 각도 : 전년도부터 주지 후보지로 선정한 측지의 발생 각도가 좋은 것은 유인하여 개장시키도록 한다.



**최신 과수 정지 · 전정**

## (5) 3년생의 겨울전정

① 주지 후보지 : 제1주지는 지상 약 40cm, 주지 간격은 약 20cm간격으로 키워온 주지 후보지는 상단 주지(제3주지)가 강하고 하단일수록 약하게 키운다. 즉, 주지 발생부의 원둘레를 10으로 할 때 그 하단의 제2주지의 원둘레는 4, 제1주지는 그 이하를 목표로 하여 키우는 전정 기술을 발휘해야 한다. 주지로부터 발생한 측지는 선단부터 기부쪽으로 갈수록 길어져 삼각형 혹은 원추형으로 가지가 배치된 모양을 하도록 한다.

② 부주지 후보지 : 주지 발생부부터 1.5m(제1주지의 제1부주지)정도 위치에 배치시키며, 주지 굵기에 비해 1/2 정도로 약한 가지를 선정하는데 좋은 위치는 주지상의 수평 이하 부근으로 옆으로 발생한 가지일수록 좋다.

③ 결과지 : 굵고 강한 직립지 등은 솎아내고 장과지 간격은 40cm, 중과지 간격은 20cm 정도를 두고 솎아주며 단과지는 그대로 둔다. 장과지의 선단은 잎눈을 남기고 절단한다.

## (6) 4년생의 여름전정

필요없는 도장지는 미리 눈따기 작업으로 없애고 주지, 부주지, 연장지 이외의 직립지 등은 새순 비틀기를 해 준다.

## (7) 4~7년생의 전정

① 주　지 : 선단부는 세력에 따라 그 길이를 조절하면서 전정한다.

② 부주지 : 간격은 0.6~1m 사이의 가지를 선정하며 방향은 서로 어긋나게 키운다.

③ 측　지 : 측지는 주지, 부주지상에 입체적으로 배치하는데 기부쪽의 측지는 크게 선단부 측지는 작게 키운다. 특히 내향지는 3년생까지 갱신하며, 항상 새 가지로 대체 되도록 하고 측지상에 발생하는 하향지는 없애준다.

④ 결과지 : 주지상에 발생하는 결과지는 대부분 내향지이므로 강한 것은 솎아주고 약한 것은 남긴다.

## ⑻ 성목의 전정

수형구성 후는 도장지나 밀생지를 솎아내서 수관 내부로 햇빛이 잘 들어오도록 한다. 측지는 크게 되면 결실 부위가 상승하고 결과지도 4~5년 결실을 계속하면 쇠약하여 고사하는 것이 많아진다. 가능한한 주지, 부주지 가까이에 있는 결과지를 이용하여 갱신한다. 수관 내부에는 서로 다른 주지로부터 발생하는 가지가 서로 만나게 되는데 원칙상 상단 주지로부터 나온 가지를 남긴다. 수세가 강한 나무의 전정은 약하게 하고, 반대로 수세가 약할 때는 굵은 가지를 많이 솎아내고 기타 전정은 가볍게 해 준다. 노목 전정은 약간 강하게 하면서 수관 하부의 약한 가지를 잘 살려 나가는 전정 기술을 습득하도록 한다.

## ⑼ Y자 수형의 전정

개심자연형의 2본 주지형과 같이 키우면서 부주지를 두지 않고 곁가지나 결과지만을 붙인다. 재식 1년차 전정은 가지를 양방향으로 벌리기 때문에 주간을 다소 짧은 위치(40~60cm)에서 잘라주며 양쪽 주지 연장지는 다소 길게 길러 유인한다.

# [부 록]

## 우리 나라 과일나무 수형의 변천

## 1. 과실에 관한 자료

우리 나라에서 과실에 대한 기록은 통일 신라 때의 노래인 「처용가(處容歌, 879)」, 고려시대의 저술인 「계림유사(鷄林類事, 1096)」, 「고려도경(高麗圖經, 1124)」, 「향약구급방(鄕藥救急方, 1259)」, 「삼국사기(三國史記, 1393~)」, 「삼국유사(三國遺史, 1512~)」 등과 조선시대의 「조선왕조실록(朝鮮王朝實錄, 1413~)」, 「동의보감(東醫寶鑑, 1613)」 등이 있다. 그러나 이러한 기록은 단순한 과실의 특성과 이용에 관한 기록일 뿐 재배법에 대한 설명은 상세하지 못하였다.

과수 재배기술에 관한 처음 기록은 박흥생(朴興生, 1374~1446)이 저술한 「촬요신서(撮要新書)」, 강희맹(姜希孟, 1424~1483)이 저술한 「사시찬요초(四時纂要抄)」, 허균(許筠)의 저서인 「도문대작(屠門大嚼, 1611)」 등이다(조선시대농업과학기술사).

「촬요신서(撮要新書)」는 모든 과목의 재식시기, 삽목방법, 접목방법, 취목법 등 주로 번식법, 병충해 방지법과 같은, 총론적인 내용을 기술하고 있다. 「사시찬요초(四時纂要抄)」에서는 밤, 은행, 포도, 앵두, 배, 자두, 살구, 복숭아 등을 계절별로 관리하는 요령과 일반 과수재배에서 문제된 애로사항을 극복할 수 있는 새로운 농법 등을 각론적으로 기술하고 있다. 또한 「도문대작(屠門大嚼)」에서는 배, 감, 밤, 대추, 앵두, 살구, 복숭아, 포도, 모과, 귤 등 과실의 특산지와 그 곳에서 생산되는 과실의 종류 및 품질에 관한 기록이 수록되어 있다.

1670년대 후반에 와서 과수 재배법에 관한 보다 상세한 기록이 나오고 있다. 1676년에 박세당(朴世堂)이 편찬한 「색경(穡經)」이라는 저서 중 "과일나무 가꾸기(種諸果法)"편에는 배, 복숭아, 오얏나무, 살구나무, 능금나무, 대추나무, 개암나무, 포도나무 등의 접붙이기 방법, 대목의 종류, 적지선정과 재식방법, 과실 맛을 좋게 하는 방법 등이 기록되어 있다. 1715년 홍만선(洪萬選)이 저술한 「산림경제(山林經濟)」의 "제5 수종(種樹)항"에서는 밤, 대추, 호두, 모과, 포도, 사과(査果), 능금(林檎) 등의 이식방법, 실생법, 삽목법, 접목법, 해충 방제법 등을 설명하는 편수법(騙樹法), 가수법(家樹法), 수과수법(手果樹法), 적과법(摘果法), 늦서리예방법(拒霜法) 등의 재배법을 상세히 설명하였다. 서호수(徐浩修)의 「해동농서(海東農書, 1799)」, 최한기(崔漢綺)의 「농정회요(農政會要,

1830)」의 "果"편에서 매실, 살구, 복숭아, 배, 포도, 대추, 감, 능금, 감귤 등의 번식방법과 나무의 특성 및 과실의 종류 등이 설명되어 있고, 서유구(徐有榘)의 「행포지(杏蒲志, 1825)」 등에서도 "과실작법"에 관한 내용이 수록되어 있다. 1881년에 출판된 안종수(安宗洙)의 「농정신편(農政新編)」에서는 대추, 자두, 매실, 살구, 배, 밤, 능금, 사과, 감, 고욤, 앵두, 석류, 귤, 포도 등 30종의 과실에 대하여 시비방법, 번식 및 재식방법과 저장, 가공방법도 기술되어 있다. 1886년 정병하(鄭秉夏)가 저술한 「농정촬요(農政撮要)」에서는 새로운 농법에 대한 기록이 있다. 그러나 이들 책은 전체 작물 중에서 과수가 일부분 기록된 것으로 과수 전문 책자는 아니었다.

우리 나라에서 과수정보가 수록된 보고서 또는 회보는 1907년부터 매년 발간한 「한국중앙농회보(조선농회보)」와 1908년에 제1호를 발행한 「독도 원예모범장 보고서」에서다. 이들 책자에서 일제시대 과수에 관한 관찰결과와 연구결과 등이 많이 기술되어 있다.

과수전문 단행본으로 발행된 책으로는 1909년 김진초(金鎭初)가 저술한 「과수재배법(果樹栽培法)」이 최초다. 김진초는 1905~1908년간 일본 동경대학 농학과에서 청강하고 돌아와 이 책을 저술한 것으로 일본의 쓰다센(津田仙, 1837~1908)의 책을 번역한 것이다. 이 책에는 처음으로 과수종류별 품종이 설명되어 있고 전정방법의 종류, 시비법, 특히 과린산석회, 염화가리, 유산암모니아, 유산석회 등의 인공합성비료의 소개 등 재배방법이 상세히 기술되어 있다. 그러나 이 책은 과수 전문가가 쓴 것이 아니고 번역한 책자로서 당시 유럽형 과수 재배방법에 많이 치중되어 있다.

우리 나라 과수학자가 저술한 과수전문책은 1938년 한성도서주식회사(漢城圖書株式會社)에서 발행한 김성완(金聲遠 1906~1998) 저 「실험 조선과수재배법(實驗 朝鮮果樹栽培法)」이다. 저자는 우리 나라 초기 과수재배를 정착시킨 전문 과수학자로 재배 경험을 통한 실제 활용 가능한 과수기술을 제시한 우리 나라 최초의 과수전문서를 저술하였다. 이 책에서 비로소 우리 나라 실정에 맞는 각종 과수의 품종, 시비, 수형 및 전정방법, 병충해방제 등 재배법의 체계적인 기록이 실리기 시작하였다. 1945년 이후 주로 일본 사람들에 의하여 영농되었던 과수원을 한국 사람이 인수받아 기술적으로 많은 어려움이 있을 때 재배지침서로 출판되었던 책자로는 김성원 저 「최신과수재배기술(1953)」, 「이론실제과수전지론(1958)」, 「과수전지론(1962)」 등과 이태현 저 「최신과수재배론(번역본, 1955)」, 「과수재배법각론(1959)」 등이 초창기의 과수관련 책자들이다.

그림 1. 우리 나라 초기의 과수전문책자

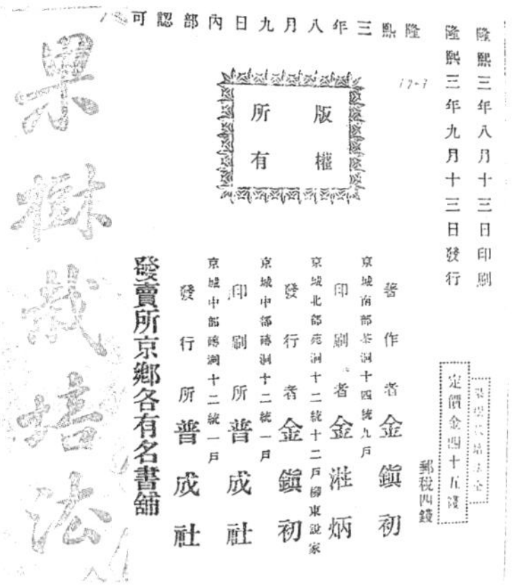
果樹栽培法

隆熙三年八月九日内部認可

隆熙三年八月十三日印刷
隆熙三年九月十三日發行

版權所有

著作者 金鎭初
印刷者 金滋炳
發行者 金鎭初
印刷所 普成社
發行所 普成社
發賣所 京鄉各有名書舖

定價金四十五錢 郵稅四錢

좌 : 김진초 저 과수재배법, 1909년
(김영진박사 소장)

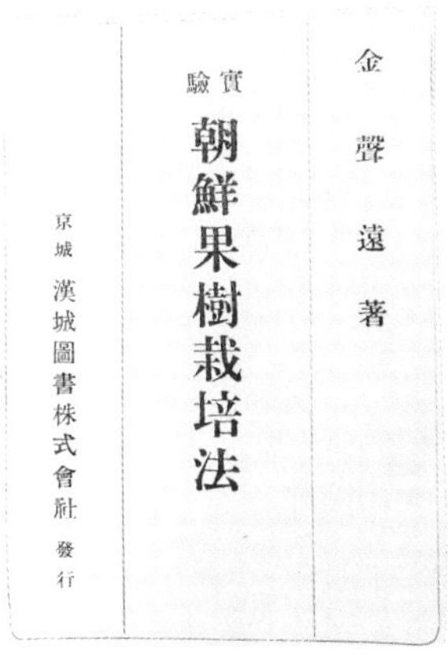
實驗
朝鮮果樹栽培法

金聲遠 著

京城 漢城圖書株式會社 發行

우 : 김성원저 조선과수재배법, 1938년
(김종천박사 원본소장)

## 2. 과수재배 역사

우리 나라에 개량종 과수가 처음 도입된 기록은 1884년 인천의 일본 영사관 뜰에 몇 그루의 사과나무를 심은 것이 처음이며 이 묘목은 동경 학농사(東京 學農社), 쓰다센(津田仙)이 기증한 것으로 기록되어 있다(青森りんご 100년史). 대구지역에서는 1892년 영국인 선교사 A. G. Flecher가 스미스사이다, 레드버어진, 미조리 등 3개 품종을 대구 남산동 그의 자택에 심은 것이 처음이라고 전해지고 있다(경북농협 80년사). 그러나 이때는 과수원의 조성이나 경제재배 차원이 아니고 관상용 과수로 심어진 것으로 알고 있다.

일본에서는 1868년 처음으로 미국에서 과수묘목을 도입하여 1869년 동경 개척사관원(開拓士官園)을 설치하여 본격적인 재배를 시작하였고 1871년에 민간인에게 재배를 장려하였다고(果樹園藝の 世界史)하니 우리 나라보다는 15년 정도 과수묘목 도입이 빠른 것으로 알려지고 있다.

과실나무(사과)를 다량으로 도입하여 경제재배 차원의 과수원을 조성한 것은 1901년 윤병수가 원산지방에 처음 개원한 것으로 알려지고 있다(青森りんご 100년史, 원예발달사). 그러나 「조건의 과실(朝鮮の果實)」이라는 책에는 1894년에 윤병수가 선교사에게서 사과나무를 얻어 그의 밭에 처음 심었다고 되어 있어 이때는 윤병수가 선교사에게서 얻은 사과나무를 시험 재배한 단계가 아닌가 생각된다. 이후 우리 나라의 과수 재배는 일본인 자본에 의하여 급진적으로 전파되어 1903년 경기도 소사에 소사농원(素沙農園), 정상농원(井上農園)을 조성하여 사과 이외에 복숭아, 배를 재

배하였고 1904년에는 인천의 우각당농원(牛角堂農園), 원산의 애지농원(愛知農園), 진남포의 부전의작원(富田儀作園) 등이 개원되어 이때부터 대면적 과원이 개원되기 시작하였다.

　　1905년 한국 정부에서 당시 양주군 독도(뚝섬)에 원예모범장을 설치하고 당년 10월 기공하여 시험장 사무실을 건축하고 12ha에 달하는 농장조성을 시작하였다. 이 원예모범장은 1906년 8월 9일 고종황제(高宗皇帝)의 칙령 제37호로 직제가 공포되고 다음해 1907년부터 사과, 배, 앵도, 감, 자두, 포도 등의 품종비교 시험포가 조성되면서 우리 나라에 체계적인 과수에 관한 연구가 실시하게 되었다(원예모범장보고 제1호, 1908년).

그림 2. 원예모범장의 청사

사진: 원예모범장 보고 1호

그림 3. 원예모범장의 관제 및 직원

園藝模範場報告第一號

官制及職員

（光武拾年八月九日勅令第三十七號）

第一條　園藝模範場ハ農商工部大臣ノ管理ニ屬シテ園藝改良ノ模範ヲ示ス

第二條　園藝模範場ニ左ノ職員ヲ置ク

場長　一人　奏任
技師　二人　奏任
技手　三人　判任
書記　二人　判任

第三條　場長ハ農務局長兼任シ農商工部大臣ノ指揮監督ヲ承テ塲中ノ全般事務ヲ掌理ス

面積及建物

拾貳町貳反九畝六步餘

建物

貳百八拾坪九合九勺

자료: 원예모범장 보고 1호(1908)

　　같은 해 1906년 일본 통감부에서 수원에 권업모범장을 설치하고 1908년에 수원 서둔동에 5ha의 과수시험포를 조성하여 각종 과수의 시험을 실시하였다. 이것이 현 원예연구소 과수시험의 모체가 되었다. 이때 재식한 모범장의 과수는 발육이 양호하고 조기 수확되는 좋은 성적을 보여 일반인들의 과수재배에 대한 좋은 인상을 주어 사과를 위시한 과수원의 개원이 급속도로 많아졌다. 과수재배의 기술적인 문제를 뒷받침하기 위하여 1937년에 평안남도 용강군에 사과시험장을 신설하고 1940년에는 황해도 황주에 사과시험장을 신설하여 사과에 관한 시험과 동시에 기술지도를 하도록 하였다(靑森縣りんご100年史).

　　1906년부터 대면적 기업과수원이 개원되기 시작하여 1912년까지 5단보 이상의 과수원 경영상태를 조사한 자료에 의하면 총 1,449ha가 조성되었고 주로 경상남북도, 경기도, 평안남도, 황해도, 전라남도 지역에 많이 분포되어 있다. 총 경영자 수가 1,227명으로 이 중 일본인은 593명으로 약 50%가 된다(조선농회보 7권 12호, 1912년).

20ha 이상 경영자 중 면적규모가 큰 농장은 동산농장, 동양척식주식회사농장, 송과수원, 조선식산주식회사, 김해의 촌산과수원 등 대부분 일본인들이 경영하는 과수원이다.

**표 1. 도별 과수원 면적(1912년 6월 현재)**

果樹園經營表 (明治四十五年六月末現在)

| 地方 | 經營者數 | (內地人) | 投資額 (圓) | 果樹園反別 (町) |
| --- | --- | --- | --- | --- |
| 京畿道 | 一九八 | (八一) | 四八〇,六八八 | 二八三,二九 |
| 忠淸北道 | 二四 | (一四) | 四〇,二四一 | 四一,三三 |
| 忠淸南道 | 八一 | (五九) | 四一,六六五 | 七四,六六 |
| 全羅北道 | 七〇 | (四二) | 四二,九一四 | 七五,二九 |
| 全羅南道 | 六一 | (四九) | 七二,三一四 | 一二七,五四 |
| 慶尙北道 | 一三四 | (八五) | 一三七,九四八 | 九七,五四 |
| 慶尙南道 | 二三八 | (一七七) | 二六九,三九九 | 二六八,七五 |
| 黃海道 | 一三五 | (二七) | [illegible] | [illegible] |
| 平安南道 | [illegible] | (二一) | [illegible] | [illegible] |
| 平安北道 | [illegible] | (一三) | 一三,七五四 | [illegible] |
| 江原道 | 二八 | (八) | [illegible] | [illegible] |
| 咸鏡南道 | 二三 | (六) | [illegible] | [illegible] |
| 咸鏡北道 | 三六 | (一二) | 二六,〇七六 | [illegible] |
| 合計 | 一,二二七 | (五九三) | [illegible] | [illegible] |

자료:조선농회보 7권 12호(1912)

**표 2. 20ha 이상의 경영자현황(1912년 6월 현재)**

| 지방 | 투자액(원) | 면적(ha) | 과수 종류 | 창업연도 | 경영자 주소 이름 |
| --- | --- | --- | --- | --- | --- |
| 경기도 | 50,000 | 35.46 | 사과, 배, 포도 | 1908 | 仁川府 東山農場 |
| 경기도 | 31,600 | 31.50 | 사과, 복숭, 배, 포도 | 1910 | 京城府 東羊拓植 |
| 경기도 | 25,427 | 24.90 | 사과, 복숭, 배, 포도 | 1904 | 京城府 宋果樹園 |
| 충북 | 24,300 | 35.90 | 사과, 배, 포도 | 1910 | 淸州郡 朝鮮殖産 |
| 경남 | 20,000 | 26.00 | 사과, 배 | 1908 | 金海郡 村山果園 |
| 황해도 | 35,000 | 23.19 | 사과, 배, 포도 | 1908 | 黃州郡 穗坂果園 |
| 평남 | 6,000 | 20.00 | 사과, 복숭, 배 | 1911 | 平壤府 內田果園 |

자료:조선농회보 7권 12호(1912)에서 발췌

해방 전 남북한 합계 과수원 면적은 1936년도가 19,476ha, 1940년도 28,114ha, 해방직전인 1944년도는 42,035ha로 증가하여 그 중 사과 면적이 31,602ha로 전체면적의 75%를 차지하고 있었다. 배 면적은 5,349ha로 12.7%, 감 면적은 2,237ha로 5.3%, 복숭아는 5.6%, 포도는 1.2%에 불과하였다.

**표 3. 해방 전의 과수원 면적(남북합계)**

(단위 : ha)

| 년 도 | 합 계 | 사과 | 배 | 감 | 포도 | 복숭아 |
|---|---|---|---|---|---|---|
| 1936 | 19,476 | 11,637 | 3,329 | 3,188 | 527 | 797 |
| 1940 | 28,114 | 17,479 | 5,091 | 3,289 | 665 | 1,588 |
| 1944 | 42,035 | 31,602 | 5,349 | 2,237 | 499 | 2,345 |

자료: 한국원예발달사

2차 대전 후 1945년 남한의 과수원 면적은 14.6천ha로 1945년 남북한 합계 면적 42,035ha를 기준으로 당시 남북한의 과수원 비율을 보면 북한이 27,435ha로 65%에 해당하는 과수원이 북한에 위치해 있었다는 것을 알 수 있다. 사과의 경우는 1944년 남북한 총 31,602ha에서 1945년에는 남한이 5,850ha에 불과하여 전체 면적의 81%가 북한에 위치해 있었고 기타 배, 감, 포도, 복숭아는 남한의 면적이 많았다는 것을 알 수 있다.

1945년 전체과수 면적은 14,600ha로 그 중 사과가 38.4%, 배가 30.1%, 포도가 3.4%, 복숭아 12.3%, 감은 14.4%이며 감귤의 면적은 1951년도부터 통계자료가 나와 있다. 전체 면적은 55년 후인 2001년에 비해 12배 정도가 증가하였다. 1995년까지는 해마다 전체 면적이 증가하였으나 2000년 후부터는 다소 감소하는 추세에 있어 앞으로 계속 이러한 추세는 이어질 것으로 전망되고 있다. 과종간의 면적 추이를 보면 사과는 1945년 5,850ha에서 계속 증가하여 1980년에는 46.1천ha로 전체 면적의 46.1%까지 차지하였으나 1995년에는 50.1ha로 면적은 최고에 달하였지만 비율은 28.8%를 점유하였다. 그러나 사과의 재배 면적은 그후 격감하여 2001년에는 26.3천ha로 전체 면적의 15.7%로 그 비율이 감소하고 6년 사이 23.800ha의 면적이 감소하여 감, 포도, 감귤에 밀려 제4의 과수로 변화하였다. 배는 '80년도부터 '90년도까지 10여년 동안 계속 9,000ha에서 머물다가 '90년도 초부터 고소득과수로 알려져 2000년에는 26,200ha까지 급증하는 현상을 나타내었으나 2001년부터는 다소 감소하는 추세에 있다. 또 하나의 면적이 급증한 과수는 포도로 '80년도 7,000ha에서 '00년에는 26.2ha로 증가하였으나 배와 같이 '01년부터는 감소하는 추세에 있다. 복숭아는 '90년도까지 면적의 증가는 미미하였으나 '90년도 초부터 복숭아의 품질이 좋아지고 소비가 확대되면서 면적이 급증하여 '00년에는 13.9천ha로, '01년에는 14.4천ha로 계속 증가하고 있다. 감, 감귤의 면적도 그동안 많은 증가를 하였으나 2000년을 기점으로 감소하는 추세를 보이고 있다.

최근 한국의 과수면적은 중국의 WTO가입, 칠레와의 FTA협정 등 국제적인 요인에 대한 두려움과 과실가격의 불안, 작업의 어려움 등 과종별로 다소의 차이는 있으나 전체적으로 감소 추세가 지속될 것이다.

**표 4. 해방 후 남한의 과수원 면적**

(단위 : 천 ha)

| 년 도 | 합 계 | 사과 | 배 | 포도 | 복숭아 | 감귤 | 감 | 기타 |
|---|---|---|---|---|---|---|---|---|
| 1945 | 14.6 | 5.9 | 4.2 | .6 | 1.8 | - | 2.1 | - |
| 1950 | 20.2 | 8.0 | 5.2 | .7 | 3.2 | 16.6('51) | 2.4 | .7 |
| 1955 | 19.6 | 8.6 | 4.7 | .5 | 2.8 | 18.0 | 1.7 | 1.2 |
| 1960 | 22.6 | 11.5 | 4.3 | .5 | 2.6 | 92.0 | 2.4 | 1.0 |
| 1965 | 42.9 | 19.0 | 5.2 | 3.5 | 10.6 | 58.0 | 2.7 | 1.4 |
| 1970 | 60.1 | 21.1 | 6.7 | 6.2 | 11.8 | 5.9 | 5.2 | 8.0 |
| 1975 | 74.1 | 34.8 | 10.9 | 8.7 | 13.0 | 11.1 | 6.7 | 8.1 |
| 1980 | 99.1 | 46.1 | 9.0 | 7.7 | 10.4 | 12.2 | 6.6 | 24.7 |
| 1985 | 108.7 | 37.8 | 9.0 | 16.2 | 13.1 | 15.7 | 9.8 | 17.0 |
| 1990 | 133.3 | 48.8 | 9.1 | 15.0 | 12.3 | 19.3 | 13.6 | 29.0 |
| 1995 | 174.1 | 50.3 | 15.8 | 26.0 | 10.2 | 24.3 | 25.0 | 48.0 |
| 2000 | 172.8 | 29.1 | 26.2 | 29.2 | 13.9 | 26.8 | 31.2 | 23.8 |
| 2001 | 166.9 | 26.3 | 25.5 | 26.8 | 14.4 | 26.6 | 30.5 | 24.4 |

자료 : 농림업 주요통계(농림부), 농협연감(농협)
   *감귤면적 : '51～'65까지는 ha, 그후는 천ha
    감면적 : '90이후는 단감 및 떫은감의 합계
    기타면적 자두, 매실, 유자, 참다래, 대추, 호도, 살구

과종별 비율의 변천을 보면 1945년 과수원 면적은 14.6천ha로 그 중 사과재배 면적이 38.4%, 배 30.1%, 12.3%의 순으로 이어져 왔으나 1965년대부터 복숭아 면적이 배 면적을 앞질렀다. 1980년도에는 사과 면적이 전체 과수의 46.5%까지 차지하는 사과 위주의 과수재배 현상을 보였고 1993년에는 사과 면적이 53,000ha를 능가하는 사과 전성시대를 이루었다. 그러나 '95년부터 감소하기 시작한 사과 면적은 2001년에는 26,300ha로 격감하였다. '60년대까지 제2의 과수였던 배는 '65년대부터 복숭아에 밀려났으나 '90년대 초반부터 고소득 과수로 인증받아 면적이 증가하기 시작하여 포도와 함께 '01년도에는 복숭아의 2배의 면적을 확보하였다. 감은 '90년대부터 면적이 확대되어 '01년도에는 30.5천ha(단감 22.8ha, 떫은 감 7.98천ha)로 한국 제1의 과수로 부상하였다. 기타 과수로 자두는 회소과실로 시중가격이 비교적 높게 형성되었기 때문에 일부 농가에서 새로 조성하는 농가가 많아져 '80년 2,470ha에서 '97년에 3,126ha로 '00년에는 4,7431ha로 계속 증가하고 있는 실정이다.

우리 나라 과실의 품종 변천을 보면 사과의 경우 '70년(면적 21.0ha)에는 국광 54.1%, 홍옥 29.4%, 후지 1.0%로 국광 및 홍옥이 83.5%를 차지하였으나 '87년은 후지가 58%, '97년에는 78.4%로 후지 일색이 되었다. 배의 경우 '82년(면적 9.8천ha)에는 장십랑 31.8%, 만삼길 23.0%, 신고 29.2%로 구성되어 있으나 '87년은 신고 38.3%, '97년에는 73.2%로 신고 위주의 재배가 되고 있다.

신품종으로 사과는 홍로, 화홍, 추광, 감홍 등이, 배는 황금배, 추황배, 감천배, 원황, 만수 등의 재배가 점차 많아지고 있다. 복숭아는 백도, 창방조생, 대구보 재배에서 최근 이들 재배 면적은 다소 감소하고 미백, 장호원황도 등 맛좋은 품종의 재배 면적이 증가하고 포도의 경우는 캠벨얼리가 '70년 70.7%에서 '92년 52.2%로 감소하였으나 '97년 55.9%로 최근 증가하는 추세에 있다.

**표 5. 사과, 배의 품종분포의 변화** (단위 : %)

| 년 도 | 사과 | | | | 배 | | | |
|---|---|---|---|---|---|---|---|---|
| | 홍옥 | 국광 | 후지 | 쓰가루 | 장십랑 | 만삼길 | 신고 | 황금배 |
| 1970 | 29.4 | 54.1 | 1.0 | - | 31.8 | 23.0 | 29.2 | - |
| 1987 | 7.9 | 3.0 | 58.0 | 7.2 | 28.9 | 19.5 | 38.3 | 1.0 |
| 1997 | 0.5 | 0.1 | 78.4 | 12.0 | 8.3 | 3.6 | 73.2 | 2.4 |

※ 배 최초조사 연도 1982년
자료: 한국농정 50년사, 2000

북한의 과수재배 면적은 1984년 과종별 면적을 조사한 자료를 보면 조사 면적 142,000ha 중 사과 42.84%, 배 31.49%, 복숭아 11.42%, 감 5.79%, 살구 2.88%, 추리 2.78%, 포도 1.0%, 대추 0.77%, 단벗 0.51%, 기타 0.52%로 조사되어 배 면적이 복숭아 면적보다 3배 정도 많은 것으로 되어 있다. 지역별로는 황해남도가 34,000ha로 전체 면적의 30%를 점유하고 함경남도 13%, 평안북도 12.3%, 평안남도 11.2%, 황해북도 11%, 함경북도 7.7%로 주로 서해안지대와 동해안지대의 비교적 온난한 지역에 분포되어 있다(조선지리전서, 농업지리편, 과수업배치 1984).

**표 6. 북한의 연도별 과수원 면적 추이** (단위 : 천 ha)

| 년도 | 사과 | 배 | 복숭아 | 기타 | 합계 |
|---|---|---|---|---|---|
| '61 | 10.0 | 1.2 | 2.4 | - | 20.6 |
| '70 | 10.0 | 2.0 | 5.0 | - | 26.0 |
| '80 | 30.0 | 7.0 | 8.0 | - | 95.0 |
| '90 | 68.0 | 12.6 | 13.0 | - | 154.9 |
| '95 | 68.0 | 12.6 | 14.0 | - | 158.6 |
| '97 | 68.0 | 12.6 | 14.0 | - | 158.6 |
| '00 | 70.0 | 14.0 | 15.0 | - | 164.0 |
| '01 | 70.0 | 14.0 | 15.0 | - | 164.0 |

자료:FAO 농업생산통계 2002. May. 28 updayted

　　FAO 농업통계자료에는 '61 전체 면적 20.6천ha에서 '80년도 95.0ha로 증가, '90년에 154.9천ha, '2001년 164.0ha로 최근에는 전체 과수원의 면적은 거의 변동이 없는 것으로 나타나 있다. 사과는 '90년 68.0ha에서 '97까지 변동이 없고 또한 '00과 '01의 면적이 변화가 없는 것은 특이한 자료다. 특히 FAO자료에는 복숭아 면적이 배 면적보다 계속 높게 발표되어 있고 북한 자체가 발표한 '84년 자료에는 배 면적이 복숭아보다 3배 정도 많은 것으로 나와 있다.

# 3. 과일나무 수형의 발달과정

　　우리 나라에서 과일나무 수형에 관한 기록은 김진초의 「과수재배법(1909)」, 제3장 전정법에 소개된 내용이 처음이다. 이 책에서는 전정방법의 종류와 전정방법별 해당 과종을 소개하는 정도에 불과하다. 5개 전정방법 중 4개항은 전정방법을 소개하였으나 5항은 나무의 전정방법이 아니고 뿌리를 절단하는 방법으로 주근을 절단하면 세근을 많이 발생시켜 양분의 흡수를 왕성케 한다는 방법이다.

- 제1항 고목직립전정법(高木直立剪定法) : 지상 6자(180cm)까지 주간을 만들고 그 기부에서 3~4본의 지간(枝幹)을 만드는 방법으로 사과와 배에 적용한다.
- 제2항 중위직립전정법(中位直立剪定法) : 지상 3~4자(90~120cm)의 주간을 만들고 지간의 수도 3~4본으로 일정히하는 방법으로 복숭아와 사과에 적용한다.
- 제3항 왜성직립전정법(矮性直立剪定法) : 지상에서 1.5~2자(45~60cm)자로 주간을 만들고 전과 같은 수의 지간을 만드는 방법으로 밀감, 석류, 무화과 등에 적용된다.
- 제4항 원추형직립전정법(圓錐形直立剪定法) : 이 방법은 전에 기술한 고목직립전정법보다 일반적으로 높이 전정, 전형하는 방법으로 그림으로 설명되어 있다.

**그림4. 원추형직립전정법**

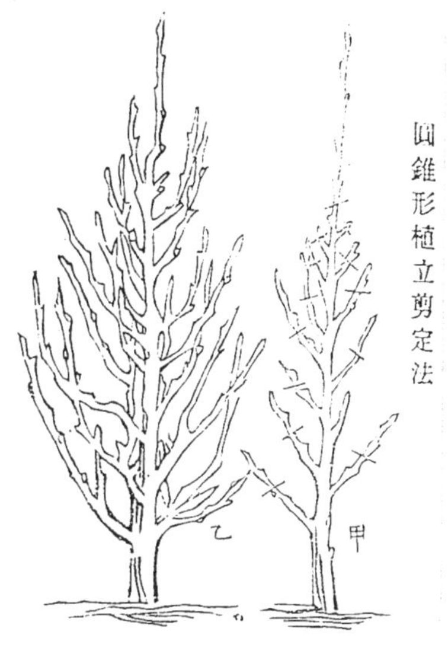



자료 : 과수재배법(김진초, p44~47).
사진의 "갑"은 2년차에 전정하는 방법으로 3눈을 남기고 제거하며, "을"은 3년차로 또한 3눈을 남기고 제거하는 방법이다.

- 제5항 주근전정법(主根剪定法) : 이 법은 주근(主根)을 5촌(15cm)으로 절단한 후 재식하는 방법으로 주근을 절단하면 세근을 많이 발생시켜 양분의 흡수를 왕성케 하는 방법이다.

이와 같이 김진초의 「과수재배법」에는 수형의 종류만 설명되어 있고 과종별 적응 수형과 그 구성과정에 대해서는 상세한 내용이 설명되지 않고 있다. 그러나 한국 사람이 저술한 책자로는 비록 번역본이기는 하나 이것이 처음 전정에 관한 기록이다. 그 후 1938년에 김성원 저 「실험 조선과수재배법」에서 비로소 과종별 적정 수형 및 구성과정이 상세하게 수록되어 있다.

## 1) 사과나무 수형

우리 나라에 상업적인 사과원이 개원된 것은 1900년대 초 일본인들에 의하여 조성되기 시작하였다. 따라서 사과의 수형도 일본의 방식을 따라 처음은 원추형 정지법으로 시작하였으나 이 수형의 결점을 보완한 반원형 정지법으로 변형되어 일제시대의 사과나무는 대부분 반원형으로 구성되어졌다. 이 정지법은 점차 변칙주간형으로 발전되었고 그 후 '70년대 초부터 우리 나라에 왜성사과가 보급되면서 왜성변칙주간형이 보급되었다. 최근 보다 왜화되는 묘목의 재식으로 방추형, 세장방추형이 보급되기 시작하였다. 사과의 수형은 재식 주수에 따라서도 변천해 오고 있다. 처음 18~20주/10a에서 200주/10a로 발전하면서 세장방추형까지 발전하였으나 솔렉스 수형이 검토되면서 반당 재식주수는 300/10a 넘게 심겨지고 있으며 이에 알맞은 수형과 정지방법들이 계속 개발되고 있다.

따라서 우리 나라의 사과 수형은 처음 원추형(주간형, 자연형, 피라밋형)에서 반원형, 배상형으로, 이어 변칙주간형, 왜성변칙주간형에서 방추형, 세장방추형으로 다시 최근에는 솔렉스, 원심형 수형으로 진전되어 가고 있다.

### 가) 원추형(圓錐形) 정지법

"원추형 정지법은 지상 3자(90cm)에서 3본 이상의 측방주지(側方主枝)를 사생시켜 중심가지에서 매번 측방에 가지를 착생시켜 원추형으로 만드는 것이다"(靑森 사과 100년사).

김진초의 「조선과수재배법」에서 사과나무는 "고목직립전정법"이나 "중위직립전정법"을 권장하였고 이를 개선한 "원추형직립전정법"도 이와 비슷한 것임으로 사과에도 적용이 가능한 것으로 설명하고 있다.

1900년도 초 일본인 기술자에 의하여 수행되었던 독도 원예모범장의 사과에 관한 여러 가지 시험에서 정지법은 원추형(자연형, 장반원형)으로 구성하였다.

　　1909년 한국중앙농회보(조선농회보) 제3권, 원예모범장보고, 과수모범재배에서 사과의 품종은 홍쾌, 축, 유옥, 홍옥, 욱, 국광 등을 심고 정지법은 장반원형(원추형)으로 재식한 것으로 기록되어 있다. 각 그루 당 재식 간격은 사방 2간(3.6m)으로 실생대목을 이용한 1년생 묘목을 심고 그 첫해에는 불필요한 가지를 베어내고 배지(짝이 되는 가지)의 세력이 균일하도록 하는 일과, 병충해 구제를 틀림없이 하는 일 그리고 제초하는 일에 노력을 투입하도록 지도하고 있다. 전정은 나무를 심은지 그 이듬해부터 나무를 정리하여 주지를 세우고 측지는 4~5본으로 각각 2자(60cm) 정도의 길이로써 외아(外芽)의 상단으로부터 짤라 지초를 외방(外方)으로 이끄는 주지는 지난해에 남겨둔 반대측의 눈을 남겨야 한다는 것을 강조하였다(조선농회보” 제6권 제6호 p10).

그림 5. 권업모범장 독도원예지장의 사과

사과 시험포의 왜금 유목(원추형)
조선농회보 6권(1911년)

　　1938년에 과수학자 김성원이 저술한 「실험 조선과수재배법」에서 사과나무 정지·전정에 관하여 원래 사과나무는 교목성 과수이므로 그 수형은 가급적 자연형을 취하는 것이 합리적이라고 하여 수형을 비교적 높게 키우는 원추형 정지법을 이용토록 하였다. 이 방법은 김진초의 원추형직립전정법과 동일하며 주간을 해마다 직선으로 신장하게 하여 주간을 높이고 동시에 상단지는 짧게, 하단주지는 비교적 길게 하여 주지의 수를 비교적 많이 두고 다만 밀생지와 도장지는 곧 간벌하여 나무 각 부분의 세력이 균형을 이루게 하는 것이다. 이 방법은 유목기에는 결실면적이 확대되고 발육도 좋으나 주지수가 너무 많고 수고가 너무 높아 작업상 어려움이 많다고 기록하고 있다.

그림 6. 사과 원추형 정지법

우 : 전정 전의 원추형　　　　　　　좌 : 전정 후의 원추형

(원추형정지에서 반원형으로 개조해 가는 과정)

(조선과수재배법)

　　원예시험장에서 1968년에 보고한 예산지역 사과나무의 수형구성형태를 조사한 결과를 보면 주간형이 62.4%, 변칙주간형 25.6%, 개심자연형 12.0%로 '60년대 중반까지 대부분의 사과원이 주간형으로 나무의 높이를 높게 키우고 있었다는 것을 알 수 있었다(김종천 등 1968).

그림 7. 1930년대 사과 원추형의 전정모습

자료: 경북능금농협 80년사

이 당시 일본에서는 배상형으로 변형했으나 아직도 조선에서는 원추형으로 전정하고 있다.

## 나) 반원형 정지법

반원형 정지법은 원추형 정지법을 개선한 것으로서 사과나무의 주간을 초기에 없이 하고 지상 3자(90cm)되는 곳에서 절단, 2년째에 4~5본의 주지를 분지하게 하여 3년째에 3본의 주지에서 1~2본의 측지를 사생시켜 나무의 모양을 반원형으로 만드는 방법이다(青森사과 100년사). 이 방법으로 하면 광선과 통풍이 잘 되어 병충해의 피해가 적고 과실의 색깔 및 발육도 좋으나 결실면적이 적고 주지가 일평면상에만 배치됨으로 부주지와 측지의 발육이 충실할 수 없다는 것이 결점으로 지적되었다.

| 그림 8. 반원형 정지법 | 그림 9. 준반원형 정지법 |
| --- | --- |
| 자료: 조선과수재배법 | 자료: 조선과수재배법 |

## 다) 배상형 정지법

배상형 정지법은 지상 3자(90cm)에서 주간을 절단하여 2년째에 3본의 주지를 사생으로 나오게 하고 3년째에 2본식 분지시켜 4년째에는 6본의 주지의 선단을 절단하여 12본의 주지를 만들어 배상형으로 구성토록 한다. 결과지는 중복이 되지 않도록 하고 나무의 높이는 1장(3m)내외에서 고정시키도록 한다.

자료: 조선과수재배법

이러한 한국의 사과 정지법에 대하여 일본의 전정 기술자 對馬政治郎가 조선의 사과 정지법을 보고 느낀 바를 기고한 "日滿鮮에 있어서의 果의 관찰"이란 제목으로 아오모리현 능금통제회에서 발행하는 「임금지화(林檎之華)」란 잡지에 1938년 8월 21일자로 기고한 내용을 보면 "1938년 당시 일본의 경우는 이미 그 경제적 필요 때문에 배상형 정지법을 행하고 있음에도 불구하고 한국에서는 아직 피라밋식(원추형)이란 원시적인 재배법을 취하고 있음을 지적하였다. 그러므로 조선에서 능금나무 개량에 있어서 제일 우선적인 과제는 수간 거리를 4간(7.2m) 이상으로 주지는 지상에서 4자(120cm) 위로 향하게 하고 옆가지는 일본보다 많이 붙여두는 것이 필요하다고 역설하였다. 또한 그는 한국에서 능금나무의 주지가 너무 낮기 때문에 무엇보다도 예각 30도로 상향전정을 행할 것을 권하였다. 즉 가지를 낮게 하여 수직이 되게 함으로써 무리한 성장을 가져와 나무 조직도 연약하게 만들고, 이로 인해 일소의 피해와 부란병에 노출될 가능성이 높다고 보았다(경북능금농협 80년사에서 발췌). 이와 같이 일제시대 조선의 능금나무는 초기 원추형에서 주지를 절단하는 배상형으로 전환하고 있었다(조선과수재배법, p132).

## 라) 변칙주간형 정지법

변칙주간형은 '50년대 말~'60년대 초부터 보급되어 점차 주간형은 사라지게 되었다.

주간형은 주간을 제거하지 않고 끝까지 키우는 것인데 수고가 높아지고 그늘이 많이 생겨 부적당하였다. 변칙주간형은 어느 정도 나무를 키워나가다가 적당한 시기에 주간을 제거 또는 변칙시켜 나무의 중앙부를 개심시키는 방법으로 사과나무 생리에 알맞은 수형이었다.

그림 11. 변칙주간형 수형

그림 12. 사과나무전정 모습

자료: 경북능금농협 80년사

### 마) 왜성변칙주간형 정지법

1970년대 초부터 왜성사과가 보급되면서 스파타입이 보급되고 M.106 또는 M.26에 접목된 나무는 왜성변칙주간형으로 키우는 것을 권장하였다. 변칙주간형보다 주지 사이의 간격을 20~30cm로 좁게 나무의 높이를 보다 낮게 만들고 그 낮은 주간 위에 3~4개의 주지를 형성시켜 각 주지의 크기를 적당히 축소시킴으로써 나무가 작기는 하나 입체적으로 지탱할 수 있도록 하는 수형이다.

### 바) 방추형, 세장방추형 수형

1980년대 말부터 M.9 자근 대목을 이용한 저수고 초밀식재배가 보급되면서 방추형 및 세장방추형 수형이 도입되기 시작하였다. 이 수형은 축소된 원추형 수형으로 나무의 하부에는 적은 영구 주지를 형성시키고 나무의 윗

그림 13 . 왜성변칙주간형

부분은 주간 위에 작은 결과지를 적당하게 배치하는 방법이다.

**그림14. 방추형, 세장방추형**

M.26에 접목된 방추형

**그림15 . 세장 방추형 수형**

M.9에 접목된 세장방추형

## 사) 솔렉스, 원심형 수형

프랑스 지역에서 처음 시작하여 한국에까지 보급되기 시작한 수형으로 첫가지의 위치를 1m 이상 높은 곳에 형성시켜 가지를 밑으로 하수(下垂)시키는 방법으로 최근 M.9 작은묘를 이용한 초밀식재배가 보급되면서 이 방법이 몇몇 농가에 의하여 실행되고 있다. 원심형 수형은 아직 우리 나라에는 시험된 것이 없으나 방추형 수형에서 결과 부위를 외부로 형성시키고 주간 가운데는 공간을 형성하여 햇빛과 공기의 유통을 쉽게 하여 과실의 품질을 향상시키고자 하는 방식이다.

**그림16. 솔렉스 수형**

사진 : 김용구교수 제공

## 2) 배나무 수형

김진초의 「과수재배법」에서 배나무의 수형은 사과나무와 같이 고목직립전정법으로 원추형과 같은 방법을 하도록 하고 있다. 독도 원예모범장의 배 시험포의 배수형은 사과와 같이 원추형(반원형, 자연형)으로 구성하였고 김성원의 「조선과수재배법」에서도 우리 나라에서 가장 경제적인 정지법은 원추형 정지법이라고 설명하여 우리 나라의 배 수형은 원추형에서 시작한 것으로 되어 있다. 그러나 그 당시 일본에서는 대부분 덕식으로 재배하고 있으나 우리 나라에서 원추형을 권장한 것은 덕 만드는 경제적인 문제와 기후상의 문제 때문에 원추형이 합리적이라고 하였다. "일본은 기후가 덥고 나무가 도장성을 가지기 쉬워 주지를 수평에 가깝게 유인하여 개화결실을 잘되게 하고 또한 일본은 210일 태풍을 비롯하여 풍해가 많으므로 덕식이 발전되었는데 조선에서와 같이 나무의 발육이 기후상으로 자연히 억제되고 또 일반적으로 주기적 태풍이 적은 지방에서는 건설비와 노력이 가장 많은 덕식으로 할 필요가 없다"는 것이었다(조선과수재배법). 그러나 한국에서 일본인들이 조성한 배 과수원은 덕식으로 하는 농가가 많았다.

일본인들이 우리 나라의 배 생산적지를 나주, 울산, 구포, 평택 등지로 지정하고 이 지역을 중심으로 배 과수원을 조성하기 시작하였다. 지역에 따라 수형의 차이도 다소 있기는 하나 나주, 울산, 구포 등지는 덕식으로 평택지역은 방사선식으로 조성하였다. 이 지역들은 아직도 옛날 수형을 유지하고 있는 곳도 있으나 변칙주간형으로 최근에는 Y자 수형으로 많이 변형되고 있다.

따라서 우리 나라의 배나무 정지법은 처음 원추형에서 배상형, 남부지방의 덕식재배, 중부지방의 방사선 또는 변칙주간형으로 최근에는 지역에 관계없이 Y자형의 수형이 널리 보급되고 있다. 일부 농가에서는 엇갈림부채꼴 수형이 검토되고 있다.

### 가) 원추형

사과의 원추형 정지법과 같이 주간을 곧게 세우고 이 주간을 중심으로 4~5개의 주지를 사방에 배치하는 방법이다. 각 주지를 근접시켜 층을 만드는 것을 피하고 주간을 중심으로 가지를 적당히 상하에 어긋나게 사방에 고르게 배치하는 방법이다.

그림 17. 배 원추형 정지법

자료:조선과수재배

그림 18. 독도원예모범장의 배 원추형

자료:권업모범장보고 제6권(1911년)

## 나) 배상형

배상형은 주간에 3~4개의 주지를 만들고 주지에 4~5개의 부주지를 만들어 공간에 골고루 배치하여 결국 배상형의 모양을 갖도록 정지하는 방법이다.

그림 19. 배상형 정지법

## 다) 덕식

바람에 의한 낙과가 적고 과실은 크나 덕 가설비용이 많이 소요되는 것이 문제다. 평지에는 평덕면에 십자형 또는 대각선형으로 주지를 배치하고 경사지에는 경사면을 따라 올백형으로 수형을 만드는 방법이다.

**그림 20. 배 덕식 정지법**

자료: 조선과수재배

**그림 21. 일본의 덕식 재배**

일본 돗도리현의 2본 주지 덕 재배(신고)

## 라) 방사상형 수형

방사상형은 중부 내륙지방에서 덕을 가설하지 않고 나무의 모양을 양주잔과 같은 모양으로 만드는 수형이다. 40~50cm의 원줄기에 5~7개의 원가지를 방사상형으로 붙이고 각 원가지에 1~2개의 덧원가지를 발생시켜 덕 원가지에 직접 단과지군을 형성시키는 수형이다.

**그림 22. 방사상형 수형**

## 마) 변칙주간형

바람의 피해를 적게 받는 남부지방이나 중부지방에서 개장성이나 개장성에 가까운 품종에 한하여 변칙주간형으로 키운다. 재식 시 묘목을 지면에서 60~70cm에서 절단, 그해 봄에 분지각도가 넓은 신초 3~4개를 키운다. 최후에는 주지수가 5~6개가 결정되면 심부를 뽑아 지면에서 마지막 주지까지의 높이가 1.5~1.8m되게 하는 것이 방법이다.

### 빠) Y자 수형

Y자 수형은 양지붕식 또는 아치형으로 덕을 설치하여 나무를 Y자로 유인하여 지주와 유인선에 결속하여 재배하는 방식으로 조기 다수확 밀식재배가 가능한 수형이다. 원예시험장에서 처음 개발하여 보급한 수형으로 10a당 160주까지 밀식재배가 가능하고 조기수화, 노력절감 등의 이점이 있으나 후기에 밀식 피해가 올 수 있는 등 결점도 있다.

**그림 23. 배 Y자수형**

삼각아치형 Y자 수형

원형아치형 Y자 수형

### 사) 엇갈림부채꼴 모양 수형

밀식이 가능하고 햇빛을 많이 받을 수 있도록 고안된 수형으로 작업이 간편하고 조기 다수확이 가능하여 몇 개 농가에서 시험하고 있다.

# 3) 복숭아나무 수형

독도 원예모범장의 복숭아 시험은 반원형으로 구성되어 있다. 이것이 점차 배상형으로 진전되어 갔다. 초기 우리 나라의 복숭아 재배지대는 경기도 소사지역이다. 수송성이 약한 복숭아는 서울 가까운 곳에 단지가 형성되었다. 복숭아의 초기 정지법은 배상형으로 키웠다. 배상형은 가지가 많기 때문에 햇빛을 잘 받지 못하는 가지는 밑에서부터 말라죽어 올라감으로 결과 부위가 평면으로 되어 단위 면적당 수량이 적고 강전정이 되풀이됨으로 수명이 단축된다는 결점을 보완한 수형이 개심자연형이다. 개심자연형은 나무가 너무 커지고 단위 면적당 재식주수가 적어 조기 수량획득에 문제가 있어 이를 개선한 것이 복숭아에서도 배와 같이 Y자 수형 또는 주간형 등 새로운 정지법이 개발되고 있다.

## 가) 배상형

배상형 정지법은 재식 시 묘목을 1~1.5자(30~45cm)되는 곳에서 절단하고 5, 6월에 신초의 강한 가지는 적심하여 2년차에 3본의 주지에서 절단하여 제2주지를 형성하고 3년차에는 전년까지 형성된 6본의 제2주지를 계속 절단하여 측지를 형성시키는 방법으로 나무의 모양을 접시모양으로 구성하는 벙법이다(조선과수재배법).

배상형은 묘목을 30~40cm높이로 잘라 3개의 주지를 발생시키고 각 주지는 45도로 유인하여

3방향으로 벌려주고 1년째 전정은 각 주지를 50~60cm길이로 자르고, 각 주지 끝에서 2개의 주지를 키워나간다. 그 다음 1~2년간 1년째와 같은 방법으로 주지를 만들어 주지수가 12~24개가 되게 한다(과수재배대전).

그림 25. 배상형 정지법

□원예연구소 포장

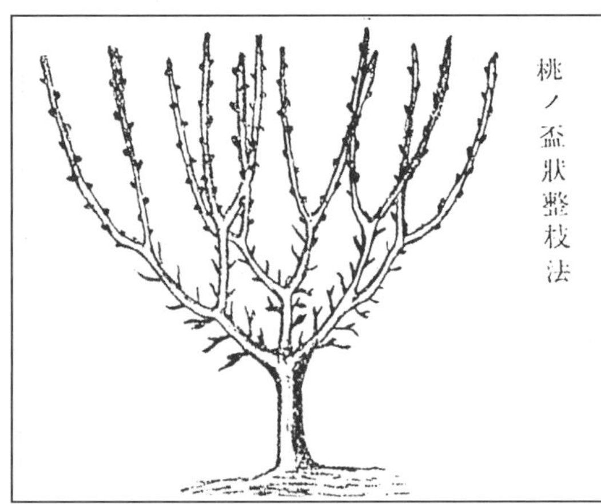



그림 26. 배상형의 모식도

자료: 조선총독부 권업모범장 휘보 9호(1927)

## 나) 개심자연형

주간 높이는 지면에서 60~75cm높이로 하고 주지와 주지 사이는 15~20cm 간격으로 한다. 분지각도가 넓은 주지 2~3개를 택하여 비스듬히 새워 키움으로 햇빛이 잘 들어가고 바람이 잘 통하게 된다. 주간의 높이에 따라 나무의 세력과 수량에 영향을 미치는데 주간이 짧으면 나무의 세력이 강하여지고 수량도 많아지는 경향이 있다. 평지에서는 1단 주지까지의 높이를 30~50cm, 경사지에서는 30cm 이하에 1단 주지를 붙이는 것이 좋다. 주지의 수는 3개로 하는 것이 보통이고 주지수가 많으면 초기 수량은 많아지나 부주지, 결과지를 만들기 곤란하다.

그림 27. 개심자연형

## 다) Y자 수형

복숭아의 Y자 수형은 조기다수확, 작업의 생력화 및 품질향상의 목적으로 밀식재배할 수 있는 수형으로 지주를 설치하여 나무를 Y자로 유인하는 방법이다.

그림 28. 복숭아 Y자 수형

지주 설치에 의한 Y자 수형의 구성

무지주 Y자 수형(중국 정주과수연구소)

## 라) 주간형

주간형은 주간을 강하고 곧게 키우고 결과지군을 만들어 또 다시 결과지를 받아내어 결실시키는 방법으로 밀식재배에 유리한 수형으로 조기 다수확을 원하는 농장에서 이용하는 수형이다.

## 4) 포도의 수형

우리 나라의 포도재배는 일제시대부터 체계적인 수형과 전정방법이 이루어지고 있었다. 대표적인 수형은 일본사람들에 의하여 단지가 형성된 안성포도, 안성 지역은 강우량이 전국에서 적은 이점을 이용하여 유럽계통의 포도가 이 지역에서 재배되었다. 안성지방에서 재배된 포도는 Vitis vinifera계통인 마스캇 함브르크, 블랙 함브르크 등으로 이 지역의 수형은 평덕식으로 가지의 신장력이 강한 품종을 덕 위에 유인하여 수형을 크게 키우는 방법이었다.

경기도 안양 지역에서는 안양포도라고 이름이 부쳐진 Vitis lablusca 계통인 캠벨얼리 품종이 재배되었다. 캠벨얼리 품종은 웨이크만식 또는 개량 닢핀식으로 재배되었다.

대전근교에서는 덕을 설치하여 우산식으로 많이 재배하였다. 대전의 유인방법을 전수받아 김천 지역에서도 우산식으로 재배가 많이 되고 있었다.

### 가) 평덕식 수형

장초 전정을 주로하는 유럽계 포도와 거봉 품종에 적용한 수형이며 단초 전정을 하는 캠벨얼리 품종에는 우산식 또는 일문자형을 이용하고 있다.

#### (1) X자 또는 H자 수형

덕 위에 부주지의 방향을 전체 모양으로 보아 H자로 유인하는 것과 X자로 유인하는 방법에 따라 구분할 수 있다.

#### (2) 우산식

캠벨얼리를 밀식재배할 때 이용한 수형으로 덕 아래 60cm부위에 원가지를 사방으로 3~4개 분지시키고 또다시 2~4개로 분지시켜 곁가지를 많게 하여 우산살 모양으로 형성시켜 위쪽 덕에 유인하는 방법이다. 처음에는 대전 지역에서부터 점차 김천 지역으로 전파되었으나 현재는 이용하는 농가가 줄어지고 있는 수형이다.

그림 29. 1900년대 덕 재배

대구 影山과원의 유럽포도(진판델)
(조선농회 3권, 1909)

그림 30. 우산식 수형

그림 30. 우산식 수형

## (3) 일문자형 및 개량 일문자형

충북 영동, 경북 김천, 상주, 경기 가평 등지에서 최근 실행하고 있는 수형으로 평덕식 정지에서 단초 전정이 가능한 품종에 적합하도록 만든 정지법으로 덕 높이에서 원가지를 좌우로 각각 1개씩 직선으로 키워 영구 원가지를 형성시킨다. 따라서 웨이크만식을 덕 위에 올려놓은 것과 흡사한 수형이다. 개량 일문자형은 일문자형 및 웨이크만식의 장점을 모아 개량한 수형으로 수형구성 방법은 일문자형과 동일하나 차이점은 주간에서 주지를 분지시키는 높이가 웨이크만의 90cm와 일문자형의 140~150cm의 중간인 110~120cm로써 작업불편 및 일광부족을 보완한 수형이다.

### 그림 31. 일문자형 및 개량 일문자형

일문자형

개량 일문자형

## 나) 울타리식

### (1) 웨이크만 및 개량 웨이크만식 수형

단초 전정을 하는 안양포도에 적용한 수형으로 지상에서 1.5m높이의 지주에다 길이 90cm되는 철주를 가로로 대어 T자형으로 고정시키고 이 철주의 양끝과 지상 90cm되는 곳, 3곳에 철선을 늘어뜨려 지상 90cm되는 철선에 주지를 유인한다. 과거에는 주지를 한 개로 유인하였으나 이것이 변형이 되어 지금은 주지를 2개로 만들어 양쪽으로 유인하고 있다. 주지에서 나온 결과모지는 위 철선에 V자형으로 유인한다. 개량 웨이크만식은 기존 웨이크만식의 주지가 낮아 작업의 불편한을 없에기 위하여 주지의 높이를 작업이 편리할 정도로 높여 유인하고 결과지의 유인은 일반 웨이크만식과 같이 한다.

**그림 32. 웨이크만식 수형**

웨이크만식 (1본 주지)

개량 웨이크만식(2본 주지)

### (2) 닢핀식 및 개량 닢핀식 수형

닢핀식은 2줄로 늘어뜨린 철선 위에 주지를 좌우수평으로 유인하고 결과지는 아래로 늘어뜨리는 방법이나 우리 나라에서는 사용하지 않는 방법이다. 개량 닢핀식은 우리 나라 기후에 알맞게 개량하여 사용한 수형으로 지주 위에 철선 3개를 늘여뜨려 주지 4개를 좌우에 수평으로 밑에서 첫째

와 둘째 철선에 유인하고 주지에서 나온 열매가지를 각각 위철선에 유인하는 방법이다. 원래 늪펀식
은 지주 위에 2개의 철선을 늘여뜨리고 4개의 주지에서 나온 열매가지를 밑으로 늘여뜨리는 방법을
개량한 것이다. 과거에는 웨이크만식과 함께 많이 이용한 수형이나 현재는 별로 이용하지 않고 있다.

**그림 33. 늪펀식 수형**

개량 늪펀식 수형

# 참고 문헌


▶ 姜希孟. 四時纂要抄(농촌진흥청 도서관소장).

▶ 경북능금협동조합. 1997. 경북능금농협80년사. 경북능금협동조합

▶ 김성원. 1938. 조선과수재배법. 조선농예사

▶ 김영진. 1984. 조선시대전기농서. 농촌경제연구원

▶ 김영진. 2000. 조선시대 농업과학기술사. 서울대학교 출판부

▶ 김정호, 김종천 등. 1998. 4고 과수원예각론. 향문사

▶ 金鎭初. 1909. 果樹栽培法. 보성사(김영진박사 소장)

▶ 농림부. 2000. 한국농정 50년사. 한국농촌경제연구원 편찬

▶ 朴世堂. 1676. 穡經(농촌진흥청 古農書 國譯叢書 제1권). 농촌진흥청

▶ 朴興生. 撮要新書(농촌진흥청 도서관소장).

▶ 서유구. 1825. 杏蒲志(농촌진흥청 도서관소장).

▶ 徐浩修. 1793. 海東農書(농촌진흥청 도서관소장).

▶ 安宗洙. 1881. 農政新編(농촌진흥청 古農書 國譯叢書 제2권). 농촌진흥청

▶ 이광연 등. 1974. 과수재배대전. 흥농종묘출판부

▶ 이호철. 2002. 한국능금의 역사, 그 기원과 발전. 문학과지성사

▶ 원예모범장. 1908. 원예모법장 보고제1호. 원예모법장

▶ 원예학회. 1980. 한국원예발달사. 한국원예발달사 편찬위원회

▶ 이태현박사 송수기념문집. 1976. 한국과수연구70년사. 송수문집출판원원회

▶ 鄭秉夏. 1886. 農政撮要(농촌진흥청 도서관소장).

▶ 朝鮮農會. 1907. 朝鮮農會報 1권 ~ (농촌진흥층 도서관 소장)

▶ 崔漢綺. 1825. 農政會要(농촌진흥청 도서관소장).

▶ 許  筠. 1610. 閑情錄(농촌진흥청 도서관소장).

▶ 洪萬選. 1715. 山林經濟(농촌진흥청 도서관소장).

▶ 小林章. 1996. 果樹園藝の 世界史. 養賢堂

▶ 靑森縣. 1977. 靑森縣りんご百年史. 靑森縣りんご百年 記念事業會

▶ 靑森縣りんご試驗場. 1981. 靑森縣りんご試驗場 50年史. 靑森縣りんご試驗場